民國園藝史料匯編 11

《民國園藝史料匯編》編委會 編

第2輯

江蘇人民出版社

第十一册

園藝學辭典

熊同龢 編著

新農企業股份公司

民國三十七年

園藝學辭典

熊同龢編著

DICTIONARY OF HORTICULTURAL TERMS

BY

TUNG-HO HSIUNG

新農企業股份有限公司出版

編著者　南京丁家橋中央大學園藝系　熊同龢

發行者　鄒曼倩

發行所　上海　新農企業股份有限公司

定價　法幣四九五萬
隨時比照大同行加倍數發售
外埠郵匯另加包裝掛號寄費

中華民國三十七年四月一日初版

編輯述要(代序)

本書編著之主要目的有二，一為便利參考文獻之閱讀，一為奠立統一名詞之基礎。編著工作始於民國三十年春，至三十五年底而初步完成，歷時六載。正文以西文字母排列，以求檢查之方便，總共2280條。每條之中文名稱用方括弧括之，並附簡要之說明，解釋該語之意義。所有西文述語以用單數為原則。凡園藝學上習見者，自果樹蔬菜花卉之栽培管理，種苗繁殖，以至庭園佈置，加工製造，莫不盡量列入，俾適合園藝學之範圍。另備中文索引附於書末，可與正文對照查閱。惟編著此類書籍，原非一人之力所能勝任，加之作者見聞有限，遺誤之處必多，尚祈海內賢達，惠予指正。

本書所參考之文獻為數甚多，除Bailey之Standard Cyclopedia of Horticulture，Jackson之A Glossary of Botanic Terms，Taylor之Garden Dictionary，及Wright之The Standard Cyclopedia of Modern Agriculture等數種專著外，其餘均為有關園藝學之書籍或期刊，至為零碎，不便一一列舉，概從略焉。

書稿整理時，承姚同玉、孫清董兩君代為謄寫，特此誌謝。

著者謹識

中華民國三十六年元旦

A

Ablactation—Air layering.

Abortion, Abortive [發育不全,不結果] 植物花器之構造不完全無結果之望,尤指不能結子.

Above-ground storage [地上貯藏室] 貯藏室之建築於地面之上者,通常指換氣冷却之簡易貯藏室而言.

Accelerating culture [早熟栽培] 蔬菜利用適宜設備,提早播種,使其生產期較普通一般為早.

Accelerating germination [促早發芽] 與Hastening germination同.

Accent plant [優型樹] 意與Specimen tree 同,為庭園中最重要之樹木,通常形狀美好,位置適宜.

Accessory bud [副芽] 着生於主芽之側近,往往不發育亦不顯著,若主芽一旦損傷,則副芽可發達而代之.

Accessory shoot [副梢] 為由副芽發生之新梢.

Acclimation [自然馴化] 指植物對於風土之適應而言,為自然者.

Acclimatization [人為馴化] 同前,為人工者.

Acetic fermentation [醋酸發酵] 含酒精之溶液,藉醋酸菌之作用,將酒精氧化,而生成醋酸.

Acidification [酸化] 於園藝製品中,尤指蔬菜罐頭,加入有機酸,使其酸性增高,以利殺菌.

Acid soil [酸性土] 土壤之反應為酸性者,pH值小於7.

Acid soil plant [酸土植物] 即耐適應酸性土之植物,而在鹼性土中不能生長良好者.

Acorn planter [堅果播植器] 為播植一切堅果類如胡桃,山核桃,栗,榛等之用具,器頭為曲形,連以長柄,將土壤穿孔,種子播入後,又可用以蓋土.

Acrolith [半身彫像] 庭園中裝飾用人像彫刻物之為半身者.

Activator [促效劑] 為可以促進他種物品或配製品之作用或效果之物

質.

Adco〔愛德可〕 一種化學品之商名,可以助有機質之分解腐爛適當用於人造廐肥.

Adjuvant grafting〔助接〕 接木法之一應用於葡萄,以一接穗接於兩個砧木之上可以延長樹之壽命及避免根蚜蟲之害.

Adventitious〔偶生,不定生〕 即植物器官着生之部位非一定者,如不定芽,不定根等皆是.

Adventive〔半馴化種〕 未完全馴化之野生或外來植物.

Aerial layer〔空中壓條〕 與Air layering同,見該條.

Aerial root〔氣根〕 生於空中之根,如多數氣生植物及數種蔓性植物皆有之.

Aerial tuber〔零餘子〕 為生於山葯等腋間之一種小肉塊,老熟後脫落可供繁殖之用.

Aero Cyanamid 一種商品肥料,含有氮素22%,風化石灰70%,適於蔬菜園綠草地及播種床之施用.

Aerophyte=Epiphyte.

After-ripening〔後熟,後熟作用〕 種子或果實在樹上未成熟而於離開母樹之後進行其成熟作用者.

Aggregate fruit〔聚合果〕 為自具有數個子房之單花而生成之果實,如草莓,樹莓等是.

Agri-pax 一種商品殺蟲劑,除蟲菊為其主要成分,混有展着劑,以之防治咀嚼口器及吸收口器之蟲類,附有用法說明書.

Air-cooled storage〔換氣貯藏〕 貯藏室溫度之低降,係利用冷熱空氣之流動更換,而不施以人為之方法者.

Air drainage〔空氣宣洩〕 夜間高地(如山巔)之冷空氣向下流動而流入窪地(如山谷)之謂.

Air layering〔空中壓,高壓法〕 壓條法之一種,適用於生長高大而枝條不易彎曲之植物,於欲壓之枝上先行環剝,包以青苔,或套以瓦缽竹筒紙鐵皮等包,再用土壤或他種媒質填充,保持潮濕,於其生根後分離之.繁殖龍眼,荔枝,柑橘,龍血樹,矮竹,桃,桂花等均常用此法.

Air pocket [空穴,空隙] 栽植植物時,根部周圍土壤未經壓緊而留之空虛部分.

Aitionomic [他動的] 用於單性結實,表示須受子房以外之某種刺激始可發生者,參閱 Parthenocarpy.

Albedo [內果皮] 柑橘類果皮內方之柔軟白色部分.

Albuminous seed [有胚乳種子] 種子之具有胚乳者,如玉蜀黍,牽牛花,柿等是.

Alcoholic beverage [含醇飲料,酒精飲料] 園藝品製成之飲料,曾經酒精發酵而含有適量之酒精者,例如葡萄酒及各種果酒.

Alcoholic fermentation [酒精發酵] 含糖之液體,由酵母菌作用,進行發酵,將糖分變為酒精.

Alcoholic wax [酒精接蠟] 即冷用接蠟,見 Cold-mastic wax.

Alkali soil [鹼性土] 土壤之反應為鹼性,者酸值大於7.

Alkali soil plant [鹼土植物] 即能適應鹼性土之植物,而在酸性土中不能生長良好者.

Allee, Alley [綠蔭甬道] 純粹供觀賞用之園路,佈置華貴,美觀整齊,不若普通園路之常有一目的地,無引入他部之必要,於路之兩旁,鑲以長條草皮,圍以高大植物,有時用花卉點綴.

All-wood house [木材溫室] 完全用木材建築之溫室,此指屋之骨架言.

Ally house [連絡溫室] 即網合溫室之通道,用以連接不同溫室,使之可以互相通過,設於溫室之一端或中央.

Alpine [高山植物] 為原生於高山之植物之通稱,嚴格言之,僅限於在森林線以上生長之種類.

Alpine garden [高山園] 庭園之佈置以高山植物及岩石為主者,可參閱 Rock garden.

Alternate bearing [隔年結果] 果樹不能年年正常結果,而有大年小年之分者,形成間年結果一次之現象,發生之原因不一,或由於品種特性或由於栽培管理之失當.

Amateur gardener〔業餘園藝家〕 從事娛樂園藝或家庭園藝經營之人.

Amateur gardening〔業餘園藝〕 與家庭園藝同,見Home gardening.

American garden 〔美國庭園〕 西洋庭園之一,大多為混合式,雖經數十年之改革進步,尚未達到可以獨成一格之時期,其利用天然風景闢為國立公園者,為數亦不少,如黃石公園(Yellowstone Park)即其著例.

Ampeliograph〔葡萄記載〕 應用於葡萄品種分類,以述明品種特性者.

Ampeliology〔葡萄學〕 為果樹園藝學之一分科,研究葡萄之栽培.

Andromonoecious〔雄性雌雄同株〕 非純粹之雌雄同株,雄性花及完全花同時存在於一株上,此於甜瓜常見之.

Anemophilous〔風媒〕 以風為媒介而達傳粉之目的者稱之.

Annual〔一年生,一年生草〕 植物之發芽生長開花結子死亡諸階段於一年之內完成者謂之一年生,具有此種性質之草本,是為一年生草,如西瓜甜瓜茄子番茄鳳仙花萬壽菊等,皆其例也.

Annual bearer〔年年結果樹〕 每年均可正常結果之果樹,即無隔年結果之習性者.

Annual bearing〔年年結果〕 與隔年結果相對,即年年可以正常結果,參閱Alternate bearing.

nnuiar budding〔圈形芽接〕 為環狀芽接之接於砧木腹部者,砧木之頂不截去,在腹部橫切兩刀,剝去其皮,將同大小之管形芽片,割開一面包合於砧木之去皮部分,加以束縛即成.

Anthesis〔花期〕 花芽開放之時期.

Anthocyanin 〔花青素〕 為植物體內含有數種色素之總稱,存在時表現紅藍紫等色,可溶於細胞汁液中,或呈結晶狀,此等色素均為生糖質,加水分解後,可生成糖及Anthocyanidin.

Anthology 〔花譜學〕 為有關花卉文獻之搜集者.

Antiseptic 〔防腐劑〕 在園產製造中為使製品較易保藏起見可加適量

之化學品如安息香酸鈉亞硫酸等,即為常用之防腐劑,又如日常食用之糖鹽醋等,亦均有防腐之功效.

ntrol [滅蟎劑] 係一種毒餌製成品,以之殺滅蟎類,附有用法說明書.

phine [逼氣] 一種商品液體殺蟲劑,由胴鹼油類及肥皂等配合而成,適於驅除吸收口器害蟲,附有用法說明書.

pogamy [無配生殖] 由未受精之配偶體生芽胞體而發育為新植物者,常於柑橘類見之.

pogon [無髭類] 為鳶尾(菖蒲)之一類,其外層花瓣上無髭.

pple-lok 見 Pre-harvest spray.

pp-L-set 見 Pre-harvest spray.

quatic [水生,水生植物] 水生者為生長於水中或潮濕地之意,此種植物謂之水生植物.

rbor = Pergola.

rbor Day [植樹節] 為提倡樹木種植之紀念日,我國定三月十二日為植樹節.

rboretum [樹木園] 為植物園之一種,收集各地之樹種,培養供研究之用,並依庭園性質佈置之,世界最大之樹木園,當首推美國之阿諾德樹木園(Arnold Arboretum).

rch [綠門,綠拱] 為設於垣籬間之門戶,具有觀賞價值,實係一拋物之蔭棚或花棚,設置方法與 Pergola 同,參閱該條.

rching layer [拱枝壓] 為梢頂壓之異稱,見 Tip layering.

rchitectural style [建築式] 指庭園佈置而言,內部各種景物之配列,均係整齊之圖案式.

reolar dot [暈點] 果品記載名詞之一,果點之周圍有較淡色之部分暈之者,有如暈狀.

rm [親蔓,母蔓] 葡萄主枝之持稱,由此生結果母蔓.

rtificial coloring [人為着色] 採下之綠色果蔬以人為處理,使其綠色消滅而顯出固有之色澤者,柑橘香蕉番茄等均常行之,其法甚多,如利用酒精洋油煙乙烯乙炔等.

Artificial germination [人工催芽] 見Hastening germination.

Artificial manure [人造廐肥] 將植物體利用人為處理如施加硫酸錏可過磷酸鉀氰酸化鈣等使之迅速分解腐爛成為有似天然廐肥之腐植質.

Artificial pollination [人工授粉] 利用人力以助花粉之傳授者如直接用手塗布雄蕊花枝或懸掛花穗參閱Hand pollination.

Artificial propagation [人為繁殖] 增殖植物個體須藉人力始能達到目的者通常指無性繁殖而言見Asexual propagation.

Artificial ripening [人工催熟] 乃利用人為處理以使未曾成熟之果實變為成熟之謂其主要目的為氧化果肉着色及脫澀分見Artificial coloring 及Removal of astringency.

Asepsis [肅清病原] 保藏食品手段之一,對於原料措置如採收包裝及運輸應特加注意不予微生物以孳生之機會更須充分洗滌以除去所附着之病原.

Asexual propagation [無性繁殖] 植物新個體之產生不經兩性之結合者以營養器官之一部如莖枝葉根等與母體分離獨立生長成為新株扦插劈接切接壓條分離諸法皆屬於此類分見Cutting, Division, Grafting, Layering及Separation.

Asparagus knife [石刁柏鏟] 為一種狹長鏟狀之刀,刀口為內曲之弧形或三角形,用以剷取石刁柏之嫩莖,亦可供鏟除雜草之用.

Astringency [澀味澀質] 指果實而言,一切未成熟之果均有澀味而不堪食尤以柿為最,乃因含有單寧及酸類之故,成熟時內部發生變化澀味即逐漸消失,亦可用人為方法除去之,參閱Removal of astringency.

Atmospheric drainage [大氣宣洩] 與Air drainage同.

Atomizer [小手用噴霧器] 為最輕便之手用噴霧器適於溫室及家庭園藝之用,由鉛銅等金屬或玻璃製成.

Autoclave [消毒器] 一種構造堅固之金屬筒可以密閉,將欲消毒之物品或食品置於器內用高壓之蒸氣殺滅其中之微生物

Autogamy [自花受精] 一花用其同花之花粉以行授粉受精者,此與自交受精稍異,參閱 Self-fertilization.

Autonomic [自動的] 用於單性結實,表示不經任何刺激即可發生者,參閱 Parthenocarpy.

Autumn bed [秋花壇] 花壇之佈置以供秋日觀賞者,所用植物以秋季開花為主.

Autumn garden [秋花園] 為供秋日觀賞之庭園,而以花壇花境為其主要部分,故實際亦即秋花壇之佈置也.

Autumn growth [秋梢] 即秋季生長之新枝,通常不充實,大多不能耐寒.

Autumn planting [秋植] 種子,根球,苗木等之栽植行於秋季者.

Auxilin [奧克西林] 一種生長素製成品之商名,內含有吲哚醋酸約22%,附有用法說明書.

Auxin [奧克新] 即植物生長素或賀爾蒙,植物體內含有之,現已知者有三種,即甲種奧克新(Auxin a, $C_{18}H_{32}O_5$),乙種奧克新(Auxin b, $C_{18}H_{30}O_4$)及異型奧克新(Heteroauxin, $C_{10}H_9O_2N$).

Availability [可用性] 在適宜之物理的或化學的狀態之下,可以供植物之吸收利用者稱之.

Avenue planting [道旁種植] 於道路之兩旁,所種植物以增加美觀者,參閱次條.

Avenue tree [行道樹] 為植於道路兩旁之樹木,城市裝飾之要素也,大庭園中亦常用之,普通每邊植樹一列,寬者可二列,但不多見,一般宜選用落葉性,幹大,樹冠整齊,耐修剪,生長速而枝葉繁茂之種類,又須能適應環境,易於繁殖而病蟲稀少,常見者如法國梧桐,刺槐,白楊,楓楊,花柯,楸,合歡,七葉樹等是.

Awinc [阿文克] 一種除蟲菊殺蟲藥劑之商名,可驅除蚜蟲,介殼蟲等有害蟲,附有用法說明書.

Axillary bud [腋芽] 芽之着生於葉腋間者.

Ax-mattock [斧鍬] 與 Mattock 同.

Azalea pot〔杜鵑盆〕 花盆之一種,盆之高度約為標準盆之四分之三,口徑大小自六英寸以至十二英寸.

B

Bacca〔漿果〕 與Berry同.

Back-bulb〔老球〕 蘭類植物假球莖之古老者,參閱Pseudo-bulb.

Background〔背景〕 為庭園中用以陪襯主要園景之事物,如綠籬建築物等之用為花境之背景,即其例也.

Background planting〔背景種植〕 栽植植物以形成背景者.

Backyard〔後庭〕 庭園之後景,即位於住宅之後方者.

Bag filter〔袋狀濾器〕 過濾用具之一種,以厚布作成圓錐形之長袋,以供液汁之過濾,構造簡單,因其濾清之效果不佳,故通常祇以之充初步之過濾,將液汁中比較大之固形物除去而已.

Bagging〔掛袋〕 為果實保護方法之一,於果實發育至相當大小時,用紙袋或布袋套圍果體,袋口用鐵絲或麻線繫於果枝上,為使紙袋耐久計常用柿漆或油漆塗之,布袋多用於葡萄,掛袋之目的在防止病蟲害之侵入果實,又可改進色澤及促進成熟.

Ball and Burlap planting〔帶土栽植〕 常綠樹及少數落葉樹木之移植,均須用帶土法,即於掘起時,保留根部周圍之宿土,勿使脫落,鏈成圓柱形或圓形土球,包以蒲包粗麻布等物,或用草繩綑束,以免搬運時有鬆散之虞,植入前再除去之.B&B.即此語之縮寫也.

Balled plant〔帶土植物〕 植物應用帶土移植法,其根部帶有土球者.

Balling〔帶土球〕 即將植物根部帶一土球之謂.

Balling hydrometer〔保林浮秤〕 為測定糖液濃度之一種儀器,其指示之度數即為含有糖分之百分數,例如保林50度表示該糖液含糖50%,測定溫度為攝氏15.5度或華氏60度.

Balustrade〔欄杆〕 庭園裝飾物之一,兼有實用價值,設於陡坡地及露壇壁之上方,防免意外事件之發生.

amboo rake [竹耙] 竹製之耙,用以清除落葉草梗等物,質輕而價廉,故適於家庭園藝之應用.

ank [坡地] 庭園中兩個不同之地區,其間必須有坡以連絡之,坡地上可種植綠草或匍匐性之植物,亦可用石塊嵌成模紋.

anking [築坡] 即於高低不同兩平面之間建築坡地,坡度之大小緩急應依需要及地面情形而定,邊緣宜圓鈍而不可成尖銳壁立之狀,因取其較易維持也.凡坡度較急而高逾 2.5 公尺者,須於坡沿之上方作一溝槽,使雨水不致順坡面流下而沖蝕土壤,沿坡腳最好再設一溝,以引水至一定所.至於高越 3 公尺以上之坡地,除如上述處理外,仍宜於坡之中途設之.(培土) 將植物周圍之土壤鋤鬆,壅土於根際,如栽培馬鈴薯,芹菜,韭菜等常行之.對於前者可免塊莖品質之變劣,對於後二者則可達軟白之目的.又若堆大量之土加用通氣法以貯藏甘藷,亦有應用此語者.

are-root planting [露根栽植] 與帶土栽植相對,即移植時植物之根部外露,不帶土球,適用於大多數落葉樹木及幼小苗木,手續簡單,搬運容易.植時須將根群伸展穴內,不可彎曲,埋土後充分壓緊實,勿留空隙.

ark grafting [皮接] 亦作皮下接,乃接於皮層與木質之間之一種接木,行於四五月間生長開始之後,則皮層易於剝離,始便於接合,每一砧木依大小可接以一二個或數個接穗,接穗之下方作一斜面切,並削薄之,砧木截頭,將皮層撥開或切開,插入接穗,縛緊塗蠟.

Barrel [果桶] 果實包裝用具之一,木製,兩端較中央稍小.

Barrel spray pump [桶形噴霧器] 為噴霧器之一種,唧筒及葯液均納 桶形之器內,裝以車輪,移動甚易.

Barrenness [不生產] 即果樹之不能結實者,與 Unproductiveness 同.

Barrow [手車] 為輕便之獨輪車,用以搬運肥料,土壤,盆缽,砂苔等物.

Basin [果底,萼窪] 果品記載用語之一,為蘋果,梨等果實着生萼片及花瓣之一端,向內凹陷而成盆狀,其大小,深淺,形狀等依品種而不同.

Basin irrigation [盆地灌溉] 為地表灌溉之一法,在緩傾斜地築成盆地狀,周以土隄,引水灌溉,此可使小面積之內,得充足之水分.

Basket[籃籠] 包裝用器之一,式樣頗有種種,用薄木板,柳條或竹篾製成,果實蔬菜及苗木均可用之.[花籃] 一種酬應用飾品,於精製之藤籃中,裝以適宜美麗之花卉,應用與花束同.

Basket layering[籃壓] 普通單枝壓條,將生根部分彎曲壓入有缺口之盆缽竹筐或鐵絲籃中,再依法埋土,者生根後分離時,連盆缽或筐籃取出移植,無虞死亡,適用於常綠植物之珍貴品種.

Basket plant [籃栽植物] 即應用於懸籃栽植之植物,以蔓性或匍匐性者為主,具美麗之花或葉,如紫鴨跖草,蟹仙人掌,吊竹,吊蘭,六倍利,金蓮花,矮牽牛,美女櫻,常春藤,金錢草等,均為常用之種類.

Basket press [條籃榨] 果汁壓榨器之一種,用硬木條作成圓筒形,木條之間留適宜之縫隙,周圍上下及中央各用金屬箍箍緊之,再備一較口徑稍小之圓木板,連以金屬螺旋軸,供加壓之用.

aetard trenching[三溝墾地] 為用掘溝法墾地之一種,同時開掘三溝,第一溝容納第二溝之一部及第三溝之一部.

Baume hydrometer[波美浮秤] 為測定鹽液濃度所用之儀器,其指示之度數,即為含鹽百分數,亦為用之代保林浮秤,以測定糖液,但其值須加以換算,波美一度約等於保林1.85度,又測定石灰硫黃液濃度者,通常亦用此浮秤.

Bearded iris [有髯鳶尾] 與Pogoniris 同,參閱 Pogon.

Beardless iris [無髯鳶尾] 與Apogoniris 同,參閱Apogon.

Bearing age[結果年齡] 一年生果樹苗木定植後,達到結果所需要之年數,此依種類而不同,平均年齡如下,蘋果4-10年,梨4-7年,榅桲2-3年,桃2年,李3-5年,葡萄4年,樹莓1-2年,醋栗1-2年,柿1-3年,柑橘3-6年.(所謂一年生苗係指無性繁殖後生長一年者而言.)

Bearing branch[結果枝] 即已結果之枝梢.

Bearing habit[結果習性] 果樹之種類不同,其結果習性亦異,花芽有頂生及側生之別,開綻後或僅生花器,或生成有葉之枝,再於此新枝之頂端或葉腋間開花結果根據結果習性,可將重要果樹分為六類(1) 果芽頂生開放後僅有花而無枝葉者,如枇杷榛果等是,(2) 果芽頂生開放後生成有葉之枝,而於新枝頂端着生花序者,如梨蘋果榅桲胡桃(雌花)山核桃(雌花)等是,(3) 果芽頂生開放後生成有葉之枝而於新枝之葉腋間着生花序者,如石榴西洋橄欖等是,(4) 果芽側生開放後僅有花而無枝葉者,如桃李杏梅櫻桃胡桃(雄花)山核桃(雄花)等是,(5) 果芽側生開放後生成有葉之枝而於枝頂着生花序者,如樹莓葡萄柑橘類等是,(6) 果芽側生開放後生成有葉之枝而於葉腋間着生花序者,如柿桑棗無花果等是.

Bearing orchard [成年果園] 即樹已達到結果年齡而正常產果之果園.

Bearing shoot—Bearing branch.

Bearing tree [成年樹,結果樹] 已正常產果之樹.

Bed [植床] 溫室中直接設於地面之栽植床,以之種植比較高大之花卉或促成用蔬菜,用木板作框,充以優良混合土,即可從事栽培.[花壇] 見 Flower bed.

Bedding [花壇種植,壇植] 將花卉佈置於花壇中之謂.

Bedding plant [花壇植物] 植物之適於花壇及花境栽植者,以一二年生或多年生草本為主。

Bee plant [蜜源植物] 為供蜜蜂採蜜用之植物之總稱,如各種果樹,大部花豆科植物以及椴樹蕎麥鼠尾草黃荊等,皆為常見而重要之種類.

Bell-jar [玻璃鐘罩] 為用於繁殖之一種鐘形玻璃罩,可形成密閉高溫多濕之環境,以利插枝生根及接木癒合.

Below-ground storage [地下貯藏室] 為設於地面下之換氣冷卻貯藏室,即所謂貯藏窖是也,參閱 Storage cellar.

Bench [植台] 為設於溫室地面上方之升起之栽植床,供繁殖及放置盆栽植物之用,建築植台可用全木材或用角鐵石板鐵管等以構成之,其高及潤均以適合工作為標準.[長椅] 庭園陳設之一,觀賞而兼實用

Bench grafting〔床接〕接就後之接株栽植於溫室繁殖床內者之謂.

Bend cutting〔曲形插,船底插〕插枝栽植時將中段埋於土內而使兩端外露,常用於甘藷.

Bending〔曲枝〕一種修剪技術,可以調節枝梢之發育,通常施於直立或強大之枝,用重物或加以束縛,使之彎曲或成水平,以減弱其勢力,經適宜時期後再令其還原.

Berry, Berry fruit〔漿果,莓果〕狹義言之,所謂植物學上之漿果,係多肉多漿不開裂,由單一子房發育而成者,如葡萄,越橘,紅醋栗,番茄等是.廣義言之,則包括一切多漿果實,除上列者外,尚有樹莓,黑莓,草莓,無花果等,此類均非真漿果.

Berry thinning〔疏果粒〕為疏果之一種,應用於葡萄,即將果穗上太密過小或有病蟲之果粒除去.

Beverage〔飲料〕園藝品製成之飲料,以果汁為主,果子露,汽水等亦屬之,通常指不經發酵者而言.

Bezi = Wilding.

Biennial〔二年生,二年生草〕植物生活環境上之各階段須於兩年之內完成者,即第一年發芽生長,至第二年開花結子,是謂之二年生,具有此種性質之草本,謂之二年生草,如甘藍,蘿蔔,胡蘿蔔,鐘花,蜀葵,自由鐘,桂竹香,剪秋蘿等是.

Biennial bearing = Alternate bearing.

Biennial fruit〔二年果〕果實結成後至翌年始成熟者稱之,如松樹是.

Bigeneric hybrid〔二屬間雜種〕為由兩不同屬之植物雜交所生之雜種.

Binding material〔束縛材料〕與Ligature同.

Binomial nomenclature〔二名法,雙命名法〕為林奈氏所創用之命名法,每一植物之學名均用兩個拉丁字組成之,列於前者為屬名,大寫,名詞,列於後者為種名,通常用小寫,形容詞,例如蘋果稱為Malus pumila.

Bird bath〔鳥浴池〕庭園裝飾物之一,盤形,下方有柱座,用石或水泥製成中威水。

Black Arrow [黑矢] 一種商品除蟲菊殺蟲劑,以粉狀施用,附有用法說明書.

Black-leaf 40 [黑葉四十] 一種商品殺蟲劑,內含40%之硫酸煙鹼,為驅除蚜蟲介殼蟲及其他軟體蟲類之特效葯,附有用法說明書.

Blancher [燙漂器] 供燙漂處理之用,加熱可用熱水或蒸氣,參閱次條之第一義。

Blanching [燙漂] 製造蔬菜罐頭及乾燥品,均常應用此種處理,果品有時亦需要之,即將原料置沸水或蒸汽中經一短短之時間.[軟白]植物遮除日光,使其葉綠素不能形成,組織因之變柔軟多汁,呈白色或黃白色,參閱次條.

Blanching culture [軟白栽培,軟化栽培] 蔬菜中有一部分種類具有苦味或不良風味,或質地粗硬,因之不適於食用,可遮光軟白,以改進其品質,石刁柏,芹菜,韭菜,苦苣,土當歸,葱,薑等,皆常用此法栽培.軟白之法甚多,可分為兩類,(1)定所軟白——植物不經移植手續,就其生長地行之,常用之法為壅土或圍以木板或草束.(2)促成軟白——植物移植於適宜設備之床內,以進行軟白,通常用人工加熱,以供給溫度,乃促成與軟白並用之法也,其應用之設備為溫床,軟白溝及窖室。

Bleaching [漂白] 為防止果實切後變色,保持潔白之法,蘋果梨等常用之法,將果實置於不透氣之容器內,燻以硫黃烟,參閱Sulfuring.

Blending material [摻入物] 製造果汁果醬等食品時,於一種果品中加入少許另一種果品,後者即為摻入物,目的在改進製品之風味.

Blind tree [盲樹] 因病蟲或栽植不宜之影响,而不能開花或結果之樹稱之。

Bland wood [盲枝] 為無花或無芽之枝.

Blocking; Block planting [塊植法] 移植幼苗,將部土壤切成圓錐形或方形之塊者,此與帶土移植相似,祇應用於草本小植物耳。

Bloom [果粉] 為數種果實表面所附着之蜡質白粉,具有保護作用,此於梅果葡萄柿李等最為常見,又甘藍葉面之蠟質物亦稱之.〔開花〕花芽開放,與Blossom同.

·Bloom-Food〔花糧〕 一種化學製品之商名,以錠片狀售賣,可以助切花之保養,附有用法說明書.

Blooming date〔花期〕 植物開花之時期,依種類而不同,復受地方風土之影響.

Blossom〔花朵,開花〕 植物之花芽在環境適宜時,發育開綻而成花朵,此種現象謂之開花.

Blossom end〔果頂,花端〕 為果實上與花柱相連之一端,因在果梗着生處之反對方向,故稱之為果頂.

Blue garden〔藍色園〕 植物概以開藍色或紫色花為主,為求色彩調和起見,必須間以綠色或灰色之葉或白色黃色之花,園中之建築及陳設宜漆成淡綠白黄等色.

Blue print〔藍圖〕 為庭園設計及溫室建築所不可少者,將一切應有之佈置計劃構造說明等,用墨水繪於透明紙上,其下方襯以藍圖紙,置日光中曝曬,取下用清水洗淨即成藍圖紙之製法如下,先配製溶液 (1) 檸檬酸鐵銨10克,和水0.05 公升,(2) 赤血鹽(鐵氰酸鉀) 8 克,和以水0.05 公升,此二者分別溶解過濾,保藏時須分置,臨用時再依等量比例混合,於黑暗處用毛刷塗布於道林紙上,令其在暗室中乾燥.

Body stock〔體砧〕 用樹之體幹為砧木者,有時與中間砧相混,參閱Intermediate stock.

Bog garden〔濕地園,沼澤園〕 就低濕之地或沼澤之近旁施以適宜之佈置而形成特殊之園景,土壤宜肥沃而呈酸性反應,較平均地面應低一尺左右,路面須保持乾燥,亦可鋪以踏脚石.

Bog plant〔沼澤植物〕 即供濕地園栽植之植物,大多均能抵耐水濕,花葉須有觀賞價值.

Bolting〔早期結子〕 二年生植物如甘藍萵苣甜菜等,在未長成之前而於第一年抽苔開花結子者.

Bolting tree = Bracing.

Bordeaux mixture [波爾多液] 為最常用之殺菌劑,由硫酸銅生石灰及清水三者配合而成,標準之配合式為1-1-100,即硫酸銅1公斤,生石灰1公斤,水100公升,將硫酸銅及生石灰各用少量水溶解,再將所餘之水分為兩份,分別加入上列兩種溶液中,使之稀薄,然後同時傾入另一大桶中,充分攪和,濾去不潔物,即可用以噴布。一切盛器均宜為木製,金屬者不可用。

Border [花境] 見Flower border.

Borol [除蛀劑] 一種商品殺蟲劑,主要成分為二氯苯,適於除滅蛀幹蟲類,附有用法說明書。

Botanic garden [植物園] 栽種植物供科學研究之用者,通常作庭園佈置,又可為怡情養性之所,搜集世界各地所產之種類而培養之,規模往往甚大,一完全之植物園應包括樹木園,藥用植物園,溫室,標本室,苗圃,試驗地等部分。

Bottled beverage [瓶裝飲料] 飲料之用玻璃瓶封裝者。

Bottle grafting [瓶水接] 為舌接之一變形,接穗之下方多出十餘公分之一段,插入盛水之瓶中,或將束縛物垂於水內亦可,目的在使其供給充足之水分,以利接口之癒合。

Bottling [瓶藏裝瓶] 食品用玻璃瓶裝盛,密封消毒,以資保藏,果酒,果汁,果飴,汽水,以及各種飲料,均適用之,瓶之構造宜簡單,俾易保持清潔,質地須堅固,則能耐高溫處理,用有色或無色之玻璃製成,瓶蓋之木栓片應十分良好,然後封口始易嚴密。

Bottom heat [底溫] 所以對氣溫而言,即媒質中之溫度,供給底溫可用釀熱物,熱炯,熱水,或蒸氣,溫床,溫室均為具有底溫之設備,底溫高者對於插枝生根有促進之功效。

Botulism [香腸菌中毒] 乃食用曾為香腸菌(Bacillus botulinus)所腐壞之罐頭食品而因之中毒者,此在家製之蔬菜及肉類罐頭最易發生。

Boulevard [公園路] 為進入公園或公園中之道路,商用汽車不能通行。

Boundary planting〔邊境種植〕 於庭園周圍邊緣部分種植樹叢者通常以樹木為主,用為背景或藉以遮阻視線.

Bouquet〔花束〕 為花卉製品之一,供社交饋贈之用,其於婚儀喪禮訪問迎送探病以及男女間之贈答,皆甚常見,因對象或目的之不同,製作設計亦有差異.

Bowed-branch layering〔偃枝壓〕 為最普通之壓條法,或稱之為單正壓條,將欲壓之枝條引彎曲入地,用土埋壓,於生根後分離之.

Box〔果箱〕 為果實包裝容器之一,木製,長方形或近於方形,其標準大小以容量計約為2173立方英寸,亦為扁形而容量較小者,此視所裝之果實種類而異,構造皆須堅固,以免途中破損.

Boxing〔箱栽〕 用比較淺之木箱以栽培植物者稱之.

Bracing〔縛枝〕 樹木因樹冠太重或形成狹小叉角而有叉裂之危險者,可用縛枝法之預防之,即於兩大主枝之間連以拉緊之鉛絲或電線,均不可直接繫於枝上,以免致成縊傷,宜在枝之中央橫穿小孔,插入一端有鉤之鐵棒,鉤皆向內方而與鉛絲連接,另一端用釘帽固定之.

Bramble〔樹莓類〕 包括薔薇科懸鉤子屬之果類,如刺莓黑莓露莓羅根莓等,概為多刺之小灌木.

Breaking〔終止〕 指休眠而言,終止休眠即可進行生長.〔開綻〕為花芽起始開放之謂.〔折梢〕為一種特種修剪技術,將枝梢之先端部折斷而不取下.

Breba〔春熟無花果〕 即普通無花果之於春季成熟者.

Breeding garden crops〔園藝作物育種〕 應用遺傳學及育種學原理以改良園藝作物之品種.

Brick pack〔磚裝法〕 為無花果乾常用之包裝法,選擇最優美整齊之果,沿一側縱切之,壓之使扁,排列於硬木製成之模型中,裝入適宜分量,加壓壓成塊狀,包以蠟紙,裝置匣中,磚塊之大小分為4.6.8.12.及16英兩五種.

Bridge grafting〔橋接〕 特種接木法之一,非用於繁殖,乃以之救傷,故又名之為救傷接或修補接。樹木因受病蟲動物或寒凍之害而致成大面積或環狀創傷者適用之。傷部之已損樹皮須先行削淨，用皮接法接以同樹之小枝，較傷面約長5-7公分，所需數量依傷面大小而定，各枝之間相距約5公分，接合部均需塗蠟保護，此法藉小枝溝通傷面上下兩方養分之通路，宛如搭橋，因有橋接之名。

Brine [鹽液] 為食鹽和水配成之溶液，有時加用少量糖及香料，用於蔬菜罐藏及浸製。

Brining [注鹽液] 將配就之鹽液注入罐頭中。

Brix hydrometer [布雷克斯浮秤] 為與保林浮秤相似之測糖濃度用具，測定溫度為攝氏17.5度，參閱Balling hydrometer.

Broadcasting; Broadcast seeding [撒播] 播種法之一，用手持撒種子，均勻撒布於苗床土面，再以細土覆之。

Bubble bouquet [氣泡插花] 為水下養花之一法，將花枝懸重物立於玻璃缸內(如養金魚所用者)，加入清水，因花瓣葉片等在水內有氣泡發生，故名，僅能維持一天或兩天。

Bud [芽] 為未發育之小枝梢，依位置可分為頂芽及腋芽(側芽)，依其性質又有花芽(果芽)、葉芽、混合芽及中間芽之別，越年之芽謂之冬芽，發育期間生成之芽，謂之夏芽，至於單芽與複芽，則根據其每節上所着生芽數而分之也。[接芽] 即芽接時所用之芽片，其功用與枝接之接穗同。

Bud cutting [芽插] 以芽為插枝之扦插，如一芽插及"葉芽"插是，分見Single-bud cutting及"Leaf-bud"cutting.

Budding [芽接] 接木法之一，以簡單之芽為接穗，通常不帶木質，使之與砧木相接合，一般行於生長期間，即自七月以至九月，惟亦有於休眠期間芽接者。

Budding in the canes [插前芽接] 為芽接與扦插並用之一種繁殖法，常用於薔薇類繁殖，用母株每年於近根處剪之，令其生新枝，而於此新枝上接以10-20個芽，相距約10-12公分，接後經2-3星期芽已與砧木相癒合，即可剪成插枝以行扦插，如是於一年內可產生良好之芽接苗.

Budding knife [芽接刀] 刀之專用於芽接者,有法國式與英國式之別,通常前者刀刃為曲線形,後者為直線形,均附有固定或活動之片狀物,用骨或金屬製成,以之撥離砧木之皮層.

Bud grafting [芽接] 與Budding同.

Budling [芽接苗] 苗圃中培養之苗木,係用芽接法繁殖者.

Bud mutation [芽突變] 為產生芽變品種之主要原因,見次條.

Bud sport [芽變品種] 在正常之樹上,其某一芽所生之枝發生特殊價值之變異,以之行無性繁殖,另成一新品種,華盛頓臍橙即其最著之例.

Bud stick [芽條] 為芽接時取芽所用之枝,有時簡稱之為Stick.

Bud variety = Bud sport.

Bulb [鱗莖] 無性繁殖器官之一,為肥大之地下莖,由多數鱗片組成,主長芽包圍於鱗片之中,鱗片為貯藏養分之器官,因排列及構造之不同,而有鱗片鱗莖與有皮鱗莖之別,最常見之鱗莖類植物如洋葱大蒜百合水仙洋水仙鬱金香晚香玉等皆是.[球根植物]通常為多數,包括一切莖部或根部肥大之植物,凡具有鱗莖球莖根莖塊莖或塊根者均屬之.

Bulbel = Bulbil.

Bulbil [小鱗莖] 為生長於母鱗莖下方周圍之小個體,可供繁殖之用,但須培養相當長之時間(普通數年),始可達到開花或供食之階段.

Bulblet [珠芽] 為着生於鱗莖地上部分之小個體,或生於葉腋,間以代芽,如百合是,或生於花序中以代種子,如大蒜是,亦如小鱗莖可供繁殖之用.

Bulbo-tuber = Corm.

Bulb pan [球根盆] 為適於球根花卉栽植之淺黏土盆,亦可用以行播種或移植幼苗,其高普通為標準盆之半,口徑自5英寸至12英寸不等.

Bulb planter [球根栽植器] 用以栽植球根類或他種植物之鐵製器,呈狀塞状,有一横柄,因其底平,故形成之孔穴宽大,植後不致存留空隙,用穿孔器者则否.

Bulb separation — Bulbil.

Bulk pruning[粗剪] 即剪去粗大之枝,此與重剪並非同義,稍有差别,蓋粗剪可以不達到重剪之程度,而重剪亦可藉細剪以形成之也.参閲 Heavy pruning.

Bunch[果房,果穗,果串] 指葡萄而言,係由多數果粒所組成.

Bur, Burr[針毬] 為栗之果實.

Burl[樹瘤] 樹幹上生長之腫大部分(瘤),此在世界爺最為常見,切下之供給水分及温度,能進行生長,可培養於水盤中以供觀賞.

Burning[灼傷] 因日光過於强烈或温度太高而使植物某部形成焦灼.

Burying storage[埋藏法] 適用蔬菜類,在地中掘穴,置入貯藏品,然後堆土埋之.

Bush fruit[叢性果樹] 為矮小果樹類之總稱,樹莓,葡萄,醋栗,草莓等均屬之.

Button[果蒂] 果實上所附帶之果梗短而包括萼片在内,如柑橘,番茄等.

By-product[副產品] 為利用主要產物之廢棄部分而製成者,如用杏核以製杏仁油,用葡萄壓渣以提製酒石乳或草窣,用蘋果梨之果皮果心以釀醋,皆其例也.

C

Cactus house[仙人掌温室] 温室之專供仙人掌類植物栽培者,室内須時時保持乾燥狀態,有充足之通風設備,冬季平均温度宜為攝氏10度,不得低於4度.

Caliper[彎脚規] 為測量樹苗幹徑之一種儀器,具二彎脚,可以開合,另一端連以指針,横弧上刻有度數,以指示應有之大小.

Callosity — Callus.

Callus[癒傷組織] 枝梢剪斷或受傷後於其切面或傷部生成一種柔軟

組織具有保護作用,可以防止病菌及水分之侵入,此即謂之護傷組織,對於插枝生根,甚為重要。

Callusing 為形成護傷組織之意,與癒合同,參閱前條及 Healing.

Calomel [開洛密] 即一氯化汞,又稱甘汞。

Canadian garden [加拿大庭園] 西洋庭園之一,與英美庭園相近似,一般多為混合式及自然式,岩山園甚為普遍,因氣候關係,除沿海受暖流影响之處而外,內地在平原開敞地方設園者,必需備風障,選用特能耐寒之灌木或喬木。

Candied fruit [糖製果乾] 果實在糖液中重複熬煮,逐漸增加其濃度,使糖分緩緩滲入果內,俟到一定濃度後(通常為保持65-70度)乾燥之,亦有於乾燥後再被以一層透明玻璃狀之糖衣者,則外皮更為美觀。

Cane [種蔓,結果母蔓] 為葡萄主結果枝(或稱果蔓)之枝蔓,又如樹莓類之莖幹亦稱之。

Cane pruning [種蔓修剪] 為葡萄之一種修剪法,與 Guyot pruning 相似,參閱該條。

Canned fruit [罐頭果實] 果實之用裝罐法保藏者。

Canned product [罐頭,罐藏品] 一切用洋鐵罐或玻璃罐嚴密封裝之食品均屬之,製成品通常均保持原來之形狀風味,則往往加以人為之調和,如果實之加糖液,蔬菜之加鹽水是也。

Canned vegetables [罐頭蔬菜] 蔬菜之用裝罐法保藏者。

Canning [罐藏,罐頭製造] 食品密封於洋鐵罐或玻璃罐中而施以熱力殺菌者,謂之罐藏,用此法保藏之食品,如一切處理,脫氣,封口及殺菌均甚適宜,則可經久不壞。

Canning crop production [罐藏用作物栽培] 指蔬菜而言,專門生產適合罐頭製造用之種類,此在美國甚為普遍,常由製造工廠以種子供給栽培者,故產品易於優美整齊,將來再由工廠備價收買,如是兩方均感便利。

Canning ripe stage [罐藏熟度] 即適合罐藏用之成熟度,普通對果實。

而言,其標準為風味香氣及色彩均良好,肉質緊密而不軟,處理後仍可保持原來形狀與質地。

an vacuum tester [罐頭真空測定器] 罐藏用設備之一,用以測定罐頭內部之真空程度。

ape bulb [好望角球根] 球根植物之產於非洲好望角者稱之,如唐菖蒲、君子蘭、小鳶尾、小蒼蘭、狒狒草、馬鈴水仙、射干水仙、百子蓮等是。

apping machine [封瓶機] 為瓶裝食品封口所用之機械。

aprification [無花果授粉] 即利用野無花果以行栽培種之授粉而達結果之目的者,尤以司麥那(Smyrna)類最需要之。

aprifig [野無花果] 為無花果之一種,專供授粉之用。

arbohydrate-nitrogen ratio [醣氮比率] 普通簡書為C-N ratio,係美國克勞斯(Kraus)及克萊畢爾(Kraybill)二氏所倡明,其要旨為植物之營養生長及結果作用受其體內醣類與氮素之供給情形所左右,即此二者之間之比率適宜時結果良好,反是結果減少。

arbonated juice [加氣果汁,汽水果汁] 即加用炭酸氣之果汁,此在葡萄、柑果、羅根莓等最常見,參閱次條。

arbonation [加炭酸氣] 為汽水果汁製造上所必需之手續,目的在改進汁之風味,將炭酸氣加以汁中之方法甚多,不外加壓及低溫處理,通常多採用低壓法,果汁溫度降至華氏32度,導入氣體與之充分混合,不須多加壓力即可迅速溶解,其用高壓法者,所施壓力一般為20-40磅。

arbon-nitrogen relation [碳氮關係] 與Carbohydrate-nitrogen ratio同義。

Carnauba wax [卡腦巴蠟] 為果實浸蠟處理所用材料之一種,係由巴西產之蠟棕櫚(Copernicia cerifera)提製而成。

arnivorous plant [肉食植物] 即食蟲植物,見Insectivorous plant。

arotene; Carotin [葫黃素,胡蘿蔔精] 為植物體內所含色素之一,化學式為$C_{40}H_{56}$,存在時表現黃色、橙黃色或橙色。

arpet bed [毛氈花壇] 花壇佈置成為極有規則而美觀之模紋者,往往保持平整之表面,植物須不時修剪,望之有如毛氈,故名.

Carpet bedding [毛氈式壇植] 即造成毛氈花壇之設計及種植.

Carpology [果實學] 與Pomology同.

Cascade [小瀑布] 庭園水景之一,亦為岩石園之一部,水經過岩石中而於下方流出,形成若干小型之瀑布.

Case-hardening [形成硬殼] 為果蔬烘乾所常用之術語,因乾燥之環境不宜,使果蔬之外皮變硬,可阻止內部水分之蒸發,影响乾燥作用之進行,高溫而兼之低濕者,最易發生此弊.

Catalase [催化酵素] 酵素之一種,可將雙氧水分解為水及氧氣.

Catch crop [增益作物] 即間作中所栽培之矮小而成長速之作物,與Companion crop 同.

Cauliflory [幹上着花] 於幹上或大枝上開花或結果者.

Cavity [果窪] 果品記載用語之一,即梨果類果梗基部之窪入部分.(孔穴)常見於老樹樹幹,因受傷腐爛而成.

Cellar [窖室] 為低入地下之穴或小室,用以貯藏園藝產品或以之行軟化栽培.

Cellar gardening [窖室園藝] 冬季用窖室以栽培蔬菜者稱之.

Cellophane [賽璐凡] 一種賽璐珞製品,不透水而可透光,適於作植物保護之用.

Cel-o-glass 見Ultra-violet transmitting glass.

Celotex [西爾台] 一種木栓製品之商名,用於貯藏室之建築,為不導熱性.

Cemetery [公墓] 為公共埋葬之所,其設計及佈置均以庭園應整潔而美觀.

Central leader training [中軸式整枝] 即閉心式整枝,見Close-centered training.

Central park [中央公園] 為都市公園之主體,以此為中心,聯絡其他公園,面積規模通常較大,以都市大小及人口多少為標準,大概每千人應有一畝。

Centrifugal 〔離心的，遠心的〕 指花序開放之情形而言，即位於中央之花先開，然後漸及於周圍，如蘋果是。

Centripetal 〔向心的，求心的〕 指花序開放之情形而言，即周圍之花先開，然後漸及於中央，如梨是。

Ceresan 〔賽富散〕 一種有機汞殺菌之商名，與殺微散相似，附有用法說明書，參閱 Semesan.

Chaining tree — Bracing.

Chalaza 〔合點〕 果品記載用語之一，即種核上之珠心合着部分。

Check irrigation — Basin irrigation.

Check plant 〔對照植物〕 從事各種栽培試驗（田間試驗）時，將一部分植物不加任何處理，以之供比較之用，此即稱為對照植物。

Chemical gardening 〔化學園藝〕 為近代之一種新栽培術，通常行於溫室內，培養園藝作物完全用化學品溶液，不需土壤，即所謂無土栽培，參閱 Soilless culture.

Children's garden 〔兒童園〕 為供兒童嬉戲之所，即於庭園之一部，佈置兒童所用之各種運動設備，庇蔭樹木亦不可少。

Chili sauce 〔粗番茄醬〕 番茄製品之一，用全形之去皮番茄製成，不施破碎，加用各種調味品及香料，與普通番茄醬相似，濃縮至適宜之稠度，瓶口須較廣大，方易裝納。

Chilling 〔凍傷〕 新鮮品貯藏時，因溫度太低而使組織損害，是為凍傷，由貯藏環境移入室溫下之後，其傷立現。

Chimaera, Chimera 〔歧異〕 植物體之一部分如枝、葉、果實等生出後，與母體不同而成特異之狀者，謂之歧異，其發生也，有因接木雜種者，有因植物體內少數細胞突變而成者，部位不一，型式亦有種種，參閱 Graft-hybrid.

Chinese garden 〔中國庭園〕 為東方庭園之一，自然式之鼻祖，有假山園與平地園之別，曲折隱顯為其特質，於小面積內可使園景擴大，假山玲瓏奇特,池水迴轉,蜿蜒建築物常佔相當大之面積,亭臺廊榭樓閣牌坊等,均為園之主體,植物多取木本,尤注重觀花種類.

Chinese layering [中國壓條] 即空中壓條,因係我國發明,故有是名.見 Air layering.

Chip budding [嵌木芽接] 芽接法之一種,屬於片狀芽接,行於早春,砧木上刻去一小塊,長約2公分,闊約1公分,深以4公厘為度,上下均向內斜,接芽之大小與砧木之刻去部分相同,帶有少許木質,嵌入後束縛塗蠟.

Chlorophol [克羅福] 一種有機汞殺蟲劑之商品名,與 Semesan 相似.

Chlorosis [白化病] 或稱黃化病,植物失去其正常綠色而呈黃白色或白色,為一種生理的病害,缺少鐵錳鎂等原素時,均可發生此種現象.

Cicatrization [結疤] 植物之葉苞片果實等脫落後,其處癒合而遺留疤痕之謂.

Cider [蘋果汁] 為用蘋果製成之果汁,其不經發酵而味甘者曰甘味蘋果汁,微經發酵而含有少量之酒精者曰發酵蘋果汁,均為佳美之飲料.

Cinder [煤渣] 為繁殖媒質之一,溫室植台及其他繁殖床中常用之,排水佳而清潔,細者可充築路之材料.

Cion —Scion.

Cion budding —Prong budding.

Circumposition —Air layering.

Circus [圓形十字路圍] 於十字路交叉處劃出圓形之地區而施以庭園之佈置者.

Citradia [西特拉帝] 柑橘類雜交種之一,由枳殼X酸橙而來.

Citraguma [西特拉古瑪] 柑橘類雜交種之一,得自西特蘭杞X溫州蜜柑.

Citrange [西特蘭杞] 柑橘類雜交種之一,得自甜橙X枳殼.

Citrangequat [西特蘭金橘] 柑橘類雜交種之一,得自西特蘭杞X金柑.

Citremon [西特蕾檬] 柑橘類雜交種之一,得自枳殼X檸檬.

Citriculture [柑橘栽培] 為果樹園藝之一分科專門研討柑橘類品種栽培及處理者.

Citrograph [柑橘記載] 應用於柑橘品種分類記載各品種之特徵.

Citrology [柑橘學] 同Citriculture.

Citrunshiu [西特溫州] 柑橘類雜交種之一得自枳殼X溫州蜜柑.

Citrus fruit, Citrous fruit [柑橘類] 為金柑(Fortunella)柑橘(Citrus)及枳殼(Poncirus)三屬果樹之總稱有時包括黃皮果(Clausena)在內.

Citrus fruit culture = Citriculture

City garden [城市園] 為位於城市市區內之庭園.

City park [市內公園] 為位於城市市區內之公園通常多見於大都市,故亦可稱為都市公園.

Clarification [澄清] 為果汁製造上之一種手續應用種種方法如過濾,加澄清劑,凍冰,加熱,加酵素等,使汁之浮懸微粒迅速沉澱然後除去之,則汁液呈清澈透明狀態.

Classic style [擬古式] 同Formal style.

Clayey soil [黏土] 此種土之質地最細乾則成硬塊濕則黏而韌,可捻成長帶,其所含黏粒在30%以上,因他種組成之多寡不同,又分為砂黏土,粉土及壤黏土,至於含黏粒較少者,則稱為黏壤土.

Clean tiilage [清耕法] 園圃土壤管理法之一,即常時耕作,保持清潔不令雜草生長.

Cleft cutting [割插] 於普通插枝之下端用刀縱切成一割縫,往往更以小石子夾於其間目的在使生根較為容易.

Cleft grafting [割接] 亦稱劈接,行於休眠期間,砧穗之大小不相等,砧木通常大於接穗,每一砧木可接一或數枝,一般以1-2枝最為普通,砧木截頭削平切面,用割接刀縱劈之,接穗之下端削成楔形斜面,插入割縫中,縛緊後塗蠟保護.

Cieft-graftin chisel [割接器] 為割接專用之工具,式樣不一,通常具二部分,一為平直刀片,用以劈劈砧木,一為楔形片,位於刀片反對方向之尖端或在柄之後面用以撑撥割縫納入接穗。

Cleistogamy [閉花] 自花受精不須開放其花者謂之見於堇菜屬(Viola)植物。

Clingstone [黏核] 指桃及油桃等而言果肉黏着於核上不易分離可為分類之根據凡具有此種性質之品種謂之黏核種。

Clipping [剪形] 見 Trimming.

Cloche gardening [鐘罩園藝] 應用玻璃鐘罩以保護植物而行栽培者稱之為集約栽培之一種。

Clon; Clone [營養苗] 為自單株而用無性繁殖法所產生之群個體與播種苗相對。

Close-centered training [閉心式整枝] 自然形整枝之一如圓錐形圓柱形等屬之心部不開敞有一中軸於中軸之周圍着生主枝參閱 Fuseau training 及 Pyramid training.

Close case method [框植法] 掘接接就之接株栽植於溫室之繁殖框匣中令其進行癒合此種方法謂之框植通常應用於針葉樹類。

Close fertilization [近親受精] 與自交受精同義見 Self fertilization。

Clothes yard [晒衣場] 見 Drying yard.

Cloth house [布棚室] 為栽培設備之一用紗布或洋布張於木製之屋架上而於其中從事植物之培養此種可減弱日光之強度夏季炎熱時用之甚宜。

Clove [蒜瓣] 即大蒜之鱗片分離之可供繁殖之用。[丁香] 為園產製造常用之香料係雞舌香(Eugenia aromatica)之乾燥花蕾。

Coarse pruning [粗剪] 同 Bulk pruning.

Codlin; Codline [小蘋果] 為半野生之蘋果小形綠色而品質劣竇即沙果也此語用於英國。

Cold frame [冷床] 為在適宜保護下僅利用日光熱力以適合植物之發育經不施任何人工加溫之苗床可供播種扦插移植及栽培短期作物之用又若幼苗行健化時必須在冷床中經一相當時間。

Cold-mastic wax 〔冷用接蜡〕 為接蜡之一種,在常温下為軟糊狀,用時不須加熱熔化,其主要成分與熱用接蜡同,惟另加酒精,故又有酒精接蜡之名。

Cold-pack〔冷裝〕 罐頭食品製造時,其裝罐温度甚低或未預行加熱者,謂之冷裝,此法殺菌必須充足,否則易生危險.

Cold resistance〔抗寒力,抗寒性〕 為植物對於低温抵抗能力或適應性.

Cold storage〔冷藏〕 為利用冷氣設備以行貯藏者,其温度通常甚低,且可隨意調節,冷却方法為直接用冰或藉壓縮氣體之機械作用,適於大規模貯藏,參閱 Ice refrigeration 及 Mechanical refrigeration.

Cole crop〔甘藍類〕 為甘藍及其近似種類之總稱,如花椰菜,抱子甘藍,綠葉甘藍(羽衣甘藍),球莖甘藍等均屬之.

Collective fruit〔集體果〕 果實自數花或多數花之子房融合而成者,如無花果,桑椹,鳳梨等是.

Colonnade〔柱廊〕 庭園建築物之一,將多數磚石或水泥築成之柱依直線排列,形成走廊,柱上往往用植物裝飾.

Coloration〔着色〕 為果實進行成熟時,將其固有之色彩顯露之謂.

Color harmony〔色彩調和〕 色彩為表現庭園美之主要因素,必須配合得宜,合乎調和之原則,然後相得益彰,形成佳景.

Coloring pigment〔色素〕 為表現各種色彩之物質,在植物體內常見者,計有葉黃素,茄紅素,葉黃素,花青素等.

Color sheme〔色之配列〕 庭園佈置時,依植物之葉色或花色作適宜之配列,以表現其美者,即實現色彩調和之手段.

Column = Gynandrium.

Combination system〔複式乾燥法〕 果蔬人工乾燥方法之一,最高温在乾燥器之中央部,新鮮品自最低温之一端置入,經過最高温而於中等温度之一端完成其乾燥作用.

Commercial fruit〔商用果品,經濟果品〕 即果品在市場上具有經濟價值者.

Commercial gardening 〔商業園藝,經濟栽培〕 為園藝經營方式之一,完全以營利為目的,對於種類品種之選擇,需須注意,地位亦須適宜,一切管理操作,均力求合於經濟原則.

Commercial nursery 〔商業苗圃,經濟苗圃〕 苗圃經營方式之一,純以營利為目的,又可分為繁殖苗圃,培養苗圃,批發苗圃及門市苗圃.

Commercial package 〔商用包裝容器〕 即商業上果實包裝所用之容器.

Commercial variety 〔商業品種,經濟品種〕 為具有經濟價值,適合營利栽培之品種.

Common storage 〔普通貯藏〕 為不需要冷氣設備,祇借空氣之更換以保持適宜之溫度者,其貯藏溫度一般較高,且不易控制,北方寒地用之甚宜,參閱 Air-cooled storage.

Companion corp 〔間作物,副作物,伴作物〕 植物之栽培於主要作物之生間者稱之,其性較主作為矮小,長成亦較速.

Companion corpping 〔伴作〕 與間作同義,見 Inter cropping.

Compatibility 〔和合性,親合性〕 此語在接木及授粉均屬常用,砧穗二者之間,必須和合,始能有良好之結合,花粉與胚珠之間亦必須相合,始可受精結實.

Complete fertilizer 〔完全肥料〕 為含有氮磷鉀三種要素之化學肥料.

Compost 〔堆肥〕 堆積一切有機質廢棄物,經相當之期間,充分腐爛,即成堆肥,用以配製混合土壤,亦可直接施於園圃中.

Compositing soil 〔堆肥土〕 為堆肥與園土混成之土壤.

Compound bud 〔複芽〕 為一節上有二三個以上之肥大芽者,即主芽之外副芽亦甚發達.

Compound layering 〔重複壓〕 為 Serpentine layering 之異稱.

Compressed cavity 〔扁平果窪〕 果品學記載用語之一,果窪部分淺而狹者稱之.

Cone planting method 〔錐形栽植法〕 植穴之挖掘與普通栽植同,但樹苗植入之前,先於穴底築一錐形土堆,約為植穴之三分之二,苗木根部分配於堆面,依常法栽植之。

Cone-shaped training.—Pyramid training.

Confection [果子糖] 果實製造品之一種,為將果汁加入糖中製成各種不同風味形狀及質地之糖果,祇具果味,不見果體。

Congenial graft [和合接木] 為具有和合性而接合良好之接木。

Congeniality [和合性,和合力] 應用於接木,其意與Compatibility同。

Conservatory [養花房] 為保護植物越冬之溫室,建築概甚高大,亦有將內部作美術之佈置以供冬日觀賞者,此與冬園相似,參閱Winter garden.

Constant temperature system [定溫乾燥法] 果蔬人工乾燥方式之一,在乾燥期間溫度固定不變。

Contact insecticide [觸殺劑] 殺蟲藥劑與蟲體接觸即可將其殺死者,是為觸殺劑,施於蟲體之外方及植物莖葉上,藥劑自氣孔透入蟲體內,並不須害蟲吞食,一切吸收口器害蟲軟體蟲類以及蟲卵均適用之,例如石灰硫黃液油類乳劑除蟲菊類烟鹼類肥皂液等,皆常見之觸殺劑也。

Continuous layering [連續壓] 亦作長枝壓,適用於枝條長而生根容易之植物,如葡萄運蝕紫藤等,早春將欲壓之去年枝彎曲匍匐地面,用鈎固着,待新枝長約4-5寸時,此被壓枝全部用土埋覆,或先於地面掘深約3-5寸之溝,引入枝條並固定之,初覆少許土,隨新枝生長而逐漸增加,秋季落葉後或翌年早春掘開土壤剪斷分離。

Control plant.—Check plant.

Conveyor [運物車] 為搬運原料或產品之工具,乾燥或其他製造工廠以及包裝販賣貯藏等處理均應用之。

Cooking quality.—Culinary quality.

Cool house [低溫溫室,冷室] 為溫室之一種,冬季室溫在攝氏3-10度之間,單屋面或雙屋面,用以保護植物越冬及培養不需要高溫之植物。

Cool season crop [冷季作物] 指蔬菜而言,喜冷涼氣候,生長期間不需要高溫,大多適於秋播,如甘藍類,煮食菜類,生食菜類,根菜類等是.

Cool wax=Cold-mastic wax.

Coöperate packing house [合作包裝室] 為生產者之共同組織從事果實之包裝.

Coöperative marketing [合作販賣] 為生產者之共同組織從事產品之販賣,以避免中飽或他種損失,可獲較多之收益.

Cordon pruning [單幹修剪] 同 Cordon training, 見次條.

Cordon training [單幹形整枝] 人工形整枝之一,僅有一主枝,又分為直立,水平及斜生三種.

Core [果心] 為果實中心之部分,特指梨果類,番茄,鳳梨等亦常應用之.

Core flush [果心變紅] 為蘋果之一種貯藏病害,果心部變淡紅色.

Core line [果心線] 果品學記載用語之一,為果心周圍之線,即果心之外緣.

Corm [球莖] 無性繁殖器官之一,乃肥大之球形地下莖,內部為實心而無鱗片,表面有環紋及薄膜,並有明顯之芽,唐菖蒲,番紅花,芋,薺,慈姑等均為最常見之球莖植物.

Cormel, Cormlet [小球莖] 為生長於母球莖周圍之小個體,稍加觸動即行分離,可供繁殖之用.

Corrective [改正劑] 為加於噴布藥劑中之一種物質,用以減少對於植物所生之可能的傷害.

Corrosion [腐蝕] 指洋鐵皮而言,罐頭因製造處理未宜,每易發生此種腐壞,尤以酸性強之果品為最,係氧化作用之結果,是故驅除氧氣或空氣,為防止腐蝕之唯一方法,而迅速冷卻以及低溫貯藏,亦為減少腐蝕之必要條件.

Coulure [葡萄落果] 葡萄專用之語,其果不能長成而早落者稱之.

Counter-current system [逆流乾燥法] 人工乾燥方式之一,新鮮品自空氣出口之一端置入乾燥器內,而於空氣進口之一端取出,即乾燥物期溫度較低而濕度較高,夜期在高溫而乾燥之環境下完成其乾燥作用。

Court-noué [節間短小] 為葡萄之一種生理的病態,枝蔓之節間較普通為短小。

Cover crop [被覆作物] 亦稱護土植物,以之暫時覆蓋土面,目的在防止土壤之沖刷,減少雜草之發生及謀土質之改進,果園內常應用之,如黑麥燕麥黍稷蕎麥以及各種豆科植物均為適用之種類。

Cracking quality [裂殼性] 指胡桃山核桃等而言,即其對外力之抵抗性,表示外殼破裂之難易。

Crazy paving [狂式鋪路] 為一種不規則之碎石路,石塊之大小自6英寸以至2英尺不等,鋪砌時石塊間常留相當大之空隙,供栽植岩石植物之用,縫隙間在適宜部分嵌以水泥,藉免石塊活動浮起。

Criddle mixture [克雷德毒餌] 為巴黎綠馬糞食鹽水等之混合物,用以誘殺蚱蜢,其改良之配合式為新鮮馬糞½英斗,巴黎綠1磅,切碎之橙子或檸檬8枚。

Croppage [栽培術] 即有關作物生產之一切學理與技術。

Cropping system [耕作制度] 為作物栽培之一種配合設計,以達到充分利用地力增加收益之目的,依其性質可分為輪作、多作及間作三種。

Croquet court [克羅開球場] 克羅開為一種草地球戲,其場地標準面積為36×72英尺。

Cross-bar, Crosstie [橫木] 為裝於冷床及溫床床框上沿之橫木條,用以支持窗蓋,並防止前後板之彎曲。

Cross-compatibility [雜交和合性] 即具有雜交相合之性質者,可參閱Compatibility.

Cross-cutting method [縱切法] 為人工促進產生小鱗球方法之一,常用於洋水仙,在母球之下方交互作數直切,保持適宜乾燥,俟切縫中已有小球發生時,一同栽植。

Cross-fertile [雜交可孕,雜交結子] 雜交授粉後可以結實成熟而產生有活力之種子者稱之。

Cross-fertility 〔雜交孕性,雜交結子性〕.即具有雜交可孕或雜交結子之能力或性質。

Cross-fruitful 〔雜交可實〕 雜交授粉後可以產生有種子或無種子之果實之謂。

Cross-fruitfulness 〔雜交結實性〕 即具有雜交可實之能力或性質

Cross-incompatibility 〔雜交不和合性〕 即具有雜交不相合之性質,參閱 Incompatibility.

Cross-infertile 〔雜交不孕,雜交不結子〕 雜交授粉後不能產生有活力之種子之謂。

Cross-infertility 〔雜交不孕性,雜交不結子性〕 即具有雜交不孕或雜交不結子之能力或性質

Crossing 〔雜交,他交〕 即用不同之兩品種或種類使其授粉受精之謂,其用不同株之花者亦可稱之。

Cross-pollination 〔雜交授粉〕 用此品種之花粉授於另一品種之柱頭上者,曰雜交授粉,其用同品種之花粉者,則曰自交授粉.

Cross-shaped budding 〔十字形芽接〕 為普通盾狀芽接之一種變形,適用於芽大之植物,如胡桃七葉樹等,接法均與普通芽接同,祇砧木上之割縫不為T字形而為十字形。

Cross-sterile — Cross-infertile.

Cross-sterility — Cross-infertility.

Cross-unfruitful 〔雜交不實〕 對雜交可實而言,即兩品種雜交授粉時不能結成果實之謂。

Cross-unfruitfulness 〔雜交不實性〕 即具有雜交不實之能力或性質

Crown 〔根冠〕 無性繁殖器官之一,位於植物之根頸部分,有根及明顯之芽,往往多數簇生,分割之即可達增殖之目的,適用於大部分宿根草類及一部分灌木類。〔樹冠〕指樹幹以上之部分而言,俗呼樹頭。〔冠芽〕特用於鳳梨,着生於果實之先端,切下可供繁殖之用。〔副冠〕為花冠之

一部例如水仙。

Crown budding [冠芽接] 為用於西洋山核桃之一種芽接法。

Crown grafting [冠接,根頸接] 接木法之一,接合部在根頸上,砧木於近地面處截斷,用嵌接法或劈接法接之。

Crumbly-shelled variety [軟殼種] 指胡桃等果實而言,其殼薄而脆,易於破裂。

Crusher [碎果器] 園產製造設備之一,用以破碎果實,使之便利他種處理,製造果汁最為常用。

Crushing [破碎] 即應用碎果器或他種方法使果實破碎之謂。[夾傷] 為一種特殊修剪技術,行於生長期間,將枝梢用物夾壓,使其組織受傷。

Culinary fruit [烹調用果品] 為用於製造食品之果類,製造時通常須加以烹調之處理。

Culinary quality [烹調性] 即果實或蔬菜對於製造食品之適性,與製品之品質有密切之關係。

Cull [屑果] 販賣鮮果常依標準分別等級,其不入選之果實,謂之屑果,可利用之以充加工製造之原料。

Cultigen [栽培種] 植物經悠久之栽培而迄未發現其野生種者。

Cultivar [栽培變種] 植物經長期栽培而產生之變種。

Cultivated plant [栽培植物] 包括一切人工培養之植物,所以對野生植物而言。

Cultivation [中耕,耕作] 園圃管理工作之一,主要目的為除草鬆土及保持土壤中之水分,以利植物之發育,於植物生長時所行之耕作,謂之中耕。

Cultivator [中耕器] 為除草鬆土所用之農具,種類甚多,如畜力曳引之輪動中耕器,手用中耕器及各式鋤皆是。

Culture in the open [露地栽培] 栽培作物之行於室外大氣下者,稱之,受氣候之限制,植物完全在自然力支配下生長,發育有一定之週期。

Culture under-glass [覆蓋栽培] 與前條相對,即在玻璃窗下以行植物之栽培者利用適宜之設備施以人為保護不為自然力所支配可得不時之生產溫床及溫室栽培即屬此種。

Cupro-Jabonite [銅粉製劑] 一種粉狀殺菌劑之商名,含有18-20%之銅附有用法說明書。

Curbing [設床邊] 於苗床之四周用木板或磚石作邊防止土壤之傾塌以利接近邊緣幼苗之發育。

Curd [花球] 植物之花序發生變態而形成球形者如花椰菜及木立花椰菜是也。

Curing [調製] 指數種準備工作而言例如種子採收後之整理乾燥與包裝前之處理以及甘藷貯藏前之曝曬皆稱之。

Currant [小葡萄乾] 為用小果種葡萄Corinth所製成之葡萄乾黑紫色或白色。

Current growth [當年枝當年生長] 春季發芽後於當年內生長之枝稱之。

Curvilinear house [圓屋面溫室] 溫室型式之一屋面為曲線型裝以弧形之玻璃目的在求美觀賞樂裝飾庭園建築費用甚大不適於經濟經營之用。

Cushion plant [墊形植物] 植物之莖葉密集形成坐墊之狀者此在乾燥地或高山岩石上甚為常見可以減少蒸騰作用。

Cutaway harrow [齒緣碟形耙] 整地用具之一與碟形耙相似所異者其圓碟之邊緣有缺刻。

Cut-flower [切花] 剪下之花枝而以之供插瓶裝花籃花圈及製花束之用者。

Cut-grafting [切接] 枝接法之一砧木於距地面6-7公分處截短削平切口擇光滑之一面緊接木質向下直切長約2-3公分接穗長8-10公分於頂芽同方向之基端側面作一平切面與砧木切縫同再於此削面之反對一側斜切之接入砧木切口中緊縛塗蠟或埋土。

Cut-grafting knife [切接刀] 為切接用之工具全部用鋼片製成長約

20公分上端較狹，而向下漸廣，下端有斜叉。

Cutinization [皮層蠟質化] 果皮或植物體之外層細胞，變為角質，被有蠟狀粉之謂，係一種天然保護作用。

"Cut-out" test [開罐檢驗] 製成之罐頭，經相當時日之貯藏後，開罐檢驗其糖液濃度及果重。

Cuttage [扦插術] 包括扦插繁殖之技術及其有關事項

Cutting [扦插] 無性繁殖法之一，取植物體營養器官之一部，如根莖葉等，插於土砂或他種媒質中，使之發根生長，而成為新植物，大部分園藝植物，不問為草本或木本，均可用之。[插枝]狹義言之，供扦插用之枝條謂之插枝，廣義者則凡一切扦插用之器官皆稱之。

Cutting-back [截短] 意即剪去樹木之上部，特用於幼小之樹。

Cutting bed [插床] 為種植插枝之所，或設於露地，或設於室內，最簡單粗放之插床，即於園圃之一角，劃成小區，供扦插之用，欲得良好之結果者，必須應用適宜之設備，如冷床溫床及溫室內之淺箱繁殖框玻璃罩等皆是。

Cutting-graftage [插接] 枝接法之一，係扦插與接木併用，以無根之插枝為砧木，將接穗用合接舌接諸法與之結合，砧木通常選用容易生根之種類，以助接穗初期之生長，至接穗本身有根發生時，即剪除之。

Cutting-inarching [插靠接] 為扦插與靠接合行之一種接木，應用於扦插發根困難之種類，在欲繁殖之樹上，擇Y形之枝條，與他種生根容易之插枝形靠接，接着插於木盒或盆中，俟插枝生根，而接口亦已癒合，剪下Y形枝與生根之插枝一同扦插，如是Y形枝因可由生根插枝供給養分，發根遂易，切離之，可得兩株新植物。

Cutting medium [扦插媒質] 為裝納於插床中用以承受插枝之物質，如純砂泥炭土壤土腐葉土燒渣水苔椰子纖維等是，其種類不同，性質亦異，應用時宜加以選擇，一般以純砂及泥炭土或二者之混合物最為常用。

Cutting side-grafting [插腹接] 為根接之一種，常用於葡萄，充砧木之根段上端削成楔形,接穗下方之側面,用刀向内作一斜切,然後將砧木插入其中,束縛栽植.

Cutting wood [插條] 即扦插用之枝條.

Cyanegg [氰丸] 為一種氰化鈉製品之商名,以之燻殺害蟲,附有用法說明書.

Cyanogas [氰粉] 一種商品殺蟲粉,含有4%以上之氰化鈣,燻蒸用.

Cyclamen pot [仙客來盆] 為特種花盆之一,盆高為標準盆之四分之三,具5個排水孔,口徑有5,6,7 英寸三種.

Cyon = Scion

D

Daily exposure [每日露光] 植物每日與日光接觸之謂,其時間之長短因地方及季節而有不同

Daily illumination [每日照明] 與前條同義.

Damping down [洒濕] 溫室内供給空氣濕度之一種方法,即洒水於通路,側牆,植台或植物體,令其緩緩蒸發.

Damping-off [苗枯病,猝倒病] 為苗床中最普通之一種病害,侵犯多數植物之幼苗,使之倒伏枯死,播種太密,通風不良,或高溫多濕,均為誘發此病之因子,一株發病後,可迅速傳染他株,病原菌之種類甚多,如 Pythium, Rhizoctonia, Fusarium, Corticium 等,皆能致成此病,就中尤以 Pythium de Baryanum 為最重要.

Date of seeding [播種期] 播布種子之時期,依種類之性質而異,大概可別為春播,夏播,秋播,冬播及四季播,而以春播及秋播為主.

Deaeration [除去空氣] 為用於罐頭及果汁製造之一種處理,除去食品中含有之空氣,可以防止氧化,則品質庶不致有所損害,在製造過程中,應竭力避免與空氣或氧氣接觸,除空氣之方法,以真空處理為最有效,加熱亦可.

Deciduous fruit tree [落葉果樹] 落葉性之果樹,大多為溫帶或亞寒

帶所產如蘋果梨桃葡萄杏李櫻桃棗柿等均屬之。

Deciduous tree 〔落葉樹〕 樹木春夏生長於秋季落葉入於休眠狀態者是為落葉樹，反是謂之常綠樹。

Deep tillege 〔深耕〕 即耕鋤土壤達到相當之深度之謂，其深通常在1尺以上，可應用深耕機或採用掘溝法，參閱Trenching.

Defective pistil 〔殘廢雌蕊〕 雌蕊退化或殘缺不全，為不結實之一主要原因，此在美國李最常見之。

Deflorating; Defloration 〔落花〕 花朵因自然作用而落去者。〔摘花〕特殊修剪術之一，即摘去一部分花朵，目的與摘果同。

Defoliating; Defoliation 〔落葉〕 樹葉因自然作用而落去者。〔摘葉〕特種修剪術之一，即摘去或剪去一部分葉片。

Degeneration 〔退化〕 優良品種逐漸變劣之謂。

Dehydrater 〔乾燥器；烘乾器〕 為人工乾燥（烘乾）所不可少之設備，式樣大小不一，構造有簡繁之分，通常具二主要部分，即乾燥間與加熱間，前者為置放食品之所，後者裝設火爐或他種加熱器，需要之氣流可藉自然作用或機械方法產生之，最常用之乾燥器有灶式、煙筒式、塔式等數種。

Dehydration 〔烘乾法〕 即人工乾燥，利用加熱促進新鮮品中所含水分之蒸發，以達速乾之目的，關於溫度、氣流、濕度等，均須用人力加以調節。

Delayed germination 〔發芽阻止；發芽延遲〕 種子在發芽條件與應之適宜環境下而仍不能萌發者，稱之，其原因不一，最要者為種子構造不完全或胚未成熟，種皮過於堅厚及發芽前須有長休眠期。

Delayed maturity 〔遲熟〕 通常指果實而言，即其成熟時期較一般為遲者，施用過量之氮肥以及土壤水分太多，均易致成此種後果。

Delayed storage 〔延遲貯藏〕 供貯藏之果實或蔬菜於採收後未立即移入適宜之貯藏環境，而暴露於普通大氣中相當時間者，稱之。

Deliquescent 〔下承幹〕 莖幹生長型式之一，常見於大部分落葉性樹木，主幹至一定高度後不再延長，於其上分枝，在幹之頂端形成樹冠。

Dendrol〔屯支洛〕一種商品混合油製劑,適於休眠期噴布以防治介殼蟲類,附有用法說明書。

Depth of planting〔種植深度〕即種子播入或苗木栽植之深度。

Derrisol〔德利沙〕一種商品殺蟲劑,主要成分爲毒魚藤及除蟲菊,適於防治吸收口器及軟體蟲類,附有用法說明書。

Descriptive pomology〔果品記載學〕記載果樹品種之形態特徵,以作鑑別之根據,與果樹分類學關係甚切,參閱Systematic pomology。

Design〔設計〕指庭園或園地之佈置而言,事前先擬一計劃,以爲施工之依據。

Desert garden〔沙漠園〕爲建築於沙漠地方之庭園,氣候炎熱而乾燥,雨水稀少,所植之植物以多肉類爲主,如仙人掌、麒麟花、景天、龍舌蘭、蘆薈、犀角等是,此外能在砂地生長之種類,如熊莓、艾菊、馬利筋、冰花、坡擬紅菊、葡萄藤等,亦可應用。

Dessert fruit〔甩食果品〕爲供餐後食用之果實,以新鮮品爲主。

Dessert quality〔生食性〕即適用於生食用之品質或性質。

Dessert-ripe stage〔生食熟度〕果實成熟階段之一,爲適合於生食之程度,其特徵與完熟度相似,參閱Full-ripe stage。

Detartrating〔除去酒石〕此種手續僅用於葡萄汁之製造,即除去其中所含之酒石乳,因新榨取之汁往往含有多量之酒石乳,呈過飽和狀態,而於貯藏時緩緩沉出,積於器底,如事前不設法除去,則裝瓶後有沉澱發生,殊有損品質,除去酒石以冷藏法或凍冰法最爲有效。

Determinate〔有限花序〕花芽頂生之花序,其頂端之花最先開放者稱之。

Devitalizing effect〔促老作用〕意即使壽命縮短,促進衰老,通常指接木而言,認爲兩植物相接,一切均不自然,故易於衰老或早死,換言之,接木有促老作用,但事實上並非盡皆如此,僅於不和合之接木見之耳。

Diagonal pack〔斜列包裝〕果實包裝法之一,應用最廣,果實依斜線排列裝入容器中,上層之果居於下層兩果之空間,變化甚多,有3-3,3-2

之-2等數種

Diamond training 〔網目形整枝〕 為人工多幹形整枝之一種，各主枝依適宜角度，平行斜出交叉成網目狀。

Dianthus garden 〔石竹園〕 為利用石竹類植物佈置之庭園，尤以康納馨（香石竹）為最重要。

Dibber, Dibble 〔穿孔器，掘孔器〕 為移植幼苗或點播用之工具，大小式樣不一，具有鋼鐵或銅製之尖頭，柄木製，彎曲呈L形。

Dibbling 〔點播〕 為播種法之一，適用於大粒種子，且通常為直播，即先依適宜之距離作穴，每穴中播入種子一粒或數粒，然後用土掩蓋。

Dichogamy 〔兩蕊異熟〕 植物開花時，其雌蕊非與雄蕊同時成熟，乃避免自交授粉之一法。

Dicliny 〔雌雄異花〕 雌花器與雄花器分生於兩個不同之花上，即所謂單性花者是也。

Dieback 〔枝梢枯死〕 枝梢因水分供給不宜，病菌寄生或受低溫之損害，而自梢端向下枯死之謂。

Digeneric propagation 〔兩性繁殖〕 即有性繁殖，見Sexual propagation。

Digging rake 〔掘土齒耙〕 一種手用農具，鐵製，二齒或四齒，用以掘地鬆土，破碎粗土塊及平整土面。

Digging spade 〔掘鍬，平鍬〕 即普通常用之掘地鍬，口平，裝以木柄，有於柄上加用鋼條以增其強度者。

Dill pickle 〔香草淺菜〕 為淺製胡瓜之一種，將胡瓜與蒔蘿及他種香料配合裝木桶中，加入稀鹽水，經適宜之醃酵即成。

Dimorphism 〔二型〕 一株植物具有兩種顯然不同之生長（形狀或型式）者稱之。

Dioecious 〔雌雄異株〕 雌性花與雄性花著生於不同之植株上者稱之，例如銀杏是也。

Direct seeding 〔直播〕 播種方式之一，將種子直接播於所欲生長之地，不經移植之手續,凡鬚根稀少不喜移動或需要其肥大直根之植物,均適用之.

Disbudding [除芽] 特種修剪術之一,於生長期間,將多餘之花芽葉芽或初萌發之小枝除去,此種往往直接用手行之,不須借助於刀剪.

Disbuttoning [除蒂] 番茄貯藏前之一種處理,即將果蒂除去,目的在減少機械損傷,但並不常用.

Disease resistance [抗病力,抗病性] 為植物對於病菌侵害之抵抗能力或性質

Disk harrow [碟形耙] 整地用具之一,由多數圓碟構成,用於犁耕之後,稍稍將土塊破碎.

Disking; Discing [耙地] 用耙土之謂.

Distant core [近頂果心,離基果心] 果品學記載用語之一,即果心之位置接近果頂或遠離果基.

Divided leaf cutting [割裂葉插] 葉插法之一種,將葉片分切為二,或裂成若干小塊,以行扦插,秋海棠千歲蘭等常用之.

Division [切割,分切] 無性繁殖法之一,將一個體植物分為數株,通常須藉人力始可達到目的,如塊莖塊根根冠根莖等之繁殖皆是.

Dominant [主樹] 庭園中配置樹叢之樹木,其樹身較大或姿態色彩較優,而形成樹叢之骨幹者,稱之為主樹,次於主樹者曰副樹.

Dormancy [休眠] 植物因適應環境而於某一階段落葉停止生長,此種現象謂之休眠,亦可用於種子,多數植物之種子,在成熟後不能隨即發芽,即因有休眠之故.

Dormant budding [休眠芽接] 即在休眠季內所行之芽接,通常用休眠芽.

Dormant grafting [休眠枝接] 即在休眠季內所行之枝接.

Dormant pruning [眠季修剪] 乃剪枝之行於樹木落葉後與發芽前之間者,而以冬期為主,參閱 Winter pruning.

Dormant season [休眠季] 即植物自落葉後以迄發芽前所經之時期.

其長短依氣候情形而定,同一地方逐年皆有變化,休眠季亦叫休眠期爲長季間 Rest period.

Dormant wood 〔休眠枝〕 爲未發芽生長之枝梢,通常無葉,具休眠芽.

Dormantwood cutting 〔休眠枝插〕 爲用休眠枝之扦插,行於植物未發動生長之前,與 Hardwood cutting 同義.

Dormantwood grafting 〔休眠枝接〕 即用休眠枝爲接穗之接木,與 Dormant grafting 同義.

Dorsal suture 〔背縫線〕 爲果實或種核背面之縫合線.

Double flower 〔重瓣花〕 亦作複瓣花,花瓣之數目較正常瓣數爲多者稱之.

Double glazed sash 〔雙層窗蓋〕 溫床之窗蓋用兩層玻璃裝成者,玻璃間之距離約爲 2 公分,保溫作用良好,嚴寒時無須另加覆蓋物,惟架竭甚多,應用不廣.

Double grafting 〔二重接〕 於已接過之接株上行接木者,是謂之二重接,由三個以上不同之植物體組合而成,用以補救不和合或缺乏親和力之砧穗,適應不相宜之風土及養成壯大之高幹苗.

Double-lacquered can 〔雙塗漆罐〕 洋鐵罐之一種,製造時經兩次之塗漆手續,一次行於鐵皮壓成之後,一次則在鐵罐製成後行之.

Double-light sash — Double-glazed sash.

Double pot 〔雙層盆〕 爲具有兩層之盆缽,宛如大盆中置一小盆,夾層中盛水,可由內層盆壁緩緩滲透土壤內,以供植物之需用,可減少灌水之次數及防止盆土之固結.

Double sash bed 〔雙面床〕 即兩面傾斜之溫床,將兩個單面溫床相背合併,取去後板而代以橫脊及支柱即成,建築費較兩個單面床爲經濟,佔地亦較省,床面宜分向東西而長向南北.

Double seaming 〔雙捲邊〕 爲"衛生"洋鐵罐之封口方法,據封罐機之作用,使罐蓋之邊與罐壁之邊重複捲疊而形成密封.

Double-sloping bed — Double sash bed.

Double-thick glass 〔雙料玻璃〕 為表示玻璃厚度之用法,即8片玻璃相疊厚為1英寸.

Double tongue grafting 〔重舌接,複舌接〕 為普通舌接之一種變形,即於切面上作直切而互相含插接合.

Double-U Training 〔雙U形整枝〕 為多幹形籬壁整枝之一種,有四主枝排列成為雙U字形.

Double variety 〔重瓣種〕 為開重瓣花之品種.

Double whip grafting = Double tongue grafting.

Double working = Double grafting.

Dovecot, Dovecote 〔鴿舍〕 庭園裝飾物之一.

Down budding 〔下芽接〕 即普通盾狀芽接之異稱,因其接芽係自上向下納入砧木割縫中故名.

Down ventilation 〔下開式換氣〕 溫室換氣窗之開放係在窗之下方者,司啟閉之鉸鏈裝於窗之上沿而與樑木相連接.

Drainage 〔排水〕 即除去土壤中之過多水分,此種宣洩作用之良否與土質有關,黏重土持水力強,宣洩不暢,每有滯水之虞,輕鬆土則反是,但易受乾旱之影响.土壤排水不佳者,須藉人力加以改良,如施石灰,加砂粒,設排水管,深耕底土等,皆為達到此目的之手段,應依滯水之程度採取適宜之對策.

Draw 〔撥苗〕 為甘藷之繁殖用器官,於新萌發之蔓發育至適宜長度時自母藷上扯下以之插植.

Draw hoe 〔拉鋤〕 中耕用具之一,即一般習見之鋤頭,面平,有長柄,用時向後拉動.

Drawing 〔撥取〕 即採取甘藷撥苗之操作,將撥苗自母藷扯下之謂.

Driconure 〔德拉柯組〕 為一種腐植質製品之商名,主要組成為水蘚施以中和及消毒,並掺入牛糞.

Dried flower 〔乾花〕 即乾燥之花卉,供冬日裝飾之用,適於此種應用之植物以不凋花類為主,此外如觀賞草類亦可,參閱 Everlasting 及 Ornamental grass.

Dried product [乾燥品] 凡用乾燥法製成之果蔬製品均屬之.

Drier, Dryer — Dehydrater

Drilling, Drill seeding [條播] 播種法之一,於播種床之床面,依適宜之距離作條溝,其深淺依種子大小而定,種子沿此溝均勻播入,覆土蓋之.

Drive [車路] 為庭園或公園中可以通行汽車之路,較普通園路為潤,建築亦須較堅固.

Drought resistance [抗旱性,耐寒性] 為植物對於乾旱之抵抗能力或適應性.

Drug plant — Medicinal plant.

Drupaceous fruit [核果類] 果實具有堅硬之內果皮者,謂之核果,桃李櫻桃梅杏等皆屬之.

Drupe [核果] 見前條.

Drupel, Drupelet [小核果] 常多數聚生,如刺莓是.

Dry fruit [乾質果] 果實之含水量低微者,稱之,如栗胡桃山核桃等是.

Drying [乾燥] 為自然乾燥及人工乾燥之統稱,參閱 Dehydration 及 Sundrying.

Drying apparatus [乾燥設備] 即指乾燥器而言,見 Dehydrater.

Drying yard [晒場,乾燥場] 為自然乾燥或晒乾不可少之設備,地位宜向陽,則日光充足,遠離大道畜棚及垃圾堆,以免乾燥品污損,除場地外,凡晒乾用具及有關建築,均包括在內,晒場之面積平均約為果園面積之 1/20. [晒衣場] 為庭園之一部,尤以住宅庭園最需要之,設於比較偏僻之處,與主景連接部分,往往佈置樹叢以掩蔽之.

Dry storage [乾藏法] 種子以乾燥狀態貯藏者稱之,即普通最常用之貯藏法.

Dry ravine [乾壑] 為岩石園之一種,以人為方法造成乾涸溪流之狀.

Duration of graft [接株壽命] 即植物相接後可以生活年限之長短.

Duster [撒粉器] 為撒布藥粉所用之器械,式樣大小頗有種種. (1) 手用撒粉器小型輕便適於小規模應用以風箱或輪轉扇鼓動空氣將葯粉散布.(2) 動力撒粉器,其主要部分亦為扇狀器,用引擎使之動作,容量大而效力宏,普通裝於車上移動甚易.

Dusting [撒葯粉] 將殺蟲或殺菌葯粉用撒粉器散布於植物體上,以保護之而免病蟲之侵害.

Dutch bulb [荷蘭球根] 為荷蘭所產球根植物之總稱,就中以鬱金香洋水仙番紅花等為最要.

Dutch garden [荷蘭庭園] 西洋庭園之一,大致為整齊式,惟因荷蘭為一水國,且特產球根植物,故設計佈置上與其他西洋庭園異趣,後亦受英國式之影响而稍有改變.

Dwarf character [矮生] 植物具有生長矮小之性質者,是為矮性,通常指砧木而言.

Dwarfing effect [矮化作用] 為矮性砧影响接穗之後果,即可使接穗矮化.

Dwarf stock [矮性砧] 即具有矮化性質之砧木,接後可使接穗之生長變為矮小,如榲桲為洋梨之矮性砧,壽星桃及砂櫻為桃之矮性砧,枳殼為柑橘之矮性砧,Paradise及Doucin 為蘋之矮性砧.

Dwarf tree [矮性樹,矮化樹] 樹木之用人為方法使之變矮小者,如盆栽果樹即其一種,通常藉修剪術以造成之.

Dyeing flower [染花] 為用以乾花製作之一種處理,花穗乾燥後漂白之,再染以所希望之顏色.

E

Earliness [早熟] 即植物早期生產之謂,不問何時播種或栽植,其達到成熟所需要之時日較之一般為少.

Early blooming [早花] 有二義 (1) 同種類之植物,其花期較普通為早者.(2) 在一年之中開花最早,即春季開花者,此指不同種類之植物而言.

Early pruning [早剪] 爲早期之休眠季剪枝行於晚秋。

Early soil [早土] 即指砂土而言,因其當春季時乾燥及溫暖均較他種土爲早,故名。

Early summer budding [早夏芽接] 爲行於六七月間之芽接。

Early variety [早熟種] 即有早熟性質之品種,其成熟期較之一般爲早。

Earth ball cutting [土球插] 扦插法之一,插枝之剪切與普通扦插同,其基端先插於粘土球中,然後連土球一同插植,目的在使發根較易,因其吸收水分作用得以改進也。

Earthenware box [陶製花箱] 爲窗飾用花箱之一種,用粘土燒製而成。

Earth mulch [土蓋] 爲利用土壤作成之覆蓋物,雨後或灌水後將土面鋤鬆,並使土粒細碎,如是形成一土蓋,因毛細管作用破壞,故土壤中水分不致迅速蒸發,得以保持於土內。

Eating quality [食用性] 與 Dessert quality 同。

Eating-ripe stage — Dessert-ripe stage

Edging [作緣] 草地或花壇用植物或磚瓦等作成邊緣之稱。

Edging knife [切緣刀] 一種草地用具,用以切整草地之邊緣,刀口爲圓形,具長柄,可直立操作,亦有用D形柄者。

Edging plant [裝緣植物] 爲供邊緣栽植之植物,用於花壇及比較高大植物之下方,必須矮小稠密而花期久長,如香雪球、六倍利、紅黃草、三色堇、花亞麻、美女櫻等,均爲適於緣植之種類。

Effective temperature [有效溫度] 即足以使植物活動生長之溫度,一般以華氏40度爲有效溫度之起點,凡每日平均溫度在40度以上者而累積之,即爲總有效溫度。

Electrically-heated bed [電氣熱溫床] 與 Electric hotbed 同。

Electric heater [電熱器] 或稱電氣加溫器,與電爐相似,可用於溫室及人工乾燥。

Electric hotbed [電氣溫床] 爲用電氣加熱之溫床,通常將加熱電纜埋設於床土之下方,深約15公分,盤繞成若干長方形圈,用細砂一層蓋之砂上鋪以鐵絲網或木條格,然後再加入床土,如是將來取入電纜時較為方便,不致損毀開關及自動調温器,可裝於推板上.

Electroculture 〔電器栽培〕 栽培植物利用電流之影响或刺激者.

Electro-horticulture 〔電化園藝〕 即應用電氣之園藝經營,狹義言之為用人工光以栽培植物之謂,廣義者則除人工光之外,如溫室溫床之用電熱,借電氣以行果實檢查,次氯貯藏殺菌等均屬之.

Elongated shoot 〔延長枝〕 為充延長用之枝.

Enamel can = Lacquered can

Endogen 〔内長植物〕 植物之不具形成層者,如單子葉類是.

End-season fertility 〔末期孕性〕 植物早期所開之花為不孕性,而後期結實及結子均良好者是為末期孕性,反是謂之末期不孕性.

End-season sterility 〔末期不孕性〕 見前條.

English garden 〔英國庭園〕 西洋庭園之一,自然式面積多甚廣大,於草地上散植不規則之樹木,一切景物均令其接近自然,易失之平淡無味,近則加入中國式及日本式成分.

English style 〔英國式〕 指庭園而言,為自然式,見Natural style.

Enquenouille 〔曲彎整枝〕· 整枝法之一種,將枝梢向下彎曲縛之,以促進結果.

Enriching shoot 〔強枝〕 即生長強大之枝梢.

Entire-leaf cutting 〔全葉插〕 葉插之一種,用葉片之全部,不加割裂,插法因種類而不同,落地生根及秋海棠,可平鋪於插床之砂面,使葉緣或葉脈與媒質密接,印度橡皮樹,細辛,蕃茄,菊花,大岩桐等,則將葉片直立而插其葉柄,勿使葉片觸及媒質.

Entomophilous 〔蟲媒〕 以昆蟲為媒介而達傳粉之目的者稱之.

Envelop 〔瓤囊〕 柑橘類果實内部記載用語之一,即包圍内瓤之一層薄膜.

Ephemeral 〔朝開暮謝〕 花開放後所經之時期甚短,僅能維持數小時或一日者,如鴨跖草,牽牛,半支蓮等是.

Epiphyte〔附生植物,氣生植物〕 植物生長於樹木或岩石上而不需要土壤者,此於蘭類及羊齒類中最常見之。

Equivalent exposure〔等值暴露面〕 溫室計算需要加熱量,通常以暴露之玻璃面為根據,玻璃面以外之暴露面(即牆壁)亦應計入,但須改為玻璃面之等值,故稱之為等值暴露面(等值暴露面=牆壁面積×1/4)

Eradication〔除滅〕 意即絕對破壞,例如焚燬或深埋。

Erect branch〔直立枝〕 為向上直立生長之枝條。

Escape〔野化種〕 即野生化之栽培種,雖無人工培植,亦能增殖繁茂,於蘭、福祿考、石竹等皆其例也。

Espalier training〔籬形整枝,果籬〕 人工整枝法之一,樹作扁平之狀,依籬形之支架誘引。

Essential organ〔主要器官〕 為構成花器之主要部分,尤指雄蕊及雌蕊而言。

Etherization〔醚類處理〕 應用醚及其類似之化學品氣體以處理種子或植物體,而達到促進發芽或生長之目的者,其主要作用在使休眠提早終止,對於種子之處理時間普通為12小時,如將種子先行浸濕,則效果更著,觀花灌木類可暴露於醚之氣體中經48小時,最好分為兩次處理,每次24小時,相隔一天,濃度宜為1:400-500。

Evaporation=Dehydration

Evaporator=Dehydrater

Even-span house〔雙屋面溫室,等屋面溫室〕 溫室型式之一,與普通房屋相似,中有脊,屋面向兩邊傾斜,平均而不稍偏倚,宜南北縱列,屋面分向東西,則一日間之光線分佈比較佳良。

Ever-bearing〔連續結果,長期結果〕 植物之果實非一次結成,而於一年中陸續不斷生產者,如四季草莓、四季橘、無花果等是。

Evergreen〔常綠〕 見 Evergreen tree.

Evergreen cutting〔常綠扦插〕 即常綠植物之扦插,特指松柏類而言。

Evergreen fruit tree〔常綠果樹〕 即具有常綠性之果樹,大多數熱帶及亞熱帶果樹均屬之,例如枇杷柑橘龍眼荔枝澈欖楊梅樣果等是。

Evergreen tree 〔常綠樹〕 樹木之葉經冬不凋者,統稱之曰常綠樹,有時特指針葉樹(松柏類)而言。

Everlasting 〔不凋,不凋花〕 不凋即能經久之意,凡開放期間久長不易萎謝之花,而乾燥後仍能保持美好之色彩者,稱之為不凋花,可以供冬季插瓶之用,適於作不凋花之植物甚多,分列如下:(1) 一年生類——如麥桿菊千日紅不老菊千年菊鱗托花等是,(2) 多年生類——如宿根霞草海拉芬德等是,(3) 觀賞草類——如小猿穗大小判草兔尾草芒狼尾草等是,(4) 果實類——草本或木本,如銀扇草月見草燈籠花馬利筋八仙花薔薇等是。

Exalbuminous seed 〔無胚乳種子〕 種子之不具有胚乳者,其貯藏養分含於胚中,特以子葉為最,如蘋果梨瓜類豆類栗等是。

Excurrent 〔上達幹〕 莖幹生長型式之一,常見於大部分針葉樹類,其主幹形式中軸繼續向上延長,於其周圍着生分枝,即主幹高出於分枝之上。

Exhaust box 〔脫氣箱〕 罐頭製造設備之一,用於脫氣處理,有種種式樣,普通以蒸氣加熱。

Exhausting 〔脫氣〕 為罐頭製造操作之一,封罐前將罐與食品加熱,驅除內部空氣,使密封冷卻後形成真空,其目的在減少或避免鐵皮之腐蝕,防止殺菌時罐頭之變形,更有助內容物良否之鑑定,脫氣之法,即將已裝就之鐵罐納脫氣箱中,在一定溫度下經適宜之時間,取出立即封口。

Exogen 〔外長植物〕 植物之具有形成層者,雙子葉類屬之。

Extension leader 〔延長主枝〕 為供延長用之主枝。

Eye 〔眼〕 有二義:(1) 插枝或塊莖(如馬鈴薯)上之芽,(2) 與花冠不同色之花心。

F

Facer, Face layer [面層] 為產品包裝時位於容器最上面之一層,選大小形狀色彩一律者充之,並作整齊美觀之排列。

Factory garden [工廠庭園] 為工廠空地之從事風致佈置者。

Fairway Food [草擅] 一種商品肥料,為6-6-4配合式,混有煙草,適於草地及高爾夫球場之施用。

Fallow land [休閑地] 將地土空出不事耕作栽種,令其休閑,以恢復地力者,稱之,常用於輪作。

Fall plowing [秋耕] 為行於秋季之耕作。

Fall pruning [秋剪] 為休眠季修剪之一部,乃剪枝之行於秋季者,早剪即指此而言。

Fall sowing [秋播] 播布種子之行於秋季者,稱之。

False bottom [假底] 為殺菌器中可以活動之底,以之承受罐頭,而與真底隔離,使罐頭不致直接接觸火焰。

False floor [假地板] 貯藏室地板之用木條構成者,空氣可經其隙縫向室內流動,下方泥地又能供給適宜之濕氣,不若水泥或普通地板之常有乾燥之虞。

False fruit [假果,偽果] 對真果而言,即果實非僅由子房發達而成,其供食部分係花托、花軸或總苞者,如梨果、麵包樹、鳳梨等是。

Family [科] 植物分類用語之一,為集合若干屬所成之一類,科與科之間差異大,易於鑑別。

Fan-shaped training, Fan training [扇形整枝] 為人工多幹形整枝之一種,各主枝自主幹依次射狀分出,成為扇形。

Fasciation [扁化] 為植物器官之一種變態,發生於莖枝梢或花序,肥厚成扁平狀,除少數情形外,均屬無用,雞冠花即為最常見之扁化現象。

Fasciculated root [叢狀根] 即根群密集生長而成叢狀者。

Fastigiate branch [密直枝] 為直立而密接生長之枝梢。

Feathering out [除側枝] 苗木管理上操作之一,苗木截頭後,經一年之生長,將幹之下方枝條剪去,祇留近幹頂之數枝。

Feeding [施肥] 將肥料施於土中以供植物取用之謂.

Fermentation [發酵] 為園產製造應用方法之一,乃藉微生物或酵素作用,將醣類分解,生成糖酒精醋酸乳酸等物.

Fermented beverage [發酵飲料] 為果品飲料之經過酒精發酵者,即指各種果酒而言.

Fermented cider [發酵蘋果汁] 為指經酒精發酵之蘋果汁,其所含酒精量通常甚低

Ferment material [釀熱物] 凡能發酵生熱之物質,統稱為釀熱物,概為有機質,以之充溫床之熱源,如馬糞雞糞稻草落葉紡織屑米糠玉蜀黍稈甘藷蔓等,皆為常見之種類,因發酵速度熱量多寡之不同,又有高熱性與低熱性之別,普通將此二者混合使用.

Fern ball [羊齒球] 即羊齒植物之根莖團塊,以乾燥休眠狀態販賣者.

Fern house [羊齒類溫室] 溫室之專供羊齒類植物栽培者,建築與蘭類溫室相似,但較高大,室內宜保持潤濕溫熱之環境,不需強光,故通風宜少,並加遮蔭,冬季溫度最低攝氏4度最高14度.

Fertile branch [孕枝] 即結果枝,見Fruit branch.

Fertility [孕性,結子性] 授粉受精後有結實成熟並產生活力種子之能力者,反是謂之不孕性.(肥沃度)見Soil fertility.

Fertilization [受精] 花粉授於柱頭之後,生長花粉管經花柱而伸至子房,穿入胚囊,放出精子與卵子相接合,此謂之受精.

Fertilizer spreader [肥料散布器] 為施用化學肥料之工具,主要部分為一長圓形中空之滾筒,上有多數小孔,裝以柄及軸,俾易轉動,肥料納入其中,滾動時由小孔漏出而散布於土內.

Fiber carton [纖維匣] 果實包裝容器之一種,用纖維製成.

Field budding [圃地芽接] 為於園圃內就地所行之芽接.

Field germination [田間發芽] 種子在圃地土壤內萌發之謂.

Field grafting [地接] 廣義言之,凡就砧木生長地所行之一切接木,均稱之為地接,狹義者則僅指行於圃地之枝接而言.

Field planting [定植] 即將植物栽植於園圃中不再移動之謂.

Field setting 與前條同.

Field storage [露地貯藏,田間貯藏] 為最粗放之貯藏法,簡單而易行,因保護欠周,故貯藏結果難期佳良,且祇適用於冬季,溝藏,窖藏,埋藏諸法均屬之.

Field working — Field grafting.

Filing [挖孔] 種子播前處理之一,用以促進硬皮種子如美人蕉,夜牽牛,野胡瓜,椰子等之發芽,即將種子之下方割一小孔,使水分易於透入.

Filler [間作物] 與Companion crop及Intercrop同,亦可稱為補空植物. [寄樹] 庭園佈置時,組成樹叢之樹木,其形態色彩較次於主樹,而數量亦較少者稱之. [摻入物] 肥料配合時用之,以砂為最普通,目的在使主要成分可以均勻分佈.

Filling [充實] 對堅果類而言,其仁充分發育,填滿殼內時稱之.

Filling cavity [填補孔穴] 老樹或大樹因受創傷而致成之孔穴,應及早為之填補,以免擴大影響健康,先將腐部挖除,暴露健全部分,塗布消毒劑,再如牙醫之補牙,用填充物填補.

Filling material [填充物] 為填充空間物質之統稱,用於果實或苗木之包裝,以及樹木空穴之填補材料,因用途而不同,茲分列如下:

用於果實包裝者: 碎木栓,鋸屑,鉋花,蘚類,紙屑,稻草,水蘚,棉絮等,均須十分乾燥.

用於苗木包裝者: 稻草,水蘚等,須適宜潤濕.

用於填補樹穴者: 水泥及各種配製品.

Filter medium [濾媒] 為用於過濾之媒質,如紗布,帆布,毛氈,石棉纖維,棉纖維,木漿,多孔性白磁等皆是.

Filter press [濾榨] 為一種加壓濾器,適於大規模製汁之用,藉重壓力使果汁滲過濾布,布上先塗矽藻土一層,置於金屬板或木板之間,果汁中亦宜加用澄清劑.

Fine pruning [細剪,精剪] 對粗剪而言,即修剪細小枝條或短枝之意.

Fine seed〔微細種子〕 種粒十分細小之種子稱之,如草花中之半支蓮自由鐘,樹木中之杜鵑類,醉魚草等是,對於此類種子播種時須特加注意,精細管理,始易萌發。

Fining material〔澄清劑〕 可以使果汁或他種液體變清淅之物質,謂之澄清劑,藉其沉澱作用而將汁液中之浮懸微粒一同沉下,汁液遂呈清淅狀態,適用之材料甚多,以蛋白,乾酪,硅藻土,陶土,膠等最為常見。

Firm-ripe stage〔堅熟度〕 果實成熟階段之一,其特徵為果相當着色,有香氣,可食,肉緊密而不軟。

Firmwood cutting〔堅材插〕 與 Hardwood cutting 同。

First crop〔初次產品〕 意即第一次之收穫或收成。

First drop〔初次落果〕 即第一次之自然落果時期,在花謝後,此期大多為落花。

First rest〔休眠初期〕 Weber 氏用於終止休眠之術語,指植物進入休眠之時期而言。

Flagging〔凋萎〕 特指新栽植之插枝或植物而言。

Flake process〔薄片乾燥法〕 用於馬鈴薯製粉,將蒸過搗爛之薯,在可以旋轉而用高壓蒸氣加熱之鋼筒間經過,鋼筒具平滑之表面,內受60磅之蒸氣壓,馬鈴薯為鋼筒壓成薄片,並隨即乾燥,由附着之刮器刮下,入磨磨細,即得薯粉。

Flaring cavity〔開張果窪〕 果品學記載用語之一,果窪部廣展而緩緩陷入者稱之。

Flash pasteurization〔閃電式殺菌〕 為巴氏法殺菌之一種,即於相當高之溫度下(通常為華氏185-190度)經極短之時間(普通一分鐘)。

Flat〔淺箱〕 園藝用具之一,為無蓋之淺木箱,用以播種,扦插或移植幼苗,深6-8公分,播種用者可較淺,扦插及移植用者宜較深,適當大小為27X40公分或40X45公分,如此搬動不感費力,又適合排列於溫床或冷床內,箱底須設排水孔數個,或於底板間留縫隙,更有一種可以折散之淺箱,內分多數方格,用於移植最宜。

Flat form training [扁平整枝] 即籬壁整枝,參閱 Espalier training 及 Wall training.

Flat garden [平庭] 日本式庭園之一,表示山谷或比較廣大之野景,適於城市小規模設計.

Flat souring [變酸酸敗] 為罐頭食品之一種腐壞,罐之外形與普通無異,祗內容物有酸味及酸氣,無毒,且不生成氣體,常見於蔬菜類,此種腐壞之發生係由於數種微生物如抗熱性及非抗熱性細菌有以致之.

Flavedo [外果皮] 指柑橘類果實而言,即其外方黃色有油胞之一層.

Flavor [風味] 為決定新鮮果蔬及其製造品品質之重要因子,風味之良否標準依種類而不同,甚難用文字以形容之,成熟度,灌溉,施肥,貯藏或他種處理,均與之有密切關係.

Flesh ball [肉團] 即柑橘類果除去果皮後之供食部分,即所謂果肉是也,係集合若干瓤囊而成.

Fleshy fruit [肉質果] 即果肉豐多之果實,如桃,梨,蘋果,葡萄,櫻桃,刺莓等是.

Fleshy seed [肉質種子] 即富於肉質之種子,如七葉樹,木通,栗,櫟,黃楊等是,此類因易發酵及萎縮,大多不耐貯藏,宜於採收後即播或層積之.

Flesh stem [肉梗] 果實之梗肥厚而為肉質者.

Floral emblem [花之表記] 參閱 National flower.

Floretum —Flower garden.

Floriculture [花卉栽培學] 與 Flower gardening 同.

Floriferous [著花] 著生多數花或少數大花.

Florigen [花霍爾蒙,花刺激素] 植物生長素之一,可以策動花之着生.

Florist [養花家] 為專門從事花卉販賣或培養之人.

Flower arrangement [花卉佈置] 即利用花卉以增進美感者,包括插瓶花,卉花籃,桌上裝飾等.

Flower bed [花壇] 為規律式庭園中之一種主要景物,係園之精彩部分,乃將花卉密植,形成模紋而表現其色彩美者,壇面大致為平面形狀

不一，單獨或集合數個於一處，植物材料多取一二年生草花及觀葉類

Flower border 〔花境，花徑〕 乃沿狹長之地施以適宜佈置之謂，此與花壇之帶形者不同，其佈置為立體而非平面，配列較無規則，設計須注意四季性，通常宜有背景植物，以宿根性草花為主，灌木亦可應用。

Flower box 〔花箱〕 花卉栽培容器之一，普通為長方形，用木材或金屬製成，適用於露壇佈置及窗牖裝飾，後者特名之曰窗用花箱，見 Window box.

Flower-bud differentiation 〔花芽分化〕 芽初發生時，彼此完全相同，並無花芽與葉芽之分，直至發育中某一階段，內部構造有異，二者始判然可別，此種現象謂之花芽分化。

Flower-bud formation〔花芽形成〕 即已經分化而長成為花芽之謂。

Flower cluster 〔花簇，花穗〕 多數花朵聚生成為簇狀或穗狀者稱之。

Flower culture = Floriculture, Flower gardening.

Flower garden 〔花卉園，花圃〕 庭園之以草本花卉為主體者，〔花圃〕為培養花卉之所。

Flower gardening〔花卉園藝學〕 為園藝學之一分科，狹義言之，花卉園藝乃研究花草之品種、栽培、利用等方法之學問，廣義者則包括觀賞樹木在內，可稱之為觀賞園藝。

Flowering shrub 〔觀花灌木〕 為具有美麗之花可供觀賞之灌木，種類甚多，如六道木、醉魚草、山茶花、四照花、杜鵑花、小溲疏、錦帶花、八仙花、迎春、紫丁香、紫薇、紫荊、薔薇、珍珠花、海棠、臘梅等，皆其最常見而最重要者也。

Flowering wood 〔花枝〕 即着生花朵之枝梢。

Flower plot 〔孤立花壇〕 為獨立設置之花壇。

Flower show〔花卉展覽〕 集合各方面之花卉出品，開會展覽，以資比賽，相互觀摩，聘專家為之評判，優勝者給予適宜之獎賞。

Flower tub〔花桶〕 花卉栽培容器之一，木材製成，方形或圓形，往往作各種美術之設計，大小不一，普通在14英寸以上，適用於灌木類之培養。

Flow pipe [進水管,流水管] 為溫室所裝設加溫水管之一部,與鍋爐連接,以導引熱水或蒸氣入於室內,通常懸於屋脊或屋面之下方.

Flue-heated hotbed [烟管熱溫床] 乃利用烟管引熱空氣於土壤內以增加床溫之苗床,火爐設於床之一端,烟管依適宜之傾斜度排列之,其直徑通常為15公分,對於長9公尺之床宜用兩根,埋於土中之深度在近火爐之一端為45-60公分,近烟囪之一端為15-20公分,此種溫床之長以18公尺為限,並用雙面床.

Flute budding [鑲片芽接] 芽接法之一,接芽不包被於砧木之皮下而鑲入其去皮部分,芽片為長方形,大小與砧木去皮部相同,鑲合後束縛之,此法適用於皮層粗厚之植物如無花果,桑,栗等.

Folded basin [摺皺果底] 果品學記載用語之一,即萼窪之周圍具有摺皺者.

Foliage plant [觀葉植物] 植物之葉部美好而富於觀賞價值者稱之.

Foliage shoot [葉枝] 為無花芽之枝梢,即上僅有葉而無花.

Foliar diagnosis [葉片診斷] 根據植物葉片所表現之狀態,以斷定其病因,普通應用於生理的反常.

Food plant [食用植物] 即可以供食之植物,指果品,蔬菜等而言.

Forced-draft drier [鼓風乾燥器] 乾燥器內氣流之產生係借電扇之力者,因壓力加大,空氣流動之速度亦大,故食品可迅速乾燥.

Forcing [促成] 非植物生長之時節而用人力促其生長之謂.

Forcing culture [促成栽培] 以促成為目的之栽培事業,蔬菜栽培最為常見,溫床,溫室皆為不可少之設備.

Forcing house [促成溫室] 專供促成用之溫室,構造依栽培植物之種類而定,室宜矮小,以便加溫,同時植物亦可接近玻璃面,通氣窗不宜多裝置,時應注意勿使冷氣直接流入室內.

Forecourt [前庭] 庭園中位於主要建築物前面,即入口以內之部分.

Forecourt planting [前庭種植] 指前庭部分之一切花草樹木之栽種佈置而言.

Foreground [前景] 與 Forecourt 同.

Forest park [森林公園] 天然公園之一,構成因素以森林為主.

Forest yard [前庭] 與 Forecourt 同.

Fork budding [鈎形芽接] 芽接法之一,砧木上之切縫為鈎狀,取芽僅附於樹皮之一側,如柑橘類之枝為三稜者適用此法.

Fork grafting [叉接] 枝接法之一,與劈接甚相似,亦可目之為劈接之一變形,接穗之切法與普通劈接同,砧木於兩枝之分叉處劈裂,插入接穗而紮縛之,此法適用於葡萄,胡桃,松柏類,橡樹等,接木時期春夏皆可.

Formal design [規律式設計] 即依照規律式之要旨而擬成之庭園設計.

Formal garden [規律式庭園] 亦稱形式園或整齊園,內部佈置均作有規則或幾何形排列,景物以對稱為主,道路多取直線,樹木剪成一定之形狀,花壇採用毛氈式設計,草地整潔,地勢平坦,有美術點綴品.

Formal style [規律式] 庭園佈置形式之一種,規律式庭園即依此而造成,美麗悅目,興奮精神,為其特點,參閱前條.

Form-O-Fume [乙醛合劑] 一種商品殺菌劑,內含乙醛,適於防治苗枯病,附有用法說明書.

Forwarding culture [早熟栽培] 為不時栽培之一種,其生產品之供給時期較之普通栽培者為早,通常利用溫床或溫室提早育苗,而於露地溫暖時將幼苗植出.

Foundation planting [屋旁種植,牆腳種植] 即在建築物周圍之一切種植,用以陪襯房屋,增加美感,使主點集中於前方,連絡地面與牆壁,軟化或隱蔽不良角度,及使牆壁不致過於空虛,選擇種類應注意所栽植之方向.

Fountain [噴泉] 庭園點綴物之一,為水景之一部分,噴水口設於水池之中央或四周,且常裝於彫像上.

Frame [床框] 即溫床周圍之框,用以支持窗蓋及保溫,構造材料不一,如稻草,木板,水泥,磚石等皆可,而以木板為最普通.[骨架] 見 Frame-work.

Frame seeding [木框播種] 用冷床或溫床播種者稱之.

Frame-work [骨架] 有二義 (1) 果樹整枝時造成樹形之主要部分.(2) 溫室屋頂之構成部分.

Free bearer [自然結果樹] 果樹結實良好而無若何困難者稱之.意即無須助以人力,亦可正常產果.

Free skin [離皮] 果皮易於剝離之謂.

Free stock [共砧,自由砧] 砧木之種類或品種與接穗相同者稱之.

Free-stone [離核] 即果核易與果肉分離.通常指桃及油桃而言.反是稱之黏核.

Freezing storage [凍藏,凍冰貯藏] 食品貯藏法之一.將食品置於甚低之溫度(水結冰點以下5-15度)中,使之完全凍結,在貯藏期間須始終保持凍結狀態,食用前加熱融解.果實中僅有莓類適用此法,餘均不宜.

French garden [法國庭園] 為規律式庭園之典型.參閱 Formal garden.

Frenching [綠筋白化] 一種營養的病害,病者葉脈間部分變黃白色,僅葉脈仍為綠色.

French style [法國式] 為規律式之異稱.見 Formal style.

Front garden [前園] 與 Forecourt 同.

Frost injury [霜害] 為植物因受霜(低溫)之影响而發生之損害.普通指生長未終止前或生長已發動後所遇之不時之霜害而言.即早霜與晚霜是也.

Frost-proof storage [防霜貯藏室] 為換氣貯藏室之異稱.見 Air-cooled storage.

Frost resistance [抗霜性] 與 Cold resistance 同.

Frozen-pack storage — Freezing storage.

Fruit-bearing shoot [着果枝] 即着生果實之枝梢.

Fruit branch [果枝] 為開花結果或有花芽之枝梢.

Fruit-bud differentiation [果芽分化] 即花芽分化,見 Flower-bud differentiation.

Fruit-bud formation 〔果芽形成〕 即花芽形成,見 Flower-bud formation.

Fruit bud grafting 〔果芽接〕 芽接之接芽為果芽或花果者稱之.

Fruit-butter 〔果泥〕 果實糖製品之一,將果肉煮爛,濾去粗塊,加用或不加用糖果汁香料等物煮成半固體狀,呈一致之濃度,較果醬細而稠厚.

Fruit candy 〔糖果〕 糖製果品之一,用果實或其製品與牛乳雞蛋糖巧格力等配合而成.

Fruit culture 〔果樹栽培學〕 與 Fruit gardening 同.

Fruit cutting 〔果實插,果插〕 以果實為插枝而行扦插之謂.

Fruit dot 〔果點〕 為果實表面所現露之不同色小點,蘋果梨等最為常見,為品種分類所依憑之特徵之一.

Fruit drop 〔落果〕 果實未達長成而脫落之謂,依其致成之原因可分為自然落果或生理落果,機械落果,及採前落果,自然落果又分為三期(亦有為二期者),即第一次第二次與第三次,後者特名之曰六月落果或夏季落果.

Fruitful 〔能結實〕 品種有結成果實之能力者,不問能否產生種子.

Fruitfulness 〔結實性〕 果樹之結實能力.

Fruit garden 〔果樹園〕 庭園之造成以果樹為主要種植材料者稱之.

Fruit gardening 〔果樹園藝學〕 園藝學之一分科,乃專門研究果樹之栽培管理以及果實之處理利用者.

Fruit grafting 〔果實接,果接〕 為草質接之一種,適用於肉質果實,如番茄,甜果,西瓜,胡瓜等,在其果約達半長成時,割去一片或一小片,將同樣大小之他果片塊接上,如接合面用凹凸不同之溝狀嵌鑲則更佳,此法宜在玻璃窗保護之下行之.

Fruit habit = Bearing habit.

Fruitification 〔結果,結實〕 即結成果實之作用方法或程序. 〔結果器官〕 即結成果實之器官.

Fruit growing = Fruit gardening.

Fruit jam 〔果醬〕 果實糖製品之一,鮮果加蔗糖一同熬者,煮至相當濃學,果實不須保持原狀,但現果體,亦無需過濾.

Fruit juice 〔果汁〕 為主要之果品飲料,將果實破碎加壓榨取其汁,再經各種必要處理,然後裝瓶殺菌.

Fruitone 見 Preharvest spray.

Fruit package 〔裝果容器〕 即果實包裝販賣所用之各種容器,如果箱果籠果桶等是.

Fruit plant 〔果用植物〕 植物以生產果實為主者稱之.

Fruit production 〔果實生產,果量〕 為栽培果樹主要目的之所在,與經濟有密切之關係,經營之成敗,即繫於此.

Fruit scar 〔果痕,疤〕 為果實脫落或採下後,其果枝上所遺留之痕跡

Fruit setting 〔果實結成,結實〕 乃花朵授粉後受精,後子房及其鄰近部分發育肥大之謂.

Fruit-setting habit 〔果實結成習性〕、此指與果實結成有關之授粉受精現象而言,與結果習性不同,參閱 Bearing habit.

Fruit show 〔果品展覽〕 集合各地出產之果品,開會展覽,以資比較觀摩,聘專家為之評判,優勝者給予適宜之獎賞,此可由政府或社團舉辦.

Fruit spur 〔短果枝〕 為十分短小之結果枝,此於蘋果梨等最為常見.

Fruit spur group 〔短果枝群〕 短果枝逐年分歧發達,形成一簇或一群者.

Fruit syrup 〔果飴,果子露〕 果實製品之一,將果汁加糖或不加糖濃縮至一定稠度即成.

Fruit thinning 〔疏果〕 摘去果實之一部分,通常行於果實幼小時,自然落果之後,目的在調節果樹之結果作用,以免形成大年小年(隔年結果),同時樹上所留之果發育亦較優良.

Fruit vinegar 〔果醋〕 為用果汁釀製而成,原料常以劣等果實或果實之廢棄部分充之,製造過程中須經兩次發酵,即酒精發酵及醋酸發酵.

Fruit washer 〔滌果器,滌果機〕 為洗滌果實所用之器械,式樣大小不一.

Fruit wine 〔果酒〕 為用果汁釀製之發酵飲料,內含適量之酒精,如葡萄

酒香檳白蘭地等,皆其主要者也.

Fruit wiper [拭果機] 果實處理所應用之機械之一,以之除去果實表面之水氣及灰塵.

Fruit zone [果樹帶] 地球上栽培果樹之區域,依其溫度情形可分為三帶:(1) 溫帶——冬季嚴寒期甚長,其果樹多為落葉性,以蘋果桃為代表.(2) 半熱帶——冬期短而不甚嚴寒,霜害亦少,果樹大多為常綠性,以柑橘無花果枇杷石榴等為大宗.(3) 熱帶——絕無霜害,樹木終年生長,概為常綠,以香蕉龍眼荔枝等為主.

Fugacious [易凋] 即花不經久之意,但非真正之朝開暮謝,參閱 Ephemeral.

Full-ripe stage [完熟度] 果實成熟階段之一,色彩香氣風味均達到最高峯,肉變軟,僅適於生食,不能遠運及貯藏.

Full seeding [滿播] 直播時所有地面完全均勻播種者稱之,反是則謂之局播,參閱 Partial seeding.

Fumigation [燻氣,燻蒸] 殺蟲方法之一,應用有毒之氣體以殺滅室內或植物體上之害蟲,須行於密閉之所,常用之藥品為氰酸氣,二硫化碳,氯化苦,擬二氯苯,烟鹼等.

Fungicide [殺菌劑] 凡用於消滅病菌之一切化學品均稱之,如波爾多液,石灰硫黃合劑,銅皂液,昇汞,乙醛液,碳酸銅,硫酸銅等是.

Fungine [氛靖] 一種商品液體殺菌劑,有防治黴菌病及銹菌病之功效,附有用法說明書.

Fungo [氛戈] 一種商品液體殺菌劑,可防治黴菌病,附有用法說明書.

Furrow transplanting = Trench transplanting.

Fuseau training [圓柱形整枝] 為閉心式整枝之一種,大體與圓錐形相似,惟不分級,主枝多而距離近,且較短,而上下主枝長度之差亦小,樹冠成向頂端漸小之圓柱或圓筒形,主用於梨樹,尤以溫桲砧為宜,參閱 Pyramid training.

G

Gárden 〔園〕 植蔬果花木之地而有藩籬者.〔庭園〕在一定之地面内作風致之佈置者.

Garden architect 〔庭園建築家〕 專門從事庭園建築之人.

Garden architecture 〔庭園建築〕 與風致園藝同義而較廣泛,包括園庭之設計計劃土木等,參閱 Landscape gardening.

Garden building 〔庭園建築物〕 為庭園中有關園景之建築物如亭台榭閣棚架棚架房舍溫室等是.

Garden crop 〔園藝作物,園作物〕 為栽培於園圃中之作物之統稱,以果樹花卉蔬菜等為最要.

Garden design 〔庭園設計〕 為築園之第一步工作,由此而實現庭園之佈置,關於園地之區劃,應用材料之種類及選擇,環境情形之調查,均須密切考慮,並須決定所取之形式.

Garden entrance 〔園門〕 為庭園之入口處.

Gardener 〔園藝栽培家,園丁〕 即從事園藝作物種植及管理之人.

Garden funiture 〔庭園陳設〕 如庭園中所用之坐位(椅及長櫈)桌抬等屬之,觀賞而兼實用,其構造材料及式樣,均須與庭園之性質適合.

Gärden house 〔園屋〕 為庭園建築物之一部,即指庭園中之房舍而言.

Gardening 〔園藝〕 為於園疇之土地内從事園藝作物栽培之謂.

Garden lay-out 〔庭園實施〕 根據設計計劃,逐步付諸實施,而達到造成美景之目的.

Garden line 〔準繩〕 整地成畦或栽培時用之,作為依憑準則,俾易整齊正直,棕繩或麻繩均可,兩端各繫於鐵棒上,不同時纏繞之,如於繩上依一定尺寸作標記,則使用更為方便.

Garden of annuals 〔一年生草花園〕 為全部用一年生草花組成之庭園.

Garden operation 〔園圃操作〕 園圃中之操作甚多,概皆與植物之生長發育有關,如整地繁殖栽植耕作灌溉施肥修剪噴佈藥劑等是,此外如採收及包裝亦屬之。

Garden ornament 〔庭園裝飾物〕 指雕像飾皿日規等而言,用以點綴園景。

Garden plan 〔庭園計劃〕 為庭園設計之一部,設計者擬定計劃書及設計圖,使園主明瞭其內容與所需費用及人工,並避免日後發生之錯誤。

Garden plant 〔園藝植物〕 與Garden crop 同。

Garden room 〔庭園空間〕 即庭園中可以種植或佈置景物之部分。

Garden sculpture 〔庭園雕刻物〕 為點綴庭園所用之裝飾品,包括雕像及飾皿。

Garden seat 〔庭園坐位〕 為庭園陳設之一,以椅及長櫈為主,製作材料可用木石或水泥,活動或固定。

Garden shelter 〔庭園庇蔽物〕 為庭園中保護植物之一種設備,可以禦強風蔽烈日,而使植物損害得以減少。

Garden statuary 〔庭園雕像〕 雕刻物之為人像及動物像者,均用美術製作,人像又有全身與半身之別,材料以鉛銅石等為主,規律式園最常用之。

Garden tool 〔園藝用具〕 即園藝經營上所應用之一切器具,必須合于生產之需要,依用途可分為整地用具,繁殖及修剪用具,栽植用具,中耕除草用具,施肥用具,灌溉用具,草地用具,噴散藥劑用具,採收包裝用具等九類。

Garden trowel 〔手鏟;移植鏝〕 為栽植用具之一,適用於幼小植物,有種種式樣,銅製或鐵製,質地均須優良堅固,以免彎曲或折斷,通常裝以木柄,亦有為全鐵者。

Gaseous spoiling; Gaseous spoilage 〔氣體腐壞〕 常見於罐頭食品,由於內部生成氣體之結果,使罐之兩端向外膨脹,其發生原因係微生物之作用,內容物受過度之分解,不堪供食,且間含毒質,食之有生命危險.

Gas injury [烟害,烟氣傷害] 為植物與有毒烟氣接觸而形成之傷害,此類烟氣大多來自工廠及住宅之烟囪,故在城市及工業區最易發生.

Gas storage [氣體貯藏,氣藏] 種子或果實貯藏時,係置於用人工方法配成之混合空氣中,以達久藏之目的者,其主要作用在阻止生理變化之進行,所用氣體為碳酸氣、氧、氮、氫氣等,配合比則依種類而不同.

Gazebo [荷蘭涼亭] 為涼亭之一種,源自荷蘭,參閱 Pavillion.

Gelatin-tannin process [膠單寧法] 用於果汁之澄清,膠為一種澄清劑,加入果汁中,使其與汁中之單寧化合而沉澱,同時將浮懸微粒搖下,另加適量之單寧以除去殘餘之膠及補償所損失之天然單寧,單寧須先加入,二者之用量依汁之成分而異.

Gemma [芽體] 為繁殖用之芽或芽狀部分.

Geneva tester [日內瓦試驗器] 為用於種子發芽試驗之一種器具,係美國紐約州日內瓦試驗場所發明,故名.

Generic name [屬名] 二名法之第一字,參閱 Binomial nomenclature.

Genus [屬] 複數為 Genera,植物分類用語之一,位於科與種之間,一屬中所包含之種數不等,通常以同屬之植物列之為一類.

Geometrical style [幾何式] 與 Formal style 同義.

Germination [發芽] 種子或孢子在適宜之環境下萌芽生長,是謂之發芽,又如花粉粒之生成花粉管亦稱之.

Germination number [發芽數] 與次條同.

Germination percent [發芽率] 即種子在發芽試驗時可以萌發之百分數.

Germination test [發芽試驗] 為測定種子活力或生機之最確切之方法,將一定數之種子置於發芽器中,給以適宜之水分、溫度及氧氣,令其萌發,然後計算其發芽率.

Germination value [發芽值] 與 Germination percent 同義.

Germinative capacity [發芽量] 與 Germination percent 同義.

Germinative energy, Germinative force [發芽力] 為種子在一定之時間內可以發芽之百分數.

Girdling [環剝,環缢] 與Ringing 同.

Glacéing [加糖衣] 為製造糖製果乾之一種處理手續,在已經乾燥之製品之外方再被一層濃糖漿,使之乾燥後呈閃光耀燦之狀,以增進其外觀.

Glad [唐菖蒲] 為藝花者之俚語,即Gladiolus 之縮寫也.

Glade = Vista.

Glade planting [通道栽植] 即於通道或透視線兩旁從事樹木栽植之謂.

Glass house [玻璃房] 即溫室,見Greenhouse.

Glass jar [玻璃罐] 為用於罐藏之一種容器,方形或圓形,廣口,玻璃之質地須優良,能耐高熱,罐蓋用玻璃或金屬製成,蓋上後務須緊密,其間常墊以扁平橡皮圈,籍螺旋夾扳或扣環固定於罐口.

Glass substitute [玻璃代用品] 在溫床構造上用以代替普通玻璃之物品稱之,如玻璃布,紫外光玻璃,賽珞凡,油紙,油布,蜡紙等皆是.

Glochid [鬚刺] 即先端有鬚之刺,常見於仙人掌類植物.

Goblet pruning [灌狀修剪] 為葡萄整枝法之一,即單幹之短梢修剪,參閱 Short cane pruning.

Golden garden [金色園] 庭園或花壇之佈置,以開黃色花之植物為主者,參閱 Yellow garden.

Gormand [徒長枝] 與Water sprout同.

Grading [分級] 將產品依大小或品質分為不同之等級者.

Grading land [地面整理] 庭園建築及園圃開設均應用之,將各部分之土地作成適宜之平面,以多補少,高者移去,低者墊昇,以適合佈置或栽種之用.

Grading law [分級法規] 即由政府或社團制定之分級標準,根據之以行產品之分級.

Grading machine [分級機] 為果實大小分級所用之器械,但構造皆多變化,果實經過其中,可分為各種不同大小之等級.

Graft [接株] 即已接就之植株,包含砧木與接穗兩部分者.

Graftage [接木術] 即有關接木之一切學理與技術.

Graft-hybrid [接木雜種] 為由接木而成之雜種,通常發生於接合部,參閱 Chimaera 及 Pomato.

Grafting [接木] 即將接穗之枝或芽接於砧木上,使二者合而為一之謂.[枝接] 為狹義之解釋,即接穗為二芽以上之短枝者,芽接不在內.

Grafting affinity [接木親和力] 即砧穗二者接合之能力,凡親和力大者其結合性強,反是弱,一般言之,接木親和力與砧穗之植物學關係成正比,但有例外.

Grafting by approach [靠接] 又稱寄接、呼接或誘接,為接木法之一,砧木與接穗均為有根之植物,將二者之枝相對,各削去皮層一塊,接合縛緊,俟完全癒合後,始將砧木之上方及接穗之下方於近接口部剪去之.

Grafting case [接木框匣] 為裝置於溫室植台上之一種繁殖設備,與溫床極相似,惟較小,框內藏水苔以保持水分,構造應力求嚴密,因多數植物必須在密閉而溫暖之環境中,始易發生癒合作用也,松柏類等數種之接木常應用之.

Grafting clay [接泥] 為最粗放之接口保護劑,係用黏土、牛糞、毛髮等物,加水調和而成,製法簡易,成本低廉,惟施用後不能持久,遇雨或乾燥即易脫落,對於癒合較難之接木,決不適用.

Grafting frame — Grafting case.

Grafting knife [枝接刀] 為用於枝接之工具,與芽接刀甚相似,惟較堅固,平叉,刀尾無片狀物.

Grafting proper [枝接] 即狹義之 Grafting.

Grafting wax [接蠟] 為最常用之接口保護劑,有冷用及熱用之別,主要原料為松脂、蜂蠟及獸油,冷用者另加酒精,配合之比例不一,處方甚多,樹木創傷之保護亦可用之.

Graft union〔接合部〕 為接穗與砧木接合之部分.

Grapery〔葡萄園〕 為純粹栽培葡萄樹之果園.

Grass hook—Grass sickle.

Grass mold〔腐草土〕 雜草連根鏟取,堆積之,令其充分腐爛,然後篩去粗物,即得此種土.

Grass scythe〔大草鐮〕 為刈草用之鐮刀,構造堅固,刀片長大,有種種式樣.

Grass shear〔草剪〕 為手用之剪草器具,以修剪路邊或小面積之草為剪草機所不能工作者,大小式樣甚多.

Grass sickle〔草鐮〕 構造不若大草鐮堅固且較小,式樣亦多.

Grass walk〔鋪草路〕 為用綠草鋪成之園路.

Grate surface〔火床面〕 即鍋爐之爐底大小,指容納燃料(煤)之面積而言,對於比較小型之鍋爐,其火床面與接火面之比則為1:20.

Gravelled path〔鋪砂路〕 園路之路面,用砂礫鋪成者.

Gravity conveyer〔重力運物車〕 運物車之藉重力以移動者.

Greenhouse〔溫室〕 為最完美之植物培養所,亦可充園景之點綴品,具有玻璃屋面,側壁之全部或局部亦用玻璃裝成,構造式樣規模大小,依用途及植物種類而大有差異,除充分利用自然勢力外,必要時須行人工加溫.

Greenhouse heating 所以補自然勢力之不足,尤以冬季氣溫低降時最不可少,加溫之方法甚多,如熱水,蒸氣,熱烟,電氣等是,而以熱水加溫應用最廣.

Greenhouse plant〔溫室植物〕 植物之培養於溫室內者稱之,其需要之環境比較特殊,管理亦宜精密,必須在溫室內始得有良好之生長.

Green-manure crop〔綠肥作物〕 為供綠肥用之植物,以豆類為主.

Green manuring〔施用綠肥〕 栽培綠肥作物,耕入土中,以供給需植物之謂.

Green-ripe stage [綠熟度] 果實成熟階段之一,果充分肥大而仍為綠色者,此時尚未成熟,不能供食,但適於貯藏及運輸.

Greens [綠葉蔬類] 與Potherb 同, [綠葉植物] 具有綠葉之觀葉植物用以供裝飾者,如羊齒,棕櫚,蘇鐵等是.

Greenwood cutting [綠材插] 與Softwood cutting同.

Gridiron training [爐柵式整枝] 一種多幹籬形整枝,主枝向兩側水平伸展再彎曲向上.

Grit cell [砂細胞] 與Stone cell 同.

Ground color [基色,地色] 為果實之基本色彩.

Ground cover [地被植物] 植物之可用為地面之覆蓋者稱之,通常以之掩蔽庭園之不美觀部分或空隙地,此類多屬匍匐性,草本或木本均可,須與環境相適合.

Grouping bed [集合花壇] 與Parterre 同.

Growing-on nursery [培養苗圃] 為苗圃之一種,專門培養新繁殖之幼植物,以達可販賣之程度.

Growing season [生長期] 為一年中植物可以生長發育之期間,其長短因地而異,大概以該地之無霜期為準.

Growing season grafting [生長期接木] 即接木之行於生長期間者,例如皮接,靠接等是.

Growth habit [生長習性] 植物生長之習性,指高矮大小,攀緣,直立,匍匐等而言.

Growth periodicit [生長週期] 植物自生長開始以至生長停止為一週期.

Growth-promoting substance, Growth subatance [生長素,生長物質,生長刺激素] 與Phytohormone 及Auxin同.

Gum Finger [樹膠耙] 為一種草地耙或葉耙之專利品名,齒用樹膠製成,經久耐用,且不致穿入土中或牽動草根.

Gummosis [流膠病] 為植物之一種病害,常發生於核果類果樹.

Guying tree [繫樹] 移植大樹時於栽定後在分枝部繫以鉛絲3-4條用樁固定於土中以免強風之吹動.

Guyot pruning [盧岳特式整枝] 為葡萄籬壁整枝法之一,主要依水平誘引逐年更換除長梢修剪法,參閱 Long cane pruning.

Gynandrium [柱體] 為蘭科植物特有之一種構造,其雌雄蕊結合形成一柱狀體.

H

Habitat [產地] 植物生長之特殊場所,如路邊,草原,高山,森林,沼澤等.

Half-free stone [半離核] 為介於離核及黏核之間者.

Half-hardy [半耐寒] 植物耐寒之程度介於耐寒與畏寒之間者,大概能受輕霜之侵襲而不致損傷.

Half-span house [半屋面溫室] 與 Lean-to house 同.

Halophyte [鹽土植物] 生於海岸或鹽湖附近之植物,因其吸收水分困難,為減少蒸發計,其葉之構造不得不改變以求適應環境,大致與耐旱植物相似,例如篩草(Carex macrocephala)野豌豆(Lathyrus maritimus)等是.

Hand cultivator [手用中耕器] 為中耕器之輕便者,如鋤,爪形鋤等是.

Hand duster [手用撒粉器] 為撒粉器之輕便者,參閱 Duster.

Hand fork [手叉] 即普通所用之二齒叉.

Handling fruit [果實處理] 為果實成熟後所必經之各種處理,如採收,包裝,貯藏,運銷等是.

Handling quality [處理性] 果實對於各種處理之適應性.

Hand mower [手用剪草機] 為剪草機之輕便者,小型,用人力推動,適用於小面積草地之修剪.

Hand peeling [手削去皮] 原料之去皮係用手削而非藉機械或他種助力者.

Hand pollination [人工授粉] 即人為之授粉,取雄蕊之花粉授諸雌蕊之柱頭上,以達受精之目的.

Hand sowing [手播] 即用手將種子播入土中.

Hand sprayer [手用噴霧器] 為噴霧器之輕便者,小型,用人力動作,如小手提噴霧器,連續式噴霧器,背囊式噴霧器,筒形噴霧器等,均為常見之種類.

Hanging basket [懸籃] 為室內裝飾品之一種,用籃或他種類似之容器栽培適宜之觀賞植物,而用繩索或鉛絲吊懸之,參閱 Basket plant.

Hanging garden [懸園] 為巴比倫之古代庭園,乃女皇 Semiramis 所造,金字塔形,成若干迴廊階段,計20段,支以石柱,每段栽植美麗樹木及豎齊花壇,遠望之儼如空中之庭園.

Hard-coated seed [硬皮種子] 種子之外皮堅而厚者稱之,如小蘗,紫荊,山楂,柿,銀杏,皂莢,肥皂莢,冬青,胡桃,榆,柏,忍冬,梨果類,核果類,薔薇,繡球花,葡萄,棗等,均為最常見之種類.

Hardening, Hardening-off [幼苗健化] 在溫室或溫床中培養之幼苗,於移植露地之前,必須經健化之手續,然後方不致因環境驟變之影響而受損傷或死亡,健化之法,即將植物先置於冷床中經一二星期,減少灌水,並漸開窗,令其緩緩接觸大氣,如是,其組織即可變為強健堅實.

Hardiness [耐寒性] 即植物對於低溫抵抗之能力,因其感應之程度不同,可分之為耐寒,半耐寒及畏寒(或不畏寒)三類.

Hard-pan [硬版] 指土壤之底土而言,凡底土異常堅硬,有如石版狀者稱之,此種硬版對於植物根部發育及排水,均屬不利,必須設法破壞之,通常利用炸藥將其炸開.

Hard-ripe stage [硬熟度] 與 Firm-ripe stage 同.

Hard-seed [硬實] 即發芽困難之種子.

Hard wax [硬蠟] 為熱用接蠟之異稱,見 Melted wax.

Hardwood cutting [硬材插] 插技之用去年成熟枝條者稱之,行於休眠期間.

Hardy plant [耐寒植物] 即具有強大耐寒性之植物,Hardy 一字,廣義言之為植物對於一切不良環境可以抵耐適應之意惟通常均冠以某種情形否則即指對低溫之抵抗。

Hardy stock [耐寒砧] 砧木之能抵抗低溫者稱之利用砧木之耐寒性使接穗品種可以適應不良之環境如君遷子之於柿枳殼之與柑橘沙果之於蘋果等皆其例也。

Hardy variety [耐寒品種] 即能抵耐低溫避免凍害之品種此在北方寒地最為重要欲減少經濟上之損失者必須選用耐寒力強大之品種而後可。

Harmony [調和] 此語常用於庭園佈置及花卉裝飾一切景物或材料其色彩形狀大小等彼此皆須諧調配合適宜俾其美得以充分發揮。

Harrow [耙耙] 整地用具之一種類甚多以圓碟耙及齒狀耙最為常用分見 Diskharrow 及 Spike-tooth harrow.

Harrowing [耙地] 以耙耙地即使用耙之操作也行於犁耕之後使土地破碎而便種植。

Harvesting [採收收穫] 為產品處理之第一步工作採收之標準及時期依植物種類供食部分以及用途等而大有差異必須在最適宜之程度採之品質始可望優良。

Harvesting operation [採收操作] 即有關採收之一切工作實施時亦因種類而不同。

Hastening germination [促進發芽] 對於發芽困難之種子為使其易於萌發減少所需要之時間起見宜施以人為處理以促進之促進發芽所用之方法不一依種子種類而不同大概種皮過於厚硬者宜軟化之或使之破裂如磨擦浸種燙泡化學品處理挖孔等均為適用於此種情形之方法其因缺乏食物或化學要素而不能發芽之種子則宜供給以糖分或酵素至若休眠期甚長之種類應設法終止令其提早完成休眠此可施以低溫處理或醚類處理。

Haulm [莖] 特指豆類及禾本科草類而言此語在英國比較普通。

Head [葉球] 葉片包捲抱合而成頭狀或球狀者如甘藍類萵苣結球白

菊等是.〔頭狀花〕菊科植物之花係由多數舌狀花及筒狀花所組成.

Heading 〔結球〕 即結成葉球之謂.

Heading back 〔截短〕 修剪術語之一,即剪去枝梢之一部者.

Head pruning 〔頭狀修剪〕 即葡萄之短梢修剪法,與 Goblet pruning 相似,見該條.

Healing 〔癒合〕 植物體損傷或剪切時,其傷口或切面之細胞加速分裂生長,將其部封閉而得保護,此謂之癒合,常應用於扦插及修剪.

Heater 〔加溫器〕 即火爐,用於溫室加溫,果蔬乾燥及果園防霜,燃料以煤或油類為主.

Heath border 〔石南花境〕 花境之佈置以石南類植物為主者.

Heath-fruit 〔瘠地果樹,荒地果園〕 指杜鵑科之越橘類果樹而言.

Heating cable 〔加熱電纜〕 為電氣溫床之主要加溫部分,其構造係用鎳鉻合金之有阻力電線,外被石綿一層,以資絕緣,再罩以銅或鉛製之套,使熱力得以輻射於空氣中,電纜之直徑自5至13公厘,通常埋設於土面下約15公分之處.

Heating surface 〔接火面〕 用於溫室加溫之計算,即鍋爐內所有與火焰或熱烟接觸之部分之總面積.

Heaving 〔揚根〕 因交互凍融作用,使土壤變鬆,而將植物之根舉出土面之謂.

Heavy bearer 〔豐產樹,豐產種〕 即結果豐多之樹或品種.

Heavy bearing, Heavy cropping 〔豐產〕 指果樹結實而言,即結果豐多之意.

Heavy pruning 〔重度修剪,重剪〕 修剪程度之一種,表示凡剪除之部分甚多者稱之.

Heavy soil 〔黏重土〕 土壤為黏性,土粒細而緊密,排水不良,如黏土是,參閱 Clayey soil.

Hedge 〔綠籬〕 亦稱青籬,生籬或生垣,為利用植物所造成之垣籬,將叢生性之灌木密植之,俟分枝繁茂後,剪成一定之形狀,觀賞而兼實用.

Hedge plant〔綠籬植物〕 為適用於綠籬栽植之植物，種類甚多，概以分枝繁茂之灌木為主，常綠或落葉者皆可，如女貞、側柏、木槿、枸桔（枳殼）、馬甲子、黃楊、海桐等均屬常用。

Hedge shear〔綠籬剪〕 綠籬剪形所用之工具，有長大之刀口，修剪時手握其柄以動作之，亦可裝以彈簧，則使用較為方便。

Heel cutting〔踵狀插〕 扦插法之一，插枝準備時係自老枝扯下，基部不施剪切，其帶老枝之部分形如足踵，故名。適用於生根較難之種類。

Heeling-in〔埋植〕 為苗木短期貯藏所用之方法，行於露地，擇涼爽之所，如大樹下方或牆之北面，掘長溝，將苗木斜列其中，樹冠與地面成45度之角度，壅土掩埋，祇露枝梢之一部於外，土壤宜為疏鬆砂質，俾易於取出。

Helio-glass 見Ultra-violet Transmitting glass.

Heliotropic〔趨光〕 指植物之葉或花向日光轉動而言，如向日葵、西番蓮等為其著例。

Herbaceous〔草本，草質〕 對木本而言，莖枝柔軟多汁，不為木質者稱之。

Herbaceous border〔草花境〕 為純以草本花卉組成之花境。

Herbaceous fruit〔草本果樹，草質果樹〕 果樹之為草質者稱之，如香蕉、鳳梨、番瓜樹等是。

Herbaceous grafting〔草質接〕 接木法之一，應用於草本植物，如菊花、大麗菊、蜀葵、霞草、仙人掌、瓜類、番茄、茄子等，其目的約有下列五種，(1)保持品種之優性，(2)新奇，(3)免病，(4)利用廢棄部分，(5)改進生長。

Herbaceous walk〔草花路〕 即園路兩旁從事草本花卉種植者。

Herbarium〔臘葉標本〕 即乾燥之植物標本，可長期保藏，以供研究植物分類之用。

Herb garden〔藥草園〕 為一種特殊蔬菜園，即將各種食用藥草集合栽培而成，所謂藥草並非純粹之藥用植物，乃以之供調味之用者，如茴香、薄荷、時蘿、羅勒、百里香等是也。

Herbicide = Weed killer.

原書缺頁

樂為目的不計經濟之得失,產品自用,多餘者亦可饒贈親友或設售.

Home ground garden [住宅園] 於住宅之周圍作風致者稱之.

Home nursery [家用苗圃,自用苗圃] 苗圃經營方式之一,事業範圍均較小,培養之種子及苗木通常供給自用或作無代價之贈送.

Honey plant [蜜源植物] 與 Bee plant 同.

Horizontal branch [水平枝] 為依水平形伸出之枝梢.

Horizontal multiple layering [水平複壓] 為 Continuous layering 之異稱.

Horizontal training [水平整枝] 人工形整枝之一,主枝在同一平面上作水平形分布.

Hormodin A [賀爾摩丁] 一種生長素製成品,內含3%之吲哚醋酸.

Horticultural manufacture [園產製造,園藝製造] 為園藝學之一分科,研究園藝產品如果實蔬菜花卉等之加工製造,乃園產之主要利用方法也.

Horticulture [園藝學] 為研究一切園藝作物之栽培及處理之學科[園藝]與 Gardening 同義,如嚴格言之,則其規模較大而範圍較廣,且含有科學研究之意.

Horticulturist [園藝學者,園藝學家] 為從事園藝研究而富於學識之人.

Hortus [園] 拉丁文,與 Garden 同義.

Hose [運水管] 為灌溉用具之一部分,用以連接自來水或水塔引水以行灌溉,適於大規模之應用,管用橡皮或帆布製成,先端連以各式噴頭,噴水可粗可細,此外尚有數種不可少之附屬物,如聯接器,夾器,分水聯接器等是.

Hose-in-hose [套筒型] 為重瓣花之一種,有如兩管之相套,見於鐘花,櫻草,杜鵑花等.

Hotbed [溫床] 為利用自然熱力並施以人工加溫之苗床,構造與冷床相似,祇多一加溫裝置,主要應用為繁殖,促成栽培及保護植物過冬.

Hotbed ground [溫床區,溫床場] 為將多數溫床列為一區予以適宜之佈置以便管理者。

Hotel garden [旅店園] 為於旅店周圍從事風致佈置所造成之庭園。

Hot house [高溫溫室] 此種溫室適於培養熱帶產或需要高溫之植物,冬季室溫普通在攝氏10-28度之間,因植物所需之環境不同又有乾高溫溫室與溼高溫溫室之別。

Hotkap [暖冠] 為一種小形暫時性之植物保護用器,barrier呈圓錐形,用堅固之蠟紙製成,以之罩蓋已定植之幼苗,每株一器,可以避免霜害。

Hot-pack [熱裝] 罐頭食品裝罐時溫度甚高,往往預行加熱或於熱煮完成後不令其冷卻立即裝入罐中,此法可使裝罐後殺菌較易,有時更可省去殺菌之手續。

Hot sauce [番茄辣醬] 番茄製品之一,為一種辛辣而香料輕微之番茄泥,通常用小洋鐵罐裝盛。

Hot-spring ground [溫泉場] 為於溫泉附近之區域內作庭園佈置,以造成美好之遊樂地。

Hot-water bath [熱水槽] 為一種簡單不加壓殺菌器,溫度最高為攝氏100度,僅能用於果品罐頭之殺菌。

Hot-water boiler [熱水鍋爐] 為熱水加溫器之一部,熱水由此經進水管流入溫室內,再由迴水管返至鍋爐內,如是循環不已。

Hot-water heater [熱水加溫器] 利用熱水流經導熱管,使其熱力由管壁輻射至空氣中,以增高溫度,其主要部分即熱水鍋爐及熱水管。

House plant [室用植物] 為供房屋內佈置裝飾用之植物,通常為盆景,皆須能耐室內之不良環境,因日光空氣皆感不足也。

H-shaped budding [H形芽接] 片狀芽接法之一,砧木上之割縫成H形,縱切二刀,橫切一刀,向上下剝開,接入長方形之芽片。

Humidiguide [測濕器] 為一種濕度計之商名,用於溫室,可以自動指示室內之相對濕度。

Humogro [寿莫格洛] 一種商品肥料,係將腐植質與4-8-6化學肥料

配合而成

Humus [腐植質] 即由植物體腐爛而成之物質.

Hunting garden [狩獵園] 為供遊獵取樂之庭園,自然式,規模通常甚大

Husking [去苞片] 為玉蜀黍收穫時之一種處理,即將穗外方之苞片除去,此可用手或機械行之.

Hybrid [雜交種] 為不同種或不同屬之植物經雜交授粉受精所產之後裔.

Hybridity [雜種性] 即雜交種之狀態或性質.

Hybridization [雜交] 為產生雜交種之必要手續,將父本之花粉移至母本之柱頭上,使之受精結子,意義較Crossing為狹,參閱該條.

Hybrid vigor [雜種優勢] 意即兩個血統關係較遠之雜交或自花受精作物之果配,其第一代後裔(雜種)生長勢力加強,栽培瓜類者常利用此種性質.

Hydrogen-ion concentration [氫游子濃度] 為決定液體酸性強弱之主要因素,液體中氫游子之數量與離解度成正比例,即離解程度愈大者酸性愈強,反是愈弱.

Hydrophyte = Aquatic.

Hydrospear [水矛] 為一種用具之商名,可用以灌水或施液肥至樹木之根部,附有用法說明書.

Hypanthium [肥花托] 為薔薇科植物之花托及其鄰近部分,等於梨果類之果肉.

I

Ice-pit storage [冰窖貯藏] 與Snow pit storage.

Ice refrigeration [凍冰冷卻] 冷藏時所用冷卻方法之一,利用凍冰將溫度降低.

Immature wood cutting [未熟枝插] 為Softwood cutting之異稱.

Imperfect flower [不完全花] 花器中缺少雌性或雄性器官者稱之,參

閱Dioecious 及Monoecious.

Inarching 〔靠接〕 與Grafting by approach 同.

Inarching by back incision 〔皮下靠接〕 即用皮接法之靠接.

Inarching by cleaving 〔劈裂靠接〕 即用劈接法之靠接.

Inarching by inlaying 〔嵌入靠接〕 即用嵌接法之靠接.

Inarching by tongueing 〔舌狀靠接〕 即用舌接法之靠接.

Inarching by veneering 〔鑲合靠接〕 即用鑲接法之靠接.

Incompatible 〔不和合,不相合〕 通常指接木或授粉而言,砧穗二者不能相接合或花粉與胚珠不能發生受精作用.

Incompatibility 〔不和合性,不相合性〕 即具有前項情形或性質者.

Indeterminate 〔無限花序〕 花序中之花芽下方先開者稱之.

Indigen 〔自生種,原生種〕 為本土自然產生之植物.

Indoor decoration 〔室內裝飾〕 住宅會場或其他場所,其內部利用園藝植物作適宜之佈置以資點綴者,如瓶花盆景花籃懸籃等,皆為室內常用之裝飾物.

Indoor grafting 〔掘接,室內接〕 為行於室內之接木,將砧木掘起移至室內接就後再移植於苗圃或溫室中,凡不畏移植而砧木較小者,均可採用.

Indoor growing 〔室內栽培〕 即於溫室內以行植物之栽培者.

Indoor seeding 〔室內播種〕 播種之行於溫室內或溫床中者稱之.

Indoor storage 〔室內貯藏〕 為利用貯藏室以保藏產品者,通常指苗木貯藏而言.

Indoor working = Indoor grafting.

Industrial 〔工業植物,工藝作物〕 植物以供工業用為主者稱之,可分為糖料纖維染料嗜好藥用澱粉油脂等數類.

Ineffective temperature 〔無效溫度〕 即不能使植物生長之溫度,參閱Effective temperature.

Infertility = Sterility.

Informal design〔非規律式設計〕 庭園之設計採用自然式,不作成整齊對稱之人為風景者.

Informal garden〔非規律式庭園〕 為Natural garden 之異稱.

Inhibiting effect〔抑制作用,阻止作用〕 使某種組織或器官不能發生或形成之謂.

Inlaying 〔嵌接〕 枝接法之一,砧木截頭,於一側刻一三角形之凹缺,接穗之下端削成同樣大小之三角形凸面,嵌入砧木之切口中,加以緊縛. 行此法時,通常借助於嵌接器,赤楊,鵝耳櫪等,均適用之.

Inlaying tool 〔嵌接器〕 為嵌接專用之工具,砧木及接穗之削切,均可用之.

Inoculation 〔接種〕 為將微生物引種於培養基或他植物體中之謂. 芽接〕 為Budding之異稱.

Insecticide 〔殺蟲劑〕 即用以殺滅害蟲之一切化學品.

Insectivorous plant 〔食蟲植物〕 植物以蟲類為食物者稱之,能直接消化動物性之含氮物,其捕蟲方法不一,或利用瓶狀之器官,使蟲類進入後無法逃逸,或着生黏質之毛,以膠固蟲體,或具有如殼狀之構造,內有液體,蟲類墜入,即可溺斃,如茅膏菜(Drosera) 豬籠草(Nepenthes) 捕蟲堇(Pinguicula) 瓶子草(Sarracenia) 水豆兒(Utricularia)等,皆係常見者也.

Insulation material 〔絕緣物〕 亦作不良導體,即能阻止傳熱或傳電之物質,用於加溫電線(如石綿)及貯藏室之建築 (如木栓,鋸屑,製膜棕櫚草等).

Insulex〔隱蘇來克斯〕 為木栓製品之商名,有絕緣功用,可以阻止室溫之變化,建築貯藏室用之.

Insulite〔隱蘇賴持〕 亦木栓製品之一,應用與前條同.

Intake ventilator 〔進氣窗〕 為新鮮空氣進入室內之氣窗,通常設於室之下方.

Intensive culture 〔集約栽培〕 於較小面積之土地內或利用特殊之

設備從事作物之栽培技術必須優良管理必須精密然後可得佳美產品獲較多之收益是故集約栽培即指園藝經營而言也.

Intercrop — Companion crop.

Intercropping [間作] 為耕作制度之一即在同一地面上同時栽培兩種以上之作物之謂.

Inter-fertile [互交可孕,互交結子] 不同品種相互雜交授粉均可結實而產生有活力之種子者稱之.

Inter-fertility [互交可孕性,互交結子性] 即具有前條之情形或性質.

Inter-fruitful [互交結實] 兩品種相互雜交授粉,皆能結成有種子或無種子之果實者稱之.

Inter-fruitfulness [互交結實性] 即有前條之情形或性質.

Intermediate house — Temperate house.

Intermediate stock [中砧] 為二重接時位於有根之砧木與接穗之間之部分亦可稱之為第一接穗.

Intermittent sterilization [間歇殺菌] 食品用高溫殺菌而非一次完成者稱之.譬如在攝氏100度需要3小時之時間者,可分為三次,每次1小時,各次相隔一日,則其效果更較一次完成為佳.此法適用於殺菌困難之食品如缺乏酸分之蔬菜類及肉類.

Internal breakdown [內部崩潰] 為果實貯藏病害之一.果內部組織崩壞潰揭,雖外表正常,亦不適於食用.

Internal browning [內部褐化] 為蘋果貯藏病害之一.果心及維管束周圍之果肉變褐色.常發生於冷藏室中.其發病之難易,又依品種,生長期間之氣候情形以及管理等而有不同.

Internal cork [內部栓化] 為蘋果貯藏病害之一.係由於缺少硼素所致.有似木栓之組織散布於果肉中,對於品質影响殊大.在生長期間以硼砂或硼酸之稀液用噴布葉面,注射枝幹或灌入土中諸法,均可預防其發生.

Inter terile [互交不孕,互交不結子] 兩品種相互雜交授粉均不能產生有活力之種子者稱之.

Inter-sterility [互交不孕性,互交不結子性] 即有前條之情形或性質

Inter-tillage = Cultivation.

Intra-molecular respiration [分子內呼吸] 為缺乏氧氣時所生之一種呼吸作用,普通呼吸作用之產生物為碳酸氣,此種則否,而為乙醇與乙醛等.

Inversed grafting = Reciprocal grafting.

Inverted-pan method [覆盤法] 為土壤用蒸氣消毒之一法,於地面上覆一銅鐵製成之盤,由鐵管導入高壓力之蒸氣,經適宜之時間後,再移至另一部分依法處理,欲消毒之土地面積較大者,以用此法為宜.

Inverted T-shaped budding [倒T形芽接,丄形芽接] 與普通芽接同,所異者砧木上割縫不為T形而為丄形,接芽芽片由下方向上插入,故又稱之為丄芽接.

Invigorating effect [強化作用] 與矮化作用相對,接木或修剪後接穗或樹木之發育受其影響而生長勢力增強,發育更加旺盛.

Iris garden [鳶尾園,菖蒲園] 庭園之佈置以鳶尾類植物為主體者稱之.

Irregular style [不規則式] 為Natural style之異稱.

Irrigation [灌溉] 乃供給水分於土中之謂,為一種重要園藝操作,尤以天氣乾旱時為最,方法甚多,可分為空中灌溉,地表灌溉及地下灌溉三種.

I-shaped budding [I形芽接] 片狀芽接之一種,砧木之割縫成I字形,由中央向左右撥開皮層,接芽為長方形之片狀,芽位於片之中央,接入後,將砧木皮層回復包之,但勿使芽體遮蔽,皮層如太長,宜切去少許.

Isolated planting [孤植] 庭園植樹方式之一,即於相當大之面積內僅植樹一株.

Isolated tree [孤立樹] 樹木之用孤植者稱之,所謂優型樹多指此而

言通常應用於自然式庭園之草地上及園路交叉點之廣場中.參閱Specimen tree.

Italian garden[意大利庭園] 為西洋庭園之一,規律式.其特點為(1)充分應用剪形樹木.水景.彫像及模紋花壇,(2)大多依山坡築成,分為不同之平面,(3)草地甚少,多年生草花亦罕見,(4)有大而精之砂礫.

J

Japanese garden[日本庭園] 東方庭園之一,屬於自然式,有築山庭平庭之別,大致與中國庭園相似,其景物中之比較特殊者為島.石.水缽.石燈籠.枯山水等,又日本庭園中無座椅而代以休息室.

Jar[飾瓶] 庭園裝飾用彫刻物之一種,為花瓶形.

Jardiniere[飾用盆] 法文原為園丁之意,惟在一般應用上,作為花盆解,即供盆景裝飾用之容器,美觀不合于實用,套於普通花盆之外方.

Jelly[果凍] 果實製造品之一,果汁加糖濃縮至一種稠度,冷卻後可發生凝結或膠固作用,而形成清澈透明之半固體狀者,是謂之果凍或果膏.其主要組成為膠素.酸分及糖分,三者必須保持適宜之比例.

Juice sac, Juice sack[汁胞] 為果實內容納汁液之細胞.

Juice vesicle[砂瓤] 柑橘果實解剖用語之一,即供吾人食用之部分,外有瓤囊皮包圍之.

June budding[六月芽接] 即早夏芽接,時期在六月底或七月初,適用於南方暖地培養之桃苗.

June drop[六月落果,夏季落果] 為果樹自然落果之最後一次,因其時期大多在六月間,故名.

June-struck cutting[早堅材插] 堅材插之行於較普通時期為早者稱之.

Juvenile form[雛型] 植物之幼葉與長成葉異形,而可用無性繁殖法保存之者,此在松柏類.常春藤等最為常見.

K

Keeping quality [貯藏性,保藏性] 新鮮果蔬及其製品貯藏時,依據其經久程度以決定保藏性之強弱,此語亦可應用於切花及種子.

Kernel fruit—Pome.

Kerosene emulsion [石油乳劑] 接觸用殺蟲劑之一種,材料為石油,肥皂及水,其配合比例依重量計為16:1:8.

Killing back [枝梢凍死] 樹木之枝梢因低溫損害而向下方凍死之謂

Killing frost [嚴霜] 為最重度之霜,能使大宗植物損害或致死,雖抗寒性強者亦難倖免.

Killing temperature [致死溫度] 為足以使生物死滅之溫度,殺菌時常應用之,依微生物種類而不同

Kiln dryer [灶式乾燥器] 常用於燻果之烘乾器,分兩層,上層為乾燥間,下層為加熱間,乾燥間約20英尺見方,地板用質地堅固之木條構成,木條間留¼英寸之縫隙,食品即直接散置其上,厚以數寸為度,此種乾燥器管理方便,設備費不多,惟較粗放,而熱之利用不經濟,且不適用於軟肉果類.

Kitchen garden—Vegetable garden.

Kleenup [克林尼卜] 一種商品油類乳劑,用於休眠期噴布,附有用法說明書.

Knapsack spray pump [背囊式噴霧器] 為手用噴霧器之一種,因其形為囊狀,而噴藥時由工作者背負之,故名.

Knaur—Burl.

Kniffin system [倪芬式整枝] 葡萄整枝法之一,在美國甚為廣用,先於園中立木柱,橫設鉛絲兩道,供枝蔓之縛扶,成形後,中央有一主幹,由此分出四個結果母蔓,向兩側縛於鉛絲上,主幹不變,具永久性,結果母蔓則年年更新.

Knocking out [叩出] 為盆栽植物換盆時之第一步操作,即將植物根

劃由盆中取出之謂.

Knott garden, Knotted garden [圖紋園] 為西洋規律式園之一種,集合多數小花壇組成模紋,每一花壇之周圍均環植矮小綠籬,修剪整齊,材料以黃楊為主,有時小區中不栽種植物,僅用各式之砂土充之.

Kraut [酸菜] 為Sauerkraut 之簡寫.

L

Labyrinth [迷園] 為綠籬之一種用法,在地面上設錯綜複雜之路畧呈網狀,圍以不能通行之綠籬或他種植物,使進人不易進入,亦不易外出.

Lacquered can [塗漆罐] 為曾經塗漆處理之洋鐵罐,用於罐頭製造時可避免製品之變色及鐵皮之腐蝕,濃紅色之果實蔬菜與多酸之果品用之最為適宜,因製造之手續不同,又有單塗漆與雙塗漆之別,參閱 Single-lacquered can及Double-lacquered can.

Lactic fermentation [乳酸發酵] 為園藝品製造利用微生物之一法,藉乳酸菌之作用將醣類分解生成乳酸,此與蔬菜漬製最為重要.

Laminate bulb [有皮鱗莖] 鱗莖外部有膜皮包圍者稱之,如洋葱洋水仙鬱金香水仙等皆是.

Landscape architect [風致建築家] 與Garden architect 同義.

Landscape architecture [風致建築] 與Garden architecture 同義.

Landscape forest [風致林,風景林] 森林之以表現風景美為主要者稱之,參閱 Forest pack.

Landscape gardening [風致園藝學] 為園藝學之一分科,或稱庭園學,即在一定之土地上用人為之設計經營使之成一自然或特殊之環境,以供人類享樂,增加美感,改進生活.

Landscape style [風致式] 與 Natural style 同義.

Lanolin [蘭諾林,羊毛脂] 為羊毛工業之一種副產品,外形頗似凡士林,生長素用塗膏法處理者,常以之充稀釋劑.

Late blooming [晚花] 指開花之時期而言,有二義(1)同種類之植物花期較普通為晚者.(2)不同種類之植物在一年中花期比較遲時即於夏秋開花者.

Latent bud [隱芽,潛芽] 為不明顯之芽,年齡通常在一年以上,可依然為休眠狀態,亦可發育生長.

Late pruning [晚期修剪,晚剪] 即休眠期修剪之遲晚者,普通指春季剪枝而言.

Later rest [休眠後期] 為Weber氏用於終止休眠之述語,即冬季植物休眠將畢之時期.

Lath house [木條室] 為蔭棚之一種,用木做屋架,其頂及四壁均以木條裝成.

Lath screen [木條蔭簾] 簾用木條做成,供溫床溫室遮蔭之用.

Lattice fence [格子垣] 即用木條構成之垣籬,參閱Trellis.

Lawn mower [剪草機] 為草地修剪用之工具,式樣不一,大型者用馬曳或引擎開動,小型者可用手推挽之,後方有時連以畚狀盛器,以容納剪下之草葉.

Lawn sprinkler [草地灑水器] 用於草地灌溉,有種種式樣,規模大小不同,普通可分為兩類,即旋轉式及擺搖式,參閱Whirligig sprinkler及Oscillating sprinkler.

Layer [壓枝] 為壓條繁殖時被埋壓之枝梢.[壓條]與Layering同.

Layerage [壓條術] 包括壓條繁殖之技術及其有關事項.

Layering [壓條] 為無性繁殖法之一,即將植物之枝條牽引入地壓埋其一部,或於樹上將欲壓部分用土或他物包裹圍繞,使其生根而分離之成為新植物

Leader branch [先導枝] 即主枝,為樹冠之骨幹.

Leaf bud cutting [葉芽插] 為軟材插之一種,插枝甚短,僅用一葉片及其腋芽,並連枝木質之一部,準備方法頗似芽接之取芽,此法繁殖迅速,適用於懸鉤子,牡丹,薔薇,山梅花,郁李,梅,桃等類植物,宜在溫室內行之.

Leaf cutting [葉插] 即以葉片為材料之扦插,凡葉脈葉柄或葉緣有再生作用而能生根發芽者均可採用之,如落地生根,秋海棠,千歲蘭,大岩桐,莉,番茄,馬鈴薯,印度橡皮樹,檸檬等,皆為適於葉插之種類.

Leaf mold, Leaf mould [腐葉土] 落葉經長時間之堆積腐爛,即成此種土,酸性反應,富於有機質及纖維.

Leaf rake [葉耙] 為收集落葉草屑之工具,細緻而輕便,由竹,鉛絲或樹脂製成.

Lean-to house [單屋面溫室] 溫室型式之一,種屋面僅有一側,通常向南傾斜,後壁高而前壁低,受光充足,加熱容易,適於木本植物之促成栽培,唯其光線來自一方,有使植物形成不均之發育,尤以草本者為最.

Leggy [徒長] 植物之生長細弱者稱之,其致成原因不外土壤太肥或栽植過密,在溫室內植物距玻璃面太遠或溫度過高者亦易形成此弊.

Lemon juice method [檸檬汁法] 為罐頭蔬菜酸化時常用之方法,即於鹽水中加用適量之檸檬汁,其目的在使殺菌易於完全.

Liana [攀緣莖] 莖之有攀緣性者,尤指熱帶森林樹木之木本種類而言.

Lifting [移植] 與 Transplanting 同義.

Ligature [束縛物] 指接木時用以束縛接口之物品而言,如棕,苧麻,田麻,大麻,藺草,香蒲,蠟線,蠟帶等是.

Light pruning [輕度修剪,輕剪] 修剪程度之一,即剪去枝梢部甚輕微者.

Light soil [輕鬆土] 土壤不為黏性,土粒粗,質疏鬆,排水良好,空氣通透,如砂土是,參閱 Sandy soil.

Lignification [木質化] 植物組織中由較簡單之醣變為複雜不溶性之木質.

Lily garden [百合園] 以百合類植物為主要種植材料之庭園.[蓮園] 庭園之以睡蓮類植物為主體者.

Lily-pool [蓮池] 庭園景物之一,即栽植睡蓮之水池.

Lime-hater 【嫌石灰植物】 即能耐酸性之植物,在鹼性或石灰質土壤中生長不良,與Acid soil plant同.

Limequat 【檬母金柑】 柑橘類雜交種之一,得自檬母×金柑.

Limestone plant 【石灰土植物】 與Alkali soil plant同.

Liming 【施用石灰】 為將石灰施入土中之謂,用以中和酸性土,先測定土壤酸性之強弱,然後施用適量之石灰.

Line seeding — Drilling.

Lining out 【幼苗行植】 為苗圃家習用之術語,乃新繁殖之幼小苗木第一次由繁殖床移出時之栽植,通常用溝栽法,參閱Trench planting.

Lining paper 【襯紙】 為果品或蔬菜包裝時襯於容器內方之紙.

Liquid manure 【液肥】 為液體之糞肥,將家畜家禽之糞物置水中浸相當時日,取其清液供盆栽植物施肥之用,糞與水之比例依種類而不同,以容量計,牛糞約為1:11,馬糞1:8.5,羊糞1:13.

Liquid wax 【液體接蠟】 為Cold-mastic wax 之異稱.

Living fence 【生垣】 即綠籬,見Hedge.

Loamy soil 【壤土】 為最常用之優良土壤,適於大多數園藝作物之栽培,係由各種土粒平均組合而成,質軟,濕時滑膩而黏結,緊握之雖乾者亦能成型,輕觸並不破裂,其中含有黏粒不及20%,坋粒30-50%,砂粒30-50%,對於水分及養分之保持能力均甚佳,其含較多之砂粒坋粒或黏粒者,則稱為砂壤土,坋壤土或黏壤土.

Loma 【樂瑪】 一種商品肥料,所含三要素之比例為5-10-4,草地及園圃均適用之.

Long cane pruning 【長梢修剪】 葡萄修剪方法之一,其主枝不固定,年年更新,以新生之母蔓為主枝,母蔓上所生之果蔓為側枝,此法結果枝發育良好,但樹易衰弱,生長力強之品種適用之.

Long day plant 【長日性植物】 植物由營養階段轉入生殖階段,每日照光時間須在12小時以上者稱之.

Longevity 【壽命】 為種子活力或樹木生命可以持續之期間或年限.

Long pruning [長剪] 即疏刪時所用之剪法將整個枝條除去,參閱Thinning out.

Long stem cutting [長枝插] 對短枝插或一芽插而言,即普通常用之扦插,插枝具2個以上之芽者.

Lorette pruning system [勞倫特式剪枝] 修剪法之一,將所有側枝於冬季留基部一芽或二芽剪短,對於已長成之大樹之先導枝亦如法修剪.

Loro [羅若] 一種殺蟲劑之商品,適於防治吸收口器害蟲,附有用法說明書.

Low-headed training [低幹整枝] 整枝果樹之樹幹比較低矮者稱之,其分叉部距地面之高度為2½-3英尺.

Low-temperature breakdown [低溫崩潰] 為果實貯藏時在低溫中所形成之損害,組織破壞,不堪供食.

Low-temperature treatment [低溫處理] 即在低溫中經一適宜時間之謂,園藝上常應用之以終止休眠.

Lycopersicin [茄紅素,紅色素] 為植物色素之一種,含於番茄及番椒中,表現紅色,分子式為$C_{40}H_{56}$,在植物體中成針狀或三棱狀結晶.

Lycopene, Lyccpin = Lycopersicin.

Lye dipping [浸鹼] 果實乾燥之一種預施處理,將果實投煮沸之稀鹼液中浸一短時間,目的在除去外皮所附之蠟質或毛,則乾燥較易,品質亦得以改進.

Lye-dipping kettle [浸鹼釜] 為浸鹼處理所用之鍋釜.

Lye-peeling [浸鹼去皮] 為園產製造時原料準備之一種手續,利用浸鹼法以除去果蔬之外皮,桃及甘藷最常用之,此法處理易而迅速,去皮之損失亦少,所用之鹼液必須煮沸,濃度及處理時間依種類品種及成熟度等而異,浸後用清水洗滌以除殘留之鹼.

M

Maiden 【童苗】 一年生單幹果苗供芽接或枝接而造成整形之樹者稱之。

Main crop 【主作物】 為間栽或伴作時視為主體之種類通常生長比較高大成熟較遲。【主要收成】 一年中分期產果之果樹如無花果等產果最多之一次稱之。

Major element 【主要原素】 指植物所需之氮磷鉀三原素而言現今更將鈣素加入成為四要素矣。

Mallet cutting 【槌形插】 枝插法之一與踵狀插相似所異者其一年枝之基部連帶老枝之一段成為槌狀參閱Heel cutting.

Mamme 【冬野無花果】 秋季成熟之野無花果往往在樹上越年無花果蜂即於其內過冬。

Mammoni 【夏野無花果】 野無花果於六月間結果而於晚夏成熟者稱之。

Manganar 【曼涂那】 一種殺蟲藥粉之商名為胃毒劑含有68%之砒酸錳。

Manure 【畜糞、廄肥】 為各種動物排洩物之總稱即所謂天然肥料。

Manure fork 【糞叉】 為處理畜糞所用之工具普通為二齒。

Manure-heated hotbed 【馬糞溫床、發酵熱溫床、釀熱物溫床】 為利用各種有機物發酵時所生之熱力以增加溫度之苗床材料種類甚多而以馬糞為主。

Manuring 【施肥】 與Feeding同義。

Maraschino cherry 【蜜餞櫻桃】 為櫻桃用人工着色及調味所製成之蜜餞。

Marcottage, Marcotting—Layerage.

Marketability 【販賣性】 為產品適於販賣之狀態或性質。

Market gardening 【近市園藝、市場園藝】 蔬菜經營方式之一其菜園之位置接近城市或在市區內供給新鮮蔬菜其經營集約管理須精密對於種類地點之選擇皆應加以注意。

Marketing 〔販賣運銷〕 爲使生產品達到消費者手中之必要手續.

Marking board 〔壓溝板〕 用以助條播之開溝,板有各種式樣,長與畦之濶相等,上依一定距離裝以壓溝用之木條,如是操作迅速,條行亦易整齊.

Marsh garden = Bog garden.

Mashing 〔麥芽糖化〕 已膠化之澱粉加入磨細麥芽,使之變爲糖之謂.甘藷製飴必須應用此種處理.

Massive planting 〔集植,集栽〕 於一定面積內栽植多數樹木者稱之.因株數之不同,又有樹羣與樹叢之別,即前者較少而後者較多.

Mastica 〔瑪司提卡〕 一種粘性物品,可以代替油灰,供溫床或溫室嵌固玻璃窗之用.

Mattock 〔平鋤〕 一種整地用具,適於挖掘土質堅硬或多石地,除樹根及殘株,口爲扁平形.

Mature-wood cutting 〔成熟枝插〕 與Hardwood cutting同義.

Maze = Labyrinth.

Mechanical refrigeration 〔機械冷却〕 爲冷藏室維持低溫方法之一,應用液化之氨、二氧化碳等氣體於氣化時吸收多量之熱,而使溫度降低.

Mechanical sealing 〔機器封罐〕 爲"衛生"洋鐵罐所用之封口法,藉封罐機之作用,使罐蓋與罐壁形成密封.

Mechanical sizer = Sizing machine.

Mediacid 〔中酸性〕 指土壤而言,其酸值爲5.

Medicinal plant 〔藥用植物〕 植物之具有醫藥價值者稱之,如毛地黃(自由鐘)、樟樹、蓖麻、金雞納樹、薄荷等,皆其著例.

Melted wax 〔熱用接蠟〕 此種接蠟製成後在常溫下爲固體,使用時須加熱使之熔化.

Metaxenia 〔果實直感〕 爲雜交授粉時花粉對於果實之當代或直接之影響.

Mid-rest [休眠中期] 為Weber氏用於終止休眠之術語,指晚夏及早秋植物休眠最深之時期而言.

Mineral soil [礦質土] 為缺乏有機質之土壤,其有機質之含量最多不過12-15 %.

Miniature garden [雛形園] 為於小器內作庭園之佈置者,參閱Model garden.

Minimacid [微酸性] 指土壤而言,其酸值約為6.

Minimalkaline [微鹼性] 指土壤而言,其酸值為7-8,即中性土.

Minimum temperature [最低溫度] 為植物生長所需溫度之最低限,低於此植物即停止發育或致成損害.

Mincr element [次要原素] 對主要原素而言,如鐵硫錳鎂硼鋁鉬銅等是,非謂其在植物生長上不重要,乃因其需要量甚微少故也.

Mixed border [混合花境] 即用灌木與多年生草本混合栽植之花境.

Mixed grafting [混合接] 為接木之一種,用於不易接活之種類,即砧木保存全部或局部之同化或接穗保存全部或局部之吸收.

Mixed style [混合式] 庭園佈置型式之一,即將風致與規律兩種設計兼而有之,大概在主要建築物之附近採用規律式,遠處採用風致式,二者之間不可存一顯著之界限.

Model garden [模型庭園] 將實際或設計之庭園於小器內做成模型,供賽會或實施庭園建築之用.

Moderate pruning [適度修剪] 修剪程度之一,即剪去枝梢之部分不太多亦不太少,介於重剪與輕剪之間者.

Modern garden design [現代庭園設計] 即庭園之設計佈置以適合現代社會之需要者.

Modified leader training [改良開心式整枝] 為領心式及開心式整枝之中間形,即於開心式之上連以領心式,目的在取二者之長補救其短.

Moist storage = Wet storage.

Moisture-holding capacity 〔蓄水力,含水力,持水力〕 即土壤含蓄水分之能力或容量.

Monoecious 〔雌雄同株〕 雌雄器官不同花而雌花與雄花同生於一株上者稱之.

Moraine garden 〔石床園〕 與岩石園相似,用岩石築成,加少量砂壤土及腐植質,自上方或下方灌注水分,在此石床上種植高山植物,多屬引進而不易馴化之種類.

Mosaiculture 〔嵌植〕 與Carpet bedding同義.

Mossing 〔苔壓〕 空中壓之一種,用水苔施於生根部之周圍,縛緊,藉此供給生根所需要之水分,適用於印度橡皮樹,龍血樹等.

Mother bulb 〔母球〕 球根植物已開花之大球,而可產生小球者稱之,通常指鱗莖而言.

Motor mower 〔動力剪草機〕 為用引擎開動之剪草機,多屬大型,適用於大面積草地之修剪.

Mounding 〔埋土〕 即將土壤壅埋於植物之根際,以使生根,如堆土壓是,或將植物之莖蔓及根部掩埋,保護過冬,使之不受寒害.

Mound layering 〔堆土壓〕 壓條繁殖法之一,適用於矮小,分枝力強或叢生性之灌木類,被壓之枝仍直立生長,不令彎曲,就其原狀於基部堆土壅埋,生根後一一分離,一次可得較多之新株.

Mound planting 〔墩植,堆植〕 即於欲植樹之處,先築一土堆或作成土墩,然後將樹苗栽植其上,種瓜亦常用此法.

Mound storage 〔堆藏〕 果蔬露地貯藏法之一,擇排水良好之地,掘去表土少許,而情視貯藏品數量而定,鋪草蓋落葉等物,其上堆置果蔬,再蓋草覆土即成,根菜類,馬鈴薯,甘藍等均適用之.

Mowing 〔剪草〕 為草地之修剪,應用剪草機將蕪草剪成整齊之平面.

Mudding 〔浸沾泥漿〕 露根移植時,為防止根部乾枯及使之易於成活起見,常用此法,即於栽植前,將苗木之根浸沾稀薄泥漿一層.

Mulching 〔土壤覆蓋〕 利用適宜之物覆蓋土壤表面者稱之,其主要功.

用為防寒保存水分維持清潔及阻止雜草之生長,在宿根植物越冬使種以及瓜類草莓等之栽培,均常用之。

Mulching material [蓋土物,蓋土材料] 即用於覆蓋土面之材料,種類甚多,如落葉,廄肥,稻草,泥炭土,椰子纖維,麻布,厚紙等皆是。

Multiple fruit [複果] 與Collective fruit 同義。

Multiplication [增殖,蕃殖] 與Propagation 同義。

Multiplier [多子鱗莖] 指易於產生小鱗莖之洋葱或他種鱗莖植物而言,可供繁殖之用。

N

Nailing machine [釘封機] 為用於釘封木箱或他種類似容器之機械。

National flower [國花] 即以花卉為國家之表記,如我國之國花為梅花,英國為薔薇,法國為鳶尾,意大利為百合,澳洲為相思樹,美國為山月桂等是。

National park [國立公園] 天然公園之一種,由各項因素組成,可供遊人避暑,滑冰,遠足,狩獵之用,亦能助學術研究,其主要事業為風景之保存及開發。

Natural-draft drier [自流乾燥器] 乾燥器內氣流之產生,係由於自然力量而不借助於電扇者,設置簡易而省費,惟空氣之流通不良,乾燥緩而不均,對於溫度及濕度亦不易控制,僅適於小規模之應用。

Natural garden [自然式庭園] 庭園內部之佈置均作不規則之排列,景物接近自然,而樹木常聽其自然生長,不施修剪,水池大而不整齊,園路取曲線形,草地概可踐踏,地勢任其高低不平,避用雕刻物及規律花壇。

Natural grafting [自然接木] 為不藉人力而發生之接木,如連理枝及兩樹合生諸現象皆是。

Natural park [天然公園] 為大規模經營之公園,而精選地點,設計佈置均順乎自然,而以人力改進或美化之。

Natural seeding — Self-sowing.

Natural style [自然式] 庭園佈置形式之一,自然式庭園即依此而成,表現自然美,開拓眼界,養性怡神,為其特點,參閱Natural graden.

New growth [新生枝,新梢] 即當年所抽生之枝梢.

Niagara-Stik 見Preharvest spray.

Niche [壁龕] 設於柱子或牆壁上之彫像向內凹入者稱之.

Nico-Fume [煙鹼燻劑] 一種煙鹼製劑之商名,以之燻殺害蟲,附有用法說明書.

Nicotro [尼可特洛] 為商品煙鹼製劑之一,以液體噴布,適於防治吸收口器及軟體蟲類,附有用法說明書.

Nipping [捻梢] 特殊修剪技術之一,行於夏季,用手指加壓以傷枝之組織.

Nitragin [納赤來精] 為根瘤菌製成品之商名,供豆科植物接種之用,附有用法說明書.

Nitrification [硝化] 即藉細菌作用以產生氨,更轉變為亞硝酸鹽之謂.有機質分解腐爛,其中所含氮素經硝化後始可為植物吸收利用.

Nitrogen fixation [氮素固定] 藉細菌將空氣中氮素變為硝酸化合物或其他含氮化合物者稱之,例如豆科植物之根瘤菌即具有此種作用.

Non-alcoholic beverage [無醇飲料] 與Unfermented beverage同.

Noodle-plant 為小形觀賞瓜之商業名稱.

Norcross weeder [爪形鋤] 為中耕器之一種,鋤身為爪形,具3-5個之彎曲尖頭,裝於長木柄上.

Nosegay [小花束] 參閱Bouquet.

Notched method [刻溝法] 與Cross cutting 同.

Notched stick [支板] 為有缺刻之木板,以之支撐窗蓋,溫床換氣時用之.

Notch grafting [刻接] 與Inlaying同.

Notching [切傷,橫傷] 特殊修剪術之一,即切去樹皮之一部,用以促進壓枝之生根及改良果樹之結實作用.[刻畫]同 Notched method.

Notching spade [開縫鍬,開縫鏟] 栽植用具之一,鍬身全部平直,上厚而下薄,直入土中作成裂縫,以備苗木之栽植.

Nuciculture [堅果栽培] 果樹園藝之一分科,專門研究堅果類栽培,居山地者多經營之.

Nurse-root grafting [助根接] 即根接法,其根砧應用之目的,祇在協助接穗之生長,一旦接穗本身生根,即將根砧剪去.

Nursery [苗圃] 為培養於繁殖之幼苗之地.

Nursery gardening [種苗園藝學,苗圃學] 為園藝學一分科,乃研究如何培育植物之種子及苗木者.

Nursery stock [苗木] 為在苗圃中培養之幼樹.

Nursery-stock growing [苗木栽培] 經營苗圃以培養木本植物之幼苗為主要者,普通多為果樹及觀賞樹木.

Nurse tree [保護樹] 用生長迅速之樹類,植於移植苗或播種苗之行間,以之遮蔽烈日而免幼苗枯死者,所謂天然蔭蔽是也.

Nut culture =Nuciculture

Nut fruit [堅果,殼果] 乾質果而有堅硬之殼者,如栗,胡桃,山核桃,巴旦杏等是.

O

Oblique cut-grafting [片接接] 即割裂腹接,見 Side cleft-grafting.

Oblique cutting [斜插] 插枝之依斜行栽植者稱之.

Offset [旁株,短匐枝] 為生長於母株附近之育繁小植物,往往在地面之上,經相當時日後,可與母體分離而獨立生長,如露兜樹,棗椰子,虎尾花,長生草等,皆為具有此種繁殖器官之種類.

Off-type [異型] 株體或花果不符合品種之固有特性者稱之.

Off-year [小年] 即果樹不結果或結果稀之年.

Oily seed [油質種子] 為富於油脂成分之種子,如花生,大豆,木蘭,胡桃等是.

Olericulture = vegetable gardening.

One-eye cutting = Single-eye cutting.

One-period sterilization [一次殺菌] 罐頭食品殺菌法之一,在一定之溫度中(通常指水沸點溫度)經一定之時間一次完成其殺菌作用.

On-year [大年] 即果樹結果豐多之年.

Open-bench method [敞床植法] 為溫室接木栽植接株之一法,即行接株栽於普通植台,不應用其他保護設備.

Open-centered training [敞心式整枝] 果樹自然形整枝之一種,即杯狀整枝,常用於桃樹,樹之心部開敞,無中軸,於主幹上達一樹冠,主枝向四方分出.

Open-kettle-one-period process [敞煮速製法] 果實蜜餞製造法之一,熬煮行於普通大氣之下,而一次煮至所需要之濃度,參閱 Slow-open-kettle method.

Open-kettle sterilization [不加壓殺菌] 殺菌之行於普通氣壓下者稱之,溫度最高為攝氏100度(水沸點),適用於大多數果品罐頭.

Open pollination [自由授粉] 植物之自由發生不加任何人力之控制者稱之.

Optimum ripeness [適度成熟] 即果實成熟達到最適宜之程度之稱,此依果品之種類及用度而異.

Optimum temperature [最適溫度,適溫] 為適合植物生長發育之溫度而使之有最良好之後果者.

Orangerie = Conservatory.

Orchard heating [果園加溫] 用於果樹防寒,以免晚霜之損害,當氣溫劇變之夜,用特製之爐或燃燒落葉草藁之類,以增高園內空氣之溫度,並散布烟氣,防止霜之形成.

Orcharding [普通果樹栽培] 即栽培梨蘋果桃李杏梅櫻桃等果樹之稱,為溫帶區所經營.

Orchard packing 【園內包裝】 果實採收後直接於園內進行包裝者稱之。

Orchard planting 【果園栽植】 即果苗之定植，普通多採有規則之排列，方式不一，而以正方形為最常用，栽植時宜用植線助之，則易於整齊美觀。

Orchid house 【蘭類溫室】 為栽培蘭科植物之專用溫室，因所需之溫度不同，又分為低溫、中溫、高溫及高溼四種，其室溫依次為攝氏7-10度，10-14度，15-18度及19-22度，溫室之長不定，闊宜11英尺，高9-11英尺，單屋面或雙屋面。

Ordinary layering 【普通壓條】 為Simple layering 之異稱。

Ordinary plow 【普通犁】 普通常見之耕地犁，用畜力牽引，將表土翻動。

Organic soil 【有機土】 土壤之含有多量有機質者稱之，其含量以70-80%為常。

Ornamental grass 【觀賞草】 為具有觀賞價值之禾本科草類，如雜穗、大蘆、大判草、羽穗草、羊食草、兔尾草、芒、狼尾草、絲帶草等，皆其重要者也。

Ornamental horticulture 【觀賞園藝】 即廣義之花卉園藝，並包括風致建築。

Ornamental tree and shrub 【觀賞樹木】 喬木及灌木之具有觀賞價值而用於庭園種植者稱之，研究此類植物之栽培管理及應用之學科，名為觀賞樹木學。

Ornamental vessel 【飾皿】 庭園中裝飾用之美術彫刻物，多為古代水壺、酒壺、香爐、酒杯、瓶罐等形狀，日本庭園中之石燈籠、水缽以及西洋庭園中之飲水台等，亦均屬之。

Oscillating sprinkler 【擺搖式灑水器】 用於草地灌溉，通常固定於滾輪上，可隨意移動，無須關閉水門，其噴水口之數甚多，灑水之面積廣大

Out-door grafting 【室外接木】 即地接，見Field grafting

Out-dour growing 【露地栽培】 對室內栽培而言，植物在自然環境中

於育生長完全受氣候情形之支配.

Out-door sowing [露地播種,室外播種] 於室外露地之苗床中播布種子育苗之.

Outlet ventilator [出氣窗] 為排除濁空氣至室外之氣窗,通常設於貯藏室或溫室之兩端.

Out-of-season culture [不時栽培] 非其生長之時而用人為方法使植物生長育苗之,即所謂促成栽培是也,若廣義言之,則抑制栽培早熟栽培及軟化栽培,均包括在內.

Overhead irrigation [空中灌溉] 灌溉法之一,水由上而下落於植物體及土內,凡用噴壺插行水管等自空中散布水分者皆是.

Overhead ventilator = Top ventilator.

Over-potting [用盆過大] 盆栽時所用之盆鉢太大,而使植物生長過於旺盛,失之徒長.

Over-production [生產過剩] 即生產量供過於求之謂.

Over-ripe stage [過熟度] 果實成熟階段之一,繼於軟熟度之後,香氣消失,軟化太甚,組織崩潰腐敗,不堪供食.

Ovicide [滅卵劑] 殺蟲劑之一種,可以殺滅蟲卵.

Own-root [本根,自根] 植物本身所生長之根,通常指不經接木而用扦插繁殖之植株而言.

Oxidase [氧化酵素] 為酵素之一種,可吸收空氣中之氧而發生氧化作用,在園產製造上甚為重要,有使製品變色,影响品質.

P

Package [包裝容器] 為產品運銷之必需工具,如箱桶簍籠籃等皆是.

Packing [包裝] 園藝產品如果實蔬菜苗木種子等,在運銷販賣時,均須施以合法之包裝,使用適宜之容器,俾途中無損毀之虞,達到消費者手中時,仍能保持新鮮良好之狀態.

Packing equipment [包裝用具] 有關產品包裝之一切設備均屬之.

如包裝桶縅器釘封機等是。

Packing house 【包裝室】 為用於包裝之建築往往與貯藏室同建。

Packing in barrel 【桶裝法】 果品包裝法之一用木桶裝盛位於桶兩端之果須選擇形狀良好色澤優美者成圓周排列之其在內方者可隨意納入但須緊實而不致搖動。

Packing in basket 【籃裝法，簍裝法】 果蔬或苗木包裝法之一用簍籃籮等裝盛裝入無一定之方式祇須適宜置放無震動損每件通常不大所以減少損傷也。

Packing in box 【箱裝法】 果蔬或苗木包裝法之一用木箱裝盛對於果品通常用排列法層數依種類而不同以不致壓傷為度對於苗木先用油紙襯於箱之內方苗木根向外梢向內相對排列其中四周以潮溼之青苔圍護裝滿後用油紙覆之加蓋釘固。

Packing table 【包裝檯】 為用於包裝之桌檯其上佈置各種需要之物俾便工作。

Palmette training 【多幹形整枝】 人工形整枝之一主枝數通常甚多又分直立斜生與水平三種更有種種變形。

Palm house 【棕櫚類溫室】 為栽培棕櫚科植物之專用溫室因種類之需要不同而有低溫中溫及高溫之分建築須高大有充足之通風設備溫度需要情形與冬園相似參閱 Winter garden.

Paper carton 【紙盒】 包裝容器之一用於新鮮及乾燥果品亦以質地堅固而不透水之厚紙製成。

Paper mulching 【蓋紙】 即用質地堅固不透水之紙張以覆蓋土壤之謂有各種寬度以適合不同之行間及畦間參閱 Mulching.

Paraffin paper 【石蠟紙】 為常用之包裝材料可以防止水分之吸收

Parallel-current system 【順流乾燥法】 果蔬人工乾燥方法之一新鮮品自空氣入口之一端置入乾燥器而於空氣之一端取出即乾燥初期溫度較高而溼度較低後期在低溫而潮溼之環境下完成其乾燥作用。

Paramone 見 Pre-harvest spray.

Park 〔公園〕 為公共之庭園由政府經營管理供市民之遊樂休憩因範圍地位以及性質之不同可將公園分為多種如都市公園天然公園國立公園等.

Parkway 〔公園路〕 為設於公園內及公園間之道路乃公園系統中之主要聯絡線.

Parterre 〔對稱花壇〕 係集合多數小花壇而成對稱排列以觀美麗其間以草皮或小路表現模紋之狀.

Parthenocarpic fruit 〔單性果〕 即單性結實所產生之果參閱次條

Parthenocarpy 〔單性結實,處女結實〕 植物花器不經受精作用而發育為果實者稱之此種現象在自然界中甚屬常見如柑橘香蕉無花果柿葡萄番茄溫室胡瓜等皆為具有單性結實性之植物.

Parthenogenesis 〔單性生殖,處女生殖〕 不經受精作用而其生殖細胞能形成新個體者稱之此種現象在動物界中比較常見.

Partial seeding 〔局播〕 種子直播時所有地面祇若干部分或區域播布者參閱 Full seeding.

Pasteurization 〔巴氏法殺菌〕 為熱力殺菌法之一所用溫度概在水沸點以下通常為華氏150-190度適用於果汁牛乳等之消毒.

Patch budding 〔補片芽接〕 芽接法之一適用於皮厚之植物如核果山核桃胡桃等方法與鑲片芽接同祇芽片較大而已參閱 Flute budding.

Paved garden, Paved flower garden 〔鋪石園〕 即以鋪石為主體之庭園其道路及露壇均用磚石鋪砌而成.

Paved path, Paved walk 〔鋪石路〕 用磚石鋪成之園路有種種鋪法以碎石方形狂式等最為常見.

Pavillion 〔涼亭〕 庭園建築物之一供休息避暑及避風雨之用通常設於水池丘陵高地及網球場之旁近或游泳池之一端有時與涼棚相連接皆須宜有樹木高之屏障前方有各種點綴物如花壇水池等並可建

眺.

Paving plant [鋪石植物] 為用於鋪石路栽植之植物,宜矮小稠密,不畏乾燥及踐踏.

Peat [泥炭土] 為水生植物之遺骸埋沒地層下方而局部碳化者,質地疏鬆,多纖維,酸性反應,幾全部為有機質,所含之礦質物為量至微,園藝常以之供栽培及繁殖植物之用.

Peat lover = Acid soil plant.

Peat moss = Sphagnum moss.

Pectin [膠素] 為果凍之主要成分,果實中多含有之,惟量有不同,如蘋果,沙果,羅根莓,江醋栗,柑橘類,櫻桃,李,番石榴,無花果等膠素之含量均極豐富,杏,桃,草莓,石榴等則甚低微,其化學組成頗複雜,依種類而不同,普通為固體,磨細成粉狀,可溶於水,遇酒精則沈澱.

Pectose = Protopectin.

Peeling [去皮,削皮] 園藝製造時將原料之外皮除去,所以使產品質適合食用,大多數種類均需要之,方法甚多,以手削最為簡單,他如利用機械,加熱及浸鹼等,亦屬常用.

Penetrol [盤尼純爾] 為一種展着劑之商名,加於煙鹼類藥劑中一同噴布,附有用法說明書.

Penthouse garden = Roof garden.

Pepo [瓠果,瓜果] 為葫蘆科植物之果實.

Percentage of germination = Germination percent.

Percentage of purity [純潔度,純潔率] 指種子而言,即種子中含有外物之多寡,將一定量之種子除去其中之一切夾雜物或他種種子,再稱其重量,依下式計算之, 純潔度 $= (原重 - 外物重 / 原重) \times 100$

Perennation [後凋] 即能經久之意,特用於表示果實在一般成熟期之後仍可存留樹上而不凋落.

Perennial [多年生,宿根性,多年生草] 植物根有宿存性,可以年年發生新枝葉,開花結實者,普通指草本而言,因樹木雖為多年生而無一二年生之別也,具有此種性質之植物是為多年生草.

Perennial border [宿根花境] 花境全部用宿根性草本植物配植而成者稱之.

Perennial herbaceous [多年生草] 即多年生性之草本植物.

Perfect flower [完全花] 在一花朵中雌雄兩性器官俱備者稱之.

Perforation [穿孔] 罐頭腐壞之一,鐵皮因製造之手續未宜,鍍錫不週,以致有微細之鐵質暴露,受氧化而腐蝕遂形成小孔.

Perfume garden [香草園,芳園] 園圃專事芳香植物之栽培者稱之.

Perfume plant [芳香植物] 為莖葉具有芳香氣之植物,如香葉天竹葵羅勒百里香香菖蒲等是.

Perfumery gardening [芳香園藝] 為園藝經營之一種,即大規模栽培芳香植物以供香料之製造.

Pergola [涼棚,緣廊,藤棚] 庭園建築物之一,作棚架栽培攀緣植物,實用而兼觀賞,形式不一,構造棚架之材料亦有種種,依所用之植物種類之不同,可予以不同之名稱,例如藤棚葡萄棚薔薇棚等.

Periodicity [週期性] 為植物或植物體之生長特性,其休眠期與活動期互相交替,成為一週期.

Permanent hotbed [固定溫床,永久性溫床] 溫床之床框固定不能移動,可以逐年繼續使用,普通用磚石或水泥築成,深入地下,俾易保溫.

Permanent nursery [永久性苗圃] 圃地之作長期培養苗木之用者稱之,即固定之苗圃.

Perpetual [四季開花] 植物之開花期連續甚久,或一年中數度開花者稱之.

Phenology [生候學] 研究氣候尤其溫度與生物週期活動之間之關係者,是曰生候學,如鳥類之育雛遷移及蟄伏,植物之生長開花及結果等,皆有一定之時期.

Photoperiod [光期] 即植物每日照射日光時間之長短.

Photoperiodism [光期感應] 即植物對於光期所生之感應.

pH value 〔酸值〕 用以說明酸性或鹼性之強弱普通以數字表示之如3.4.5.6.7.8.9等數愈小酸性愈強愈大則鹼性愈強,7為中性酸鹼即於此分界.

pH value scale 〔酸值表〕 為測定土壤或他物之酸值所用之儀器,可依其變色之程度而得其酸值.

Physiological drop 〔生理落果〕 花或幼果之凋落,係因未曾受精或由於養分水分競爭失利所致者稱之.

Phytohormone 〔植物荷爾蒙,植物刺激素〕 為植物體中所含有之特殊物質,可以主宰一切生長發成,參閱 Auxin.

Phyton 〔繁殖器官〕 繁殖用之器官通常可以自然分離者稱之.

Piazza garden 〔廊庭園〕 室內裝飾之一部,利用盆花花盆懸籃等以布置走廊門廳各部分,藉供觀賞.

Pickax 〔尖鎬〕 構造及應用均同 Mattock,惟鋤口為尖形如鳥嘴狀.

Picker 〔採果人〕 從事果實採收之人.

Picking 〔採果〕 採摘已成熟之果實之謂,採果之時期與採果以及所用之方法,皆依種類品種用途等而有不同.

Picking bag 〔採果袋〕 採果用器之一,用帆布製成,形如兒童所用之書包,採摘之果暫時裝納其中,滿後傾入較大之容器.

Picking bucket 〔採果桶〕 採果用器之一,桶身扁形,無底,全鐵製成,連一可以放下之帆布底,上沿有帶,掛於頸上,應用甚便.

Picking clipper 〔採果剪〕 採果用器之一,用以剪取果實及修短果梗,通常為鈍頭,剪端亦有為曲形者.

Picking equipment 〔採果用具〕 即採收果實所應用之器具,包括採果剪截器等.

Picking ladder 〔採果梯〕 採果用具之一,用以採摘比較高大樹上之果實,其構造須堅固合用而便於搬動,其重以一人之力可舉為宜,頂為尖形或平形,更有一種矮梯,可以摺合.

Picking maturity 〔採收熟度〕 果實成熟階段之一,即合於採收之成熟度此依種類而異.

Picking pail [採果桶] 採果用具之一,鉛皮製成,與普通所用之水桶相似.

Picking receptacle [採果盛器] 採收時一切裝盛果實之用器均屬之,如在樹上所用之採果箱,採果桶,採果袋以及收容採下果實之木箱,竹簍等皆是.

Picking shear = Picking clipper.

Pickle [浸菜] 蔬菜製造品之一,原料加鹽使醱酵,置於醋液中以保藏之,亦有用糖醋浸製並加用香料者,胡瓜為浸菜製造之主要原料,其他種類亦可.

Pickled product [浸製品,醃漬品] 蔬菜加鹽發酵或用醋液浸製之加工品均稱之,又分為浸菜,酸菜及醃菜.

Pick-mattock = Pickax.

Piece-root grafting [片根接] 根接法之一,根砧僅取根之一段者,參閱 Root grafting 及 Nurse-root grafting.

Pinching [摘心] 修剪技術之一,用利刀或指甲摘除新梢先端之嫩頭,自新枝發生起至尚未硬化為木質之前,隨時可行,摘心可以促進枝梢基部腋芽之發育,俾接近主枝生結果枝,使二次枝變為結果枝,調節主枝之發育,及助果實之生長成熟,此種操作除應用於果樹外,在草本植物管理上亦甚重要.

Pinholing = Perforation.

Pink garden [緋色園] 植物之花色以淡紅,粉紅,薔薇或監紅為主,為求色彩調和計,宜配以灰綠色之叢,背景以石欄為最佳,庭園建築物及陳設品均宜漆成銀灰色,白色或藍色.

Pip [根頂芽] 為根冠之一種,特用於鈴蘭.

Pipe-frame house [鐵管架溫室] 為半鐵材溫室之一種,其之骨架用直徑 1-2 英寸之鐵管構之.

Pipe heated hotbed [水管熱溫床] 即用熱水或蒸氣加熱之溫床,回

均須用水管導引故名

Pippin 〔蘋果類〕 包括各種不同形狀大小色澤風味之蘋果.

Pistillate 〔雌性〕 僅具有雌性器官者稱之,見於不完全花及雌雄異株樹

Pistillate constant 〔雌花常生〕 此語普通應用於柿樹,即雌花逐年正常着生.

Pit 〔床孔〕 為低設溫床之掘入地下部分,用以容納釀熱物.〔果核〕 為桃李杏梅等之核.〔貯藏穴〕 露地貯藏用之孔穴,通常掘入地面之下.

Pit storage 〔穴藏〕 露地貯藏法之一,適用於甘藷馬鈴薯等,於排水良好之乾燥地,掘適宜大小之穴,貯藏品納入後,穴口用草及木板石塊等覆蓋.

Pit transplanting — Hole transplanting.

Place 〔廣場〕 為都市公園系統之一部分,在道路之交叉點,闢一比較廣大之地區,作風致之佈置,以供行人之休憩,並有壯觀瞻之功用.

Planting 〔栽植〕 狹義者僅指將植物栽種於生長地,而言廣義者則凡播布種子扦插枝條等皆可稱之.

Planting board 〔植板〕 栽植用具之一,式樣甚多,以之助樹苗之栽植,可較迅速而整齊,用於幼小苗木之植板,長以畦之寬度為準,闊適宜,上刻若干缺口,距離一定,應用時苗幹即夾於缺口中,故一次可植成一行.用於果園栽植者構造與上述不同,在適宜長度之木板上,正中處作一缺口,兩端亦各作一缺口,中央缺口用以測定苗幹之位置,兩端者則用以測定植板之位置.

Planting dagger 〔栽植錐〕 為特殊之穿孔器,有種種式樣,其所作之孔穴不為圓形,而為三角形,半圓形或方形.

Planting distance 〔栽植距離〕 即植株栽定後彼此相隔之空間,又有株距與行距之別.

Planting in row 〔列植〕 樹木之栽植成為直線行列者,如行道樹及規律式庭園之樹木皆是.

Plant protection [植物保護] 施用人為方法以保護植物使之不受一切災害之影响之謂,此類災害最要者為病蟲害寒害烟害風害鳥害機械傷害等,保護方法亦因之而有不同。

Plant protector [植物保護器] 為用以保護幼小植物之器具,罩蓋於植物體上,可以避免霜害,參閱Hotkap.

Plate budding [片狀芽接] 芽接法之一,因芽片為片状故名,最普通之接法,為於砧木上平行縱切兩刀,再於此切縫之上端破切之,撥開皮層,令其下垂,接入同樣大小之長方形芽片,然後將砧木皮層扶起包被接芽之外而束縛之。

Playing ground [運動場] 庭園組成之一,公園中常設有此部分以供遊人運動。

Ploughing —Plowing.

Plowing [耕地] 用犁耕作,使土壤翻動並疏鬆之。

Plunging [埋盆] 盆栽管理操作之一,即將盆栽植物連盆埋於土内,以便保持濕度,減少灌水之次數。

Pluriannual [超一年生] 一年生植物當環境適宜時可生存較長之期間者稱之。

Pocket planting [袋植] 為用於坡地之穴植法,作適宜大小之穴,每穴栽入植物一株。

Pogon [有髯類] 為鳶尾之一類,其外層花瓣上有髯。

Poisonous plant [有毒植物] 為含有毒質之植物,與人體接觸或誤吞之,可以致成損害,如龍葵、罌粟、加拿麻、漆樹、藜蘆等是。

Poison soil [毒土] 為含有可以毒害植物之物質之土壤。

Polarity [極性] 剪取植物之枝段,令其繼續生長,其向上之一端生枝葉,向下者生根,反之則不能,此謂之極性。

Pollarding [髠枝修剪樹冠] 即將樹冠之主枝完全靠近樹幹剪短,乃一種重度修剪,有時利用之形成枝葉稠密之圓頭形樹冠。

Pollen extract [花粉浸出液] 將花粉浸於少量蒸溜水中,用其浸液注

布柱頭可引起單性結實

Pollenizer 〔授粉樹〕 即供授粉用之樹,以其花粉授諸主要品種之柱頭上,而達到結果之目的。

Pollinating agent 〔授粉媒介〕 即傳佈花粉之媒介物,最要者為昆蟲及風,需要昆蟲以傳粉者謂之蟲媒花,藉風力以傳粉者謂之風媒花。

Pollination 〔授粉〕 為將花葯中之花粉移諸雌蕊之柱頭上之謂。

Polyembryony 〔多胚性〕 由一胚珠生成一個以上之胚者稱之,此在柑橘類最常見。

Polygamo-dioecious 〔雜性雌雄異株〕 同種植物其完全花及單性花產生於不同之個體者稱之。

Polymorphic 〔多型的〕 一株植物形狀有顯著之差異者稱之

Pomato 〔薯茄雜種〕 為番茄接於馬鈴薯砧所發生之接木雜種,果多汁而有芳香,形狀及食法均同番茄。

Pomaceous fruit = Pome fruit.

Pome 〔梨果,仁果〕 為由花托發達而成之果實,有植物學上列為假果,如梨,蘋果,花紅,榅桲等皆是。

Pome fruit 〔梨果類,仁果類〕 見前條。

Pomiculture = Fruit culture.

Pomo-Green 〔波莫格林〕 一種殺蟲兼殺菌藥劑之商名,以之防治食葉蟲類及菌病,附有用法說明書。

Pomology 〔果樹學〕 與 Fruit gardening 同義。

Pompon 〔小球型〕 一種花型小而緊密,球形或鈕扣形,常見於菊花,翠菊,大麗菊等植物。

Pond garden 〔池沼園〕 為泉水園之一種,以池沼為主體,施用風致之佈置。

Pool 〔水池〕 庭園組成之一,設計及佈置方法,依庭園之性質而定,在規律式及風致式園中皆可應用,其內往往栽植水生植物。

Post-harvest treatment 〔採後處理〕 產品採收後之一切處理,如選別包裝運輸販賣貯藏等.

Potherb 〔煮食菜類〕 對生食菜類而言，大多為綠色之葉菜，煮熟後供食，菠菜、莧杏、白菜、芥菜、蒸菜、蒲公英、茼蒿、蕹菜等屬之.

Pot bound 〔盆縛〕 盆栽植物之根部充滿於盆內且由排水孔伸出盆外時稱之，一旦達到此種程度必須為之換盆，否則生長不良甚至枯死.

Pot layering 〔缽壓〕 空中壓條法之一，以盆缽包圍被壓之枝，中實以土壤、水蘚之類.

Potsherd 〔碎盆片〕 即花盆之碎片，盆栽時以之覆蓋排水孔，而免土壤漏出.

Potted plant 〔盆栽植物〕 凡用盆缽或他種類似容器培養之植物皆稱之.

Potting 〔盆栽缽植〕 植物非直接栽於地土中，而用盆缽或其他類似之容器盛以人工適宜配合之土壤使之生長發育者，其應用甚廣，舉凡庭園佈置、室內裝飾、培養溫室植物以及研究試驗等均需要之.

Potting bench 〔盆栽枱〕 為專供盆栽用之工作枱，其構造設計均須適宜，以便於工作，俾達迅速省力之目的.

Potting mixture 〔盆栽混合土〕 即盆栽用之土壤，依植物需要而作適宜之混合，概言之，此類土壤均須有良好之物理及化學性質，然後植物始可有良好之生長.

Potting-on = Repotting.

Potting table = Potting bench.

Pot transplanting 〔盆缽移植〕 植物種子直播於盆中或於幼小時用盆栽植，至適宜時期取出移栽於生長地，則根部可不致損傷，無死亡之虞，此法適用於不耐移動之種類或貴重品種.

Power duster 〔動力撒粉器〕 為大型之撒粉器，參閱 Duster.

Power sprayer 〔動力噴霧器〕 係大型之噴霧器，藉引擎開動，壓力強大，噴射高遠，通常裝於馬車或汽車上，適用於大果園及遮蔭樹之噴藥.

Preceding crop 〔前作，前作物〕 輪作時對於相連接之兩種作物，則之為前作及後作。

Precooling 〔預先冷卻〕 果蔬包裝運輸或貯藏之前，均宜先行冷卻，以減少腐壞之損失。

Pre-harvest drop 〔採前落果〕 行將長成之果實而於成熟期前或採收期前凋落者稱之。

Pre-harvest spary 〔採前噴射〕 於採收前噴布藥劑，目的在防止採前落果，以用合成生長素最為有效，噴射後果柄之離層不易形成，故能延長存留樹上之期間，同時果實品質亦可得以改進。在美國市場上有所謂Apple-lok, App-L-Set, Fruitone, Niagara-Stik, Parmone, Sta-fast等者，皆為供此種應用之生長素製成品之名稱也。

Pre-heating 〔預行加熱〕 為園藝品製造前之一種處理，對於果汁可助汁液榨取及色素抽提，對於罐頭可驅除空氣，減少鐵皮之腐蝕，對於乾燥品可消滅氧化酵素，防止變色及促進乾燥作用之進行。

Pre-mature drop = Pre-harvest drop.

Pre-mature seeding = Boiting.

Pre-packing treating 〔包裝前處理〕 園藝品包裝之前施以種種處理，使運輸途中之損失得以減少，如冷卻、乾燥、塗蠟、包紙、消毒等是。

Preparatory treatment 〔預為處理〕 指一切園藝操作上如繁殖、栽植、包裝、貯藏、加工製造等所預施之處理而言。

Preservative 〔防腐劑〕 凡足以殺滅微生物之物品均屬之，可助食品之保藏，如鹽、醋、糖等乃普通食品而具有防腐之功效者也；純粹化學品之種類雖多，然可用者至為有限，僅苯甲酸鈉及亞硫酸兩種，使用量均不能超過0.2%。

Preserve 〔蜜餞〕 果蔬糖製品之一，將準備就緒之原料與糖液一同熬煮至適宜濃度，仍保持原來狀態而無軟爛情形，糖液亦須清晰而不渾濁。

Pre-sowing treatment 〔播前處理〕 即播種前對於種子所施之各種處理，目的在促進發芽，參閱Hastening germination.

Press [榨壓榨器] 為榨汁或榨油所不可少之工具式樣甚多以"木板布包"式"條籃"式最為普通加壓可用槓桿或螺旋參閱 Basket press 及 Rack-and-cloth press.

Pressure sterilization [加壓殺菌] 殺菌溫度常在水沸點以上與壓力成正比例而增加適用於蔬菜及肉類罐頭之消毒.

Pressure sterilizer [加壓殺菌器] 此種殺菌器之構造須十分堅固且能密閉直接將水汽化或引入蒸氣受相當之蒸氣壓故溫度常在華氏212度以上。

Pressure tester [壓力測果器] 為測定果實成熟度所用之一種儀器依果皮可以抵抗壓力之大小而決定其成熟之程度.

Pre-storage treatment [貯藏前處理] 與包裝前處理相似,分級別冷卻消毒包紙塗蜡等,因其期間較長故處理更須精細

Pre-treatment = Preparatory treatment.

Pricking off; Pricking out [竹籤移植] 為用於細小幼苗之移植法因植物太小不便用手處理,故關於掘苗作穴栽植等操作,均用一細竹籤行之.

Primary product [主產品] 為由原料主體所製成之產品如番茄之製罐頭桃李之做果乾皆其例也.

Primula garden [櫻草園] 即以櫻草類植物為主要材料所佈置之庭園。

Productiveness productivity [生產力] 指土壤之性質或果樹之結果而言,土壤各種性質均良好或果樹結實量多者,生產力強,反是者弱.

Professional gardener [職業園藝家] 即以經營園藝為職業從事經濟栽培之人。

Profichi [春野無花果] 野無花果之幼果與新葉同時發生而於六七月間成熟者稱之。

Promenade [散步園] 乃具有公共性質之庭園,供人散步遊樂者為都

市公園系統之一部,面積通常不大。

Prong budding 〔角形芽接〕 芽接法之一,略似普通芽接,惟其芽片上附一短枝而非一單芽,堅果類尤其胡桃常用之,行於休眠期,亦可視為一種枝接。

Propagating bench 〔繁殖植台〕 溫室內之種植台專供繁殖之用者稱之。

Propagating frame 〔繁殖木框〕 繁殖用設備之一,通常指冷床溫床以及溫室內裝有框匣之種植台而言。

Propagating house 〔繁殖溫室〕 專供繁殖用之溫室,多採雙屋面式,容量不宜過大,建築須注意溫度濕度及通風之調節,以適合植物繁殖之需要,室溫保持攝氏20-28度,種植台常有繁殖木框。

Propagating nursery 〔繁殖苗圃〕 苗圃經營方式之一,專門從事園藝植物之繁殖,僅供給幼小苗木。

Propagation 〔繁殖〕 為增加植物個體之必要手段,方法甚多,如種子扦插壓條接木分離割切等是。

Prop root 〔支扶根〕 為生於植物地上莖節上之根,向下延長而伸入土中,可使植物體更較穩固,有如設支柱者然,此於玉蜀黍露兜樹榕樹棕櫚類等甚為常見。

Protandry 〔雄蕊先熟〕 兩蕊異熟花之雄蕊先雌蕊而成熟者稱之。

Protogyny 〔雌蕊先熟〕 兩蕊異熟花之雌蕊先雄蕊而成熟者稱之。

Protopectin 〔原膠質〕 為膠素之原體,不溶解性,果實進行成熟時,原膠質藉酵素作用而分解為膠素,果體亦因之而變軟。

Pruning 〔修剪〕 為園藝上之一主要操作,尤以果樹栽培最為重要,目的增加收益,改進外觀,其義有二,狹義之修剪僅指剪枝而言,廣義者則包括剪枝整枝剪形及其他一切有關事項。

Pruning hook 〔整枝鐮〕 為一種修剪用鐮刀,常用於樹莓類

Pruning knife 〔修枝刀〕 園藝用具之一,刀片彎曲形如鐮,用以削平傷口,去小枝,亦可行枝接或割接。

Pruning saw [整枝鋸] 為整枝用之手鋸應輕便而易用鋸口平直或彎曲齒之粗細不一,去除大枝時用之.

Pruning shear [整枝剪] 用於作整樹之枝條剪取接穗插枝,切分塊莖及已生根之壓枝式樣甚多大小不一.

Pruning wound [剪口,剪枝傷口] 為剪去枝梢時所形成之傷口,面積過大者須塗護傷劑以保護之.

Pseud-annual [假一年生] 指具有鱗莖球莖或塊莖塊根之多年生植物而言.

Pseudo-bulb [偽球根] 蘭科植物有之,由莖之下方節間肥大而成狀如球莖.

Pseudo-hermaphrodite flower [偽完全花] 雌雄花器俱備且均發育良好,但僅有單性花之作用者稱之.

Public garden = Park

Puddling = Mudding.

Pulp filter [纖維濾器] 用於汁液之澄清,在內方鍍銀之金屬筒中裝以細篩,上納木漿棉纖維或石棉纖維作為濾媒,對於前二者須壓緊成為塊狀,後者則否,均可洗淨重複應用.

Pulpy seed = Fleshy seed.

Purity test [純度檢驗] 為決定種子純潔程度所不可少之手續,參閱 Percentage of purity.

Putrefaction [腐敗] 食品之腐敗由於細菌作用將蛋白質分解,此與發酵不同,參閱 Fermentation.

Putty [油灰] 為裝玻璃窗所用之一種黏固劑,溫室屋面及溫床之窗蓋均須用油灰將玻璃兩邊嵌固,以防雨水浸入,玻片亦不致活動,調製油灰之原料不一,最好用鉛粉與亞麻仁油拌匀,通常用風化石灰及桐油,均依適宜配合調成稠糊狀.

Pyramid training [尖塔形整枝,圓錐形整枝] 為閉心式主枝在中軸上分為若干層向四方射出,在下方者長,愈上則愈短,每層有4-5主枝各層相距約8-12英寸,梨及蘋果常採用此種整枝法。

Pyrethrum powder 〔除蟲菊粉〕 用於殺滅害蟲,將除蟲菊半開之花,乾燥磨細成粉,有時摻以莖葉,市上有製成品出售,用此粉可配製種種殺蟲藥劑,又為蚊香之主要材料。

Pyrote 〔巴洛特〕 為一種殺蟲劑之商名,含有除蟲菊及洛提農,適於殺滅吸收口器害蟲及軟體蟲類,附有用法說明書。

Pysect 〔巴賽特〕 一種除蟲菊製劑,用途與前種同。

Pysol 〔巴索爾〕 一種觸殺害蟲藥劑之商名,含有毒魚藤,內附用法說明書。

Q

Quality 〔品質〕 為說明產品優劣之用語,與品質有關之事項,為大小色澤風味質地成分形狀外觀等,常受種種因子之影響,如此語之前冠以他字,則表示對於某種目標所具之性質或能力,例如貯藏性生食性運輸性等皆是。

Qua-Sul 〔快蘇爾〕 一種殺菌劑製成品,主要成分為硫磺化合物,易溶於水,附有用法說明書。

Quenoville training 〔關諾威整枝〕 為法國式整枝,用於觀賞樹木,以人力縛扶之,外形大概為圓錐形。

Quick soil 〔速性土〕 與早土同義,用此種土栽培之作物可以早熟,一切耕作亦較易,參閱 Early soil。

Quincunx planting 〔梅花形栽植〕 樹木栽植方式之一,即於正方形中加植一株,對於地面之利用雖甚經濟,但因太密,樹之發育不良,其單位面積內應植之株數=面積／$\frac{1}{2}$(正方形之一邊)^2

R

Rack-and-cloth press 〔木板布包榨〕 壓榨器之一種,已破碎之果實用厚布包裹,其上壓以硬材木板,板上再放包布之碎果,如是依法向上成層堆疊至適宜厚數時施加壓力汁液由榨床板之孔流入盛器中.

Radiating surface [導熱面] 溫室加溫時凡可以傳導熱力之面積皆稱之.於進水管與回水管之表面而積加之即得.

Radiation [導熱輻射] 即熱力由水管之壁放散於空氣中.[輻射面]與導熱面同義.見前條.

Raffia [拉菲麻] 為一種馬達加斯加產棕櫚之葉纖維.細裂其葉,即成此物.質柔細而富於彈性,乃應用最廣之接木束縛材料,亦可充紡織之用.

Rag-doll tester [布捲發芽器] 種子發芽試驗用器之一,係用法蘭絨或他種粗厚布類,入水浸濕,將種子散布其上,捲緊,常常灑水或令布捲立於水桶中,起始發芽後,須不時散開,以便檢查其發芽數.一個布捲可同時用於數種以上之種子,以鉛筆劃分為若干格,每格一種.

Raised hotbed [高設溫床] 為發酵熱溫床之設於地面上者.釀熱物堆積適宜高度,而積較床框稍大,踏緊後,安置床框,加入培養土即成.

Raisin [葡萄乾] 為葡萄用乾燥法作成之製品,有核或無核,所謂全球葡萄乾及美女葡萄乾皆屬之.

Rarеripe—Ratheripe.

Rat Corn [鼠玉米] 一種毒餌之商名,適於驅除小動物類,附有用法說明書.

Rate of application [用量] 指施用肥料或藥劑而言.

Ratheripe [先熟] 意即同一樹上之果實成熟較其餘為早.

Ratoon, Rattoon [塊莖芽] 風梨繁殖器官之一種,着生於母株之基部,有根,分開栽植即成新株.

Raw material [原料] 果實或蔬菜之未經加工製造者稱之.

Raw product [粗製品] 為未加精製之製品.

Reciprocal grafting [互接] 即兩種植物互充砧木及接穗所行之接木.

Reclamation of soil [墾地] 未曾栽種作物之荒地,施以必要之耕作,使之適合作物之栽培.

Recreation park [休養公園] 為設於住宅區內供中年以後之人士享用之公園,宜取自然式設計,地形須稍有變化,最好接近森林或池湖,四周叢植樹木,俾與鬧市隔離,車馬不得通過園內。

Rectangular planting [長方形栽植] 樹木栽植方式之一,株距與行距不等,各株前後左右均成直線,整齊美觀,樹之發育良好,惟地面之利用比較不經濟,單位面積所植之株數=面積/行距×株距。

Red Arrow [赤矢] 一種觸殺害蟲藥劑之商名,內含除蟲菊、毒魚藤及肥皂,附有用法說明書。

Red garden [赤色園] 所栽植之植物概以開紅色花者為主,惟純粹之紅色往往失之過於強調或刺激,宜加入白色或藍灰色之花或葉,以資緩和軟化,又如秋季之紅葉及紅色果實,在此園中亦可採用。

Refining [精製] 精油、酵素、果酸、植物油、糖等製品初製成時,往往色澤不良或具有異味,須加以精製處理,其法不一,改良色澤可應用脫色炭,除去異味可加化學品或通以空氣或蒸氣。

Refrigerated storage — Cold storage.

Regeneration [再生作用] 植物體某一部分受創傷或損失時,其傷部之細胞即加速分裂,補償所失,以求生理上之均衡,此種作用謂之再生

Regular style — Formal style.

Rejuvenating pruning [返童修剪] 乃利用修剪以達到返老還童之目的者,即指重度修剪而言。

Rejuvenation [返童] 衰老之樹木變為強壯,恢復正常之發育與結果者稱之。

Relief [浮彫] 為設於柱子或牆壁上之彫像而向外凸出者。

Remontant [兩度開花] 植物之花事完畢後仍可二度開放者稱之,此在薔薇及數種飛燕草甚為習見,有時對於數種植物如大麗菊、醉魚草等,利用剪截及施肥亦能使之再作第二次之開花。

Removal of astringency [脫澀] 為人工催熟之一種,柿果常用之,澀柿必須經適宜之處理以除去其澀味方可供食,脫澀之法甚多,如應用

酒乙烯二氧化碳等氣體與生柿同閉於罐內,或將柿果置熱水或石灰水中浸若干時,或用煙燻,又與他種成熟果實如梨蘋果桃等混置亦可。

Renewal pruning [更新修剪] 與Rejuvenating pruning 同義。

Renovation [更新] 對於生長不良之果園草地或花壇,施以適宜之處理,使之恢復常態,又灌木類逐漸剪去老枝以促進新梢之發育者亦稱之。

Repair grafting [修補接] 通常指橋接而言,見Bridge grafting.

Repellant [拒蟲劑] 為防治害蟲用藥劑之一類,不能殺死害蟲,僅有拒絕其侵害之功效,如波爾多液石灰粉草木灰煙草粉等是。

Repotting [換盆] 為盆栽管理上之一種主要操作,植物根部太大或盆土不良時,均須為之換盆,除去舊土及過多之根部,加入優良之混合土,其時期以在植物生長遲緩或開始發育之際為宜,花期中及休眠期內皆不可行之。

Reproduction [生殖] 為植物繁衍後裔保存種類所行之方法,意與繁殖相似。

Reproductive stage [生殖期] 為植物生活史上之一階段,即植物業已長成,可以開花結子,具有生殖之能力。

Resistant stock [抗性砧] 即具有抵抗性之砧木,凡能抵抗病蟲溫度土壤以及種種不良環境者均稱之,此詞之前如冠以他字,則指明對於某種情形之抵抗性。

Resting land = Fallow land.

Resting plant [休眠植物] 植物已進入休眠期者稱之,落葉停止生長。

Rest period [休眠期] 為植物本身生理上停止活動之期間,即在此期內雖予以適宜之環境,亦不能進行生長,必須先使其休眠終止,此與Dormant season 不同,參閱該條。

Resurrection plant [復蘇植物] 當乾旱季節此類植物之莖葉蜷曲成叢,色變褐,有如枯死者然,一旦水分充足復可進行生長,此種現象並能交互發生多次,如水龍骨及卷柏即其例也。

Retail nursery〔門市苗圃〕 苗圃經營方式之一,營業限於當地供給一般庭園佈置所需之材料,培養之苗木種類須適合當地風土及市場需要.

Retarded bulb〔抑制球根〕 球根貯藏於冷藏室中,保持相當低溫,使之經長期之休眠,屆時可取出加溫以行促成.

Retarding culture 〔抑制栽培〕 為不時栽培之一種,使蔬菜之生產期較一般為遲晚,延遲播種或栽培之時期,即可達到此目的.

Retarding effect = Inhibiting effect.

Retort 〔汽壓鍋〕 為加壓殺菌之主要部分,罐頭食品即納於其中,受適宜壓力之蒸氣處理,以達殺菌之目的.

Return pipe〔迴水管〕 溫室用熱水或蒸氣加溫者,在整個裝置中,其位置較低之一部分水管,是為迴水管,引冷水或凝結之蒸氣返至鍋爐內,面積約佔總水管面積之三分之二.

Reversed budding〔逆芽接〕 普通T形芽接之將接芽倒轉接入者,稱之,補充整形樹木之缺枝,有時利用此法.

Rhizocaline〔生根素,生根賽爾素〕 此語為Went 氏所應用,乃植物體內所含特殊物質之一種,可以策動根之形成.

Rhizome〔根莖〕 為一種肥大之地下莖,無定形,大體如根狀,故名,繁殖時一株可切分為數塊,竹,食用大黃,美人蕉,鳶尾等,均為具有根莖之植物

Rhododendron garden〔杜鵑園〕 庭園中之種植材料以杜鵑類為主者稱之.

Rhody-Life〔若地賴數〕 一種園藝用商品名,用以增大土壤酸性,使之適合杜鵑花及他種近似植物之栽培,附有用法說明書.

Ribbon bed〔帶狀花壇〕 為規律式花壇之一種,狹長帶形,直線或為有規則之曲線,以生長矮小整齊之草花佈置之,作成種種花紋,此種與花境雖均為狹長形,但其性質及佈置迥異,參閱 Flower border.

Rind grafting = Bark grafting.

Ring budding〔環狀芽接〕 芽接法之一,接芽削成後,芽片呈圓筒狀之

管形因接合之部位及情形不同又分為圓形芽接管形芽接及裂片圓形芽接。

Ringing 【環剝,環狀剝皮】 為特殊修剪技術之一於樹幹或枝上切去寬度適宜之皮層一圈,目的在促進花芽形成及提早果實成熟,前者施於樹幹之下方,後者施於結果枝之基部。

Ripening 【成熟】 果實長成至某一程度而其種子可以發芽者,是為成熟,成熟之果實,可供吾人之食用,參閱次條,又在園藝上對於枝梢之長成充實亦稱之。

Ripening process 【成熟作用】 即有關成熟之各種程序,果實成熟時,一般由綠色階段轉入可食階段,其間發生各種變化,如顯露固有之色澤,發揮特殊之香氣,甜味增加而酸分減少,果肉逐漸軟化等,設成熟太過,則香氣消失,組織崩潰,腐敗不堪食矣。

Ripe-wood cutting = Hardwood cutting.

Riverside garden 【河岸園】 為就河流兩岸施以風致建設所造成之庭園,普通採自然式佈置法。

Roadside marketing 【道旁販賣】 產品銷售方法之一,於道路旁邊設臨時之店舖,陳列貨品,以供販賣。

Rock border 【岩石花境】 為有岩石之花境或坡地之有天然或人為之石塊而加以佈置者,其設計原則與岩石園相仿。

Rock garden 【岩石園】 為自然庭園之一,以岩石為主要建築材料,栽培岩石植物,造成特殊之園景,如我國之假山園,日本之築山庭及西洋之岩石園皆是。

Rock plant 【岩石植物】 即用於岩石栽植之植物,多屬高山植物類,普通種植亦可應用,須擇其生長矮小,枝葉稠密而不畏乾燥及鹼性者充之。

Roguing 【去劣】 為選種所應用之一種方法,即將一切不良之植物,如品質惡劣,發育遲緩或罹病害者除去之。

Roller 【滾壓器】 園藝用具之一,用以鎮壓播種床或新鋪栽之草皮。

之邊緣須圓鈍以免將草掌起最常用者為水壓式中空可裝入重量之水故其總重量之變更即依裝水量增減之

Roller shade 〔捲式蔭簾〕 用於溫室屋面以遮蔽強光以細竹或蘆葦製成可隨意捲起或放下

Romanic style 〔浪漫式〕 與 Informal style 同

Roof garden 〔屋頂園〕 利用廣平之屋頂從事風致之佈置因園之位置高於地面對於植物種類之選擇最須注意土壤問題亦甚重要設計宜取直線形煙囪及其他伸出物均加以隱蔽勿使外露

Roof ventilator = Top ventilator.

Room plant = House plant.

Root ball 〔根團〕 通常指盆栽植物而言由盆中倒出時其根部與土壤結成球形之團又如帶土移植時之土球亦可稱之

Root-bound = Pot-bound.

Root crop 〔根菜〕 凡以根供食之植物皆屬之如蘿蔔胡蘿蔔甜菜美國防風波羅門參等是

Root-cutting 〔根插〕 扦插法之一凡以根為插穗而行繁殖者均屬之適用於根部能生長不定芽之樹木及草本植物

Root division 〔分株分根〕 無性繁殖法之一將母株掘起分之為若干小株凡有叢生性或具有根冠根莖吸枝旁莖等器官之植物均可用之

Root grafting 〔根接〕 枝接法之一砧木用植物之根段接法甚多如鞍接舌接切接劈接皮接等皆可而以舌接最為普通時期多在秋冬或早春參閱 Nurse-root grafting, 又恢復勢力衰弱之果樹亦可行根接法如葡萄柑橘類即常用之

Root hormone = Rhizolaline.

Root inarching 〔根靠接〕 靠接法之一以根為砧木適用於四照花臘梅山茶花玉蘭石榴銀杏槭樹梅花等將充接穗之株匾臥使枝梢近地面以便與根砧相接其不便匾臥者則將根砧接於枝上再用水苔泥土等包纏或栽植於盆缽中

Rooting [生根] 插枝栽植後，如環境條件適宜，經相當之時日，其原根活動生長為不定根。[扦插苗] 即已生根之插枝在苗圃中培養一年可以供栽植之用者，通常為多數。

Rooting habit [發根習性] 植物根部發生之特性，尤指插枝之生根而言。

Root pruning [剪根，斷根，根部修剪] 修剪之一種，將一部分根剪除，目的亦如剪枝，在改善結果作用。剪根更可矮化樹木，便利栽植，故盆栽培養矮樹或移植大樹者，均常用之。於樹苗掘起後施行剪根，最為方便，亦可就地修剪。

Root stock [砧木] 見 Stock。[根莖] 同 Rhizome。

Root system [根羣，根系] 為植物之地下部分，包括主根及側根，其發育情形依植物種類、管理方法等而有不同，與地上部之生長關係甚切。

Root-top ratio [根葉比例] 根羣與莖葉間之比例，所以表示地下部與地上部之發育情形，二者必須適宜，然後植物始有良好之生長及結果。

Rose-colored garden — Pink garden

Rose garden [薔薇園] 特種庭園之一，種植材料以薔薇類為主，備有各種生長習性不同之種類或品種，適宜配合佈置，形成美好之園景，通常採用規律式。此種庭園除供欣賞外，亦可充研究植物之用。

Rose post [薔薇柱] 薔薇整枝法之一，將蔓性薔薇施以修剪，令其自近地面處抽生枝條，擇其生長良好者留之，縛扶於木柱上，維持一定之高度，勿使之過於延長。

Rose pot [薔薇盆] 為花盆之一種，較標準盆深，供幼小薔薇苗栽植之用，其大小有以下數種，(1) 口徑2英寸，深$2\frac{1}{2}$英寸，(2) 口徑$2\frac{1}{4}$英寸，深$2\frac{3}{4}$英寸，(3) 口徑$2\frac{1}{4}$英寸，深$3\frac{1}{4}$英寸，(4) 口徑$2\frac{1}{2}$英寸，深$3\frac{1}{4}$英寸。

Rosette [簇葉] 莖之節間極短，而葉片叢生成簇狀者稱之，此在長生草、虎耳草(大部分)、蘇鐵、十字木等植物甚為常見，二年生植物之第一年生長，亦往往呈簇狀。此種器官有時可供繁殖之用，分開栽植即可獨立生長又為桃梨莓等之一種病害。

Rosetum = Rose garden.

Rotation〔輪作,輪栽〕一種耕作制度,乃將數種不同之作物在同一地面上依一定之次序按年輪流栽培之謂,其目的在使地力得以經濟利用,病蟲災害亦可因之而遏止。

Rotecide〔洛提散〕為一種毒魚藤製劑之商品名,以之防治吸收口器害蟲及軟體蟲類,附有用法說明書。

Rotenone〔洛提農〕為毒魚藤所含之有毒成分,其化學式為 $C_{23}H_{22}O_6$,可以之配製各種殺蟲劑。

Rotofume〔洛毒福〕一種毒魚藤製劑之商名,以之防治吸收口器害蟲及軟體蟲類,附有用法說明書。

Rough division〔粗分〕分割繁殖法之一,通常應用於多年生草本之生長旺盛者,掘起後用鏟切開而分植之,處理較粗放。

Round-headed training〔圓頭形整枝〕自然式整枝法之一,樹冠略成圓球形,各主枝距樹幹之長度約相等。

Rudimentary seed〔不發育種子〕授粉受精後種子不能正常發育而僅具雛形者稱之。

Runner〔匍匐枝,走莖〕無性繁殖器官之一,枝具蔓性,匍匐於地面,每節着地後均可生根長葉,分離之即成一新株,草莓為唯一具有匍匐枝之植物。

Russeted cavity〔銹色果窪〕果品記載用語之一,果窪部分有銹色之斑點者稱之。

S

Saccharometer〔測糖計〕為測定果汁含糖量所用之儀器,種類不一;最常用者為保林浮秤及布雷克斯浮秤,參閱 Balling hydrometer 及 Brix hydrometer.

Saddle grafting〔鞍接,騎接〕接木法之一,砧木截頭,兩側各作一斜面接穗基部自中央切開,更將兩邊向外方斜削,然後套騎於砧木之上,縛紮即成,二者之粗細宜相似,此法行於八九月間,適用於葡萄杜鵑花紫丁香等類植物。

Salad vegetable [生食菜類] 蔬菜食用時不需烹煮者稱之,如萵苣苦苣野生苦苣芫荽旱芹菜等是。

Salometer [測鹽計] 為測定汁液含鹽量所用之儀器,與波美浮秤相似,祇分度不同,測鹽計一度約等於波美浮秤0.27度,或波美一度約等於此種浮秤3.8度。

Salt plant [鹽土植物] 即能適應鹽質土壤之植物,參閱Shore plant及Halophyte。

Sand culture [砂養] 為無土栽培之一種,用純砂及培養液以生長植物。

Sand garden [砂地園] 即庭園之建築於內陸或濱海之砂質地者,所用植物種類必需能適應此種環境,參閱Desert garden 及Seaside garden。

Sandy soil [砂土] 為純粹由砂粒所組成之土壤,粒粒分明,肉眼可見,觸之可覺,用手緊握雖可聚合,鬆之即散,其壤粒或黏粒之含量,通常不及15%,因砂粒之大小不同,又有粗砂土與細砂土之別。

Sanitary can [衛生罐] 罐頭製造所用洋鐵罐之一種,封口係用機器,不需焊鑞。

Sash [窗蓋] 為構成溫床或冷床之一部,以之覆蓋床框之上方,普通裝以玻璃,俾日光可以透過,同時又能保持溫度,避免霜害,及防止雨水之侵入。

Sashhouse [窗蓋溫室] 為介於溫床與溫室之間之一種玻璃建築物,多屬小型,屋面完全用窗蓋拼成,可以隨意裝拆,其建築方法有如溫床,而管理則似溫室。

Sauerkraut [酸菜] 為一種甘藍製造品,甘藍葉球除去外方綠葉,切成細條,和以適量之鹽,均勻攪拌,納入罐中,令其發酵,於發酵完成後,再裝裝罐殺菌等手續,以備久貯。

Sauterne wine [甘味白酒] 白葡萄酒之一種,為法德諸國出品,味甘,原料係用受菌核黴寄生之果,因此菌之生長而使葡萄水分蒸發,糖分變濃厚,更適合釀造之用。

Saving grafting [救傷接] 即修補接,見Repair grafting.

Scaffold limb [大主枝] 為果樹骨架之基礎,即整枝時第一次所造成之主枝,於此再生次主枝。

Scalding [燙泡] 為促進種子發芽方法之一,即將沸水或近於沸點之熱水,澆注於種子上,使種皮軟化,適用於過分乾燥或具硬殼之種子,如相思樹皂莢等。[燙漂]與Blanching同。

Scalecide [滅蠖劑] 一種混合油製劑之商名,供休眠期噴布,以除滅吸收口器害蟲,附有明法說明書。

Scale cutting [鱗片插] 扦插法之一,以鱗片為插穗,此法常用於繁殖百合類,宜於秋末冬初在溫室內行之,成活後生長小鱗球,然後分離培養,經數年始可長成。

Scale-O [蠖敵] 一種商品混合油製劑,供休眠期噴布,以除滅吸收口器害蟲,附有用法說明書。

Scaly bulb [鱗片鱗莖,鬆鱗莖] 此種鱗莖係由多數游離鱗片所組成,內部疏鬆,外方不被膜皮,例如百合是也。

Scape [根出花莖] 為直接由根際抽出之花莖,通常無葉,如鬱金香蒲公英等是。

Schizocarp [離果] 一種乾燥複果,由多數單式果所組成,老熟後彼此分開,但每一單室果之本身不裂,如大部分錦葵科植物均具有此種果實。

School garden [學校園] 於學校之附近從事園庭之佈置者,均屬之,栽培植物,豢養動物,可以增進學生之知識及健康,此在中小學校最為重要。

Scion, Sion [接穗] 為供接木用之枝或芽,概屬優良品種,移接於砧木之上,令其發育生長。

Scion grafting [枝接] 接木法之一,凡用具有二芽以上之短枝為接穗之接木均屬之。

Scooped method, Scooping [挖剝法] 與Hollowing同。

Score card [品評表,記分表] 園藝產品比賽時用之記載各項分數以評判其優劣。

Scoring [斷痕法] 與Cross-cutting method同。

Scree garden—Maraine garden.

Screen planting [屏蔽種植] 栽植樹木以形成屏蔽,在庭園中應用甚廣,可以隱蔽不良環境,作房屋之背景,隔離花裝飾物,種植可取叢植式或狹籬式,或僅用蔓性植物,令其攀緣披覆,生長愈稠密者,則形成之屏蔽亦愈佳,一般以用常綠性種類為主。

Screen tray [鐵紗烘盤] 即烘盤之用鐵紗作底者,鐵絲紗必須電鍍或塗鋅,以免鐵與食品起化學變化而有損品質,蔬菜類及不經燻硫之果實,均可用此種烘盤以行乾燥。

Scuffle hoe [D形鋤] 鋤身直而平,形如西文之D字,故名,有長柄,能推或後曳,以破碎土面,剷除雜草。

Sculpture [彫刻物] 為庭園中之主要裝飾物,尤以規律式園用之最多,可别為彫像及飾皿兩類,分見Statuary及Ornamental vessel.

Sealing [封罐,罐頭封口] 為罐頭製造之一種重要操作,利用焊錫或機械方法,使罐頭密封,與外界隔離,而達久藏之目的。

Sealing machine [封罐機] 為用於衛生罐封口之機械,其主要構造分四部,即管制板,初捲輪,複轉輪及轉盤,將罐頭緊夾於管制板及轉盤之間,轉動捲輪,即可使罐壁與罐蓋之邊封閉。

Searing [烙傷] 為促進分枝之一法,應用於多肉植物,例如蘆薈,將其生長點用燒紅之鐵烙之,以刺激側芽之發育。

Seaside garden [海濱園] 即建築於海濱之庭園,除注意園之本身外,仍須能收納海景,選擇植物種類須適應土壤情形,並能抗禦海風之雜學,同時應用防風林以資保護。

Seasonal garden [四季園] 庭園佈置之具有季節性者稱之,分兒Spring garden、Summer garden、Autumn garden及Winter garden。

Season of growth [生長季節,生長期] 即植物生長之期間,與Growing season 同義。

Secondary branching [二次分枝] 即於第一次分枝上再行分枝。

Secondary bud = Accessory bud.

Secondary lateral [二次枝] 即二次分枝所成之枝梢。

Secondary leader [副主枝,次主枝] 為生於第一次主枝上之大枝,參閱 Scaffold limb。

Second bloom [二次開花] 一年中開花二次,除數種類外,通常皆係反常現象,第二次開花之時期多在十一月間,由當年新形成之花芽開放者。

Second crop [二次產品,二次收成] 為一年兩熟之果樹第二次所結之果,常見於鳳梨、無花果、柑橘類等,其他作物有同樣情形者亦可稱之。

Second growth [二次生長,二次枝] 當年形成之芽而隨即萌發者是為二次生長,其新枝謂之二次枝,通常不充實而易罹寒害,此在桃樹甚為常見。

Second scion [第二接穗] 即二重接位於最上之接穗。

Section [瓣] 為柑橘類果實內部所分之室,多數瓣組成供食之內層。

Seedage [播種術] 為有關播種繁殖之一切學理與技術。

Seed breeding [種子選育,育種] 應用遺傳學原理以選擇或育成優良之種子

Seed catalogue [種苗目錄] 種苗公司所印發之售貨目錄,載有種子或苗木之名稱、特點、栽培法及價格,往往附有彩圖,藉以推廣營業。

Seed collecting [種子採集,採種] 採集已成熟之種子,施以適宜之調製,以供販賣或貯藏,採種者對於植物學、遺傳學均須有充分之知識,然後所得之種子始有優良之望。

Seed-drill [條播器] 為專供條播用之器械依適宜之距離將種子自動成行播入土中.

Seeder [播種器] 凡用於種子播布之器械均屬之,通常以條播為主. [結子植株]即生長種子之植株.

Seed grafting [種子接] 乃用種子以行接木之謂,如法國Pieron氏用於葡萄所行之方法,即其例也,又若自然界中常見種子落於樹皮或樹之孔穴中,遇環境適宜時,偶然發芽生長,遂與之相接合,亦可稱之為種子接.

Seed growing [採種栽培] 栽培園藝作物專以採收種子為目的者稱之.

Seeding [播種] 將種子播入媒質中令其發芽生長之謂. [種子繁殖,播種繁殖] 用植物之成熟種子或孢子播布於媒質中以達增殖之目的者稱之. [結種子]通常指草本植物而言,開花後經授粉受精作用而生長為種子.

Seeding bed, Seed-bed [播種床,苗床] 為播布種子之場所,種類甚多,如園地之一角,溫室內之種植台以及溫床冷床淺箱盆缽之類皆是.

Seeding in row = Drilling.

Seeding medium [播種媒質,播媒] 為播種時承受種子之物質,如壤土水苔腐葉土等是.

Seedless fruit [無核果] 即無種子之果實,其主要之生成原因為單性結實或受精後胚不發育.

Seedlessness [無核性,無種子性] 為植物產生無核果或單性果之能力.

Seedless variety [無核品種,無核種] 植物品種可以產生無種子之果實者稱之.

Seedling [種生苗,幼苗] 為由種子發芽生成之幼植物.

Seedling-inarching [幼苗靠接] 靠接法之一,常用於薔薇之育種將播種所生成之幼苗靠接於生長旺盛之砧木上,如是可提早其開花之時期。

Seedling stock, Seedling for rootstock 〔種生砧〕 砧木之為種生苗者稱之,以示與無性繁殖之砧木有別。

Seed-pan 〔播種淺盆〕 一種淺素燒缽,可供播種之用,與球根盆相似,參閱 Bulb-pan。

Seed production 〔種子生產〕 與 Seed growing 同義。

Seed sowing = Seeding,見該條之第一義。

Seed-sowing machine = Seeder。

Seed storage 〔種子貯藏〕 採收調製就緒之種子,不立即播種或供販賣之用者,均須設法貯藏,貯藏時務使種子保持良好狀態,無損其生機或活力,因種子之性質不同,所用之方法亦異,通常可分為乾藏及濕藏兩種。

Seed testing 〔種子檢驗〕 為鑑別種子優劣之必經手續,根據種子之外部形態,內部解剖,以及發芽情形,決定其品質之良否,生機之有無,參閱 Purity test 及 Vitality test。

Seed treatment 〔種子處理〕 種子於播種前常施以種種處理,目的在消滅病菌害蟲,以減少日後之損失,或終止休眠,軟化種皮,甚至破裂之,以促進其發芽,關於後者參閱 Hastening germination。

Seed viability 〔種子活力〕 即種子可以發芽生長之性質或能力。

Seed vitality 〔種子生機〕 與前條同義。

Self-compatibility 〔自交和合性〕 即具有自交和合之能力或性質,參閱 Compatibility。

Self-fertile 〔自交可孕〕 自交授粉後可以結實成熟而產生有活力之種子者稱之。

Self-fertility 〔自交孕性,自交結子性〕 即具有自交可孕或自交可結子之能力或性質。

Self-fertilization 〔自交受精〕 為由自交授粉而發生之受精作用。

Self-fruitful 〔自交可實〕 自交授粉可以產生有種子或無種子之果實者稱之.

Self-fruitfulness 〔自交結實性〕 即具有自交可實之能力或性質.

Self-incompatibility 〔自交不和合性〕 即具有自交不和合之能力或性質,參閱 Incompatibility.

Self-infertile 〔自交不孕,自交不結子〕 自交授粉後不能產生有活力之種子者稱之.

Self-infertility 〔自交不孕性,自交不結子性〕 即具有自交不孕或自交不結子之能力或性質.

Selfing 〔自交〕 與次條同義.

Self-pollination 〔自交授粉〕 乃將同樹或同品種之花粉移至雌蕊之柱頭上以完成授粉作用之謂.

Self-sowing 〔自生,自播〕 植物之種子墜落地面,可以自然發芽生長,以達繁殖之目的,不需借助於人力者稱之.

Self-sterile = Self-infertile.

Self-sterility = Self-infertility.

Self-unfruitful 〔自交不實〕 自交授粉後不能產生果實者稱之.

Self-unfruitfulness 〔自交不實性〕 即具有自交不實之性質.

Selling method 〔販賣方法〕 銷售產品之方法可分為零沽(門市)及批發兩種,前者多在當地市場,後者則或在當地或運至遠方.

Selling quality 〔販賣性〕 即產品適於販賣之性質,尤其指遠運而能時較久者,參閱 Shipping quality.

Semesan 〔銀撒散〕 一種商品有機汞製劑,適用於種子或土壤之消毒,以粉狀乾用或配成溶液浸漬.

Semi-cling 〔半黏核〕 桃果之核與果肉黏着之程度介於黏核與離核之間者稱之.

Semi-formal garden 〔半規律式園〕 庭園之佈置設計介於規律式與自然式之間者稱之,即非絕對整齊對稱.

Semi-hardwood cutting [半硬材插] 此種插枝其組織介於硬材插與軟材插之間如薔薇八仙花等是.

Semi-herbaceous [半草質半草本] 為稍帶木質化之草本植物.

Semi-ironhouse [半鐵材溫室] 溫室骨架之建築材料係木與鐵合用者構造較全木材溫室為牢固經久成本則較全鐵材溫室為低廉.

Seminal propagation — Seed propagation.

Sensative plant [敏感植物] 有感覺之植物葉部或他種器官受外力刺激時,可起運動,如含羞草及食蟲植物等是.

Separation [分離] 無性繁殖法之一,供繁殖用之器官,可自然脫離母體,如鱗莖球莖之增殖,均屬於此類.

Serpentine layering [波狀壓,蛇行式壓] 壓條法之一種,適用於枝條長而柔或具蔓性之植物,如葡萄紫藤馬兜鈴南蛇藤鐵線蓮等,將被壓之枝作波浪形曲入長溝中而壓定之,使露於地上之部分生枝,埋於土中之部分生根,亦如連續壓一次可得數新株.

Sexual propagation [有性繁殖] 植物新個體之產生須經雌雄兩性之結合者稱之,即指用種子或孢子繁殖而言.

Shade plant [喜陰植物,陰地植物] 此類植物均能適應陰濕之環境,在日光過強之處,生長反不良,例如桃葉珊瑚南天竹常春藤等是.

Shading [陰蔽,遮陰] 其目的在減弱日光之強度,適合植物之生長發育,此於溫室及露地栽培皆常應用,遮陰物之種類甚多,最普通者為竹簾蘆簾布棚等.

Shady border [陰地花境] 在日陰地布置花境須注意材料之選擇,灌木或草本均可.

Shady garden [陰地園] 庭園之設於日陰地者稱之,其佈置要旨與陰地花境同.

Shallow tillage [淺耕] 對深耕而言,僅耕鋤土壤表面之一薄層,不深入下方,其目的在除草鬆土或粉碎土塊.

Shanking [果梗萎縮] 指葡萄而言,為一種貯藏損害.

Shattering [果粒脱落] 指葡萄果穗之脱粒而言,通常發生於貯藏中,採收過遲者亦易形成此弊.

Shedding — Dropping.

Shelling — Shattering.

Sheughing [埋植] 為 Heeling-in之異稱,昔日用之,今已廢棄.

Shield budding [盾狀芽接] 芽接法之一,因芽片為盾狀故名,如T形芽接,十字形芽接等皆屬於此類.

Shield grafting [盾形接] 為皮下腹接之異稱,與角狀芽接相似,參閱 Side bark-grafting 及 Prong budding.

Shipping quality [運輸性] 果實之耐運能力,依品種及處理情形而有差異,其優劣即示抵達目的地後能否保持良好之狀態而定.

Shoot cutting [葉枝插] 即枝插,見 Stem cutting.

Shore plant [海濱植物] 生長於海濱或能適應海濱環境之植物,大都能抗強風且不畏鹽土.

Short cane pruning [短梢修剪] 為葡萄所用修剪法之一種,主枝固定,逐年不變更,依此法修剪則枝使之結果樹不易衰弱,且無養成更新母蔓之困難,但結果枝之發育不良,生長力較弱之品種適用之.

Short day plant [短日性植物] 植物由營養階段進入生殖階段,每日需要光照時間在 12 小時以下者稱之.

Shouldering [去肩] 盆栽管理之一,需要換盆之植物,於原盆中倒出後,用手壓擦除去根周所附之宿土,並用竹片鬆其內方.

Shovel [尖鍬] 園藝用具之一,構造與普通平鍬同,祇鍬口為尖形,可供掘土,鏟草及除垃圾之用.

Shrubbery [灌叢] 為灌木之成叢栽植者,庭園中用之以改善草地之單調,隱蔽不良環境,使園景幽邃及作花境之背景.

Shrub border [灌木花境] 全部用灌木類組成之花境,具有永久性,管理亦較易,選擇種類須顧及將來充分發育之大小,落葉樹及常綠樹皆可應用.

Shy bearer [結果不良樹] 與自由結果樹相對,即果樹結實困難不能正常產果.

Sib-pollination [近緣授粉] 用親緣相近之種類互相授粉者稱之.

Sickle [鐮,鐮刀] 園藝用具之一,以之刈除雜草或收割作物之莖桿,式樣大小甚多.

Sick soil [病土] 即對於植物生長不利之土壤,其中通常含有病菌害蟲或有害物質,可以損及所栽培之作物.

Side bark-grafting [皮下腹接] 腹接之一種,即用皮接法之腹接,接穗下端削成馬耳形斜面,砧木上切一T形縫,一如芽接插入接穗而緊縛之,參閱 Prong budding.

Side cleft-grafting [割裂腹接] 腹接之一種,即用割接法之腹接,接穗之下端削成楔形,與割接同,砧木側面用刀向內斜切之,以達其直徑之一半為度,乃將接穗插入縛緊,普通所謂腹接,多屬此種.

Side grafting [腹接] 枝接法之一類,凡接於枝幹或莖之側面或腹部者皆屬之,砧木不截頭,所用之方法甚多,例如皮接,割接,嵌接,舌接,鑲接等,參閱有關各條.

Side inlaying [嵌入腹接] 腹接之一種,即用嵌接法之腹接,接法與嵌接相似,接穗下方削成V形凸體,砧木側面作一V形凹痕,通常均用嵌接器助之,二者相合緊縛即成,為便於接合起見,宜用直砧曲穗或曲砧直穗.

Side tongue-grafting [舌狀腹接] 腹接之一種,即用舌接法之腹接,接穗之準備與普通舌接同,砧木側面削去一條,再於切面上向內切之,然後將接穗自上而下含插於砧木切縫中,縛緊.

Side veneer-grafting [鑲合腹接] 腹接之一種,即用鑲接法之腹接,接穗之下方削成馬耳形斜面,砧木腹部削去與接穗切面等長之皮,下端稍向內斜切斷之,將二者鑲合緊縛.

Side ventilator [側窗] 設於溫室側面之通氣窗,一般以一部分直立玻璃窗充之,可以活動,依需要而啟閉.

Silt soil [坭土] 土壤含有埴粒在50%以上者稱之。

Simple cutting [竿插] 為最常用之扦插法插枝剪成適宜長度普通取用一年生枝梢,不連帶老枝部分。

Simple layering [單枝壓] 壓條法之一將近地面之枝曲其一部埋壓土中於生根後分離之,一枝僅能繁殖一新株。

Single bud [單芽] 一節上僅有一個肥大芽者稱之其副芽不發達,參閱 Compound bud.

Single-eye cutting [一芽插,單芽插] 為一種短枝插每一插枝僅有一芽,用去年生之成熟枝條,全身約寸許,溫室栽培之葡萄常用此法繁殖。

Single-laquered can [單塗漆罐] 洋鐵罐在製造時祇經一次之塗漆者稱之此次塗漆行於鐵皮製成之後在其一側塗以釉漆之酒精溶液加熱至華氏450-500度焙之成金褐色即成。

Single sash [單層窗蓋] 為裝一層玻璃之溫床窗蓋,普通所用者均為此種。

Single-thick glass [單料玻璃] 為一種薄玻璃,其12片相疊厚為1英寸。

Single-U training [單U形整枝] 多幹形整枝之一種,主枝二枚成為U字形,連於主幹之上方。

Sizer—Sizing machine.

Sizing maching [大小測定機] 為果品分級所應用之機械,可將果實依大小分為不同之等級。

Skeletonizing [骨架修剪] 為用於衰老柑橘樹之一種剪枝法,即將所有小枝全部除去,分枝亦均剪短。

Skinner Irrigation [司金納灌溉法] 一種空中灌溉法,用電鍍之水管裝置園圃中,管距地面6-8英尺,有特製之噴水口,水可向兩面射出,而與第二行水管所噴之水相連接。

Slab [新生鱗莖] 為可與母球分離之新生小球鱗莖,如鬱金香水仙等皆具之.

Slag [煤渣] 扦插用媒質之一,與煤渣相似.

Slat crate [木條箱] 包裝容器之一,箱用木條構成,空氣可自由通過.

Slat tray [木條烘盤] 即用木條作底之烘盤,木條間留適宜之縫隙,用於果品乾燥甚宜,蔬菜類則否.

Sleeping flower [眠花] 花苞充分發育而不能開放者稱之.

Slip [蘗芽小莖] 鳳梨繁殖器官之一,着生於果實之基部,取下依扦插法插之,即可發根生長為新植物.

Slit planting [縫栽法] 適用於輕鬆土,於地面用開縫鍬或栽植斧作裂縫,而將植物栽植其中.

Slitting [條裂] 特殊修剪之一,可以改良樹之結果作用,法於樹皮上用刀縱切數條.

Slow-open-kettle method [敞煮緩製法] 果實製造蜜餞時用之,熬煮行於普通大氣之下,分次煮果,每次僅煮一短時間,同時逐漸增加糖液之濃度,此法可減少製品風味及色澤之損失,參閱 Open-kettle-one-period process.

Small fruit [小果樹] 與 Bush fruit 同義.

Small fruit culture [小果樹栽培] 為果樹園藝之一分科,專事研究小果樹類之栽培.

Small-fruited variety [小果品種] 所結果實較之一般品種為小者稱之.

Small garden [小庭園] 即小面積之庭園,普通住宅園多屬之.

Smoke resistance [抗烟力,抗烟性] 為植物對於烟害之抵抗能力或對於多烟氣環境之適應性.

Smoke injury = Gas injury.

Smother crop [窒息作物] 此類作物大都生長迅速,使草類無法孳繁,通常利用之以消滅害草,例如紫雲英及蕎麥適用於矮小雜草,燕麥及黑麥適用於比較高大之種類,窒息作物之栽植宜密,一俟達到其任務,即耕翻於土壤中.

Snarol [司那洛] 一種商品毒餌,可殺滅切根蟲,蚱蜢,團子蟲,蛞蝓,蝸牛等類害蟲及有害動物,附有用法說明書.

Snow-pit storage [雪窖貯藏法] 用於貯藏苗木,於坡地掘窖,窖底加一層雪或冰,其上依次鋪放樹枝,土壤,苗木,土壤,樹枝,窖頂用木作棚,再以樹枝草藁等蔽之.

Soaking seed [浸種] 種子播前處理法之一,用溫水或冷水浸適宜時間,此依種類而異,通常自24小時以至數日不等,浸後種皮變軟,發芽可較易.

Sobole = Sucker.

Sod culture [生草法] 為果園土壤管理方法之一,於樹間栽種多年生植物,任其生長,祇在樹之周圍從事耕耘.

Sod lifter = Turfing spade.

Sod mulch [蓋草法] 採用生草法之果園,每年剪刈植物一次或二次,而將刈下之草覆蓋地面者稱之.

Soft fruit [軟果] 柔軟多汁之果實,即指各種漿果類而言.

Soft-ripe stage [軟熟度] 即完熟度,見Full-ripe stage.

Soft wax [軟蠟] 即冷用接蠟,見Cold mastic wax.

Softwood cutting [軟材插] 扦插法之一,插枝用當年生未成熟之枝條,行於生長期間,草本植物之扦插概屬此種,半硬材插亦有時包括在內.

Softwood grafting [軟材接] 即草質接,見Herbaceous grafting.

Soil disinfection [土壤消毒] 在播種或栽植前,將土壤用熱水,蒸氣或藥品處理,以消滅其中潛伏之害蟲或病菌,減少植物因病蟲所致成之損失.

Soil fertility [土壤肥度] 土壤之肥瘠,應以是否合乎植物生產為標準,不能完全根據所含養分之多少,因土壤組織,反應,水分,空氣等,均與養料之吸收有關,如有未宜,則養分雖多,亦屬無用,也又若土壤微生物之種類及數量，在判斷土壤肥度時，亦應加以考慮。

Soil improving crop — Soiling plant.

Soiling plant 〔益土植物〕 即指綠肥作物而言，見 Greenmanure crop.

Soil insecticide 〔土壤用殺蟲劑〕 為施於土壤內之殺蟲藥劑，可以消滅潛伏土中之害蟲，主要種類計有石油乳劑、二硫化碳、氰化鈣、擬二氯苯等。

Soilless culture 〔無土栽培〕 即不用土壤以栽培植物之謂，藉適宜之設備，使植物在含有各種營養物質之溶液中，生長發育開花結果，此法清潔衛生，成本低廉，可於有限地面內從事植物之生產，對於植物所需之各種養分，均能隨意調節，保持最適之程度，惟祇宜在溫室內行之，露地則諸多不便也。

Soil operation 〔土壤操作〕 與土壤整理有關之操作均屬之，如排水、耕犁、掘鬆、耙細、鎮壓、中耕、除草、施肥、開溝等皆是。

Soil organism 〔土壤微生物〕 為生長於土壤內之微生物，對於植物有益或有害，前者如固定氮素細菌、分解有機質細菌，後者如各種病菌及害蟲是也。

Soil preparation 〔整地〕 為栽植前或播種前必不可少之操作，應用犁耙鋤等工具將土壤整理精細疏鬆，使之適合植物之生長。

Soil sponge 〔土海綿〕 一種商品泥炭土製成物，酸性，適用於酸土植物之栽培。

Soil sterilization — Soil disinfection.

Soil thermometer 〔土溫計〕 為測定土壤溫度所用之溫度計，溫床育培常需要之。

Solanaceous fruit 〔茄果類〕 包括番茄、茄子、番椒、食用酸漿等，因其同屬於茄科，又皆以果實供食，故名。

Solar frame 〔日溫木框，太陽熱木框〕 為自溫床變化而來之一種繁殖設備，利用日光熱力以供給底溫，適用於植物之扦插。

dar propagating frame [日溫繁殖箱] 與前條同.

ldering apparatus [銲鑞器] 為銲封洋鐵罐所應用之器具,鐵質有柄,口呈尖形或線形,燒熱後可將鑞熔解,搗至銲縫中.

Solder sealing [銲封法,銲鑞封罐法] 用於銲封罐罐口之封閉,係用白鑞銲固,參閱前條.

Solder-top can [銲封罐] 洋鐵罐之一種,封口係用鑞銲,因其罐口小,易將食品擦傷,而銲封時高溫又有使糖液焦枯之虞,故現代之罐頭製造,多棄之不用矣.

Solid pack [實裝法] 罐頭裝法之一,食品裝入後,不另加用糖液或鹽液.

Solid planting [純植法] 指果園種植而言,於一定區域內,僅植一個品種者稱之.

Solid wax [固體接蠟] 與熱用接蠟同,見 Warmmastic wax.

Solution culture = Water culture.

Sorbex [索拜克斯] 一種粉狀泥炭土製品,適於盆栽用土壤之配合,以增加腐植質之含量.

Sowing = Seed sowing.

Sowing in place = Direct seeding.

Spade [鍬板鍬] 即 Digging spade,見該條.

Spade budding [鏟形芽接] 為片狀芽接之一種,頗似鑲片芽接,祇芽片為鏟形,是其異耳,參閱 Flute budding.

Spading fork [掘叉] 為具有四齒之鐵叉,齒扁平,用於墾地掘土.

Spawn [菌磚] 為由洋菌之菌絲體製成,塊狀,供販賣及繁殖之用. [小球莖] 與 Cormel 同,通常指生長於母球周圍之一群小球莖而言.

Spear [嫩莖] 石刁柏新生之莖,即供食用之部分.

Specially-treated wrap [特製包果紙] 將包果紙用石蠟油類或殺菌劑如硫酸銅碘液等浸製,可使防腐之效果更為良好.

Species [種] 植物分類用語之一,為鑑別種類之基礎,即彼此相似而同隸一屬之個體植物。

Specific name 〔種名〕 二名法之第二字參閱Binomial nomenclature

Specimen tree 〔優型樹〕 庭園中種植之觀賞樹木,其樹身高大姿態美好而花葉艷麗者稱之。

Sphagnum moss 〔水苔,水蘚〕 俗稱青苔,為生於潮濕地方之隱花植物,Sphagnum 即其屬名,在園藝上之應用甚廣,可充包裝材料及播種扦插或栽植植物之媒質,如施以適宜處理,又能供醫用以代药水棉花

Spice 〔香料〕 植物體之一部分如根莖葉花果等,具有芳香可供調和之用者稱之,丁香肉桂豆蔻全香茴香八角芥子山柰胡椒薑等,皆為重要而常見之種類。

Spiced preserve 〔加料蜜餞〕 果實蜜餞之一種,用曾加各種香料之糖醋液浸製而成。

Spike-tooth harrow 〔齒形耙〕 為由多數鐵齒構成之耙,以之碎土及平地,用畜力曳引,宜隨碟形耙之後用之,可使土塊破碎更細,達到可以播種或栽植之程度。

Spike-tooth rake 〔匀土齒耙〕 為碎土及平整土面所用之工具,鐵具6-10齒,齒較搗地用者為短。

Spindle-shaped training = Fuseau training.

Spindling = Leggy.

Splice grafting 〔合接,對接〕 枝接法之一,砧穗大小宜相似,於砧木上端及接穗之下端,各削一馬耳形斜面,相對接合而緊縛之。

Spodium 〔骸碳〕 為骨骼或其他動物體燒成之碳,供製造磷酸肥料用。

Sporeling 〔孢生苗〕 為由孢子所生成之幼植物。

Spotting board 〔穿孔板〕 一種栽植用具,可助幼苗之移植,構造甚簡單,即在一平木板上釘以多數之圓錐形短木柱,尖端大細,依適宜之距離排列之,板宜較淺箱稍小,置於土面上壓之,則全部植穴可一次做成。

rayer [噴霧器] 為噴布殺蟲及殺菌藥液所用之工具種不同之[illegible]口以調節噴出水點之粗細,式樣甚多,大小不一.

raying [噴水,噴藥液] 用唧筒加壓使水或藥液經過噴[illegible]霧狀噴布於植物體或他物.

pray irrigation [噴布灌溉] 即空中灌溉,見Overhead irrigation.

pray residue [殘餘藥劑] 植物噴布藥劑後於成熟採收時常有一部分殘留於體上(尤指果實而言),是即謂之殘餘藥劑.

preader [展着劑] 一種物質加於藥劑中可使展着擴展較易者稱之.

rig [幼枝] 即幼小之枝梢.

prig budding — Prong budding.

prig grafting — Shield grafting.

pring bed [春花壇] 為供春季觀賞之花壇,所用植物以耐寒性球根類為主,亦可單用早春開花之草本花卉,或將二者配合栽植

pring garden [春花園] 乃供春日觀賞之庭園,以花壇及花境為其主要部分,故實際上即春花壇之佈置也.

pring grafting [春接] 為行於早春時節之接木,大部分枝接均屬之.

pring planting [春植] 栽植苗木球根或種子之行於春季者稱之,適用於不能抗寒之種類,除苗木外,大多宜在斷霜之後.

pring plowing [春耕] 為行於春季播植前之耕作.

pring pruning [春剪] 剪枝之行於早春者,例之為,蓋現之休眠期修剪,參閱 Late pruning.

pring sowing [春播] 即行於春季之播種.

prinkling can — Watering can.

prouting [萌芽] 意即種子幼芽之露出或塊莖(如馬鈴薯)之發芽. [除蘖] 扒開樹苗基部之土壤,除去自根部或根頸部生出之蘖芽,通常行於苗木剪截接之次春.

prouting test [萌發試驗] 為測定種子活力所用之方法,將種子置

於適宜之發芽媒質上,如吸水紙絨布等,給以適宜之水分及溫度,祇求知其能否發芽,並不需要長成為植物.

Spur 〔距〕 為花瓣或花萼延長成空管狀之伸出物,如耧斗花,飛燕草等皆有之.〔短果枝〕見 Fruit spur.

Spur budding = Prong budding.

Spur pruning 〔短枝修剪〕 與 Shortcane pruning 同義,又修剪短果枝亦可稱之.

Square 〔方十字路圍〕 為在街道交叉點所設之方形風致部分,立雕像或置噴泉,配以美好之樹木花草.

Square budding 〔方形芽接〕 接穗芽片之形狀為方形者稱之,即指 Flute budding 或 Patch budding 而言.

Square pack = Straight pack.

Square paving 〔方形鋪石〕 園路築法之一,路面用方形或長方形之石鋪砌而成,通常不用植物點綴,石之質料須一律,方能經久.

Square planting 〔方形栽植,正方形栽植〕 樹木栽植方式之一,株距與行距相等,各株前後左右均成直線,整齊美觀,樹之發育良好,地面利用比較長方形稍經濟,單位面積內所植之株數=面積/(正方形一邊之長)^2.

Stabilizer 〔穩定劑〕 一種物質加於噴布藥劑中可防止其變壞分解或沉澱者稱之.

Stack burning 〔堆火〕 罐頭製造上用語之一,殺菌後之罐頭未能適宜冷卻而堆置一起,其中央部分之罐因高熱持續過久,有使內容物變色或損及風味.

Stacking 〔疊置〕 果實曬至半乾或大半乾時,將曬盤堆疊,令其在陰處完成乾燥作用.

Stafast 見 Preharvest spray.

Stake 〔支柱〕 為支持植物體所用之物,以竹竿木樁等最為常見,可使植物體保持直立狀態,防止倒伏,新植之樹木以及莖稈高大柔弱者均需要之。

Staking [支扶,設支柱] 即設立支柱以備縛扶之需.

Staminate [雄性] 僅具有雄蕊或雄花者稱之。

Staminate constant [雄花常生] 指柿樹而言,凡雄花年年經常着生者稱之.

Staminate sporadic [雄花間生] 亦應用於柿樹,其雄花間或着生,而非年年均有。

Standard [標準] 產品分級所釐定之標準,根據之以區別優劣. [旗瓣] 豆科植物之花冠,其位於上方最大之一花瓣稱為旗瓣. [立瓣] 鳶尾科植物之花,其內層之三瓣通常向上直立,是為立瓣. [高幹樹,喬性樹] 為具有高大幹部之樹木,可用接木及整枝方法以造成之.

Standard grade [標準等級] 即合於標準條件之等級。

Standard pot [標準盆] 為具有一定大小之花盆,盆口內徑約與盆高相等,底部相當廣大,口徑自 1¾ 英寸以至 14 英寸.

Standard stock [喬性砧] 對矮性砧而言,即生長強大之普通砧木,無矮化作用.

Statuary [雕像] 見 Garden statuary.

Statue [全身雕像] 庭園裝飾用人像之為全身者稱之.

Steam boiler [蒸氣鍋爐] 為發生蒸氣之一種設備,用於溫室加溫,殺菌消毒及果蔬烘乾.

Steam heater [蒸氣加溫器] 包括鍋爐及鐵管,鍋爐中發生之蒸氣經鐵管導引至溫室或乾燥室內.

Steam-jacketed kettle [蒸氣雙重鍋] 為用蒸氣加熱之鍋釜,乃園產製造之一種重要設備,熬煮迅速,無焦枯之虞,鍋之內方須塗錫或塗銀,以免製品與鐵接觸而發生不良變化.

Steam peeling [蒸氣去皮法] 即將原料在蒸氣中蒸一適宜時間,使其皮層受熱而鬆離,取出揭去甚易,番茄,桃等均適用此法.

Steckling [種用甜菜] 遲植之甜菜,專供採種之用,而不以收穫其根為目的者稱之.[折枝] 為自樹上剪下之枝條.

Steel rake [鋼耙] 為用鋼條製成之叢耙,輕便而耐用.

Stem cutting [莖插,枝插] 普通所謂扦插多屬此種,以植物之莖蔓或枝梢供扦插之用.

Stem-end [果基,梗端] 即果實之位於果梗之一端.

Stem-grafting = Trunk grafting.

Stemming [去果梗] 果產製造操作之一,於製造前將果實之梗部除去,常應用於葡萄櫻桃等.

Stepping shelf [級形架] 設於溫室內,用以增加置放盆花之面積,使植物得接近玻璃面而免徒長,其坡度及方向應與屋面相同,級數則依室之高度而定.

Stepping stone [踏腳石] 此在日本式庭園中最為普通,每一石均有其特殊之位置及名稱,又若普通庭園之草地上花壇近旁或岩石園中亦常用之.

Sterile shoot [不孕枝] 即不產果之枝梢,與Wood branch同義.

Sterility [不孕性,不結子性] 授粉後無結實成熟及產生活力種子之能力者稱之.

Sterilization [完全殺菌,高溫殺菌] 殺菌溫度常在攝氏100度或華氏212度以上,可將食品中之微生物全部消滅,適用於各種罐頭類,參閱Pasteurization.

Sterilizer [殺菌器] 為實施食品殺菌所應用之設備,加熱可用熱水或蒸氣,而以後者為最佳,構造有兩繁之分,式樣大小均有種種.

Sticker [黏著劑] 一種物質加於藥劑中,可使其附着於葉面之能力增大者稱之.

Still juice [靜止果汁] 即普通不經加碳酸氣處理之果汁.

Stion [砧穗接合] 此字係由英語之Stock與Scion首尾拼合而來,意表示已接合之砧木與接穗.

Stionic effect [砧穗影响] 為砧木與接穗間相互發生之影响.

Stionic relation [砧穗關係] 即砧木與接穗間之一切相關事項.

Stock [砧木,台木] 為接木時承受接穗之部分,通常有根,由種子或各種無性方法繁殖之苗,均可充砧木之用,品質不求其優良,但須生長強健,具有某種抵抗力或適應性.[苗木] 與Nursery stock 同.[母株]見次條.

Stock plant [母株] 為供繁殖用之植物之總稱,由此供給所需要之種子枝條或他種繁殖器官.

Stock solution [原液] 配製殺蟲殺菌之藥劑,往往先做成濃厚者,於應用時再加水稀薄,此種濃厚液謂之原液.

Stolon [横卧枝] 無性繁殖器官之一,沿地面或地面之下方生長,於其先端生成新植物,常見於黑莓及多種禾本科草類.

Stomach poison [胃毒劑] 為有毒殺作用之殺蟲劑,害蟲吞食腹内,即可中毒而死,如含砷(砒)化合物,氟硅酸化合物等皆是,適用於一切食葉或咀嚼口器害蟲.

Stone cell [石細胞] 為梨果内之一種組織,通常集中於果心之附近,亦有散布於果肉中者,質堅硬如砂粒狀,中國梨含之特多,故有砂梨之稱.

Stone fruit [核果類] 與Drupaceous fruit 同.

Stone lantern [石燈籠] 為日本式庭園特有之點綴物,設於路之轉角處,初以實用為主,近則成為装飾品.

Stone work [石工] 即建築岩石園之工程.

Stool [肥根莖] 根莖之肥大者稱之,特用於美人蕉.

Stool layering [萌蘖壓] 為Mound layering 之異稱.

Storage cellar [貯藏窖] 一種簡單地下貯藏室,通常設於住宅或一般建築物之下方,或利用山坡建築之,亦如地上貯藏室,藉冷熱空氣對流互換,以維持適宜之温度.

Storage disease [貯藏病害] 即貯藏品在貯藏室中所發生之病害,可分為生物的及生理的兩類,前者由於微生物之生長而致成腐爛,後着因溫度濕氣通風等之不宜而使生理上發生變化,形成各種損害.

Storage disorder — Storage disease.

Storage injury — Storage disease.

Storage life [貯藏壽命] 意即貯藏品之可能的保藏期間.

Storage period [貯藏期] 果蔬在貯藏室中所保藏之期間,即自入室起至取出時止所經之日數.

Stove [高溫溫室] 此種溫室之冬季室溫在攝氏10-28度之間,用以培養熱帶及亞熱帶所產之種類,為適合植物原產地之氣候起見,復有乾燥與潤濕之別.

Stove plant [高溫溫室植物] 栽培於高溫溫室內之植物,概屬熱帶或亞熱帶所產.

Straight pack [直列包裝] 果實包裝法之一,各果均成直行排列,上層直壓下層,易使下層之果損傷,此法不常應用.

Strain [品系] 園藝上之分類用語,位於品種之下,通常為品種之具有特異之性質者,如抗病蟲,豐產,早熟等等.

Strand plant — Shore plant.

Strangulation [接芽浸死] 芽接之時期失之過早,接後因樹液太旺,使芽片不能癒合,終至枯死,此種現象苗圃家稱之為浸死.

Stratification [層積沙藏] 用以貯藏種子或促進種子之發芽法,將種子與沙或他種媒質層層相間鋪疊,保持適宜之潤濕溫度,依目的而不同,以貯藏為目的者溫度須低,以促進發芽為目的者,溫度宜較高.

Street garden [街道園] 即在道路近旁之狹長地帶內所佈置之庭園.

Street planting — Avenue planting.

Street tree — Avenue tree.

Striking of cutting [插枝成活] 插枝栽植後在適宜之環境中經相當時日而有新根新枝發生者稱之.

Stripping [縱剝] 夏剪所用技術之一,與條裂相似,參閱Slitting.

Stub grafting 〔枝橋接〕 接木法之一,應用割裂腹接將接穗接於樹冠之小枝上。

Stumping 〔根橋壓〕 壓條法之一,與堆土壓甚相似,常用於越橘,爲在休眠期間將植物於近地面處剪短,用一份砂與二份泥炭土配成之混合物覆於殘椿上,厚約二三寸,保持適宜之溼濕,新枝發生後,其在土內之部分生根,至第二年春季發芽前剪下培養。

Suberization 〔木栓化〕 植物生長時組織上之一種變化,細胞壁變爲木栓質,具有保護作用。

Subirrigation 〔地下灌溉〕 爲最完善之灌水法,於土面下埋設瓦管,引水經過,使之滲透於土壤內,水分不致因蒸發而損失,土面無乾硬之虞,耕作不受灌水之影响,而降雨時又有排水之功用,惟設置之費用鉅大,管理浩繁,且祇能用於平坦之地。

Subsoil 〔底土〕 爲位於表土下方之土層,質地不若表土鬆軟,肥素亦少,所謂生土是也,底土之下即爲岩石。

Subsoiling 〔耕底土〕 即設法將底土耕鬆或破碎,以利排水。

Subsoil plow 〔底土犁〕 耕地犁之一種,可使底土破碎變細,但不將底土翻至地表。

Subspecies 〔亞種〕 植物分類用語之一,位於種與變種之間,有時與變種同義。

Subtropical garden 〔亞熱帶庭園〕 此種庭園有永久性與暫時性之別,永久性者純用溫室栽培,而於室內作風致之佈置,暫時性者祇於夏季將溫室培養之植物移至露地,于以適宜之配列,並與其他部分保持調和。

Subtropical gardening 〔亞熱帶園藝〕 於冷涼地方從事培養熱帶或亞熱帶所產之觀賞植物者稱之。

Sub-watering 〔下方給水〕 盆栽植物及溫室內種植台應用地下灌溉法以供給水分者稱之。

Succeeding crop 〔後作,後作物〕 在同一地面上,此種植物繼續另一種作物之後栽種者稱之，此語常見於輪作。

Succession cropping 〔多作〕 栽培制度之一，即於一年中在同一地面上繼續栽種二種以上之作物。

Succession pump 〔連續噴霧器〕 噴霧器之一種，僅具一唧筒及橡皮管連以噴頭，藥液用桶或他種容器裝盛，放入唧筒，加壓即可噴射。

Successive planting 〔連續種植〕 一種栽培方式，目的在延長產品之供給期或觀賞期，適用於生產期或花期短促之作物，如甜玉蜀黍、唐菖蒲、霞草等，依適宜間隔分次播種或栽植，則可連續生產，供應不斷。

Succulent 〔多肉植物，多漿植物〕 凡具有肉質或多漿液之植物均屬之，概能抵抗乾旱，在水分缺乏之處仍可生存，如仙人掌、景天、龍舌蘭、蘆薈、犀角等皆是。

Sucker 〔吸枝，吸芽〕 無性繁殖器官之一，生長於植物莖幹之下方或地面下，有時亦可遠離母體，分開即可另成新株，此於李樹最為常見，本語往往與旁蘗相混。

Sugar-acid raito 〔糖酸比率〕 為決定果實風味之主要因子，尤以柑橘類為最，此二者之間須保持一適宜之比例，然後風味始稱良好。

Sulforon 〔撒佛浪〕 一種商品硫黃製劑，含硫約95%，附有用法說明書。

Sulforote 〔硫洛合劑〕 一種商品殺蟲及殺菌藥劑，含有硫黃及洛挭農，以粉狀出售，附有用法說明書。

Sulfur box 〔燻硫箱〕 為燻硫用之一種設備，木製箱櫃狀，可以密閉，果盤叠置其中，於箱內燃燒硫黃。

Sulfur house 〔燻硫室〕 應用與前條同，比較大形，用木材、磚石或水泥構成，其大小以果盤能自由出入為標準，高度則依所容納之盤數而定，燃硫黃之孔穴，可設於室內或室外。

Sulfuring 〔燻硫〕 為果實乾燥前之預施處理，適用於桃、杏、梨、白色李及數種葡萄，其目的在防止果品切面之變黑，促進蒸發，縮短乾燥期間，阻止蟲類產卵，改良乾燥品之品質。

Summer bud 〔夏花壇〕 花壇之供夏季觀賞者稱之，所用植物均在夏季開花或表現其美貌之業.種類甚多,性質各異,須依環境情形,選用適宜之材料.因大多不能耐寒,概宜在春霜後栽植.

Summer bud [夏芽] 即發育期所生成之芽.

Summer budding [夏季芽接] 與 June budding 同,見該條.

Summer Cloud [暑雲] 一種粉製品之商名,以之塗布溫室玻璃,供短期遮蔭之用,參閱 White wash.

Summer cutting [夏插] 即行於夏季之扦插,多屬綠材插.

Summer dormant [夏眠] 即植物在夏季之休眠,生長暫時停頓,為期甚短,且外觀無表現,參閱冬眠 Winter dormant.

Summer dry region [夏乾區] 即夏季雨水稀少,天氣乾燥之地帶.如我國北方,美國加州,地中海沿岸等皆是.

Summer garden [夏花園] 為供夏日賞樂之庭園,以花壇及花境為其主要部分,故實際上亦即夏花壇之佈置,又若夏季開花之灌木,在此種庭園中亦甚重要.

Summer grafting [夏接] 即行於夏季之接木,主要者為芽接及靠接.

Summer house — Pavillion.

Summer pinching [夏季摘心] 見 Pinching.

Summer planting [夏植] 在夏季種植,僅適用於草本植物.

Summer pruning [夏剪] 為行於生長期間之修剪,而以夏季為主.夏剪所以補冬剪之不足,亦即冬剪之準備工作,其應用之技術,除剪枝外,更輔以摘心,剪葉,疏果,除芽,環剝,屈枝種種操作.

Summer Scalecide [夏用滅蟲劑] 一種商品混合油製劑,濃度較低,適於夏季噴布,附有用法說明書.

Summer wet region [夏濕區] 即夏季雨水充足,天氣潮濕之地帶,如我國長江流域,美國東南部等是.

Sun burn — Sunscald.

Sundial [日規] 本為計時之用,近代則以裝飾庭園為主,具有古風,同定於座台或牆上,形狀設計頗有種種.

Sundrying [曬乾法] 園產製造方法之一,乃利用日光之熱力以完成產品之乾燥作用者,故亦可稱為自然乾燥.

Sunk garden, Sunken garden [低陷園] 為庭園之一部,較一般地面為低,目的在使地面發生變化,又可保護植物避免霜害,此點對於嬌弱植物甚為重要,其低下之程度以二三尺為宜,通常與露壇相聯繫最好,接近住宅,水景有無皆可,排水問題最應注意.

Sunk hotbed [低設溫床] 為設於地面以下之釀熱物溫床,掘深約45-60公分之床孔,以容納釀熱物,其大小與木框同,因四周均有土壤圍護,故保溫較佳.

Sunoco [生諾可] 一種商品混合油製劑,供休眠期噴布,附有用法說明書.

Sunscald [日傷,日灼,日灼,日焦] 為因烈日直射而致成之傷害,受害部組織枯死腐爛,常發生於樹幹及果實上.

Sunscorch—Sunscald.

Superacid [過酸性] 指土壤而言,其酸值為4.

Supercooling—Undercooling.

Supernumerary [多芽的] 葉腋間之芽數在一個以上者稱之.

Superposed square planting [重疊方形栽植] 即梅花形栽植,見Quincunx planting.

Support—Stake.

Surface irrigation [地表灌溉] 灌溉法之一,利用水溝引水經過土面,使之滲入土中,簡單省費,無須特殊之設備,惟僅適用於平坦之地,且土質亦須適宜,始易收灌溉之效,且水分之分布不均,土面經日曬後,易致成乾硬之表層.

Susceptibility [感染性] 對病害或蟲害而言,即感染某種病蟲害之難易程度.

Swamp garden—Bog garden.

Sweating 〔發汗〕 為乾製果品在包裝貯藏前之一種處理,即將已乾燥之食品在貯藏室內置放適宜之時間,令其回軟,內外水分含量亦可一致。

Sweet cider 〔甘味蘋果汁〕 即未經發酵之蘋果汁,因糖分無損耗,故其味甘甜。

Swelling 〔膨脹〕 即罐頭之氣體腐壞,參閱 Gaseous spoiling。

Syconium 〔隱花果〕 即無花果之果實,其花器隱於內部故名。

Symmetrical style 〔對稱式〕 與 Formal style 同義。

Syncarp — Collective fruit.

Synonym 〔同名,異稱,別稱〕 同物而有數名之植物,除常用者以外,均為其異稱或別稱。

Synthetical growth substance 〔合成生長素〕 為用人工製成之生長素,即化學品之具有與生長素相同之功效者,如吲哚醋酸,吲哚酪酸,萘醋酸等皆是。

Synthetical manure hotbed 〔人造馬糞溫床〕 為將植物莖稈及他種有機物施以適宜之處理,裝置溫床,使之發生與馬糞相似之效果者,其要點即增加氮素之供給,以供微生物之生長,而促進發酵作用,熱力因之而增高。

Syringe 〔射水器〕 一種輕便灑水用具,溫室內常以之灑水於植物體,用金屬製成,狀如兒童所玩之水槍,將噴水口置水中,同時拉動活塞,水即吸入,再前推壓出之。

Syringing 〔灑水〕 即用射水器以灑布水分之謂。

Syrup 〔飴,糖液〕 果蔬汁液加糖或不加糖,熬煮至適宜稠厚之程度,即成飴;以純糖加水溶解而成者,稱為糖液。前者可供配製飲料,冰淇淋,調味或他種應用,後者則用於果品罐頭製造。

Syruping 〔注糖液〕 罐頭製造手續之一,於食品裝入罐中後,注以適宜濃度之糖液。

Systematic olericulture 〔蔬菜品種分類學〕 蔬菜園藝學之一分科,

專門研究蔬菜品種之特性以記載命名分類為目的。

Systematic pomology [果樹品種分類學] 果樹園藝之一分科,專門研究果樹品種之特性以記載命名分類為目的。

T

Table quality = Dessert quality.

Table-ripe stage = Dessert-ripe stage.

Tana training [棚架整枝] 人工形整枝之一,先立柱作棚架,然後實施整枝,使主枝適宜分布於棚面,此法主用於葡萄,在風害嚴重或氣候潤濕地方栽培梨及猗果者,亦可用之。

Tangelo [譚紀羅] 柑橘類雜交種之一,得自酸柚X紅橘。

Tap root [主根,直根] 植物最先發生之根,為根系之中軸,直向下方生長,粗大,例如根用菜類,即由主根發達而成,凡主根發達而側根少之種類,概皆不易移植。

T-budding = T-shaped budding.

Temperate house [中溫溫室] 此種溫室之冬期室溫在攝氏8-15度之間,平均10度,用以培養不耐寒之種類。

Temporary hotbed [暫時性溫床] 即可以活動隨意遷移之溫床,通常指木框而言,至於磚石或水泥框則屬於永久性。

Temporary nursery [暫時性苗圃] 園地之作短期培養苗木之用者,猶之意即非固定或專用之苗圃。

Tender [畏寒] 意即不能抵禦寒冷,經霜即枯。

Tender variety [畏寒品種] 此類品種抗寒力至為薄弱,易為低溫所損害。

Tennis court [網球場] 庭園組成之一,公園及私園均常備之,其標準大小為36×78英尺,周圍宜叢植樹木,並於附近設休息室。

Terminal clef-grafting [峯接] 為割接之一種變形,接穗接於枝梢頂端之割縫中。

Terminology 〔名詞學〕 專門研究科學名詞之應用及釋義者稱之。

Terrace 〔露壇，洋台〕 為庭園之一部分，即在房屋之前方築一比較廣濶之區域，通常用磚石砌成，水泥亦可，並配以欄杆。露壇係房屋與其環境之連絡物，對兩方均有同等之關係，設計時亦須二者兼顧，其大小應與庭園及房屋成比例。

Terrace garden 〔露壇園〕 為將大面積之露壇加以風致之佈置者，一切景物均以規律式為主，花壇、花箱、盆景、剪形樹等皆為常用之點綴品。

Terraced field 〔梯田〕 於山坡栽種作物，為便於管理及防止土壤冲刷起見，而闢為不同平面之階級式地區，此即謂之梯田。

Terracing 〔築梯田，築露壇〕 建築梯田或露壇，構造須十分堅固，以求一勞永逸。

Terrarium 〔玻器栽培〕 為於透明之容器內裝盛土壤，栽植植物以供觀賞者，大小形狀甚多，上方蓋以玻璃蓋，金魚缸、大玻璃瓶均可供此種栽培之用，除觀賞外，亦可應用此法以行植物繁殖及科學研究。

Tertiary branching 〔三次分枝〕 於第二次分枝之上所發生之側枝，是為第三次分枝。

Teskit 〔鐵司基特〕 一種商品名，以之測定土壤酸性，附有用法說明書。

Thatched house 〔茅屋〕 庭園建築物之一，屋頂用茅草做成，用於原野園及泉水園最為最宜。

Thermostat 〔自動調溫器〕 電氣溫床常用之，床溫可以自動調節，有兩種式樣：(1) 匣式調溫器，開關及調溫部分均裝於不透水之木盒內，埋於土中，由盒壁感溫；(2) 球式調溫器，開關及調溫部分裝於木框上，而將感溫之球泡埋於土中。

Thickness of planting 〔播種疏密〕 播布種子之疏密程度，應以種子大小為準，務求適中，過密者不但多費種子，且幼苗易致徒長，常罹病菌之侵害，太稀者雖幼苗之發育佳良，但苗床之利用不經濟，均所不宜

Thinning 〔間拔，匀苗〕 幼苗生長過密，易致徒長，須於適宜時期拔除一

部分,此種操作在直播時最不可少.[疏果]見Fruit thinning.

Thinning-out [疏去,疏剪] 修剪所用術語之一,即將枝之全部剪去,不問枝梢之大小如何.

Thin soil [薄土] 即不良之土壤,腐植質及養分均感缺乏.

Third growth [三次生長,三次枝] 新梢之由二次枝上芽所發生者稱之,即當年內之第三次生長.

Three-quarter-span house [四分之三屋面溫室] 溫室型式之一,乃混合單屋面及雙屋面兩種而成者,故又稱混合式,其前方之屋面佔全屋面之四分之三,位於後方者佔四分之一,宜東西橫列,而將屋面分向南北,此種溫室可以補救單屋面之受光不均及雙屋面之散熱太多,惟建築及管理均感不便,故應用不廣.

Tillage [耕作] 與Cultivation 同義.

Tillantin [提蘭丁] 一種有機汞製品之商名,供種子及土壤消毒之用,附有用法說明書.

Tin can [洋鐵罐] 為Tin canister 之縮寫,英國則簡稱之為Tin,乃罐頭之主要裝盛容器,用被錫之鐵皮製成,因製罐之手續不同,有焊封罐與衛生罐之分,後者又有塗漆與不塗漆之別,參閱Solder-top can, Sanitary can 及Lacquered can.

Tin case = Tin can.

Tinned food [罐頭食品] 專指用洋鐵罐裝盛之食品而言,參閱Canned product.

Tip cutting [梢插] 扦插之用枝或莖之頂梢者稱之,常見於軟材插.

Tip layering [梢頂壓] 壓條法之一,彎曲枝條令梢頂接觸地面,用木鉤固定,然後埋壓,如是不致為大風吹動而影響生根,生根後分離之,此法適用於連翹,樹莓,柳楊,四照花等類植物,有時亦可自然發生.

Tired soil [廢土] 連作或在一地繼續生長太久,而使土壤中之養分耗空者,稱此種土為廢土,補救之法,即實行輪作或移去之.

Tobacco Tea [菸草茶] 為用菸草莖葉製成之藥液,適於防治吸收口器害蟲及軟體蟲類。

Tomato catsup, Tomato catchup [番茄醬] 番茄製品之一種,用番茄泥或新鮮果肉濃縮,加用各種調味品如糖鹽醋香料等製成,品之比重應為1.12-1.13。

Tomato paste [番茄糊] 番茄製品之一種,為將番茄泥濃縮而成條糊狀半固體,有似濃厚之烤果泥,其中所含之全固形物須在20-30%以上。

Tomato puree, Tomato pulp [番茄泥] 番茄製品之一種,乃不加調味之細碎果肉及果汁,不含果皮及種子,濃縮至一適宜程度,可供製造他種製品之用。

Tongue grafting [舌接] 接木法之一,穗砧二者之大小宜相似,各先削成馬耳形斜面,再於切面先端約1/3處各向下直切,略呈舌狀,互相含接插入,縛緊即成。

Top grafting, Top working [高接,頂接] 為行於樹冠分枝上之接木,其主要應用為完成長成樹之換接品種,混合及測知新品種之優劣,所用之接法甚多,如劈接,腹接,皮接,芽接等皆可。

Top dressing [土面施肥] 即指追肥或補肥而言,於植物栽培後或生長期間施用肥料,僅能撒佈於地土之表面,耙動與土壤混合。

Topepo [茄形椒] 本語之原義為番茄與番椒之一雜交種,但實際乃番椒之一品種,其形酷似番茄。

Topiary garden [剪形園] 一種特殊規律式庭園,其所植之樹木均應用剪形術剪成各種一定之形狀,藉以增進美觀。

Top pruning [樹冠修剪] 普通所謂之剪枝概皆應用於樹冠,此所以對剪根而言也。

Top soil—Surface soil.

Top ventilation [上開式換氣] 溫室換氣窗之開放係在窗之上方,司啟閉之鉸鏈裝於窗之下沿,與椽木相連接。

Top ventilator [天窗] 溫室通氣窗之一種,設於屋面上,通常在脊之兩旁因設置之方法不同,又分為連續式,交互式及間斷式三種,天窗之總面積應佔屋面之十分之一。

Tourism 〔遊客業〕 為利用風致建設以招引遊客而繁榮市場者,乃第一次世界大戰後之新興事業,在法意荷瑞諸國最稱發達,由政府主動從事風景之整理,並廣大宣傳,使遊客不遠千里而來,消耗增加,商業自可受其裨益。

Tower drier 〔塔式乾燥器〕 為一種小型乾燥器,將若干烘盤疊置形成一腔,火爐位於下方,全器之高不逾10英尺。

Town garden 〔村鎮園〕 為設於村鎮中之庭園。

Trailing plant 〔匍枝植物〕 植物之枝梢具匍匐性或下垂性而拖延於地面上者,如連翹,迎春,常春藤,金錢草,鋪地蜈蚣等是。

Training 〔整枝〕 乃造成樹形之修剪,即指剪枝之術,將樹之骨幹造成一定之形狀,以利結果及增進美感。

Transitory branch 〔中間枝〕 即有中間芽之枝,見次條。

Transitory bud 〔中間芽〕 常見於梨果類,其頂生之芽外表似花芽,但開綻後無花,僅生成極短之枝,如營養狀態適宜,則其頂芽可變成花芽,否則將仍為中間芽。

Transplanting 〔移植〕 即將植物由甲地移至乙地而栽植之,其目的在改變植物生長之位置,給予較大之空間,以利其發育,促進鬚根之發生及抑制過旺之生長。

Trap crop 〔誘蟲作物〕 於主要作物之附近或在其播種之前,栽培次要之種類,引誘害蟲取食,然後集而殺之,或連作物一同毀滅,供此種應用之植物謂之誘蟲作物。

Traumatin 〔特勞瑪丁〕 一種創傷賀爾蒙,為植物受傷後所產生之一種特殊物質。

Tray 〔曬盤,烘盤〕 為乾燥時盛納果實或蔬菜之盤,用於曬乾者名曰曬盤,用於烘乾者是為烘盤,二者之構造稍異。

Tree banding 〔塗幹〕 於樹幹上環塗黏性強大之藥劑以阻止害蟲

由此上下減少其孳繁之機，此法對蝶類幼蟲甚效。

Tree fruit [木本果樹] 即直立生長之樹木狀果樹，以示與蔓性叢性或草本者有別，此類在果樹中佔主要部分。

Tree gage [量樹規] 為測樹的幹徑所應用之一種儀器，式樣甚多。

Tree guard [護樹板] 用以保護行道樹，金屬製成，或環繞於樹幹上以阻止有害動物之上昇，或平鋪於根際之土面，以避免機械作用之損傷。

Tree-percher — Epiphyte.

Tree pruner [高枝剪] 用於高大樹木之剪枝，亦可以之採取果實或種子，剪頭裝於長桿上，藉彈簧或繞繩以動作之。

Tree repair [樹木修補] 樹木受創傷後，應立即施以種種處理，助其癒合，或阻止傷勢之擴大，處理創傷之要旨，為清除已損傷之組織，消毒及阻止水分與病菌之侵入。

Tree surgery [樹木外科] 即修補樹傷所應用之一切技術。

Tree tanglefoot [塗幹劑] 塗幹用之藥劑，種類甚多，常見者為接蠟，地瀝青以及松香與油類配製品。

Treillage [格子室，籬室] 庭園建築物之一，四壁及頂均用木條構成，形成格子狀，飾以落葉性攀緣植物，用於夏季遮蔭，通常建於房屋之前方，亦有單獨建築者。

Trellis, Trellis work [格子架] 用木條構成，形如垣籬，其上可纏繞蔓性植物，亦可免去。

Trenching [開溝，掘溝] 整地法之一，精細而費工，以鍬開掘，將第二溝之土轉入第一溝中，如是依次逐一行之，直至全部耕完為止。

Trench layer [溝壓] 即連續壓，見 Continuous layering.

Trench plow [溝犁，掘溝犁] 為深耕用農具之一，耕作時犁頭將土壤開掘成溝而翻轉之。

Trench storage [溝藏] 窖地貯藏法之一，適用於甘藷馬鈴薯甘藍結球白菜等，擇排水良好之高燥地，掘適宜大小之溝，底及四周均用稻草落葉等鋪填貯藏品裝入後蓋草一厚層，再堆土覆之，對於甘藷及馬鈴薯須設通氣管，以排除內部濕氣及熱氣而免腐爛。

Trench transplanting 〔溝栽〕 栽植方式之一，於畦面依一定之距離，作深度適宜之溝，苗木即植於其中，株間距離無須完全相等，如助以栽植板，則更較迅速整齊。

Triangular planting 〔三角形栽植〕 樹木栽植方式之一，株間距離皆相等，成為等邊之三角形，對於地面之利用比較經濟，惟樹之發育欠佳，單位面積所植之株數＝面積 ／（三角形一邊之長）^{2} X 1.155.

Trigeneric hybrid 〔三屬間雜種〕 雜交種之由不同之三屬雜交而成者稱之，常見於蘭科植物，如 Brassocattlaelia 及 Sophrocattlaelia，即其例也。

Trimming 〔剪形〕 將灌木剪成一定之形狀，祇注重其外形，對於每一枝條之修剪並不考慮，如綠籬之修剪即屬此種。〔修整〕 應用於加工製造，將原料之不良部分除削，使之變為完整狀態。

Tri-Ogen 〔特拉歐精〕 一種商品藥劑，具有殺蟲及殺菌之功效，用以保護薔薇類甚為適宜，附有用法說明書。

Tri-Tox-Cide 〔特拉吐散〕 一種商品殺蟲及殺菌劑，內容洛提農，附有用法說明書。

Tropical fruit culture 〔熱帶果樹栽培〕 果樹園藝之一分科，專門研究栽培熱帶及亞熱帶產之果樹，如香蕉、鳳梨、荔枝、龍眼、油梨、番石榴、番瓜樹、羊桃等。

Tropical plant 〔熱帶植物，熱地植物〕 與 Stove plant 同義。

Truck farming 〔遠市栽培，輸出栽培〕 通常指蔬菜栽培而言，於距離城市甚遠之處，作大規模之經營，種類宜少，以適合當地風土為原則，產品則藉車船運至市場販賣，故交通必須便利，且有良好之設備。

True fruit 〔真果〕 即植物學上之果實，為由子房發育成熟者，如葡萄、櫻桃等是，至若蘋果、梨等之由花托發達而成，則謂之假果。

True layering 〔真正壓條〕 凡將枝梢彎曲入地，用土埋壓之壓條均屬之如單枝壓連續壓波狀壓梢頂壓等皆是.

Truncheon [老枝插] 繁殖用插枝之為粗大老枝者稱之.

Trunk grafting [幹接] 為接於莖幹上之接木例如各種腹接是也參閱 Side grafting.

Trunk wrapping [包幹] 冬季將樹幹用稻草包裹,可以免寒害及日傷.

T-shaped budding [T形芽接] 即普通最常用之芽接法砧木上縱橫各切一刀,作成T字形之割縫撥開皮層,納入已削就之盾形芽片,束縛即成.

Tuber [塊莖] 無性繁殖器官之一,乃生長於地下之肥大莖部,成不規則之塊狀,上有明顯之芽,可以發生為莖葉,如馬鈴薯即是.

Tuber cutting [塊莖插] 為馬鈴薯常用之繁殖法,將塊莖切分為數塊而栽植之,每塊至少須有一芽.

Tubering [埋壓法] 用土壓覆枝梢或莖幹使新生之枝由土中穿出而於基部生根,與堆土壓相似.

Tuberization [生塊莖] 即地下部醣類積蓄,逐漸肥大而形成塊莖之謂.

Tuberous root [塊根] 無性繁殖器官之一,係由根部肥大而成塊狀,上無明顯之芽,如大麗菊甘藷山藥等是,大麗菊之生長點在根頸部,塊根上不能發芽生長,甘藷及山藥則到處皆可發生不定芽.

Tuber separation [分塊] 用於具有塊莖或塊根之植物,將其切分為適宜小塊,分別栽植,以達繁殖之目的.

Tubular budding [管形芽接] 芽接法之一,即環狀芽接之接於砧木之頂端者,芽片為一完全管狀,不加割裂.

Tufa [太湖石] 一種多孔穴之石灰石,可供假山及岩石園建築之用.

Tulip garden [鬱金香園] 為以鬱金香為主要材料所組成之庭園,採規律式佈置法.

Tunicate bult [有皮鱗莖] 鱗莖之鱗片成層緊疊圍繞心芽內部堅

實外部有數層膜皮包被之,如水仙,洋水仙,鬱金香,洋葱等皆是。

Tunnel dryer [烟筒式乾燥器] 此種乾燥器應用甚廣,於爐灶間之上方設2-4個平行而稍傾斜之狹室,烘盤自上方溫度較低之一端放入,逐漸下移而於下方溫度較高之一端取出,兩端溫度相差為華氏30-50度,用於李之乾燥最為適宜。

Turf [草皮] 即綠草地,見Lawn.

Turfing [鋪草皮] 即用鋪栽法以養成草地者,將已有之草皮用鏟剷起,移至目的地而鋪栽之,鋪栽草皮有兩種方式,一為虛栽,一為實栽,前者可節省草皮,但短期內不能形成美好完整之綠茵,後者養成速,但草皮不經濟。

Turfing spade [草皮鏟] 為剷切草皮所用之工具,剷口平而銳利,則斬切迅速,厚度亦易一致。

Turion [根出枝] 為由地下根莖之芽所生之枝梢,第二年開花結子後即枯死。

Tussie-mussie = Nosegay.

Twig budding [短枝芽接] 為Prong budding 之異稱。

Twig grafting [小枝接] 為插接法之一種,用於柑橘類,接穗由2-4個枝段所組成。

Twisting [撚枝扭枝] 將枝梢之一部扭轉,使其養液之流動受阻,可以促進被壓枝之生根及改進果樹之結果作用。

Two-year seed [二年種子] 此語為苗圃家所常用,指大部分種皮堅硬之種子而言,意即用普通方法於春季播種,須至第二年始可發芽,因其均有長休眠期故也。

U

Ultra-violet transmitting glass [紫外光玻璃] 即可以透過紫外光之玻璃,商品種類甚多,例如 Vita-glass, Cel-O-glass, Helio-glass, Uviol-Jena, Vimlite 等是,均為用實琉璃所組成。

Uncongenial graft [不和合接木] 凡砧穗二者之植物關係甚親近而不能有良好之接合者均屬之.不和合接木所發生之後果不外生長不良畸形白化壽命短接口易破裂等等.

Undercooling [超冷却] 冷却時低於結冰點而植物不致形成結冰者稱之.

Underplanting [樹下栽植] 於大樹之下方栽植幼小植物或喜蔭之種類.

Under-ripe [未熟] 與Green-ripe同義.

Understock [下砧] 即二重接居於下方之砧木亦有作根砧解者.

Uneven-span house [不等屋面溫室] 即四分之三屋面溫室.參閱Three-quarter-span house.

Unfermented beverage [不發酵飲料] 指不含酒精之新鮮果汁及果餡而言.

Unfruitfulness [不結實性] 植物無產果之能力者稱之.

Uniformity [劃一性,一致性] 指植物之一切性質而言,如大小形狀外觀品質數量程度等均可應用此語.

Union [接合] 為接穗與砧木相接之部分或情形.

Unisexual flower [單性花] 為Imperfect flower 之異稱.

Unproductiveness [不生產性] 與Unfruitfulness同義.

Up-budding [上芽接] 即倒T形芽接.見Inverted T-shaped budding.

Urn [飾甕] 庭園裝飾用器皿之一.罈甕形,口小.

Utilization value of seed [種子利用值] 為種子實際可利用之價值,由此以計算需用之播種量.其公式為利用值=純潔度×發芽力/100.

Uviol-Jena 見Ultra-violet transmitting glass.

V

Vacuum storage [真空貯藏] 應用於種子,因無氧氣存在,故種子之生機可以保持相當長之期間.

Vacuum cooking [真空煮熬] 園產製造應用技術之一,製品之濃縮行於真空下,可免風味色澤之損失.

Variegated variety [斑葉品種] 為葉部具有美麗斑紋之觀賞植物,色彩自一二種至數種不等.

Varietal characteristic [品種特性] 為鑑定品種優劣條件之一,即須具備該品種應有之特質,始可謂之優良.

Variety [品種] 園藝分類用語之一,同種類之植物,依其特性之差異而分之為若干品種,如鴨梨碭山梨金蓋梨均為梨之品種,二喬綠牡丹玉蟹等均為菊花之品種,三白嘉寶德州均為西瓜之品種.[變種]用於植物學分類,位於種之下,其差異不若種間之顯著,如壽星桃為桃之一變種,黄岩早橘為柑之一變種,皆其例也.

Vase [飾杯] 庭園裝飾用器皿之一,為廣口杯形.

Vase-form training [杯狀整枝] 桃樹最常用之,主枝均依45度向外開展,樹心敞露,有如杯形,所謂敞心式整枝即指此而言,陽光充足,空氣流通,病蟲害少,惟主枝之結構不堅,往往有裂開之虞.

Vegeculture—Vegetable gardening.

Vegetable culture—Vegetable gardening 或 Vegetable growing.

Vegetable forcing [蔬菜促成] 為不時栽培之主要經營方式,利用溫床溫室,從事蔬菜生產,其時期多在冬季或早春,選用生長期短之早生種.

Vegetable garden [蔬菜園] 以蔬菜作物為主體,施以庭園之佈置,實用而兼觀賞.[菜園] 為栽種蔬菜作物之園圃.

Vegetable gardening [蔬菜園藝] 為園藝學之一分科,乃研究蔬菜之品種栽培處理等方法者.

Vegetable growing [蔬菜栽培] 與前條同義.

Vegetable show [蔬菜展覽] 集合各地生產之蔬菜開會展覽,以資比較觀摩,聘專家為之評判,優勝者予以獎賞,可由政府或社團舉辦.

Vegetative growth [營養生長] 指莖葉之生長而言,植物幼小時概皆為營養生長,至成長時除繼續進行營養發育外,更從事於生殖(開花結子).

Vegetative organ [營養器官] 為植物進行營養生長之部分,如根葉莖幹枝梢等均屬之.

Vegetative propagation [營養繁殖] 為無性繁殖之異稱,因其所用之材料皆係植物之營養器官,故名,參閱 Sexual propagation.

Vegetative stage [營養期] 為植物生活史上之一階段,即幼苗期或未成年者,僅能進行營養生長,尚無開花結果之能力.

Veneer budding—Flute budding.

Veneer grafting [鑲接] 枝接法之一,略似切接,惟砧木上不連切下之皮層,切口亦較深,參閱 Cut grafting.

Ventilating machinery [換氣機械] 為溫室啟閉通氣窗所用之機械,式樣甚多,裝於天窗及側窗上.

Ventilation [通氣,換氣,通風] 為管理溫床溫室及貯藏室之主要操作,通氣可使空氣更新鮮,調節溫度及濕度,以適合植物之發育及貯藏品之保藏,參閱次條.

Ventilator [氣窗,通氣窗] 為溫室及貯藏室建築上之重要部分,設於屋頂牆基或側面,開放時因能形成對流,可將新鮮空氣引入,同時將原有之濁空氣排出室外,又溫度及濕度情形亦可藉通風以調節之.

Ventral suture [腹縫線] 為果實或種核腹面之縫合線.

Vernalization [春化] 為種子播前處理之一,藉冷熱光暗諸種作用,使植物提早達到生殖階段.

Vertical branch [垂直枝] 為向上直立生長之枝梢,其發育往往過於旺盛,徒長影響結果,宜除去之.

Very tender [極畏寒] 意即植物之抗寒力最薄弱,極易受低溫之損害.

Vest-pocket garden = Window garden.

Viable seed 〔有活力種子〕 即種子可以發芽生長為新植物者.

Viability 〔活力〕 見 Seed viability.

Vigor 〔勢力〕 用以表示植物之生長力,有時指強而有力之發育而言.樹勢之強弱與營養狀態關係最切,故施肥剪枝以及他種操作,均能左右生長勢力.

Vigorous growth 〔旺盛生長〕 同種類之植物,其勢較一般為強者,通常生長高大,枝葉繁茂.

Villa garden 〔別墅園〕 山莊別墅為避暑隱居之所,一般概作風致佈置,所為私人花園,多屬此種.

Vimlite 見 Ultra-violet transmitting glass.

Vine 〔枝蔓〕 指葡萄番茄等之莖蔓而言.〔蔓性植物〕植物之莖長大而有攀緣性者稱之.

Vine fruit 〔蔓性果樹〕 為莖蔓具有攀緣性之果樹,如葡萄,獼猴桃等是.

Vista; Vista line 〔透視線〕 在庭園中立於主要之一點,將視線通過一狹長之範圍內,直達於欲視之目的物,而一一吸收於眼簾者,是為透視線,此在庭園設計中甚為重要.

Vita-glass 見 Ultra-violet transmitting glass.

Vitality 〔生機〕 與 Viability 同義.

Vitality test 〔生機檢定,生機檢驗〕 用以測定種子活力之有無,方法甚多,以發芽試驗最為常用而可靠,生機之有無強弱,即由發芽力以決定之.

Viticulture = Ampeliology.

Volk 〔窩爾克〕 一種夏季用油類乳劑之商名,附有用法說明書.

V-shaped grafting 〔V形接〕 即嵌接,見 Inlaying.

W

Wall fountain [壁泉] 庭園水景之一，乃利用流水自牆壁中流出，面積小，水量不多，力亦不強。壁方形或長方形，面鋪石或磁磚，下有水盤，形狀不一，材料與壁同。壁上設銅製或石製之吐水口，往往象仿人像或動物頭形。此種宜設於石級、台坡、池端、園路終點等處，背面用樹木遮蔽，勿使全露。

Wall garden [牆壁園] 為於牆壁上栽種植物，以增加美感之一種佈置法，可視為岩石園之一部，惟對於岩石之利用稍有不同，因其佈置在垂直面而不在平面也。砌牆時留適宜縫隙，並填充土壤，以便栽植。

Walling plant [壁栽植物] 即用於牆壁園佈置之植物，可改進牆壁使之不致過分強調。其植於牆內者可用岩石植物，蔓延壁面者則以攀緣種類為宜。

Wall training [靠壁整枝] 用以形成果壁，其整枝方式與籬形整枝同。參閱 Espalier training.

Wall ventitator [壁窗] 為設於牆壁基腳之氣窗，在溫室其大小普通為30×45-60公分，位置宜接近加熱管，以免開放時冷氣直接侵入室內。

Warm-mastic wax [熱用接蠟] 為Melted wax 之異稱。

Warm-season crop [暖季作物] 植物生長期間需要高溫者稱之，概不能耐寒，經霜即枯，如瓜類、茄類、菜豆、甘藷等是。

Warren hoe [三角鋤] 鋤身為三角形，略似手鏟，口尖，適於小植物周圍土壤之耕耘，移植時亦可用以掘穴，因能直立工作，無須蹲下，故較省力。

Water-basin [水缽] 為日本式庭園特有之點綴物，用石料製成，兼有實用價值，設於路旁、茶室、走廊、應接室等附近。

Water course [水景] 庭園組成之一，乃利用水所造成之種種風致景物。

Water culture 〔水養法〕 即無土栽培水仙及洋水仙均常用此法培養,參閱Soilless culture.

Water cutting 〔水插〕 扦插法之一,媒質不用細砂壤土或他種固體物,將插枝直接插於水中,如桃葉珊瑚印度橡皮樹夾竹桃、無花果、龍血樹、柳等均適用之,插枝須用較老熟者,常換水以保持清潔,並加碎木炭以防腐,則生根較易.

Water drainage 〔排水〕 指土壤而言,即將土中之多餘水分排出向他處宣洩.

Water-fall 〔瀑布〕 為庭園中最雄壯之水景,可利用天然現有者,亦可由人為方法以造成之,此種在天然公園最為常見.

Water garden 〔泉水園〕 即以水為主體而用水生植物岩石等配合造成之庭園,亦可視為岩石園之一部,關於水之佈置方法甚多,如池沼河流湖澤瀑布噴泉壁泉等皆是.

Water gardening 〔水生園藝〕 為庭園經營之一種,乃從事睡蓮以及他種水生植物之栽培者.

Watering 〔澆水,灌水〕 即將水分灌注於土壤中以供植物之吸收,其法甚多,通常應用各種灌水器具.

Watering can, Watering pot 〔噴壺,噴水壺〕 為最常用之灌水用具,尤適於苗圃冷床溫床溫室等之應用,流水之管宜長,更宜備兩個噴頭,一為細孔,以之灌幼苗,一為粗孔,供一般植物之用.

Water-loving plant=Boy plant.

Water-sprout 〔徒長枝〕 為發育特別旺盛之枝梢,節間長大,枝葉粗壯,富於水分,組織不充實,可以擾亂樹姿,妨害結果,應早剪除或施以適宜之處理,施肥過度或修剪太重,為誘發徒長枝之主因,如能加以相當之注意,其發生機會自可減少.

Water-storage tank 〔貯水池〕 溫室內部設備之一,通常用水泥築成,設於種植台之下方,貯水以供灌溉之用,露地栽培者亦有時備之.

Wax bandage 〔蠟帶〕 為接木用束縛物之一種,係將棉紗帶投浴解之接蜡中浸製而成。

Waxing 〔塗蜡浸蜡〕 應用於果實及苗木之貯藏,可以減少水分蒸發及病菌傳播,所用材料以石蜡為主,又苗木栽植之前,如施以塗蜡處理,亦有助於成活。

Wax string 〔蜡線〕 為接木用束縛物之一種,係將棉紗線投熔化之接蜡中浸製而成,此種與蜡帶均能經久不易腐爛,故適於根接應用。

Wedge grafting 〔楔接〕 為劈接之一變形,其砧木劈開後,更斜削之成為楔形之凹缝,砧穗二者之大小應相似,接合手續與劈接同,亦可稱之為劈鞍接。

Weeder 〔除草器〕 為輕便小型之除草用具,長柄或短柄,普通為爪形,鐵質,爪粗細一律,不若爪形鋤之為大頭,且較細小,其數3-5,此外有為狹長之鏟者,又如石刁柏採收刀亦可供除草之用。

Weeding 〔除草〕 剷除害草為園圃中之經常工作,因雜草叢生不但妨害作物之發育,有碍觀瞻,更能助長病蟲,故不應任其生長,除草可用各種鋤及除草器或應用化學品。

Weed-Killer 〔滅草劑〕 亦作除草劑,凡以毀滅野生雜草之葯品均屬之,其種類甚多,如油類、硫黄、食鹽、2,4-D, Sinox等是。

Weeping tree 〔垂枝樹〕 樹之枝梢下垂生長,在觀賞樹木中並非罕見,如垂柳、龍爪槐、垂枝榆等,皆其例也。

Wet storage 〔濕藏法〕 適用於不能受乾燥之種子,採收後即須保藏於潮濕之環境中,層積為最常用之方法,亦可沉諸流水中,參閱Stratification。

Wheel-hoe cultivator 〔輪鋤中耕器〕 中耕器之一種,由鋤頭與滾輪所組成,單輪或雙輪,小面積園圃宜用單輪,經濟栽培者則宜用雙輪,其柄之高度均可隨意調節,工作時用畜力曳引。

Whetstone 〔刀石,砥石〕 供刀剪磨利之用,大小無定,原料須緻細,表面須平,以免損壞刀口。

Whip = Maiden.

Whip grafting—Tongue grafting.

Whirligig sprinkler [旋轉式洒水器] 通常為小型,適用於小面積草地之灌溉,噴水口2-3個,水噴出時,此器受水壓力之激動而旋轉,使噴水及於四周.

Whistle budding [笛芽接] 為Tubular budding 之異稱.

White garden [白色園] 植物概以開白花者為主,表示冷涼之景況,入晚更為可愛,宜利用濃綠色常綠植物為其背景,具銀灰色葉之種類亦可應用.

White wash [白色塗劑] 為將白色粉狀物如石灰,鉛粉等加水或他物調成之漿液,用於溫室短期遮蔭,噴布或塗刷於玻璃面,又如新植樹木,為避免幹部發生日傷起見,亦常用此物塗之,一般因多採用石灰為材料,故稱之為石灰塗劑.

Whittle grafting [搭接] 枝接法之一,略似合接,砧木截頭後,其先端由下而上削之,接穗之基端亦同樣削去一部,然後將兩切面相合縛緊,其與合接異者,即非作完全之斜切,故切面亦不為馬耳形,參閱Splice grafting.

Whole-root graft [全根接] 根接法之一,其根砧用長根或根之全部,亦有將根頸接視為全根接者,參閱Root grafting 及Crown grafting.

Wholesale nursery [批發苗圃] 苗圃經營方式之一,其營業範圍甚廣,不限於當地產品,大批出售,以供給門市苗圃為主,所謂繁殖苗圃及培養苗圃,多屬批發性質.

Wieldling.—Escape 及Wilding.

Wild garden [原野園] 為一種純粹自然式園,設於野外遠距城市之處,栽培本土之觀賞植物,罕用外地之種類,管理粗放,任其自然.

Wilding [野生植物] 植物之由種子自然生長而未經栽培者稱之.

Wilting [萎縮] 為消失水分所致成之後果,植物或其產品,均可發生.

Windbreak [風障,防風林] 用以保護植物使之不受暴風之侵襲,在多高風之處如曠野及海岸地方最不可少即於當風之一面密植抗風力強而能耐寒之喬木或灌木如側柏紫杉黃楊女貞大葉黃楊珊瑚樹等均為適用之種類

Wind-burn [風災] 為一種因強風而致成之損害樹葉凋萎往往不能恢復生長於曠野或海濱之植物常發生之

Window box [窗用花箱] 為住宅旅店以及其他公共建築之一種裝飾物設於窗之前方普通為長方形構造材料頗有種種木材金屬陶器水泥等皆可對於水分之供給及排水須特加注意植物宜用矮性及匍匐性之草本或灌木

Window garden [窗前園] 即指利用花箱以佈置窗前而言參閱前條

Wind-pollination [風媒授粉] 藉風力以傳布花粉而達受精之目的者稱之此種花謂之風媒花如胡桃銀杏山核桃榛子等皆為風媒授粉之植物

Wind-resistance [抗風力抗風性] 為植物對於風害之抵抗能力或對於多風環境之適應性

Windscreen＝Windbreak.

Wine quality [釀造性] 指葡萄而言其適於釀造之性質常受品種及栽培管理之影響酒之品質亦因之而有差異

Winged seed [有翅種子] 種子之有翅翼乃用以助其傳佈者如楓榆樺木鵝掌楸白蠟樹千金榆及大部分松柏類種子皆是

Wing wall [翼牆] 為庭園出入口(大門)兩旁之牆所以便於汽車之行走有種種式樣常作美術之建築

Winter bud [冬芽] 即休眠芽或越冬之芽

Winter budding [冬季芽接] 與Dormant budding 同

Winter dormant [冬眠] 普通所謂休眠均指此而言植物落葉停止生長以抵禦冬季之嚴寒至春暖時再進行發育

Winter garden [冬花園冬園] 為供冬日觀賞之庭園因氣候關係必

地無法利用故所謂冬園實係將温室加以園致之佈置也此種温室規模宏大建築藝術化內部設備與庭園無異一般景物莫不應有盡有又有低温中温及高温之別其冬季平均温度依次為攝氏4度8度及12度.

Winter injury [寒害凍害] 為植物越冬時因低温而致成之損害當年生新梢樹皮及根部均可發生而尤以前者最為普通.

Winter killing [凍死] 與前條同尤指枝梢之凍死.

Winter planting [冬植] 栽植植物之行於冬季者稱之.

Winter pruning [冬剪] 與Dormant pruning 同.

Winter's system [温特式剪枝] 為更新修剪之一種常應用於杏樹將樹冠剪短成為平頂即在周圍之枝較長中央者則甚短.

Wire grafting [鐵絲接] 枝接法之一取同粗細之砧穗各作約70度之斜面以鐵絲插入兩者之髓內而接合之.

Wiring [縛繩鉛絲束縛] 功用與環剝同係用銅絲或細鉛絲緊縛於所處理之部分參閱Ringing.

Wood branch [發育枝葉枝] 即僅生長葉片之枝梢祇具葉芽而無花芽故不能結果如營養狀態適宜發育良好可由此產生結果枝.

Woody plant [木本植物] 對草本而言枝幹均為木質概為多年生並包括一切喬木及灌木.

Wound dressing [護傷劑] 為保護植物傷口所用之藥劑塗布後可阻止水分蒸發或侵入防免病菌之生長如接蠟木焦油地瀝青等皆是.

Wound hormone [創傷賀爾蒙] 植物體內特殊物質之一係受傷後其傷部細胞因刺激而產生者.

Wound saving [救傷] 對於受創傷之植物施以適宜之處理以療治之藉免死亡如橋接縛枝填補孔穴等均為救傷常用之方法.

Wrapping [包紙] 果實包裝販賣或貯藏時用適宜之紙張包裹其目的在防止水分之消失減少病害之傳染且有廣告之功效.

Wrapping paper, Wrap [包果紙] 為包裹果實所用之紙張須堅韌而不易破碎,無吸收外界水分之弊,舊報紙牛皮紙或玻璃紙均可應用,有時印成美術之廣告,以助推銷。

Wrenching -- Root pruning.

X

Xanthophyll [葉黄素,黄色素] 為植物體内含有色素之一種,存在時表現黄色,化學分子式為 $C_{40}H_{56}O_2$,其形成不需要直接光。

Xenia [種子直感] 用不同品種之花粉授粉後,使種子當代發生影响者稱之,參閱 Metaxenia.

Xerophyte [抗旱植物] 此類對於乾旱之抵抗能力甚為强大,大部分多肉植物均屬之,參閱 Succulent.

Y

Yarovization = Vernalization.

Y-cutting [Y形插] 即 Cutting-inarching,見該條。

Yellow garden [黄色園] 植物概以開黄花之種類為主,由灰黄色以至橙色,在陽光充足地益顯其美,背景宜用常綠綠籬或白色牆壁,建築物及陳設均宜漆成白色淡綠色深綠色或藍灰色。

YNID method = Y-cutting.

Z

Zinc-lime [鋅鈣合劑] 為桃樹夏季用之殺菌劑,可防治葉斑病及他種菌病,其配合法為硫酸鋅8磅熟石灰8磅水100加侖。

Zoo = Zoological garden,為其簡稱。

Zoological garden [動物園] 庭園以飼養動物為主者稱之,依動物之性質而予以適宜之環境,除供人游覽外,又可充研究之用。

中文索引

（以筆劃多少為序）

一劃

二劃

三劃

三角形栽植 Triangular planting
属間雜種 Trigeneric hybrid
上芽接 Up-budding
達幹 Excurrent
開式換氣 Top ventilation
下砧 Under stock
承幹 Deliquescent
芽接 Down-budding
方給水 Sub-watering
開式換氣 Down ventilation
土蓋 Earth mulch
海綿 Soil spronge
球插 Earth-ball cutting
溫計 Soil thermometer
面施肥 Top dressing
壤肥度 Soil fertility
壤消毒 Soil disinfection
壤操作 Soil operation
壤覆蓋 Mulching
壤微生物 Soil organism
壤用殺蟲劑 Soil insecticide
大年 On-year
主枝 Scaffold limb
草鐮 Grass scythe
氣宣洩 Atmospheric drainage
小測定機 Sizer, Sizing machine
小年 Off-year
果樹 Small fruit

沉果 Losep ay
枝接 Twig grafting
庭園 Small garden
核果 Drupel, Drupelet
球型 Pompon
球莖 Cormel, Cormlet; Spawn
瀑布 Cascade
鱗莖 Bulbel, Bulbil, Bulbule
蘋果 Codlin, Codline
果品種 Small-fruited variety
葡萄乾 Currant
果樹栽培 Small fruit culture
手用噴霧器 Atomizer
工形芽接 I-shaped budding
業植物 Industrial plant
廠庭園 Factory garden
藝作物 Industrial plant
叉接 Fork grafting
H形接 H-shaped budding
Y形插 Y-cutting

四劃

不凋 Everlasting
生產 Barrenness, Unproductivene
定生 Adventitious
和合 Incompatible
孕性 Sterility
孕枝 Sterile shoot

不結果 Abortion
相合 Incompatible
凋花 Everlasting
生產性 Unproductivity
完全花 Imperfect flower
和合性 Incompatibility
結子性 Sterility
結實性 Unfruitfulness
相合性 Incompatibility
時栽培 Out-of-season culture
規則式 Irregular style
加壓殺菌 Open-kettle sterilization
和合接木 Uncongenial graft
發育種子 Rudimentary seed
發酵飲料 Unfermented beverage
等屋面溫室 Un-even-span house
中砧 Intermediate stock
耕 Cultivation
耕器 Cultivator
間枝 Transitory branch
間芽 Transitory bud
酸性 Mediacid
央公園 Central park
溫溫室 Temperate house
國庭園 Chinese garden
國壓條 Chinese layering
軸式整枝 Central leader training
丹支洛 Dendrol
互接 Reciprocal grafting
交不孕 Inter-sterile
交可孕 Inter-fertile
交結子 Inter-fertile
交結實 Inter-fruitful
交不孕性 Inter-sterility
交不結子 Inter-sterile
交可孕性 Inter-fertility
交結子性 Inter-fertility
交結實性 Inter-fruitfulness
交不結子性 Inter-sterility
內果皮 Albedo
長植物 Endogen
部栓化 Internal cork
部褐化 Internal browning
部崩潰 Internal breakdown
仁果 Pome
果類 Pome fruit
公墓 Cemetery
園 Park
園路 Boulevard, Park way
六月芽接 June-budding
月落果 June drop
邊形種植 Hexagon planting
分切 Division
株 Root division
根 Root division
球 Bulb separation

分級 Grading
　塊 Tuber division
　離 Separation
　級機 Grading machine
　級法規 Grading law
　子內呼吸 Intra-molecular respiration
切花 Cut flower
　接 Cut grafting
　割 Division.
　傷 Notching
　接刀 Cut-grafting knife
　緣刀 Edging knife
勻土齒耙 Spike-tooth rake
化學園藝 Chemical gardening
天窗 Top ventilator
　然公園 Natural park
太湖石 Tufa
　陽熱木框 Solar frame
孔穴 Cavity
巴洛特 Pyrote
　索爾 Pysol
　塞特 Pysect
　氏法殺菌 Pasteurization
手叉 Hand fork
　車 Barrow
　播 Hand sowing
　鏟 Garden trowel
手削去皮 Hand peeling
　用中耕器 Hand cultivator
　用剪草機 Hand mower
　用撒粉器 Hand duster
　用噴霧器 Hand sprayer
支扶 Staking
　叉 Notched stick
　柱 Stake
　扶根 Prop root
方形芽接 Square budding
　形栽植 Square planting
　形鋪路 Square paving
　十字器圍 Square
日規 Sundial
　傷 Sunscald
　本庭園 Japanese garden
　溫木框 Solar-frame
　溫繁殖框 Solar propagating frame
　內瓦試驗器 Geneva tester
木栓化 Suberization
　條室 Lath-house
　條箱 Slat crate
　本果樹 Tree fruit
　本植物 Woody plant
　材溫室 All-wood house
　框播種 Frame seeding
　條烘盤 Slat tray
　條擋簾 Lath screen

木板布包搾 Rack-and-cloth press
毛氈花壇 Carpet bed
　氈式花壇 Carpet bedding
水生 Aquatic
　池 Pool
　矛 Hydrospear
　插 Water cutting
　系 Water course
　鉢 Water basin
　蘚(苔) Sphagnum moss
　平枝 Horizontal branch
　養法 Water culture
　生植物 Aquatic
　生園藝 Water gardening
　平整枝 Horizontal training
　平複壓 Horizontal multiple layering
　管熱溫床 Pipe-heated hotbed
火床面 Grate surface
爪形鋤 Norcross weeder

五劃

主根 Tap root
　樹 Dominant
　作物 Main crop
　產品 Primary product
　要收成 Main crop
　要原素 Major element
主要器官 Essential organ
他交 Crossing
　動的 Aitionomic
仙客來盆 Cyclamen pot
　人掌溫室 Cactus house
冬芽 Winter bud
　眠 Winter domant
　植 Winter planting
　剪 Winter pruning
　園 Winter garden
　花園 Winter garden
　季芽接 Winter budding
　野無花果 Mamme
出氣窗 Outlet ventilator
加糖衣 Glaceing
　溫器 Heater
　料蜜餞 Spiced preserve
　氣果汁 Carbonated juice
　炭酸氣 Carbonation
　熱電纜 Heating cable
　壓殺菌 Pressure sterilization
　拿大庭園 Canadian garden
　壓殺菌器 Pressure sterilizer
包紙 Wrapping
　裝 Packing
　幹 Trunk wrapping
　果紙 Wrap, Wrapping paper
　裝室 Packing house

包裝抬 Packing table
裝用具 Packing equipment
裝容器 Package
裝前處理 Pre-packing treatment
半耐寒 Half-hardy
草本 Semi-herbaceous
草質 Semi-herbaceous
黏核 Semi-cling
離核 Half-free stone
身彫像 Acrolith
硬材插 Semi-hardwood cutting
馴化種 Adventive
屋面溫室 Half-span house
規律式園 Semi-formal garden
鐵材溫室 Semi-iron house
卡腦巴蠟 Carnaubar wax
去皮 Pelling
劣 Roguing
肩 Shouldering
大枝 Dehorning
果梗 Stemming
苞片 Husking
叩出 Knocking
台木 Stock
司那洛 Snarol
金納灌溉法 Skinner irrigation
四季園 Seasonal garden
季開花 Porpetual
四分之三屋面溫室 Three-quarter span house
外果皮 Flavedo
長植物 Exogen
孕性 Fertility
枝 Fertile branch
市內公園 City park
場園藝 Market gardening
布棚室 Cloth house
捲發芽器 Rag-doll tester
雷克斯浮秤 Brix hydrometer
穴植 Hill planting, Hole transplanting
播 Hole-seeding
藏 Pit storage
尼可特洛 Nicotro
平庭 Flat gaden
鍬 Digging
鏟 Mattock
幼枝 Sprig
苗 Seedling
苗行植 Lining out
苗鍵化 Hardening, Hardening-off
苗靠接 Seedling-inarching
未熟 Under-ripe
熟枝插 Immature wood cutting
末期孕性 End-season fertility
期不孕性 End-season sterility
本根 Own-root

正方形栽植 Square planting
母株 Stock, Stock plant
球 Mother bulb
蔓 Arm
永久性溫床 Permanent hot bed
久性苗圃 Permanent nursery
汁胞 Juice sac (sack)
片搭接 Oblique cut-grafting
根接 Piece-root grafting
狀芽接 Plate budding
甘藍類 Cole crop
味白酒 Sauterne wine
味蘋果汁 Sweet cider
生根 Rooting
機 Vitality
長期 Season of growth
草法 Sod culture
根素 Rhizocaline
殖期 Reproductive stage
塊莖 Tuberization
諾可 Sunoco
長季節 Season of growth
食菜類 Salad vegetable
機檢定(驗) Vitality test
根賀爾蒙 Rhizocaline, Root-hormone
用量 Rate of application
盆過大 Over-potting
田間發芽 Field germination
田間貯藏 Field storage
白化病 Chlorosis
色園 White garden
色塗劑 White wash
皮接 Bark grafting
下腹接 Side bark-grafting
下靠接 Inarching by back incision
層蜡質化 Cutinization
石工 Stone work
竹園 Dianthus garden
床園 Moraine garden
細胞 Stone cell, Grit cell
燈籠 Stone lantern
蜡紙 Paraffin paper
刁柏鏟 sparagus knife
南花境 Heath border
灰土植物 Limestone plant
立瓣 Standard

六劃

休眠 Dormancy
眠枝 Dormant wood
眠季 Dormant season
眠期 Rest period
閑地 Fallow land, Resting land
眠枝接 Dormant grafting, Dormant-wood grafting
眠枝插 Dormant-wood cutting

休眠芽接 Dormant budding
眠中期 Mid-rest
眠初期 First rest
眠後期 Later rest
眠植物 Resting plant
養公園 Recreation park
先熟 Ratheripe
導技 Leader branch
光期 Photoperiod
期感應 Photoperiodism
充實 Filling
全根接 Whole-root grafting
葉插 Entire-leaf cutting
身形像 Statue
共砧 Free stock
再生作用 Regeneration
冰窖貯藏 Ice-pit storage
次主技 Secondary leader
要原素 Minor element
列植 Planting in row
合接 Splice grafting
點 Chalaza
作販賣 Cooperative marketing
成生長素 Synthetical growth substance
作包裝室 Cooperate packing house
同名 Synonym
名詞学 Terminology
向心的 Centripetal
地色 Ground color
接 Field grafting
下灌溉 Sub-irrigation
面整理 Grading land
表灌溉 Surface irrigation
被植物 Ground cover
上貯藏室 Above-ground storage
下貯藏室 Below-ground storage
多作 Succession cropping
年生 Perennial
胚性 Polyembryony
芽的 Supernumerary
型的 Polymorphic
子鱗莖 Multiplier
年生草 Perennial
肉植物 Succulent
漿植物 Succulent
幹形整技 Palmette training
尖鍬 Shovel
鍬 Piclax
塔形整枝 Pyramid training
年年結果 Annual bearing
年結果樹 Annual bearer
成熟 Ripening
年樹 Bearing tree
年果園 Bearing orchad
熟作用 Ripening process

成熟枝插 Mature-wood cutting
扦插 Cutting
　插術 Cuttage
　插媒質 Cutting medium
收穫 Harvesting
早土 Early soil
　花 Early blooming
　剪 Early pruning
　熟 Earliness
　熟種 Early variety
　熟栽培 Forwarding culture, Accelerating culture
　夏芽接 Early summer budding
　期結子 Bolting
　堅材插 June-struck cutting
曲枝 Bending
　形插 Bend cutting
　縛整枝 Enquenouille
有機土 Organic soil
　髯類 Pogon
　皮鱗莖 Laminate bulb, Tunicate bulb
　性繁殖 Sexual propagation
　效溫度 Effective temperature
　限花序 Determinate
　翅種子 Winged seed
　毒植物 Poisonous plant
　髯鳶尾 Bearded iris, Pogoniris
有活力種子 Viable seed
　胚乳種子 Albuminous seed
池沼園 Pond garden
百合園 Lily garden
竹耙 Bamboo rake
　餓移植 Pricking off, Pricking out
羊毛脂 Lanolin
　齒球 Fern ball
　齒類溫室 Fern house
老球 Back-bulb
肉莖 Flesh stem
　團 Flesh ball
　質果 Fleshy fruit
　質種子 Fleshy seed
　食植物 Carnivorous plant
自生 Self sowing
　交 Selfing
　根 Own root
　播 Self sowing
　生種 Indigen
　由砧 Free stock
　然式 Natural style
　動的 Autonomic
　用苗圃 Home nursery
　由授粉 Open pollination
　交不孕 Self-sterile
　交不實 Self-unfruitful
　交可孕 Self-fertile

自交可實 Self-fruitful
　交孕性 Self-fertility
　交受精 Self-fertilization
　交授粉 Self-pollination
　花受精 Autogamy
　然接木 Natural grafting
　然馴化 Acclimation
　由結果樹 Free bearer
　交不孕性 Self-sterility
　交不結子 Self-sterile
　交不實性 Self-unfruitfulness
　交和合性 Self-compatibility
　交結子性 Self-fertility
　然式庭園 Natural garden
　流乾燥器 Natural-draft drier
　動調溫器 Thermostat
　交不和合性 Self-incompatibility
　交不結子性 Self-sterility
舌接 Tongue grafting
　狀腹接 Side-tongue grafting
　狀靠接 Inarching by tongueing
色素 Coloring pigment
　之配列 Color scheme
　彩調和 Color harmony
行道樹 Avenue tree
西羅台 Celotex
　特拉蒂 Citradia
　特溫州 Citrunshiu
西特雷蒙 Citremon
　特蘭紀 Citrange
　特拉古馬 Citraguma
　特拉金橘 Citrangequat

七劃

伴作 Companion cropping
　作物 Companion crop
低陷園 Sunk (Sunken) garden
　設溫床 Sunk hotbed
　溫溫室 Cool house
　溫崩潰 Low-temperature breakdown
　溫處理 Low temperature treatment
　幹整枝 Low-headed training
住宅園 Home ground garden
作緣 Edging
克羅福 Chlorophol
　林尼卜 Kleenup
　雷德毒餌 Criddle mixture
　羅開球場 Croquet court
冷床 Cold frame
　室 Cool house
　裝 Cold pack
　藏 Cold storage
　用接蠟 Cold-mastic wax
　季作物 Cool season crop

初次產品 First crop
次落果 First drop
別墅園 Villa garden
助接 Adjuvant grafting
根接 Nurse-root grafting
含醇飲料 Alcoholic beverage
吸枝 Sucker
芽 Sucker
完全花 Hermaphrodite flower; Perfect flower
熟度 Full-ripe stage
全肥料 Complete fertilizer
全殺菌 Sterilization
尾食果品 Dessert fruit
局播 Partial seeding
床孔 Pit
接 Bench grafting
框 Frame
延長枝 Elongated shoot
長主枝 Extension leader
遲貯藏 Delayed storage
形成硬殼 Case-hardening
快穌屬 Qua-Sul
抑制作用 Inhibiting effect
制栽培 Retarding culture
制球根 Retarded bulb
抗旱性 Drought-resistance
性砧 Resistant stock
抗風力(性) Wind-resistance
病力(性) Disease-resistance
寒力(性) Cold-resistance
霜性 Frost-resistance
旱植物 Xerophyte
批發苗圃 Wholesale nursery
折枝 Steckling
梢 Breaking
扭枝 Twisting
改正劑 Corrective
良開心式整枝 Modified leader training
更新 Renovation
新修剪 Renewal pruning
村鎮園 Town garden
杜鵑盆 Azalea pot
鵑園 Rhododendson garden
束縛物 Ligature
縛材料 Binding material; Ligature
每日照明 Daily illumination
日露光 Daily exposure
求心的 Centripetal
汽蒸鍋 Retort
水果汁 Carbonated juice
沙土 Sandy soil
藏 Stratification
養 Sand culture

胞 Juice vesicle	刻溝法 Notched method
地園 Sand garden	受精 Fertilization
細胞 Grit cell, Stone cell	固定溫床 Permanent hotbed
漠園 Desert garden	體接蠟 Solid wax
灶式乾燥器 Kiln drier	垂枝樹 Weeping tree
灼傷 Burning	直枝 Erect branch, Vertical branch
狂式鋪路 Crazy paving	坡地 Bank
禾莢格洛 Humogro	孢生苗 Sporeling
兩形芽接 Prong budding	孤植 Isolated planting
赤矢 Red arrow	立樹 Isolated tree
色園 Red garden	立花壇 Flower spot
走蔓 Runner	定植 Field planting, Field setting
車路 Drive	溫乾燥法 Constant temperature system
防風林 Windbreak	岩一蕨
腐劑 Antiseptic, Preservative	底土 Subsoil
霜貯藏室 Frost-proof storage	溫 Bottom heat
	土犁 Subsoil plow

八劃

乳酸醱酵 Lactic fermentation	拉鋤 Draw hoe
亞種 Sub-species	拒蟲劑 Repellant
熱帶庭園 Subtropical garden	斧鎬 Ax-mattock
熱帶園藝 Subtropical gardening	旺盛生長 Vigorous growth
兒童園 Children's garden	易凋 Fugacious
兩性繁殖 Digenetic propagation	杯狀整枝 Vasel-form training
度開花 Remontant	板鍬 Spade
蕊異熟 Dichogamy	果心 Core
刻接 Notch grafting	汁 Fruit juice
溝 Notching	酒 Fruit wine

果泥 Fruit butter
枝 Fruit branch
接 Fruit grafting
插 Fruit cutting
串(房) Bunch
底 Basin
粉 Bloom
頂 Blossom end
蒂 Button
痕 Fruit scar
產 Fruit production
桶 Barrel
凍 Jelly
飴 Fruit syrup
醬 Fruit jam
基 Stem end
窪 Cavity
點 Fruit dot
穗 Bunch
子糖 Confection
子露 Fruit syrup
心線 Core line
實學 Carpology, Pomology
實插 Fruit cutting
實接 Fruit grafting
芽接 Fruit-bud grafting
樹園 Fruit garden
樹帶 Fruit garden

果心變紅 Core flush
品展覽 Fruit show
用植物 Fruit plant
芽分化 Fruit-bud differentiation
芽形成 Fruit-bud formation
粒脫落 Shattering
梗萎縮 Shanking
實生產 Fruit production
實結成 Fruit setting
實直感 Metaxenia
實處理 Handling fruit
園加溫 Orchard heating
園栽植 Orchard planting
品記載學 Descriptive pom.logy
樹栽培學 Fruit culture
樹園藝學 Fruit gardening, Pomolo- gy.
實結成習性 Fruit-setting habit
樹品種分類學 Systematic pomology

枝 Vine
插 Stem cutting
接 Grafting, Grafting proper, Scion grafting
接刀 Grafting knife
椿接 Stub graftmg
梢枯死 Dieback
梢凍死 killing back

歧異 Chimaera, Chimera
氛戈 Fungo
  靖 Fungine
油灰 Putty
  質種子 Oily seed
注糖液 Syruping
  鹽液 Brining
法國式 French style
  國庭園 French garden
沼澤園 Bog garden
  澤植物 Bog plant
波狀壓 Serpentine layering
  莫格林 Pomo-Green
  美浮秤 Baumé hydrometer
泥炭土 Peat
河岸園 Riverside garden
和合力 Compatibility; Congeniality
  合性 Compatibility; Congeniality
  合接木 Congenial graft
直根 Tap root
  播 Direct seeding
  列包裝 Straight pack
盲枝 Blind wood
  樹 Blind tree
育種 Seed breeding
肥沃度 Fertility
  花托 Hypanthium
  根莖 Stool

肥料撒布器 Fertilizer spreader
空穴 Air-pocket
  隙 Air-pocket
  心磚 Hollow tile
  中壓條 Aerial layer; Air layering
  中灌溉 Overhead irrigation
  氣宣洩 Air drainage
花束 Bouquet
  朵 Blossom
  枝 Flowering wood
  球 Curd
  桶 Flower tub
  箱 Flower box
  徑 Border, Flower border
  圃 Flower garden
  端 Blossom end
  境 Border, Flower border
  期 Anthesis, Blooming date
  壇 Bed, Flower bed
  糧 Bloom-Food
  簇 Flower cluster
  穗 Flower cluster
  園 Flower garden
  卉圃 Flower garden
  捐學 Anthology
  青素 Anthocyanin
  之表記 Floral emblem
  卉佈置 Flower arrangement

花卉展覽 Flower show
拄異型 Heterostyly
刺激素 Florigen
芽分化 Flower-bud differentiation
芽形成 Flower-bud formation
奮爾蒙 Florigen
壇植物 Bedding plant
壇種植 Bedding
卉栽培學 Floriculture
卉園藝學 Flower gardening
粉浸出液 Pollen extract
芳園 Perfume garden
香植物 Perfume plant
香園藝 Perfumary gardening
芽 Bud
條 Bud stick
插 Bud cutting
接 Bud grafting, Budding, Inoculation
體 Gemma
接刀 Budding knife
接苗 Budling
突變 Bud mutation
變品種 Bud short, Bud variety
返童 Rejuvenation
童修剪 Rejuvenating pruning
近市園藝 Ma ket gardening
頂果心 Distant core
近親受精 Close fertilization
緣授粉 Sib pollination
金色園 Golden garden
長剪 Long pruning
凳 Bench
枝插 Long stem cutting
梢修剪 Long cane pruning
期結果 Ever-bearing
日性植物 Long day plant
門市苗圃 Retail nursery
阻止作用 Inhibiting effect
阿文克 Awinc
附生植物 Epiphyte
非規律式設計 Informal design
規律式庭園 Informal garden

九劃

促成 Forcing
效劑 Activator
成栽培 Forcing culture
成溫室 Forcing house
老作用 Devitalizing effect
早發芽 Accelerating germination
保藏性 Keeping quality
護樹 Nurse tree
林淨秤 Balling hydrometer
冠芽 Crown
接 Crown grafting

冠芽接 Crown budding
前作 Preceding crop
　庭 Fore court, Fore yard
　景 Foreground
　園 Front garden
　作物 Preceding crop
　庭種植 Forecourt planting
削皮 Peeling
匍匐枝 Runner
　枝植物 Trailing plant
品質 Quality
　種 Variety
　評表 Score card
　質優良 High quality
　種特性 Varietal characteristics
城市園 City garden
室內接 Indoor grafting, Indoor working
　內栽培 Indoor growing
　內裝飾 Indoor decoration
　內播種 Indoor seeding
　內貯藏 Indoor storage
　用植物 House plant
　外接木 Out-door grafting
　外播種 Out-door sowing
封罐 Sealing
　瓶機 Capping machine
　罐機 Sealing machine
屋頂園 Roof garden
　旁種植 Foundation planting
後作 Succeeding crop
　凋 Perennation
　庭 Back yard
　熟 After-ripening
　作物 Succeeding crop
　熟作用 After-ripening
扁化 Fasciation
　平果窪 Compressed cavity
　平整枝 Flat-form training
拱枝壓 Arching layer
挖孔 Filing
　空法 Hollowing
　剜法 Scooped method, Scooping
施肥 Feeding, Manuring
　用石灰 Liming
春化 Vernalization
　接 Spring grafting
　播 Spring sowing
　剪 Spring pruning
　植 Spring planting
　耕 Spring plowing
　花園 Spring graden
　花壇 Spring bed
　野無花果 Profichi
　熟無花果 Breba
胡蘿蔔精 Carotene

柑果 Hesperidium
　橘學 Citrology, Citri culture
　橘類 Citrus fruit, Citrous fruit
　橘記載 Citrograph
　橘栽培 Citriculture
染花 Dyeing flower
柱廊 Colonnade
　體 Column, Gynandrium
相合性 Compatibility
毒土 Poison soil
泉水園 Water garden
洋台 Terrace
　鐵罐 Tin can
洛提散 Rotecide
　提農 Rotenone
　毒福 Rotofume
活力 Viability
洒水 Syringing
狩獵園 Hunting garden
玻璃房 Glass house
　璃罐 Glass jar
　器栽培 Terrarium
　璃鐘罩 Bell jar
　璃代用品 Glass substitute
畏寒品種 Tender variety
疤 Fruit scar
盆栽 Potting
　縛 Pot bound
盆栽枱 Potting bench
　缽移植 Pot transplanting
　地灌溉 Basin irrigation
　栽植物 Potted plant
　栽混合土 Potting mixture
盾形接 Shield grafting
　狀芽接 Shield budding
砂—沙
秋梢 Autumn growth
　植 Autumn planting
　剪 Fall pruning
　播 Fall seeding
　耕 Fall plowing
　花園 Autumn garden
　花壇 Autumn bed
科 Family
穿孔 Perforation
　孔板 Spotting board
　孔器 Dibber, Dibble
單插 Simple cutting
缽植 Potting
　壓 Pot layering
美國庭園 American garden
耐寒性 Hardiness
　旱性 Drought resistance
　寒砧 Hardy stock
　寒品種 Hardy variety
　寒植物 Hardy plant

胃毒劑 Stomach poison
背景 Back ground
　縫線 Dorsal suture
　景種植 Back ground planting
　囊式噴霧器 Knapsack spray pumb
茄形椒 Topepo
　紅素 Lycopersicin, Lycopene
　果類 Solanaceous fruit
茅屋 Thatched house
苔壓 Mossing
莓果 Berry
苗木 Nursery stock
　圃 Nursery
　床 Seeding-bed, Seed bed
　枯病 Damping-off
　圃學 Nursery gardening
　木栽培 Nursery-stock growing
英國式 English style
　國庭園 English garden
若地蘭敷 Rhody-life
重剪 Heavy pruning
　舌接 Double tongue grafting
　瓣花 Double flower
　瓣種 Double variety
　復壓 Compound layering
　度修剪 Heavy pruning
　力運物車 Granity conveyer
　疊方形栽植 Superposed souare planting
面層 Facer
風味 Flavor
　灾 Wind burn
　媒 Anemophilous
　致林 Landscape forest
　致式 Landscape style
　景林 Landscape forest
　致建築 Landscape architecture
　媒授粉 Wind pollination
　致園藝學 Landscape gardening
　致建築家 Landscape architect
食用性 Eating quality
　用植物 Food plant
　蟲植物 Insectivorous plant
香料 Spice
　草園 Perfume garden
　草浸菜 Dill pickle
　腸菌中毒 Botulism

十劃

修剪 Pruning
　整 Trimming
　技刀 Pruning knife
　補接 Repair grafting
　剪樹冠 Pollarding
倒T形芽接 Inverted T-shaped budding

倪芬式整枝 Kniffin system
條列 Slitting
播 Drilling; Drill seeding
播器 Seed-drill
籃搾 Basket press
凋萎 Flagging
凍死 Winter killing
害 Winter injury
傷 Chilling
藏 Freezing storage
冰冷却 Ice refrigeration
冰貯藏 Freezing storage
原液 Stock solution
料 Row material
生種 Indigen
野園 Wild garden
膠質 Protopectin
圃地芽接 Field budding
埋土 Mounding
植 Heeling-in, Sheughing
盆 Plunging
藏法 Burying storage
壓法 Tubering
夏芽 Summer bud
接 Summer grafting
插 Summer cutting
植 Summer planting
剪 Summer pruning
夏眠 Summer dormant
花園 Summer garden
花壇 Summer bed
乾區 Summer dry region
濕區 Summer wet region
季芽接 Summer budding
季摘心 Summer pinching
季落果 June drop
用滅蠔劑 Summer scalecide
野黑花果 Mammoni
套筒型 Hose-in hose
家庭園 Home garden
庭園藝 Home gardening
庭罐藏 Home canning
用苗圃 Home nursery
射水器 Syringe
屑果 Cull
展着劑 Spreader
峰接 Terminal cleft-grafting
唐菖蒲 Glad
庭園 Garden
園計劃 Garden plan
園設計 Garden design
園空間 Garden room
園坐位 Garden seat
園彫像 Garden statuary
園陳設 Garden furniture
園審苑 Garden lay-ont

庭園建築 Garden architecture	根群 Root system
園庇蔽物 Garden shelter	出枝 Turion
園裝飾物 Garden ornament	頂芽 Pip
園彫刻物 Garden sculpture	頸接 Crown grafting
園建築物 Garden building	樁壓 Stumping
園建築家 Garden architect	靠接 Root-inarching
徒長 Leggy	出花莖 Scape
長枝 Gormand, Water sprout	部修剪 Root pruning
扇形整枝 Fan-shaped training	葉比例 Root-top ratio
致死溫度 Killing temperature	格子室 Treillage
旁蘖 Offset	子垣 Lattice fence
晒乾 Sundrying	子架 Trellis; Trellis work
盤 Tray	核果 Drupe
衣場 Drying yard, Clothes yard	果類 Drupaceous fruit, Stone fruit
栽植 Planting	氧化酵素 Oxidase
植錐 Planting dagger	氣根 Aerial root
培術 Croppage	窗 Ventilator
培種 Cultigen	藏 Gas storage
培植物 Cultivated plant	生植物 Ephiphyte
培變種 Cultivar	泡插花 Bubble bouquet
植距離 Planting distance	體貯藏 Gas storage
根系 Root system	體腐壞 Gaseous spoiling
冠 Crown	浸菜 Pickle
接 Root-grafting	種 Soaking seed
插 Root-cutting	蠟 Waxing
莖 Rhizome, Root-stock	鹼 Lye dipping
菜 Root crop	製品 Pickled product
團 Root ball	

浸鹼釜 Lye-dipping kettle
　沾泥漿 Mudding; Puddling
　鹼去皮 Lye peeling
海濱園 Seaside graden
　角球根 Cape bulb
　濱植物 Shore plant
浮彫 Relief
浪漫式 Romanic style
流水管 Flow pipe
　膠病 Gummosis
酒精接蠟 Alcoholic wax
　精發酵 Alcoholic fermentation
　精飲料 Alcoholic beverage
消毒器 Autoclave
烙燙 Searing
烘盤 Tray
　乾法 Dehydration
　乾器 Dehydrater
特製包果紙 Specially-treated wrap
珠芽 Bulblet
畜糞 Manure
病土 Sick soil
盆土植物 Soiling plant
真果 True fruit
　正壓條 True layering
　空貯藏 Vacuum storage
　空熬煮 Vacuum cooking
眠花 Sleeping flower
眠季修剪 Dormant pruning
砧木 Stock; Root stock
　穗接合 Stion
　穗影響 Stionic effect
　穗關係 Stionic relation
砥石 Whetstone
破碎 Crushing
納赤萊精 Nitragin
紙匣 Paper carton
純植法 Solid planting
　潔度（率） Purity
　度檢驗 Purity test
索拜克斯 Sorbex
級形架 Stepping shelf
耙 Harrow
　地 Harrowing, Disking, Discing
耕地 Plowing
　作 Cultivation; Tillage
　底土 Subsoiling
　作制度 Cropping system
能結實 Fruitful
草皮 Turf
　本 Herbaceous
　地 Lawn
　質 Herbaceous
　剪 Grass shear
　播 Fairway food
　鐮 Grass sickle

草花路 Herbaceous walk
　花境 Herbaceous border
　皮鏟 Turfing spade
　質接 Herbaceous grafting
　本果樹 Herbaceous fruit
　質果樹 Herbaceous fruit
　地洒水器 Lawn sprinkler
荒地果樹 Heather fruit
被覆作物 Cover crop
記分表 Score card
迴水管 Return pite
速性土 Quick soil
退化 Degeneration
逆芽接 Reversed budding
　流乾燥法 Counter-current system
迷園 Labyrinth, Maze
釘封機 Nailing machine
針毬 Bur, Burr
閃電式殺菌 Flash pasteurization
除芽 Disbudding
　草 Weeding
　蒂 Disbuttoning
　滅 Eradication
　蘖 Sprouting
　草器 Weeder
　側枝 Feathering out
　去空氣 Deaeration
　去酒石 Detartrating

除蟲菊粉 Pyrethrum-powder
馬糞溫床 Manure-heated hotbed
骨架 Frame, Frame work
　架修剪 Skeletonizing
高接 Top grafting
　山園 Alpine garden
　枝剪 Tree pruner
　壓法 Air layering
　幹樹 Standard
　溫溫室 Hot house, Stove
　溫殺菌 Sterilization
　設溫床 Raised hotbed
　山植物 Alpine
　幹整枝 High-headed training
　溫溫室植物 Stove plant

十一劃

乾花 Dried flower
　燥 Drying
　壑 Dry ravine
　果 Dry fruit
　燥品 Dried product
　燥器 Dehydrater
　燥場 Drying yard
　藏法 Dry storage
　燥設備 Drying apparatus
側窗 Side ventilator
偶生 Adventitions

假果 False fruit
底 False bottom
地板 False floor
一年生 Psend-annual
剪口 Pruning wound
形 Trimming
根 Root pruning
草 Mowing
形園 Topiary garden
草機 Lawn mower
枝傷口 Pruning wound
副芽 Accessory bud
梢 Accessory shoot
主枝 Secondary leader
作物 Companion crop
產品 By-product
動物園 Zoological garden
力剪草機 Motor mower
力噴霧器 Power sprayer
力撒粉器 Power duster
商用果品 Commercial fruit
業品種 Commercial vairety
業苗圃 Commercial nursery
業園藝 Commercial gardening
用包裝容器 Commercial package
國花 National flower
立公園 National park
圖紋園 Knott (Knotted) garden
圈形芽接 Annular budding
基色 Ground color
塇土 Silt
堆肥 Compost
植 Mound planting
藏 Mound storage
土壓 Mound layering
肥土 Compositing soil
堅果 Nut fruit
材插 Firmwood cutting
熟度 Firm-pipe stage
果栽培 Nucieulture
果種植器 Acorn planter
培土 Banking
養苗圃 Growing-on nursery
宿根性 Perennial
根花境 Perennial border
密直枝 Fastigiate branch
屏蔽種植 Screen planting
帶土球 Balling
土植物 Balled plant
土栽植 Ball and burlap planting
狀花壇 Ribbon bed
常綠 Evergreen
綠樹 Evergreen tree
綠果樹 Evergreen fruit tree
綠枝插 Evergreen cutting
彫像 Statuary

彫刻物 Sculpture
捻枝 Nipping
採收 Harvesting
種 Seed collecting
果 Picking
果人 Picker
果袋 Picking bag
果箱 Picking bucket
果剪 Picking clipper
果梯 Picking ladder
果桶 Picking pail
收操作 Harvesting operation
收熟度 Picking maturity
前落果 Pre-harvest drop
前噴葯 Pre-harvest spray
後處理 Post-harvest treatment
果用具 Picking equipment
果盛器 Picking receptacle
種栽培 Seed growing
捲式蔭簾 Roller shade
掘叉 Spading fork
接 Indoor grafting
溝 Trenching
鍬 Digging spade
孔器 Dibber, Dibble
土齒耙 Digging rake
排水 Drainage, Water drainage
掛袋 Bagging
接泥 Grafting clay
木 Grafting
合 Union
株 Graft
種 Inoculation
穗 Scion, Sion, Cion, Cyon
蠟 Grafting wax
木術 Graftage
合部 Graft union
火面 Heating surface
木框匣 Grafting case
木雜種 Graft-hybrid
芽浸死 Strangulation
株壽命 Duration of graft
木親和力 Grafting offinity
授粉 Pollination
粉樹 Pollenizer
粉媒介 Pollinating agent
救傷 Wound saving
傷接 Saving grafting
敏感植物 Sensative plant
斜插 Oblique cutting
列包裝 Diagonal pack
旋轉式灑水器 Whirligig sprinkler
晚花 Late blooming
剪 Late pruning
期修剪 Late pruning
曼涂那 Manganar

梅花形栽植 Quincunx planting
梨果 Pome
果類 Pome fruit
梢插 Tip cutting
梢壓 Tip layering
梗端 Stem-end
框植法 Closed-case method
桶裝法 Packing in barrel
形噴霧器 Barrel spray pump
梯田 Terraced field
殼果 Nut fruit
殺菌器 Sterilizer
菌劑 Fungicide
蟲劑 Insecticide
徽散 Semesan
氫游子濃度 Hydrogen-ion concentration
混合式 Mixed style
合接 Mixed grafting
合花境 Mixed border
液肥 Liquid manure
體接蠟 Liquid wax
深耕 Deep tillage
淺耕 Shallow tillage
箱 Flat
清耕法 Clean tillage
涼亭 Pavillion
棚 Pergola

烹調性 Culinary quality
調用果品 Culinary fruit
猝倒病 Damping-off
球莖 Corm
根盆 Bulb pan
根植物 Bulb
根栽植器 Bulb planting
瓠果 Pepo
產地 Habitat
異型 Off-type
稱 Synonym
眼 Eye
硫洛合劑 Sulforote
移植 Lifting, Transplanting
植鏝 Garden trowel
窒息作物 Smother crop
笛芽接 Whistle budding
第二接穗 Second scion
粗分 Rough division
剪 Coarse pruning, Bulk pruning
製品 Raw product
番茄醬 Chili sauce
細剪 Fine pruning
終止 Breaking
脫氣 Exhausting
澀 Removal of astringency
氣箱 Exhaust box
船底插 Bend cutting

莖 Haulm
　插 Stem cutting
荷蘭涼亭 Gazebo
　蘭球根 Dutch bulb
　蘭庭園 Dutch garden
處理性 Handling quality
　女生殖 Parthenogenesis
　女結實 Parthenocarpy
蛇行式壓 Serpentine layering
袋植 Pocket planting
　狀濾器 Bag filter
現代庭園設計 Modern garden design
規律式 Formal style
　律式庭園 Formal garden
　律式設計 Formal design
設計 Design
　支柱 Staking
　床邊 Curbing
販賣 Marketing
　賣性 Marketability; Selling quality
　賣方法 Selling method
軟化 Blanching
　白 Blanching
　果 Soft fruit
　蠟 Soft wax
　材插 Softwood cutting
　材接 Softwood grafting
　殼種 Crumbly-shelled variety
軟熟度 Soft-ripe stage
　化栽培 Blanching culture
　白栽培 Blanching culture
透視線 Vista, Vista line
通風 Ventilation
　氣 Ventilation
　氣窗 Ventilator
　道栽植 Glade planting
連續壓 Continuous layering
　續結果 Ever-bearing
　續種植 Successive planting
　續噴霧器 Succession pump
野化種 Escape
　生植物 Wilding
　無花果 Caprifig
閉花 Cleistogamy
　心式整枝 Close-centered training
陰地植物 Shade plant
陷蟲植物 Trap crop
陶製花桶 Earthenware box
雪窖貯藏法 Snow-pit storage
頂接 Top grafting
鳥浴池 Bird bath
麥芽糖化 Mashing

十二劃

偃枝壓 Bowed-branch layering

創傷荷爾蒙 Wound hormone
割插 Cleft cutting
　接 Cleft grafting
　接器 Cleft-grafting chisel
　裂葉插 Divided leaf-cutting
　裂靠接 Inarching by cleaving
　裂腹接 Side cleft-grafting
勞賴特式整枝 Lorette pruning system
喬性砧 Standard stock
　性樹 Standard tree
喜陰植物 Shade plant
單芽 Single bud
　性果 Parthenocarpic fruit
　枝壓 Simple layering
　芽插 Single-eye cutting
　性花 Unisexual flower
　性結實 Parthenocarpy
　性生殖 Parthenogenesis
　料玻璃 Single-thick glass
　塗漆罐 Single-lacquered can
　幹杯剪 Cardon pruning
　層窗蓋 Single sash
　屋面溫室 Lean-to house
　幹形整枝 Cordon training
　U形整枝 Single-U training
寒害 Winter injury
嵌植 Mosaiculture
　接 Inlaying
嵌接器 Inlaying tool
　入靠接 Inarching by inlaying
　入腹接 Side inlaying
　木芽接 Chip budding
幾何式 Geometrical style
強枝 Enriching shoot
　化作用 Invigorating
復蘇植物 Resurrection plant
揚根 Heaving
插床 Cutting bed
　枝 Cutting
　接 Cutting-grafting
　條 Cutting wood
　靠接 Cutting-inarching
　枝成活 Striking of cutting
　前芽接 Budding in the canes
提蘭丁 Tillantin
換盆 Repotting, Potting-on
　氣 Ventilation
　氣貯藏 Air-cooled storage
　氣機械 Ventilating machinery
散步園 Promenade
敞床植法 Open-bench method
　心式整枝 Open-centered training
　煮速製法 Open-kettle-one-period process
　煮緩製法 Slow open-kettle method

斑紋品種 Variegated variety
普通犁 Ordinary plow
通貯藏 Common storage
通壓條 Ordinary layering
通果樹栽培 Orcharding
最適溫度 Optimum temperature
朝開暮謝 Ephemeral
棚架整枝 Tana training
森林公園 Forest park
棕櫚類溫室 Palm house
植台 Bench
床 Bed
板 Planting board
樹節 Arbor day
物保護 Plant protection
物保護器 Plant protector
物刺激素 Phytohormone
物荷爾蒙 Phytohormone
棧木 Cross-bar, Crosstie
殘廢雌蕊 Defective pistil
餘藥劑 Spray residue
氰丸 Cyanegg
粉 Cyanogas
氮素固定 Nitrogen fixation
測濕器 Humidiguide
糖計 Saccharometer
鹽計 Salometer
溫床 Hotbed
溫室 Greenhouse
床區 Hotbed ground
床場 Hotbed ground
泉場 Hot-spring ground
室加溫 Greenhouse heating
室植物 Greenhouse plant
特式整枝 Winter's system
無核果 Seedless fruit
核性 Seedlessness
髯類 Apogon
土栽培 Soilless culture
性繁殖 Asexual propagation
效溫度 Ineffective temperature
配生殖 Apogamy
限花序 Indeterminate
種子性 Seedlessness
核品種 Seedless variety
酵飲料 Non-alcoholic beverage
鬚鳶尾 Apogoniris
胚乳種子 Exalbuminous seed
花果授粉 Caprification
番茄泥 Tomato puree (pulp)
茄醬 Tomato catsup (Catchup)
茄糊 Tomato paste
茄辣醬 Hot sauce
疏果 Fruit thinning
去 Thinning-out
剪 Thinning-out

疏果粒, Berry thinning
發汗 Sweating
芽 Germination
酵 Fermentation
芽力 Germinative energy (force)
芽值 Germination value
芽數 Germination number
芽率 Germination percent
芽量 Germinative capacity
育枝 Wood branch
育不全 Abortion, Abortive
根習性 Rooting habit
芽阻止 Delayed germination
芽延遲 Delayed germination
芽試驗 Germination test
酵飲料 Fermented beverage
酵蘋果汁 Fermented cider
酵熱溫床 Manure-heated hotbed
著色 Coloration
果枝 Fruit-bearing shoot
短果枝 Spur, Fruit spur
副枝 Offset
果枝群 Fruit-spur group
枝芽接 Twig budding
枝修剪 Spur pruning
梢修剪 Short-cane pruning
日性植物 Short day plant
硝化 Nitrification
硬盤 Hard-pan
實 Hard-seed
蠟 Hard wax
材插 Hardwood cutting
熟度 Hard-ripe stage
皮種子 Hard-coated seed
窗蓋 Sash
櫥園 Window garden
用花箱 Window box
蓋溫室 Sash house
窖室 Cellar
室園藝 Cellar gardening
等值暴露面 Equivalent-exposure
屋面溫室 Even-span house
紫外光玻璃 Ultra-violet transmitting
絕緣物 Insulatión material
結果 Fruitification
實 Fruitification
疤 Cicatrization
球 Heading
子性 Fertility
果枝 Bearing branch
果樹 Bearing tree
種子 Seeding
實性 Fruitfulness
子植株 Seeder
果母蔓 Cane

結果年齡 Bearing age
果習性 Bearing habit
果不良樹 Shy bearer
滅清病原 Asepsis
腋芽 Axillary bud
菸草茶 Tobacco-Tea
萌芽 Sprouting
萌壓 Stool layering
發試驗 Sprouting test
萎縮 Wilting
菲律麻 Raffia
菌磚 Spawn
菖蒲園 Iris garden
街道園 Street garden
補片芽接 Patch budding
裂殼性 Cracking quality
貯水池 Water-storage tank
藏性 Keeping quality
藏穴 Pit
藏窖 Storage cellar
藏期 Storage period
藏病害 Storage disorder
藏壽命 Storage life
藏前處理 Pre-storage treatment
超冷卻 Undercooling
一年生 Plurannual
距 Spur
進水管 Flow pipe
進氣窗 Intake ventilator
週期性 Periodicity
量樹規 Tree gage
當苗 Maiden
鈀 Harrow
間作 Intercropping
作物 Companion crop, Filler
歇殺菌 Intermittent sterilization
開花 Bloom; Blossom
綻 Breaking
掘 Trenching
汞 Calomel
縫鍬(鏟) Notching spade
張果窪 Flaring cavity
罐檢驗 Cut-out test
雄性 Staminate
花間生 Staminate sporadic
花常生 Staminate constant
蕊先熟 Protandry
性雌雄同株 Andromonoecious
集植 Massive planting
栽 Massive planting
體果 Collective fruit
合花壇 Grouping bed
約栽培 Intensive culture
順流乾燥法 Parallel-current system
髡枝 Pollarding
黃色素 Xanthophyll

黄色園 Yellow garden
黑矢 Black Arrow
葉四十 Black-Leaf 40

十三劃

催化酵素 Catalase
勢力 Vigor
圓柱形整枝 Fuseau training
頭形整枝 Round-headed training
錐形整枝 Pyramid training
屋面溫室 Curvilinear house
形十字路園 Circus
園 Garden; Hortus
丁 Gardener
門 Garden entrance
屋 Garden house
藝 Gardening, Horticulture
作物 Garden crop
藝学 Horticulture
内包装 Orchard packing
圃操作 Garden operation
產製造 Horticultural manufacture
藝製造 Horticultural manufacture
藝作物 Garden crop
藝用具 Garden tool
藝植物 Garden plant
藝學者 Horticulturist
藝專家 Horticulturist
園藝栽培家 Gardener
藝作物育種 Breeding garden crops
塔式乾燥器 Tower garden
廊蕪園 Piazza graden
塗幹 Tree banding
蜡 Waxing
漆罐 Lacquered can
幹劑 Tree tanglefoot
塊根 Tuberous root
莖 Tuber
莖芽 Ratoon, Rattoon
莖插 Tuber cutting
植法 Blocking; Block planting
填充物 Filling material
補孔穴 Filling cavity
嫌石灰植物 Lime-hater
廄肥 Manure
微酸性 Minimacid
鹼性 Minimalkaline
細種子 Fine seed
感染性 Susceptibility
意大利庭園 Italian garden
愛德可 Adco
播苗 Draw
搭接 Whittle grafting
新梢 New growth
生枝 New growth

新生鱗莖 Slab
暖冠 Hotkap
季作物 Warm-season crop
暑雲 Summer cloud
暈點 Areolar dot
極性 Polarity
畏寒 Very tender
業餘園藝 Amateur gardening
餘園藝家 Amateur gardener
楔接 Wedge grafting
溝栽 Trench transplanting
犁 Trench plow
壓 Trench layer
藏 Trench storage
溼一濕
滅蚧劑 Scalecide
蟻劑 Antrol
卵劑 Ovicide
草劑 Weed killer
滌果器(機) Fruit washer
準繩 Garden line
煤渣 Cinder
煮食菜類 Potherb
煙害 Gas injury
氣傷害 Gas injury
煙燻劑 Nico-Fume
管熱溫床 Flue-heated hotbed
筒式乾燥器 Tunnel drier
瓶藏 Bottling
水接 Bottle grafting
裝飲料 Bottled beve· ·ge
當年枝 Current growtn
年生長 Current growth
矮性 Dwarf character
化樹 Dwarf tree
性砧 Dwarf stock
性樹 Dwarf tree
化作用 Dwarfing effect
碎果器 Crusher
盆片 Potsherd
經濟品種 Commercial variety
濟果品 Commercial fruit
濟苗圃 Commercial nursery
濟園藝 Commercial gardening
腹接 Side grafting
縫線 Ventral suture
落花 Deflorating; Defloration
葉 Defoliating; Defoliation
果 Fruit drop
葉樹 Deciduous tree
葉果樹 Deciduous fruit-tree
葡萄乾 Raisin
萄學 Ampeliology
萄園 Grapery
萄記載 Ampeliograph
萄落果 Coulure

葉枝 Foliage shoot, Wood branch
插 Leaf cutting
耙 Leaf rake
球 Head
簇 Rosette
芽插 Leaf bud cutting
黃素 Xanthophyll
片診斷 Foliar diagnosis
萵芽小莖 Slip
裝瓶 Bottling
果容器 Fruit package
緣植物 Edging plant
過熟度 Over-ripe stage
酸性 Superacid
過氛 Aphine
運銷 Marketing
水管 Hose
物車 Conveyor
動場 Playing ground
輸性 Shipping quality
遊客業 Tourism
道旁販賣 Roadside marketing
旁種植 Avenue planting
鉤形芽接 Fork budding
鉛絲束縛 Wiring
隔年結果 Alternate bearing, Biennial bearing
稚型 Juvenile form
零餘子 Aerial tuber
電熱氣 Electric heater
化園藝 Electro-horticulture
氣栽培 Electroculture
氣溫床 Electric hotbed
氣熱溫床 Electric hotbed
預先冷却 Precooling
行加熱 Pre-heating
為處理 Preparatory treatment
飲料 Beverage
鼓風乾燥器 Forced-draft drier
鼠玉米 Rat corn

十四劃

偽果 False fruit
球根 Pseudo-bulb
完全花 Pseudo-hermaphrodite
劃一性 Uniformity
墊形植物 Cushion plant
壽命 Longevity
奧克新 Auxin
嫩莖 Spear
寄樹 Filler
對接 Splice grafting
照植物 Check plant
稱花壇 Parterre
腐敗 Putrefaction
蝕 Corrosion

腐草土 Grass mold
植質 Humus
葉土 Leaf mold
截短 Cutting-back, Heading-back
摺皺果底 Folded basin
摻入物 Filler, Blending material
摘心 Pinching
花 Deflorating
葉 Defoliating
標準 Standard
榨 Press
槌形插 Mallet cutting
滾壓器 Roller
滿播 Full seeding
漂白 Bleaching
蒸氣筒 Retort
氣鍋爐 Steam boiler
氣加溫器 Steam heater
氣去皮法 Steam peeling
氣雙重鍋 Steam-jacketed kettle
瑪司提卡 Mastica
蓋紙 Paper mulching
土物 Mulching material
草法 Sod mulch
土材料 Mulching material
碳氮關係 Carbon-nitrogen relation
碟形耙 Disc harrow
種 Species
種名 Specific name
蔓 Cane
子接 Seed grafting
生苗 Seedling
生砧 Seedling stock
子生產 Seed production
子生機 Seed vitality
子活力 Seed viability
子直感 Xenia
子採集 Seed collecting
子選育 Seed breeding
子檢驗 Seed testing
子貯藏 Seed storage
子處理 Seed treatment
子繁殖 Seeding
用甜菜 Steckling
苗目錄 Seed catalog
植深度 Depth of planting
蔓修剪 Cane pruning
子利用值 Utilization value of seed
苗圃藝學 Nursery gardening
窩爾克 Volk
管形芽接 Tubular budding
精剪 Fine pruning
製 Refining
網球場 Tennis court
目形整枝 Diamond training

緋色園 Pink garden
綠門 Arch
拱 Arch
廊 Pergola
籬 Hedge
材插 Greenwood cutting
熟度 Green-ripe stage
籬剪 Hedge shear
肥作物 Green-manure crop
筋白化 Frenching
葉菜類 Greens
葉植物 Greens
蔭兩道 Allée，Alley
籬植物 Hedge plant
聚合果 Aggregate fruit
瓠果 Pepo
蓄水力 Moisture-holding capacity
蒜瓣 Clove
蝕散 Scale-O
蜜餞 Preserve
源植物 Bee plant，Honey plant
餞櫻桃 Maraschino cherry
複果 Multiple fruit
芽 Compound bud
舌接 Double tongue grafting
式乾燥法 Combination system
輕剪 Light pruning
鬆土 Light soil
輕度修剪 Light pruning
遠心的 Centrifugal
市栽培 Truck farming
酸化 Acidification
敗 Flat souring
值 pH value
菜 Sauerkraut
性土 Acid soil
值表 pH value scale
土植物 Acid soil plant
銅粉製劑 Cupro-Jabonite
雌性 Pistillate
花常生 Pistillate constant
雄同株 Monoecious
雄異株 Dioecious
雄異花 Dicliny
蕊先熟 Protogyny
飴 Syrnp
飾皿 Ornamental vessel
杯 Vase
甕 Urn
用盆 Jardiniere
鳶尾園 Iris garden

十五劃

噴水 Spraying
泉 Fountain
壺 Watering can，Watering pot

噴水壺 Watering can, Watering pot
　霧 Spraying
　霧器 Sprayer
　布灌溉 Spray irrigation
增殖 Multiplication
　益作物 Catch crop
實裝法 Solid pack
層積 Stratification
廣場 Place
瘠地果樹 Heath-fruit
德利蘇 Derrisol
　拉柯紐 Driconure
播媒 Seeding medium
　種 Seeding
　種床 Seed bed, Seeding bed
　種器 Seeder
　種術 Seedage
　種期 Date of seeding
　種媒質 Seeding medium
　種淺盆 Seed-pan
　種疏密 Thickness of planting
　種繁殖 Seeding
　前處理 Pre-sowing treatment
撚枝 Twisting
撒播 Broadcasting, Broadcast seeding
　弗浪 Sulforon
　粉器 Duster
　粉 Dusting
整地 Soil preparation
　枝 Training
　枝剪 Pruning shear
　枝鋸 Pruning sow
　枝鐮 Pruning hoot
暫時性苗圃 Temporary nursery
　時性溫床 Temporary hotbed
標準 Standard
　準盆 Standard pot
　準等級 Standard grade
模型庭園 Model garden
樂瑪 Loma
漿果 Bacca, Berry, Berry fruit
澄清 Clarification
　清劑 Fining material
澀味(質) Astrigency
澆水 Watering
潛芽 Latent bud
熱裝 Hot-pack
　水槽 Hot-water bath
　水鍋爐 Hot-water boiler
　用接蠟 Melted wax, Warm-mastic wax
　地植物 Tropical plant
　帶植物 Tropical plant
　水加溫器 Hot-water heater
　帶果樹栽培 Tropical fruit culture
節間短小 Court-noué

箱栽 Boxing
　裝法 Packing in box
膠素 Pectin
　單寧法 Gelatin-tannin process
蔓 Vine
　性果樹 Vine fruit
蔬菜園 Vegetable garden
　菜促成 Vegetable forcing
　菜栽培 Vegetable growing
　菜展覽 Vegetable show
　菜園藝 Vegetable gardening
　菜品種分類學 Systematic olericulture
葫黃素 Carotene, Carotin
蔭棚 Pergola
　蔽 Shading
　地園 Shady garden
　地花境 Shady border
蓮池 Lily pool
　園 Lily garden
調和 Harmony
　製 Curing
蛉母金柑 Limequat
踏腳石 Stepping stone
輪作 Rotation
　栽 Rotation
　鋤中耕器 Wheel-hoe cultivator
遲熟 Delayed maturity
遮蔭 Shading
適溫 Optimum temperature
　度成熟 Optimum ripeness
　度修剪 Moderate pruning
醋酸發酵 Acetic fermentation
醃漬品 Pickled product
銹色果窪 Russeted cavity
銲封法 Solder sealing
　封罐 Solder-top can
　鑞器 Soldering apparatus
　鑞封罐法 Solder sealing
鋅鈣合劑 Zinc-Lime
鋪石路 Paved path (walk)
　石園 Paved garden
　砂路 Gravelled path
　草皮 Turfing
　草路 Grass walk
　石植物 Paving plant
鋤地 Hoeing
靠接 Grafting by approach, Inarching
　壁整枝 Wall training
鞍接 Saddle grafting
　植 Mound planting
齒線碟形耙 Cutaway harrow

十六劃

壁泉 Wall fountain

壁窗 Wall ventilator
　龕 Niche
　栽植物 Walling plant
學校園 School garden
導熱 Radiation
　熱面 Radiating surface
嫌土 Tired soil
樹冠 Crown
　瘤 Burl
　木園 Arboretum
　莓類 Bramble
　膠把 Gum Finger
　下栽植 Underplanting
　木外科 Tree surgery
　木修補 Tree repair
　冠修剪 Top pruning
擦傷 Notching
橋接 Bridge grafting
燙泡 Scalding
　漂 Blanching, Scalding
　漂器 Blancher
營養苗 Clon; Clone
　養期 Vegetative stage
　養生長 Vegetative growth
　養器官 Vegetative organ
　養繁殖 Vegetative propagation
盤尼純爾 Penetrol
磚裝法 Brick pack
築坡 Banking
　山庭 Hill garden
　梯田 Terracing
　露壇 Terracing
糖果 Fruit candy
　液 Syrup
　製果乾 Candied fruit
　酸比率 Sugar-acid ratio
縛枝 Bracing, Bolting tree
　線 Wiring
膨脹 Swelling
芻窪 Basin
蕃殖 Multiplication, Propagation
衛生罐 Sanitary can
親蔓 Arm
踵狀插 Heel-cutting
輻射 Radiation
　射面 Radiation
輸出栽培 Truck gardening
鄧痕法 Scoring
錐形栽植法 Cone planting method
鋼耙 Steel rake
霍摩丁 Hormodin A
靜止果汁 Still juice
頭狀花 Head
　狀修剪 Head pruning
養花房 Conservatory
　花家 Florist

骸碳 Spodium

十七劃

優型樹 Accent plant, Specimen tree
壓枝 Layer
　條 Layering, Layer
　條術 Layerage, Marcottage
　搾器 Press
　溝板 Marking board
　力測果器 Pressure tester
賽珞凡 Cellophane
　雷散 Ceresan
擬古式 Classic style
濕地園 Bog garden
　藏法 Wet storage
牆壁園 Wall garden
環剝 Girdling, Ringing
　縊 Girdling, Ringing
　狀芽接 Ring budding
　狀剝皮 Ringing
簍裝法 Packing in basket
糞叉 Manure fork
繁殖 Propagation
　殖木框 Propagating frame
　殖苗圃 Propagating nursery
　殖溫室 Propagating house
　殖植台 Propagating bench
　殖器官 Phyton

縫栽法 Slit planting
縱傷 Stripping
　切法 Cross-cutting method
翼牆 Wing wall
薔薇果 Hip
　薇柱 Rose post
　薇盆 Rose pot
　薇園 Rose garden
薄片乾燥法 Flake process
趨光 Heliotropic
醣氮比率 Carbohydrate-nitrogen ratio
醚類處理 Etherization
鍬 Spade
隱芽 Latent bud
　花果 Syconium
　蘇腊特 Insulite
　蘇來克斯 Insulex
霜害 Frost injury
鴿舍 Dovecot, Dovecote
黏土 Clayey soil
　核 Clingstone
　重土 Heavy soil
　着劑 Sticker
點播 Dibbling

十八劃

叢狀根 Fasciculated root

叢性果樹 Bush fruit
擺搖式洒水器 Oscillating sprinkler
斷根 Root pruning
檸檬汁法 Lemon-juice method
瀑布 Water-fall
濾媒 Filter medium
　榨 Filter press
燻氣 Fumigation
　蒸 Fumigation
　硫 Sulfuring
　硫室 Sulfur house
　硫箱 Sulfur box
癒合 Healing
蟲媒 Entomophilous
薯茄雜種 Pemeto
藍圖 Blue print
　色園 Blue garden
職業園藝家 Professional gardener
覆盤法 Inverted-pan method
　蓋栽培 Culture under-glass
豐產 Heavy bearing, Heavy cropping
　產種 Heavy bearer
　產樹 Heavy bearer
雜交 Crossing, Hybridization
　交種 Hybrid
　種性 Hybridity
　交不孕 Cross-infertile
　交不實 Cross-unfruitful
雜交可孕 Cross-fertile
　交孕性 Cross-fertility
　交結子 Cross-fertile
　交授粉 Cross-pollination
　種優勢 Hybrid-vigor, Heterosis
　交不孕性 Cross-sterility
　交不實性 Cross-unfruitfulness
　交不結子 Cross-sterile
　交和合性 Cross-compatibility
　交結子性 Cróss-fertility
　交結實性 Cross-fruitfulness
　交不和合性 Cross-incompatibility
　交不結子性 Cross-sterility
　性雌雄異株 Polygamo-dioecious
雛型園 Miniature garden
雙面床 Double-sash bed
　捲邊 Double seaming
　層盆 Double pot
　命名法 Binomial nomenclature
　料玻璃 Double-thick glass
　塗漆罐 Double-lacquered can
　層窗蓋 Double-glazed sash
　U形整枝 Double-U training
　屋面溫室 Even-span house
騎接 Saddle grafting
鬆鱗莖 Scaly bulb

十九劃

穩定劑 Stabilizer
攀緣莖 Liana
籬架 Treillage
繫樹 Guying tree
羅古 Loro
藥草園 Herb garden
　用植物 Medicinal plant
譚紀羅 Tangelo
邊境種植 Boundary planting
鏟形芽接 Spade budding
離皮 Free skin
　核 Freestone
　果 Schizocarp
　心的 Centrifugal
　基果心 Distant core

二十劃

壤土 Loamy soil
嚴霜 Killing frost
懸園 Hanging garden
　籃 Hanging basket
欄杆 Balustrade
爐柵式整枝 Gridiron training
礦質土 Mineral soil
籃 Basket
　壓 Basket layering
　裝法 Packing in basket
　栽植物 Basket plant

蘋果汁 Cider
　果類 Pippin
觸殺劑 Contact insecticide
鐘罩園藝 Cloche gardening

二十一劃

屬 Genus
　名 Generic name
櫻草園 Primrose garden
灌水 Watering
　溉 Irrigation
　叢 Shrubbery
　木花境 Shrub border
蓋岳特式修剪 Guyot pruning
蘭諾林 Lanolin
　花溫室 Orchid house
蠟線 Wax string
　帶 Wax bandage
襯紙 Lining paper
護樹板 Tree guard
　傷劑 Wound dressing
鐵絲接 Wire grafting
　司基持 Teskit
　紗烘盤 Screen tray
　管架溫室 Pipe-frame house
鐮(鐮刀) Sickle
露壇 Terrace
　壇園 Terrace garden

露地栽培 Culture in the open, Out-door growing
　地貯藏 Field storage
　地播種 Out-door sowing
　根栽植 Bare-root planting

二十二劃

彎脚規 Caliper
瓣 Section
　囊 Envelope
疊置 Stacking
籠 Basket
鬚刺 Glochid

二十三劃

巖石園 Rock garden
　石花境 Rock border
　石植物 Rock plant
纖維濾器 Pulp filter
變種 Variety
　酸 Flat souring
驗罐濃度 Cut-out concentration
體砧 Body stock
鱗莖 Bulb
　片插 Scale cutting
　片鱗莖 Scaly bulb

二十四劃

罐災 Stack burning
　頭 Canned product
　藏 Canning
　藏品 Canned product
　頭果實 Canned fruit
　頭製造 Canning
　頭食品 Tinned food
　頭蔬菜 Canned vegetable
　頭封口 Sealing
　藏熟度 Canning-ripe stage
　頭真空測定器 Can vacuum teste
　藏用作物栽培 Canning crop production
釀熱物 Ferment material
　造性 Wine quality
　熱物溫床 Manure-heated hotbed
鹼性土 Alkali soil
　土植物 Alkali soil plant
鹽液 Brine
　土植物 Halophyte, Salt plant

二十五劃

籬形整枝 Espalier training
觀賞草 Ornamental grass
　花灌木 Flowering shrub
　葉植物 Foliage plant
　賞園藝 Ornamental horticulture
　賞樹木 Ornamental tree and sh

rub

鑲接 Veneer grafting

片芽接 Flute budding

合靠接 Inarching by veneering

鑲合腹接 Side veneer grafting

二十九劃

鬱金香園 Tulip garden

園藝害蟲防治法

高橋獎 著

中華書局

民國三十八年

農業叢書
園藝害蟲防治法
高橋奬著
鍾德華譯
中華書局印行

農業叢書

園藝害蟲防治法

高橋奬著
鍾德華譯

中華書局印行

松赤翅葉捲蛾及其爲害枝

枯死枝

被害果球中之蛹

綴着之糞

成蟲（三倍弱）

幼蟲（五倍弱）

卵（十倍大）

蛹（三倍半大）

被食之髓

（園藝害蟲防治法卷首插圖前）

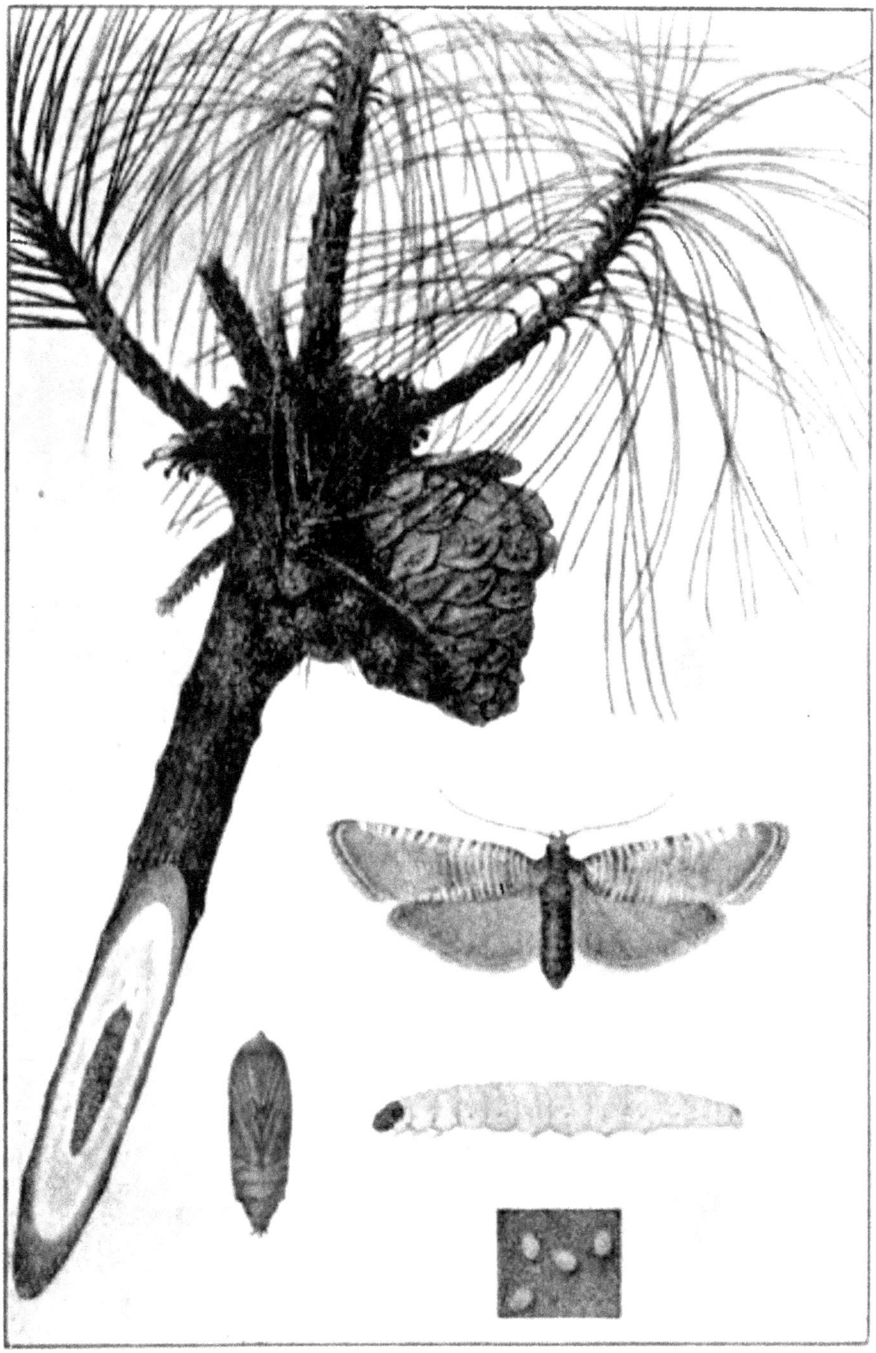

農業叢書總編例（續）

一、本叢書供經營農場、研究農業者閱讀，或農林、蠶專科及大學教本，或農業學校教員及農業行政及農業推廣人員參考之用。

一、本叢書取材以中國固有者及各農業機關研究報告為主。

一、關於自然科學上之專門名詞及術語，以教育部最近公布之名詞表為準，間有部頒名詞表未曾收入者，則照已通行者，或暫定新名而註原名於下，以便查考。

一、本叢書度量衡以標準制或市用制為主，有時因習慣上關係，則仍用舊制；若為採錄外國研究報告，以作參證時，為免除換算困難畸零起見，則仍用各該國原有度量衡。茲錄各種度量衡與標準制比較表於下，以便換算。

各種制別	合標準制
市	
一市分（一〇市釐、一〇〇市毫）	$\frac{1}{3}$公分(cm.)
一市尺（一〇市寸、一〇〇市分）	$\frac{1}{3}$公尺（〇·三三三三公尺）
一市里（一五市引、一五〇市丈、一五〇〇市尺）	$\frac{1}{2}$公里（五〇〇公尺）
一平方市尺（一〇〇平方市寸）	$\frac{1}{9}$平方公尺（〇·一一一一平方公尺）
一平方市里（二二五平方市引、二二五〇〇平方市丈、二二五〇〇〇〇平方市尺）	〇·二五平方公里

市用制	一市畝（六〇〇〇平方市尺、一〇市分、一〇〇市釐、一〇〇〇市毫）	六·六六六七公畝（即公畝三分之二十）
	一市頃（六〇〇〇〇〇平方市尺、一〇〇市畝）	六·六六六七公頃
	一立方市尺（一〇〇〇立方市寸）	$\frac{1}{27}$立方公尺（〇·〇三七〇立方公尺）
	一市撮（二七立方市分）	一公撮(ml.)
	一市升（二七立方市寸、一〇市合、一〇〇市勺、一〇〇〇市撮）	一公升(l.)
	一市石（二·七立方市尺、一〇市斗、一〇〇市升）	一公石(Hl.)
	一市兩（一〇市錢、一〇〇市分、一〇〇〇市釐、一〇〇〇〇市毫、一〇〇〇〇〇市絲）	〇·三一二五公兩(Hg.)、三一·二五公分(g.)
	一市斤（一六市兩、一六〇市錢）	〇·五公斤(Kg.)、五〇〇公分(g.)
	一市擔（一〇〇市斤）	〇·五公擔(Q)五〇公斤
舊營造庫	一舊營造分（一〇舊營造釐、一〇〇舊營造毫）	〇·三二公分
	一舊營造尺（一〇舊營造寸、一〇〇舊營造分）	〇·三二公尺
	一舊營造里（一八舊營造引、一八〇舊營造丈、一八〇〇舊營造尺）	〇·五七六公里（五七六公尺）
	一平方舊營造尺（一〇〇平方舊營造寸）	〇·一〇二四平方公尺
	一平方舊營造里（三二四〇〇平方舊營造丈、三二四〇〇〇〇平方舊營造尺）	〇·三三一八平方公里
	一舊營造畝（六〇〇〇平方舊營造尺、一〇舊營造分、一〇〇舊營造釐、一〇〇〇舊營造毫）	六·一四四公畝
	一舊營造頃（六〇〇〇〇〇平方舊營造尺、一〇〇舊營造畝）	六·一四四公頃
	一立方舊營造尺（一〇〇〇立方舊營造寸）	〇·〇三二八立方公尺

（續）

平制	
一舊營造勺（〇・三一六立方舊營造寸）	一・〇三五五公勺
一舊營造升（三一・六立方舊營造寸一〇舊營造合、一〇〇舊營造勺）	一・〇三五五公升
一舊營造石（三・一六立方舊營造尺、一〇舊營造斗、一〇〇舊營造升）	一・〇三五五公石
一舊庫平兩（一〇舊庫平錢、一〇〇舊庫平分、一〇〇〇舊庫平釐、一〇〇〇〇舊庫平毫）	〇・三七三〇一公兩(Hg.)、三七・三〇一公分(g.)
一舊庫平斤（一六舊庫平兩、一六〇舊庫平錢）	〇・五九六八公斤(kg.)、五九六・八一六公分(g.)

英制	
一英寸（一〇〇〇密爾）	二五・四公釐
一英尺（一二英寸、1/3英碼）	〇・三〇四八公尺
一英里（一七六〇英碼五二八〇英尺）	一・六〇九三公里一六〇九・三四四公尺
一平方英尺（一四四平方英寸）	〇・〇九二九平方公尺
一平方英里（三〇九七六〇〇平方英碼、二七八七八四〇〇平方英尺）	二・五九〇〇平方公里
一英畝（四八四〇平方英碼四三五六〇平方英尺、四路得）	四〇・四六八公畝
一立方英尺（一七二八立方英寸）	〇・〇二八三立方公尺
一英品脫（四英及爾）	〇・五六八二公升，五・六八二五公合
一英加侖（二七七・二七四立方英寸、四瓜脫、八品脫、三二及爾一六〇液體溫司）	四・五四六〇公升
一英浦式耳（四潑克、八加侖）	三・六三六八公斗
一英常磅（一六溫司、二五六打蘭、七〇〇〇克冷、一・二一五三英金磅）	〇・四五三六公斤四五三・五九二四公分
一英金磅（一二英脫來溫司、五七六〇克冷、〇・八二二九英常磅）	〇・三七三二公斤、三七三・二四一八公分

（續）

一英噸（二〇英擔、八〇英瓜他、二二四英常磅）	一・〇一六〇公噸、一〇一六・〇四七〇公斤
日制	
一日尺（一〇日寸）	〇・三〇三〇公尺
一日里（一二九六〇日尺）	三・九二七三公里
一平方日尺（一〇〇平方日寸）	〇・〇九一八平方公尺
一平方日里	一五・四二三七平方公里
一日畝（三〇日步）	〇・九九一七公畝
一立方日尺（一〇〇〇立方日寸）	〇・〇二七八立方公尺
一日升（一〇日合）	一・八〇三九公升
一日石（一〇日斗）	一・八〇三九公石
一日匁（一〇日分）	三・七五公分
一日斤（一六〇日匁）	〇・六公斤
一日貫（六・二五日斤）	三・七五公斤

各種制別合制

標準制	市用制	舊營造庫平制	英制	日制
一公分	三市分	三・一二五舊營造分	〇・三九三七英寸	
一公尺	三市尺	三・一二五舊營造尺	三・二八〇八英尺	三・三日尺
一公里	二市里	一・七三六一舊營造里	〇・六二一四英里	
一平方公尺	九平方市尺	九・七六五六平方舊營造尺	一〇・七六三九平方英尺	
一平方公里	四平方市里	三・〇一四一平方舊營造里	〇・三八六一平方英里	
一公畝	〇・一五市畝	〇・一六二八舊營造畝	〇・〇二四七英畝	
一公頃	〇・一五市頃	〇・一六二八舊營造頃	二・四七一一英畝	
一立方公尺	二七立方市尺	三〇・五一七六立方舊營造尺	三五・三一六六立方英尺	
一公撮	一市撮	〇・〇九六六舊營造勺	〇・〇〇七〇英及爾	

（続）

(續)

一公升	一市升	○・九六五七舊營造升	○・二二〇〇英加侖	○・五五四四日升
一公石	一市石	○・九六五七舊營造石	二一・九九七五英加侖	
一公分	三・二市分	二・六八〇九舊庫平分	一五 四三二四英克冷	
一公斤	二市斤	一 六七五六舊庫平斤	二 二〇四六英常磅	○・二六六七日貫
一公噸	二〇市擔	一六七五・五五八三舊庫平斤	○・九八四二英噸	

一、溫度以攝氏爲主;亦有爲通俗起見間用華氏。

一、本叢書書末均附有中西名詞索引,俾便閱者查考。

（缺）

譯者弁言

從事園藝業者最感困難之點，卽爲對於病蟲害應如何驅除預防。在驅除預防上最感困難者，卽爲對於病蟲害之情形不能明白。對於病蟲害之情形既不能明白，則無論如何亦不能實行驅除預防之方法。

爲解除此等困難起見，本書將蔬菜之最重要害蟲五十餘種，果樹之最重要害蟲約七十餘種，庭園植物之最重要害蟲五十餘種，一一由實物寫生，共載圖版三百三十餘幅。又每種害蟲之生活情形及驅除預防法，亦有詳細之敍述。如此則任何人將自己蔬菜園果樹園及庭園植物上所發生之害蟲取來對照，卽可知其爲何種害蟲，而同時亦可明瞭最實際之驅除預防法也。

本書由日本高橋奬著之園藝害蟲驅除預防法迻譯，（昭和六年再版本）對於初學昆蟲之人，有極大之幫助，可充作普通園藝害蟲之教本或參考書，且爲經營園藝業者所必備。

本書所有括號內之註釋，爲譯者之補充。藥劑方面之度量衡，凡未說明公制或歐美制者，一律以市制爲標準。其計算面積及長度等之數目，大多數爲差近似之數目，並非絕對之準確數。所用之溫度表，以攝氏爲標準。比重計以波美氏計（Baumésscale）爲標準。

民國二十四年六月鍾德華完稿於埔中

園藝害蟲防治法目次

第六章　害蟲之預防法……（三四）

第四編　庭園植物之害蟲……（二六三）

園藝害蟲防治法

第一編　總說

第一章　緒言

吾人如欲通曉害蟲之驅除預防方法，必先明白何謂害蟲。普通所謂害蟲，僅指爲害吾人所栽培之作物之昆蟲而言，惟有時亦包括蜘蛛及其他若干種之動物在內。所謂昆蟲者，乃有變態之下等動物，其充分成長後之蟲體，頭、胸、腹三部分明，且胸部大多數具有二對翅及三對足。昆蟲類中，有並不爲害作物而爲害家畜及人體者，此等昆蟲吾人亦稱爲害蟲。日本產之害蟲種類與農作物有關係者，約有一千五百餘種，其中重要者有三百餘種。與庭園植物有關係者約有五百餘種，其中重要者有六十餘種。本書將其中最重要者一百八十餘種，一一說明之。

第二章 害蟲之形態

害蟲之形態與害蟲之形狀其義相同。一般害蟲之形狀，依變態時期而不同。惟至成蟲時期，無論如何，其頭、胸、腹三部總能區別，不過在未成長時，有種種形狀而已。茲述變態時期之形狀於次。

第一節 成蟲

成蟲卽蟲體完全成長之意，普通亦稱親蟲，全體分頭、胸、腹三部。

一、頭部 頭部附在蟲體之最前端，上有眼、觸角及口器。眼生在頭之左右兩側，若用廓大鏡觀之，則見其由無數小眼集合而成，故在學術上稱爲複眼。此外若取蜂或蜻蛉觀之，則見其頭頂上有三個發光之玉石樣器官，排成三角形，是謂單眼。此兩者均用以視察物體，惟前者主看遠方，後者主看近處。其次頭部有觸角一對，或長或短，隨昆蟲之種類而異，惟無論其長短，對於物體均有觸覺作用。其次頭部有口，口分兩種：(一)咀嚼口，(二)吸收口，其構造完全不同，此在驅除預防上有極大關係。具咀嚼口之昆蟲如蝗，當其攝取食物時能行咀嚼作用，上唇及下唇與吾人之口無大差異，左右兩方且具堅固之上顎，恰似吾人之齒牙。因其生在左右兩方，故害蟲取食時，無論如何都不能上下咀嚼而爲左右咬嚙。兩上顎之下方又有下顎，此下顎質較柔軟，其作用在幫助上顎嚙取食物。

具吸收口之昆蟲如蟬，其口之形狀與前種嚙食之咀嚼口完全不同，其口器呈棒狀，不能嚙食，只能刺入作物體內吸收液汁。其構造無上唇，左右之上下顎改變形狀而生成四枚針狀物，下唇延長如棒狀，將此四枚針狀物包着，外觀頗似一枚針。

害蟲之口器既有兩種，故實施驅除預防時，必先辨別害蟲口器之種類。凡驅除有咀嚼口之蟲類，須將毒劑撒布於作物體上，害蟲初雖因毒而不食，至饑餓之時，終必取食而死。具吸收口之害蟲，乃吸收作物體內之養液爲生，故雖作物外部有毒藥，與彼毫無影響。因此對於具吸收口器之害蟲，若不使用接觸劑，則不能達驅除之目的。

二、胸部　胸部占居全體之中央部，可分前胸、中胸、後胸三部。若由背面視之，則前胸部不見有何附屬物，中胸及後胸部，則各具翅一對，在胸部三節之下面，則各生足一對，共六隻。中胸部之翅稱前翅，後胸部之翅稱後翅，蝶蛾類之翅較廣闊。將翅向左右伸長而計算其幅寬時稱爲展翅，可爲計算害蟲身體大小之標準。甲蟲類之前翅硬化，普通稱爲翅鞘。

三、腹部　腹部乃蟲體之最後部，由七節或十節合成，不具如胸部之翅與脚之附屬物，惟最後方具有肛門，又各節之兩側具有氣門，此乃用以呼吸空氣之小孔，胸部之中後二胸亦具之。前所述不能利用毒劑防治之吸收口害蟲，可利用此氣門，撒布其他接觸劑，使藥劑由此小孔侵入體內，以達驅除目的。

第二節 卵

害蟲中雖有不產卵而胎生幼蟲者，惟尚屬少數，大多數係產卵繁殖。此等卵與鳥類之卵無大差異，其形狀則依害蟲之種類而不同。

第三節 幼蟲

幼蟲乃從卵中生出，大體上可別爲兩種：一爲幼蟲以後卽變成蟲者，因此其形狀與成蟲無大差異，僅形體細小而無翅，至成長時則從胸部長出翅之痕跡，此乃幼蟲最簡單之形狀。二爲幼蟲以後化成蛹，再後化爲成蟲者，其各時期形狀完全不同。若以蠶爲例，則極易明白，蠶蛾之身體可分頭、胸、腹三部，而其幼蟲身體，則僅能分頭部和胴部，茲分別說明於下：

一、頭部　頭部爲蟲體之最前方，具有與成蟲同樣之眼、觸角及口，惟眼係左右兩側之單眼，其數依害蟲而不同，約有一至八個，複眼則欠缺。其觸角亦非肉眼所能明辨。其咀嚼口之構造與成蟲者無大差異，惟上顎頗發達，是因幼蟲時代須食多量食物之故。

二、胴部　若與成蟲作比較，則胴部乃由胸部與腹部合成，胴部普通由十二個環節合成，腹面有脚，兩側有氣門。脚、若以蠶爲例而說明之，則最前三對爲胸脚，第四、五兩節無脚，第六、七、八、九四節之四對爲腹脚，第十及十一兩節無脚，第十二節（即尾節）有一對脚稱爲尾脚。然如「鐵砲蟲」（即天牛之幼蟲）一類之幼蟲，因在樹枝或樹幹內生活，故完全無脚。又如蛆類則不但無脚，連頭部亦不甚清楚。

其次是氣門，氣門除第二、第三、第十及第十一各節欠缺外，其餘各節之兩側都具之（每節一對，分生兩側），此種氣門之功用與成蟲者同，亦用以呼吸空氣。吾人可利用此氣門應用驅除劑中之接觸劑以殺幼蟲。又可利用其咀嚼口，應用驅除劑中之毒劑，以毒幼蟲。其原理與成蟲之用接觸劑與毒劑驅除者無大差異。

第四節　蛹

試以蠶爲例，則蛹之全體宛似花生米，頭部之眼、胸部之脚及翅等之痕跡皆極清楚。此時期爲蟲之休眠時代，故不攝取食物。又因此時不活動，故腹部兩側之氣門亦不營呼吸。

第三章　害蟲之經過

所謂害蟲之經過，似指害蟲由卵而幼蟲而蛹而成蟲之變化情形，但此係單指其變化而言，其變化在冬天如何？春天如何？夏天如何？秋天如何？若從季節上觀察，則蟲體依各季節而有不同。吾人對於昆蟲由卵生長之順次變化，稱爲變態。由各季節觀察蟲之變化，稱爲經過。茲分別說明於下。

一、變態　變態之意義乃單指變化而言，此中可別爲三種：第一種稱爲不變態，由卵生出後雖有大小之區別，而已直接具有成蟲之形態而不復經變化，如本書內所述害瓜之「丸跳蟲」即其適例，此類之蟲極少。第二種稱爲不完全變態，此乃經卵及幼蟲後卽爲成蟲而不經蛹期，其幼蟲較成蟲小，多數缺翅，其餘各部與成蟲無異，此類害蟲包含稍多。第三種稱爲完全變態，卵、幼蟲、蛹、成蟲之四個時期皆能區別，此類之幼蟲與前述之不完全變態幼蟲之形狀完全不同，此類中包含大部分之害蟲。

二、經過　經過之意義乃表示上面所述之變化與季節之關係，卽指一年間之變態情形。若以蠶爲例說明之，則冬季以卵越年，明春孵化而爲幼蟲，五月間化蛹，後卽化爲成蟲而產卵，此卵經過夏季及秋季，經冬越年。若係二化性蠶，則五月間之成蟲爲第一代成蟲，其所產之卵更孵化而爲夏蠶，成長而爲蛹後，化爲第二代之成蟲。

如上所述害蟲，一年中不止發生一代，有二代或三代，更多者有五、六代或幾十代，蚜蟲即其著例，此蟲不產卵而胎生幼蟲，幼蟲由一星期起，多則約十日即長成，因此一年中能發生二、三十代。然亦有與此完全相反者，即有在一年內經一變態即止者，亦有經過二、三年始長爲成蟲者，例如蟬類，其中有生長至十數年始化爲成蟲者。

第四章　害蟲之習性

習性之意義與性質之意義相同。害蟲因種類之不同而異其食物，固不待言，卽其攝取食物之場所與取食之方法，亦有種種不同。又其生息場所亦各相異，有居在捲葉中者，有如「鐵砲蟲」之穿孔入樹枝樹幹中者，又有夜間喜集燈火者，或嗜食糖蜜者；反之有怕烟火，怕日光者，各蟲之性質各異。故吾人須依據上面所述之經過而求知害蟲發生之代數或時期，依其習性而作害蟲性質之調查，察出害蟲之弱點，而在最容易驅除之時期內，施行各種驅除預防之方法。

第五章 害蟲之驅除法

害蟲之驅除法，若詳細分別之，則可分成下述之十餘種。然其中最重要者，乃使用藥劑之一法，此使用藥劑之方法稱爲藥劑驅除法，其中有須特別注意者。茲述其主要之三種，且將其方法說明之。

一、藥劑之種類　驅除害蟲之藥劑雖有種種，從理論上分之，則僅有三種。

1. 接觸劑

2. 毒劑

3. 燻蒸劑

接觸劑係液體劑，若不接觸害蟲之身體，則毫無效力。進一步言，卽必須將藥液附着害蟲之氣門，若非塞着其氣門，或從此而浸透其體內，則決不能達殺蟲目的。害蟲之身體外觀雖呈柔軟之狀，然吾人所用之藥劑，決不會使害蟲身體腐蝕而死，在任何情況之下，皆須由氣門起作用。因此之故，此類藥劑必須具有黏着性與浸透性。又爲使藥液充分接着蟲體之故，其撒出液必須成爲細霧，又因蟲體有毛或黏液之故，若不將藥液強力噴射於蟲體則不易黏着，因此吾人撒佈藥液時必須使用噴霧器。

毒劑乃利用害蟲之口器，使毒藥與食物同時食入體內，中毒而死因此對於接觸劑所利用之氣門毫無關係。此類藥劑非有强毒不能達殺蟲目的，惟對人類亦有毒，故對於作物之食用部分或在收穫前之作物，都不可使用。其次使用藥劑時要使其平均撒在作物體上，否則害蟲仍在附着毒劑較少之部分食害。又若撒後遇雨，則藥劑易被雨水流洗而損失其效力，因此必須使之撒布平均，並加用附着劑，且使用時必須用噴霧器，使之强有力的附着作物。然液劑撒布方法，在山地取水不便，搬運大型噴霧器亦感困難，故近來有用撒粉器撒布粉劑之方法。此法頗稱便利，惟現尙在試驗時代，未達推廣時代。

燻蒸劑乃氣體劑，亦與接觸劑同由害蟲之氣門侵入體內以殺害蟲。此類氣體劑殺害蟲甚有效，卽使用上亦便利；惟對人體亦甚有害。

二、藥害　以上所述之藥劑，依作物之種類而使用，某種作物，有一次亦不能使用者，例如現在製出之多種藥劑，若使用於豆類之上，則豆類往往枯死。因此對於作物有藥害之藥劑一次都不可試用。然其他藥劑若製法不良，濃度不適，藥劑混合錯誤等，亦能生出藥害。製法不良如石油乳劑則石油分離。又砷酸鉛劑則從其石灰用量之多少而生藥害。濃度不適，如石灰硫黃合劑之濃厚者，對於一般柑橘類果樹都不能使用，但稀釋至波美(Baumé)比重計三度以下之藥劑則無大關係，在夏季若用○・五度之藥劑皆甚安全，此乃藥害與濃度關係之例。

其次為藥劑之混合，一種作物有同時發生一種以上之害蟲與病害者，若欲撒藥一次，使病蟲害各種都生效力，則勢必將一種以上之藥劑混合一處。然因混合之故，藥劑將起種種變化，因此不能不特別注意。茲將可混合與不可混合之藥劑表列如下：

原藥劑	可混合藥劑	不可混合藥劑
石油乳劑	除蟲菊粉 毒魚藤精 毒魚藤肥皂 硫酸菸鹼	鈉波爾多液 石灰波爾多液 石灰硫黃合劑 砒酸鉛 砒酸鈣 酪素石灰(Casein lime) 松脂合劑
石灰硫黃合劑	砒酸鉛 砒酸鈣 酪素石灰	毒魚藤肥皂 毒魚藤精 石灰波爾多液 銅肥皂液 石油乳劑 松脂合劑 肥皂

松脂合劑

- 除蟲菊粉
- 毒魚藤肥皂
- 硫酸菸鹼
- 煙草粉
- 毒魚藤精

- 石灰硫黃合劑
- 銅肥皂液
- 石灰波爾多液
- 砷酸鉛
- 砷酸鈣

石灰波爾多液

- 酪素石灰
- 砷酸鉛
- 砷酸鈣
- 硫酸菸鹼

- 石灰硫黃合劑
- 松脂合劑
- 石油乳劑
- 銅肥皂液

肥皂

- 除蟲菊粉
- 煙草粉
- 硫黃華

- 酪素石灰
- 石灰硫黃合劑
- 砷酸鉛
- 砷酸鈣

鈉波爾多液

- 除蟲菊粉
- 硫酸菸鹼

- 砷酸鉛
- 砷酸鈣
- 石灰硫黃合劑
- 石油乳劑
- 松脂合劑

- 砷酸鉛
- 砷酸鈣
- 石灰波爾多液
- 石灰硫黃合劑
- 松脂合劑
- 酪素石灰

銅肥皂液
- 除蟲菊粉
- 煙草粉
- 毒魚藤精
- 毒魚藤肥皂
- 硫酸菸鹼

可混合與不可混合之藥劑，大體如上述。本書專討論蟲害，故對於病害上使用之石灰波爾多液、鈉波爾多液、銅肥皂液等略而不述。

三、藥劑撒布曆　吾人對於害蟲之經過必須明白，何時最易驅除亦須清楚，因驅除法不僅討論藥劑之種類，其施用時期，亦極重要，故吾人應將適當之撒布藥劑時期規定，此種規定之適當撒布時期稱爲藥劑撒布曆。每年各種害蟲之發生，大概有一定時期，故可從此定出撒布曆。一年內害蟲發生代數之多少，第一代發生與次代發生之間隔，以及與他種病蟲害之關係，而規定混合藥劑等，實爲害蟲驅除上最應熟悉之點，規定藥劑撒布曆時，對此尤應注意。

以上關於重要藥劑之緊要事項已略說明，茲將藥劑與其他之驅除法，略述於次。

第一節　採卵法

此乃用以對付產卵成塊之害蟲如「二十八星瓢蟲」及「大二十八星瓢蟲」等之方法。其中，後者在馬鈴薯苗長至三、四寸時，卽齊出產卵，因此採卵塊與捕成蟲可同時舉行。又「夜盜蟲」亦多數產卵成塊，若實行此方法，每數日採卵二、三回，則亦有極大之效果。

第二節　潰殺法

此法可用以對付小形而羣居之害蟲，如蚜蟲等，可直接用指頭潰殺。「夜盜蟲」之初齡幼蟲亦羣居，因此採卵法與潰殺法可同時舉行。害蟲蕃殖不多之時，行此法最簡易。

第三節　燒却法

此法乃暴亂之方法，然因極簡易，故有時亦不能不利用之。例如「金毛蟲」之類初係羣生，其毛刺及吾人之皮膚後，皮膚卽起腫痛，若用火把向枝幹上毛蟲集合處燒之，則樹木不至枯死，而能達到驅除效果。又如「梅毛蟲」在枝之生出處作天幕而居，若用此法燒之，亦十分便利。

第四節 附取法

此法僅須利用勞力，而不須應用藥劑驅除法之各種準備，因此成爲各地方所必需利用之方法。其法乃將黏土放入碗中加水和油搓合之，將此搓成之黏土附在小棒之一端，卽可黏取「猿葉蟲」或「蕪菁蜂」等之害蟲。又在特別情形之下，可將膠黏物附在把柄上，用以黏取「蜜柑蠅」之成蟲。

第五節 搔落法

此法可用以驅除介殼蟲，當此蟲多數蕃殖之時雖不適用，若在少數發生之時則頗可應用，卽用竹刷等物將蟲搔落，搔落後卽不至再上昇爲害。此法尤宜用於角蠟蟲，此蟲在冬季以成熟之成蟲越冬，體面覆着厚蠟，故用任何藥劑亦不能完全驅除，在如此情形之下，則非用搔落法不可。

第六節 刺殺法

此法乃用以驅除食入樹幹之天牛幼蟲，法用小刀將食入口稍爲削大，次用銅鐵線將洞內害蟲刺殺，此法對於「利綠天牛」尤爲適用，因其食入孔正直，且孔必向上，故用銅鐵線刺殺法或其他方法，均甚簡便。

第七節　網羅法

此乃用捕蟲網捕殺之法，雖非對於多種害蟲都可使用，然若在夜間捕捉桃樹或葡萄樹上之「木葉蛾」類，則非用此法不可。此外對於一般害蟲亦可使用。網之構造，用大銅鐵線作成一尺五寸至二尺直徑大之圓形，縫以紗袋裝一把柄即成，紗袋應先洗滌，將糊質洗落使之柔軟，方可應用。

第八節　拂落法

害蟲受驚時常將身體捲縮落下，甲蟲類中有多數具此性質者，因此可在樹下敷設布類，將害蟲拂落其上而捕殺之。又作直徑約二尺大之洋鐵漏斗，使此漏斗恰能由頸上掛着而放在胸前，更在漏斗之下口裝一布袋，將此漏斗掛於頸上，將害蟲拂落其中，是卽拂落法，可用以驅除果樹之各種害蟲，尤宜於驅除害葡萄之各種甲蟲。又對於低矮作物，可用畚箕之類代替漏斗，拂落驅除。

第九節　誘殺法

此法有用燈火者，有使用糖蜜者，有利用隱伏場所者。用燈火者稱爲點火誘殺法，用以誘殺害梨、蘋果等之各種害蟲之成蟲。其法，作一直徑一尺五寸至二尺大之白鐵盆，入水其中，並加洋油少許，將盆掛於果樹園中，若有棚架則可掛在棚下，盆上放一盞方洋燈（註：燈火不必放在盆中，若將燈與盆一同掛空，亦無不可，且燈火離盆中水面不能過高或過低，普通約距水面一尺，因過高則害蟲不易落水，過低則火光被阻礙，即盆高亦不能超過五寸）。若在有電燈之地方，則用方洋燈之外殼，將電泡裝入即成。此際若無方洋燈之外殼玻璃，則害蟲雖能飛來，亦不易使之自行落水（害蟲飛來時必先碰着玻璃板，由此即自投水中），因此不易達誘殺目的。

其次爲使用糖蜜，此法稱糖蜜誘殺法，可用以驅除「夜盜蟲」或果樹之「食心蟲」「捲葉蟲」等。行此法時應先製成糖蜜，糖蜜之製法甚多，茲述兩種於下：

第一法 ｛酒三合 黃糖一斤 巴黎綠一錢 水八合

第二法 ｛酒八合 醋兩合 黑砂糖二斤 水三合

以上第一法，係將黃糖與巴黎綠加入水中，煮沸約三十分鐘，然後加酒，使成飴狀。第二法先將水和糖煮沸，使之溶解，然後將酒和醋加入即成。依照右式製成之物盛於鉢內，加以避雨裝置，放在野外高地上，或用鐵線掛於果樹園中。即可誘殺各種害蟲。又有一種方法，對於「梨小食心蟲」頗有效，其法將梨之果汁盛於大盆或碗缽中，掛於園內即成。但實行此法時，因當年之果實尚未結成，故必須將前年之果實善為貯藏，以供應用。此種果實榨汁盛入鉢或盆碗中後，則害蟲即來舐食，而落入液中死亡。

其次為利用隱伏場所，此法稱潛伏所誘殺法，例如對於「夜盜蟲」之成蟲，可取「血櫧」枝一類之多葉小枝，縣束於棒上豎立田間，則此為產卵而來之「夜盜蟲」成蟲，日間必潛伏其中，如此可用捕蟲網從下方套上捕而殺之。又「梨小食心蟲」或「桃食心蟲」等，須入樹之老皮下結繭，故若將棉花捲縛在樹幹上，則此等幼蟲必入其中作繭，此時可取下燒却之。

上述之各種誘殺法，雖各有效果，然尚不能將害蟲完全驅除，故必須與其他方法並用。

第十節　塡充法

此法又稱封入法，普通用以驅除「鐵砲蟲」。例如將除蟲菊粉之固塊，或百部根之切碎浸濕塊，由蟲糞排出孔塞入，將口密封，卽爲合用之適當方法。又近來用綿花黏着殺鼠劑封入，亦極有效。

第十一節 塗抹法

此法卽將後述各種接觸劑用毛刷塗布之法。一般接觸劑雖以撒布法爲主，但必先將藥劑稀釋，然後撒布，有時藥劑因濃厚之故而撒布困難，有不得不用塗抹法者，且有因撒布不經濟而必需用塗抹法者。

第十二節 注射法

此法卽將後述之各種接觸劑注射入「鐵砲蟲」所居之孔內之法，行此法時必須具特別之注射器，此器現在尚未知何處有專賣通常醫療用之注射藥液洗滌傷口之注射器，亦可使用。

第十三節 接觸劑撒布法

此乃撒布各種接觸劑之方法，爲現代驅除法中使用最廣之方法。故在此法施行之前，不可不先將各種接觸劑之種類與其使用器具略加說明。

原書缺頁

劑。又此原液須依害蟲之種類而稀釋撒布，普通都用十倍至四十倍之稀釋液。又此稀釋液不能保存，故稀釋後必須即日使用。

二、機械油乳劑 近來，在冬季用此劑以驅除頑强之介殼蟲，頗有效。

機械油	兩升
肥皂	六兩五錢
水	兩升

右式中之肥皂與石油乳劑中所用者同，機械油則種類甚多，可購用其中之B種或C種。其製法與前種同，即先將沸水放入洋鐵桶中，次加入切碎之肥皂，煮沸之，及肥皂溶解時，再將上述之機械油加入，用噴霧器强加攪拌。如此製成者爲原液，使用時亦須加水稀釋，普通在冬天可用十倍至十五倍之稀釋液，夏天則用四五十倍之稀釋液。

三、除蟲菊加用石油乳劑 此乃石油乳劑加用除蟲菊之藥劑，因其效力強大，故應用極廣。

石油	二升
除蟲菊粉	二兩六錢
肥皂	一兩六錢至二兩

水　　一升

調製此劑應先選擇除蟲菊粉，但目前對此尚不能應用極簡單之方法鑑定其良否，故須向有信用而負責之商店或販賣所購買。其不良之貨品，乃採取染料後殘餘之黃蘗皮之粉末混合物，甚至有參入米糠者，故購買時不能徒望價格低廉。既得優良之除蟲菊粉後，即照上述之分量先與石油混合密閉一晝夜以上，然後將浸出液取出，照上述之石油乳劑調製法調製之。但除蟲菊之成分若加強熱，則揮發而失却效力，故不可如石油乳劑之將石油加熱至攝氏七十度，僅可熱至微溫即止。如此則肥皂一方之溫度必需加高。次即將兩液混和，依照前述方法用噴霧器攪和之即成。此劑效力強大，故對於頑強之害蟲，使用二、三十倍之稀釋液即可，普通害蟲可使用五、六十倍之稀釋液。

四、六液　此乃除蟲菊加用石油乳劑之一種，其材料和製法，大體相同，不過分量稍有差別。

石油　　一合

除蟲菊粉　　一兩至一兩二錢

肥皂　　一兩二錢

水　　一升

五、肥皂合劑　此乃將肥皂溶解於水中之藥劑，其分量：沸水二升，肥皂四錢至七錢，此劑可用以驅除蚜蟲一類之軟弱害蟲。

六、除蟲菊肥皂合劑　此卽肥皂合劑中更加等量除蟲菊粉之混合劑，其效力强大而製法又簡單，故使用極廣。其製法先將肥皂液製成，再將除蟲菊粉與之混和，使之濕透，且需密閉一晝夜以上，使除蟲菊之成分完全浸出。

七、「毒魚藤(Derris)」肥皂合劑　此乃從南洋特產之「毒魚藤」樹根中採得之粉，用酒精浸出之物，將此物製成五十倍以至一百倍之溶液，更加肥皂一兩八錢至二兩四錢卽成。近時有「毒魚藤」肥皂出售，此肥皂一兩三錢至二兩六錢和粉末肥皂一兩三錢，加水二斗混合，卽可使用。但無粉末肥皂時，則溶解前述之肥皂代用亦可。近來粉末肥皂往往有不良品，故以不用爲安全。

八、「毒魚藤精(Neotone)」肥皂合劑　此「毒魚藤精」卽從毒魚藤樹根中抽出之物質，普通呈糊狀。「毒魚藤精」一磅，更加魚油肥皂二磅，可溶解於二石至四石之水中而製成藥劑。又近來有製成「毒魚藤精」肥皂者，乃右兩者之混合物，溶解於水中，亦可作成良好藥劑。卽「毒魚藤精」八錢和肥皂一兩六錢，水二斗溶解而成，開始溶解時可用沸水。對於頑强之害蟲，有將「毒魚藤精」之量增加者。

九、硫酸菸鹼(Nicotine sulphate)　此卽煙草中之菸鹼(Nicotine)用硫酸處理而成之物，普通含有百分之四十之菸鹼，市上售品呈暗褐色之油狀物，美國為此物主要製出所，近來日本亦能製出。

購入右述藥品，加以七、八百倍至二千倍之水稀釋之，卽可使用。惟每水一斗須更加一兩五錢肥皂。本劑驅除害蟲之成蟲幼蟲都有效，近來更知能驅除害蟲之卵，將來必用途日廣。本劑使用時，對吾人亦多少有毒，故不可不用布帛類掩覆口鼻。

一〇、石灰硫黃合劑　此劑有普通者與濃厚者之兩種。濃厚者，無特別設置則不易製造，故茲僅述其配合分量，而將普通者之製法述之於次：

	普通者	濃厚者
生石灰	一斤	五斤
硫黃華	一斤	十斤
水	二斗	二斗

調製此劑之法，先將水滴入生石灰內使之溶化，若有未溶化者，則放入沸水內，更加爐火燒煮，則必溶化，於是加入硫黃華使之融和，從上述分量之水中取出約二升，其餘者卽加入此融和之硫黃石灰內，放入鐵鍋中煮沸，並加攪拌，此時藥液必有黏着鍋之周圍而乾燥者，可卽將取出之二升水煮沸而加入一升，如此約煮四十分鐘，則藥液之顏色將從黃色而成小豆色，此時須再將其餘之

一升沸水加入，如此再煮二十分鐘，共煮一小時卽成。

如此製成之藥劑，若生石灰不純良，則有夾雜物，撒布時有阻塞噴霧器之噴口之虞，故須用粗布濾過。此液若用波美比重計測驗其比重，則約在三度至四度之間，在冬天則儘可用以撒布，對於驅除夏天之害蟲則不甚使用，其主要用途乃用以驅除蜣蝨，撒布時須稀釋至波美比重計約〇・五度。又原液在冬季使用時，主用於落葉樹，而不用於常綠樹，然在三度以下之稀釋液，則對於蜜柑一類之樹亦使用。

本劑可照上述方法，自己製造供用；但近來各地大都有優良之濃厚製品出售，故可視其品質價格如何而酌量購入使用。又在使用時此藥常染及手之皮膚，故須用橡皮手套。

一一、松香合劑　此乃因前述之石灰硫黃合劑原液，不便使用於常綠樹而製出之藥劑，其分量因種類而不同。茲分述於下，近來亦有特將此劑之濃厚液製出而販賣者。

	第一法	第二法
松香	十三兩	十三兩
氫氧化鈉	三兩三錢	十兩至十三兩
魚油	八勺至二合	—
水	二斗	二斗

此劑製法並無何種困難手續，先將水煮沸，其次投入苛性鈉溶解之，再將松香（或稱松脂松膠）加入並加熱，更加魚油即成。如此製出之藥劑，不能任意稀釋，常使用其原劑，但第二法不加魚油者則成濃厚劑，故使用時，冬天可稀釋至十倍至十五倍，夏天約三十倍。

第二目　使用藥劑之器具

撒布藥劑之器具爲噴霧器。此器爲必需之物，若無此器則決不足以言驅除害蟲。欲使藥劑完全有效，必須使其完全附着於害蟲體上，而害蟲體上蓋有毛或蠟質等足以阻礙藥液之附着物，故欲使藥劑附着於蟲體之氣門部，必須使藥液成爲細霧，强力噴注，方克有效，噴霧器卽爲達此目的之利器。

噴霧器種類極多，最簡單者爲手唧筒，其次爲車臺唧筒，再次爲動力唧筒。依其形狀之大小分之，則有用人手拉動者，有用馬車拉動者，有用汽車拉動者。就中國現狀而論，各地尚無大農組織，其所用噴霧器似以小型者爲合（註：目前中國對於噴霧器，恐尚無專門之製造所，譯者曾見浙江省昆蟲局機器部，有自製手提噴霧器發售，可供普通農事機關及農場等應用。以前實業部中央農業實驗所曾創製噴霧器兩種，極合實用）。

其次，唧筒在使用後，須洗滌乾淨善爲保存，使用時往往有橡皮管漏水及噴口阻塞等情事，因此不可不特別注意。

第十四節　毒劑撒布法

此法乃將各種毒劑仿照前述之接觸劑撒布法用噴霧器撒布者也。惟其目的不同，卽此藥劑不必接着害蟲身體，祇須撒布於作物體上，其初害蟲因有此毒劑而不食，其後食料漸缺乏，則必食此有毒作物而死滅，故其作用與前述之接觸劑撒布法必須接着蟲體者不同。因此撒藥時不須特別用噴霧器，實則不然，蓋藥劑撒布不均勻，則害蟲能覓無毒之部分食害。又葉之背面非用噴霧器不能撒到藥液，故欲將藥液充分撒布，使作物體不留無毒部分，則亦非使用噴霧器不可。其次應注意者，為毒劑對人體亦有毒，故對於作物直接供食用之部分不可使用，又將近收穫期之作物亦不可使用。茲將主要之毒劑，述之於次：

一、砒酸鉛　砒酸鉛為現代使用最廣之毒藥，乃工業製出品，故可直接由市上購入，依照下述分量配合使用。

砒酸鉛（粉狀）　一磅至一·五磅（糊狀者倍之）

酪素石灰　四兩至八兩

水　　　二石

製法　先將酪素石灰與砷酸鉛調合，其次用水混和，其中酪素石灰乃增加附着力及緩和藥害之物，但如梨樹，雖加用此物亦常依時期而仍有藥害，因此更有砷酸鉛加同量石灰而施用者，此名砷酸鉛石灰液。由最近實驗此液對於柑橘類之果實有傷害，極易使果實變黃變劣，故不能使用。

二、砷酸銅　此亦工業製造之販賣品，前述之砷酸鉛對於荳科植物，有生藥害而不能使用之缺點，本劑卽為除去此缺點而製出者，現尚在試驗時代。

三、巴黎綠(Paris green)　本劑可由工業製出，因其含有最多量之有毒砷素，故殺死害蟲亦最有效力。又因水溶性亞砷酸之含量稍多，易生藥害，故有不能普遍使用之缺點。防除馬鈴薯、葡萄等強固種類之病害而使用波爾多液時，每斗藥液可混用此藥一兩六錢，如此可得效力甚大。

四、札幌合劑　此劑使用時，與前種相同，卽常與波爾多液混和使用。市上並無工業製出品出售，須照下述分量自己製造。

亞砷酸　一斤
碳酸鈉　四斤

水　四升二合

製法　先將水煮沸，次將碳酸鈉加入溶解之，次再加入亞砷酸即成。如此製出者為原液，每波爾多液一斗約可用此液三勺，混和撒布。

第十五節　撒粉法

此法不分接觸劑與毒劑，前二法為液劑，用噴霧器撒布，此乃粉劑用撒粉器撒布，茲將藥劑與器具分述於下：

第一目　藥劑之種類

一、除蟲菊木灰　此乃將除蟲菊粉與木灰用一與十之比例混合，密閉一晝夜以上，使藥性浸入木灰而撒布之藥。但為附着良好之故，必須於朝露未乾時撒布。又除蟲菊每多不良之品，故不可不從有信用之商店購入優良品。

二、煙草粉　此乃煙店中特製之驅蟲用品。使用時可加入少量之石灰或硫黃華。其品質必需成為細粉狀，否則不易附着害蟲身體。

三砷酸鉛粉　此物與前節撒布法中所述者相同，自市上購來後，可直接用以撒布，為緩和藥害計，可加多量之石灰與酪素石灰等。

第二目　粉劑使用器具

一、撒粉器　撒粉器在中國尚少使用，故尚未見有國貨製品。聞實業部中央農業實驗所於最近期內，亦將製造，以便各方採用。除蟲菊木灰煙草粉等，尚可勉強用指頭作適宜之撒布，若用砒酸鉛粉之類，則不可不用此器具。

二、面套　若欲使用前述之粉劑，則此物亦爲必需品。且不僅在撒粉劑時應用，即撒布接觸劑中之硫酸菸鹼等時亦須用之。購買處可參閱附錄。

第十六節　燻蒸法

此法乃用氣體燻蒸者，主要者爲氰酸氣（氫氰酸），但有時亦有使用二硫化碳與氯化苦劑(Chloropicrin)者。

一、氰酸氣　此物用以驅除冬季介殼蟲爲主，在野外則以天幕覆着苗木面行燻蒸，但此法近來不多使用，主在燻蒸室或燻蒸箱中將苗木燻蒸。發生此氣之藥品分量，依空間而定，一千立方尺容積所需之分量如下：

	冬季	夏季
氰化鉀	八兩至九兩六錢	六兩四錢
硫酸	八兩至九兩六錢	六兩四錢
水	七百五十至九百立方公分	六百立方公分

調合以上之分量即可發生此氣體，但對於野外之樹木，則非準備天幕不可，此天幕須用厚布製成，宜用不漏氣之塗料塗過，製成袋形，量其高度及周圍，即可計算其容積。其次為燻蒸室，此室可用鐵架及水坭築成，並須再塗灰泥，其大小可任意。燻蒸箱為長形之箱，內容以三十立方尺或五十立方尺為最適用。

以上各物準備以後，若在野外，則將天幕蓋着樹木，四周用泥土壓緊，只須在一方留一放入藥品之餘地。若用燻蒸室或燻蒸箱時，則須先將苗木裝入。其次為氣體發生器，此器並非特別之器具，用陶器中之鉢類為最好。先將水放入鉢中，次將硫酸慢慢滴入（切勿將水倒入硫酸中），再次將塊狀氰化鉀碎成大豆狀之顆粒，用紙包之，然後投入硫酸水中，此際即立刻發生氣體。當此藥品放入以後，若所用者為天幕，則須將放入藥品部之天幕壓緊，若所用者為燻蒸室，則須立刻將門戶密封，若所用者為燻蒸箱，則藥品由箱下部之窗子放進去後，須速將窗子密封。

燻蒸時間為四十分至一小時。此種燻蒸法，當夏季用以驅除綿蟲時，則應將藥量減少，時間減至十五分至二十分。

二、二硫化碳　此乃用以驅除穀物害蟲，對於園藝害蟲之應用不廣，惟「豌豆象蟲」一類之穀物害蟲方可使用，對於一千立方尺之容積，可用液體二硫化碳三磅至五磅，時間二晝夜。此種藥品市上有出售，用法極簡易，將其倒入淺碟內放在高處，則直接生出氣體，不過此氣體引火性甚強，必須特別注意防火以免危險。

三、氰化苦劑　此藥品除與前種同樣使用外，對於土壤之消毒亦極有效力。

對豌豆種子使用時，一千立方尺之容積，用藥一磅，時間三晝夜，此氣體比二硫化碳難揮發，故必須倒在淺碟中。又此氣體雖無引火之危險，而其刺激性極烈，乃毒氣之一種，故作業須迅速，即少許亦不可吸入，為萬全計，則必須準備防毒氣的面罩。

其次為供土壤消毒用，主要者乃用以驅除病菌，然其兼能驅除害蟲殆可無疑。現在對於生活土壤中釀成大害者，如害甘藷之叩頭蟲，向無完全之驅除方法，若應用此法，則除經費外殆無何種問題，但若將此藥劑使用於因「紋羽病」而無甘薯收穫之土地中時，根據實地試驗之結果，十八平方尺未消毒之土地收穫量僅三十五斤十四兩，用此藥品消毒者則有九十斤十四兩之收穫，即約多三倍之利益。每畝約用一百磅藥，每磅價一元七角，故共約百七十元。此金額雖嫌過高，然此藥能驅除病害外，又能驅除地中各種害蟲，且消毒後，有效年限可持續十年，如此則每年不過十七元，使用方法，在栽培作物以前，先將田地各處用本棍插成孔穴，次將上述之分量分配注入，用泥埋好。對於地中害蟲及病害特多之地方尤宜注意此乃有效之驅除方法。此種藥品爲製成之商品，故無須調合，惟此乃毒藥，使用時不可不注意。

第十七節 益蟲利用法

世人大都過於信任益蟲之效力，每以爲保護益蟲之後，對於害蟲之驅除預防卽無須自己動手。然事實上卻不然，蓋原則上固可利用益蟲，實際上則可用以驅除害蟲者，必其蕃殖力比害蟲爲大，若不及害蟲則仍無效也。現今稱爲益蟲者雖甚多，然而不能發明食物，用人工使其自由自在蕃殖，故終不能用以驅除害蟲。具有天然優秀能力之益蟲，似僅有澳洲瓢蟲（Rodolia cardinalis, Muls.）對白條介殼蟲(Icerya Purchasi, Mask.)之一例。卽白條介殼蟲一年祇有二三代之蕃殖，而瓢蟲卻有八代之蕃殖。且此瓢蟲不食其他害蟲，專食此白條介殼蟲，故更爲有效。不知此理者，每以爲任何益蟲皆有驅除害蟲之效力，而侈談保護益蟲，是乃不着實際之談也（註：中國一般人尚不注意保護益蟲，益蟲雖不能完全代替吾人驅除害蟲，而其有助於吾人當可無疑，故吾人應加意保護之）。

第六章 害蟲之預防法

預防害蟲亦有種種方法，茲述其主要之十二種於次：

第一節 品種之選擇

蔬菜或果樹依品種之不同而有多害蟲與少害蟲之差異，故必須選擇其害蟲少之品種。然此少害蟲之品種，大都不是優良種，故又必須另行設法利用之。此卽砧木利用法，例如葡萄之根蚜蟲(Phylloxera)專寄生於葡萄根上，可用不被寄生之 Riparia，Rupestris 之類作砧木，又如「蘋果綿蟲」不寄生於「丸葉海棠」故可利用之作蘋果砧木。

第二節 土地之選定

土地之選定乃指土質及地形等對作物之關係。例如「種蠅」等多在重黏之土地發生。風光透通不良之果樹園，常爲多數害蟲發生之淵藪。又如猿葉蟲等在山地內，因有許多地方可作其冬季潛伏所，如石垣或草叢等，故在山地比平地發生多，又若在山地，新墾葡萄園，則在野生葡萄上生活之害蟲，皆將遷入園中爲害。

第三節　輪作

此法在果樹方面不能應用，然在蔬菜方面若每年栽同一之作物於一塊田地上，則害蟲將連年蕃殖，若行輪作，則因作物不同之故，害蟲卽不能蕃育。

第四節　栽培期之變更

在蔬菜方面，可在害蟲發生少之時候栽植，或延遲播種期。果樹方面之害蟲發生期，似不一致，可用品種選擇法處理之，若能選成熟期不一致之品種栽培，亦可免去被害。

第五節　施肥之注意

果樹施用氮質肥料過多時，則生徒長枝，蚜蟲類將盛行發生而無法抑制。又若在蔬菜園中使用不腐熟之人糞尿，則因其有臭氣之故，「種蠅」或「白粉蝶」之成蟲將麕集而產卵，其幼蟲亦將大形發生而釀成大害。

第六節　圃場之耕鋤

耕鋤圃場可以將土中害蟲之生活場所攪亂，因此可以防止害蟲蕃殖，若在冬季，則更可以使害蟲凍死，所以耕鋤對於各種害蟲之預防有極大之效果。

第七節　除草與清潔

園地內雜草繁盛之時，許多害蟲將潛伏其中，故須注意剷除雜草。又在果樹園中之落葉枯草等，亦為害蟲之棲息地，故亦當常常注意掃除。果實套袋用之紙片等，各種害蟲尤喜潛伏其中，故在冬季不可不仔細取除，務使果園清潔為要。

第八節　燻烟

普通害蟲皆有嫌烟之性質，尤以夜間來襲之「木葉蛾」或「金龜子」之類為甚，故在晚間若將鋸屑加少量硫黃華燻烟，可避免此類害蟲之侵襲。農家廚房後之葡萄，無論何時不致被害蟲食害者，即因有烟之故。燻烟之方法，將火油箱之蓋切開，放入前述之鋸屑與硫黃華，點火燃之放於果樹園中卽可。

第九節　整枝與剪定

果樹若任其自然生長，則樹枝錯雜叢集，害蟲可在其中發生或潛伏，若加以適宜之整枝與剪定，則除風光透通外，驅除蟲害亦甚便利，害蟲之發生遂亦減少。如「蘋果綿蟲」不若往時之多發生者，想卽近來施行剪定之故。

第十節　套袋

套袋乃現在果樹園中普遍施行之一種方法，其中雖有不能完全用以防止害蟲者，然大多數之害蟲可用此法預防，故不可不實行。袋之材料以新聞紙爲主，塗料則將胡麻油與石油照八比二之比例混合而成，塗過之袋須充分乾燥後方可使用。又有因害蟲之種類而用二重紙袋者，一重紙之袋，只可用一次。

第十一節　遮斷

當蔬菜園內之「夜盜蟲」發生極多，而有由他處轉移而來之趨勢時，可在田之周圍掘明溝以防止之，又在「猿葉蟲」發生之地方下種時，可在圃地之周圍用河砂作成小堤，如此則「猿葉蟲」決不能登越入內。又各種害蟲之幼蟲，有由甲樹移至乙樹者，若將各種膠黏物如塗膠(Tonglefoot)等塗在樹幹之周圍，則害蟲不能登越上昇。

註　各種之膠黏物，可用各種油類與松香等配合製成。因其爲油類，故不易乾燥，其種類甚多。總之以黏力強而不易乾固或流淌者爲上品。

第十二節　益蟲之利用

前節驅除法中所述之益蟲，乃將害蟲完全驅除爲目的而利用者，此節所述，則凡被認爲益蟲者，皆須保護。保護益蟲究竟有多少效果，則尙不明，吾人但須對於各種益蟲不事捕殺，而任其捕食害蟲，則無論如何，總有幾分利益，故愛護益蟲，亦爲預防害蟲之良法。

第二編　蔬菜之害蟲

第一章　萊菔及其他菜類之害蟲

萊菔及其他菜類之種數雖甚多，而其害蟲則大致相同。若將此等害蟲之種類全體估計，則約達四十餘種，其中爲害最大者，僅下述之十餘種。

第一節　夜盜蟲

此係雜食性之害蟲，對各種作物殆皆能爲害，蔬菜中對萊菔爲害最多，此外則依地方情形而不同，有對油菜、豌豆、大麻、烟草等爲大害者。

一、形態　成蟲爲中形之蛾，體長七分，展翅一寸四、五分，全體灰褐色，前翅有種種複雜之花紋，其中央有腎狀紋與圓紋，外緣有曲線。卵爲饅頭狀，初爲黃白色，後成黑色。幼蟲初齡全體綠色，四對腹脚中，前二對退化，故行動如尺蠖狀，三齡以後全體成黑色，背上附有黑紋斜狀線等，四對腹脚完全，故能作普通之步行，至充分成長時，長達一寸二、三分。蛹長約六、七分，色赤褐或濃褐。

第一圖　夜盜蟲

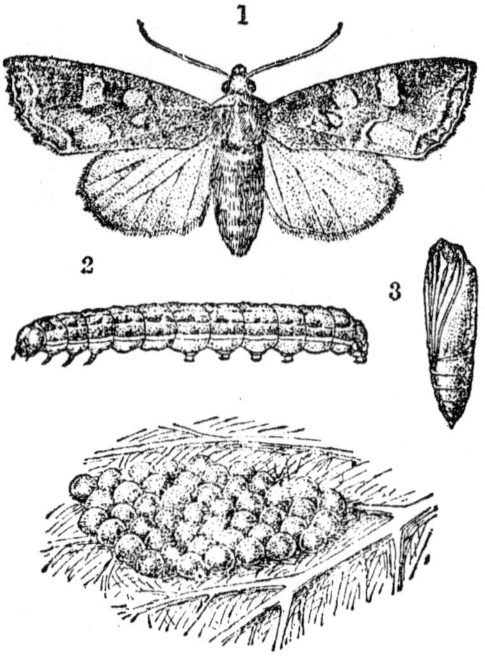

1 成蟲　2 幼蟲　3 幼蛹　4 卵塊放大

二、經過習性　一年發生一、二回，冬季在地中以蛹越年，翌年第一代之成蟲，由四月下旬至六月上旬化出，卵產於葉之背面成塊狀，此卵經一週至十日孵化，幼蟲成羣在葉之背面食害葉肉，因此殘葉變成透明狀，稍成長則食害較深，葉身遂穿成許多小孔。此時幼蟲漸次成長而散居他葉，穿孔食害，至四齡時則體色完全變化，僅夜間出來食害葉子，日間則潛伏在近地之葉子裏或土塊下。夜盜蟲之名稱卽由此而得。其成熟之幼蟲，有食入白菜或甘藍內，雖日中亦不向他處躲藏者，又此成大之幼蟲對於大麻或豌豆等之少葉作物，將葉食盡後則能成羣他徙。

如上所述乃其第一代發生爲害之情形，此幼蟲大約經三十餘日而成長，以後卽入土中四、五寸深處化蛹，約經兩個月，自九月上旬至十月下旬，則第二代之成蟲出現，產卵孵化一如前述，幼蟲亦出而爲害。成熟時則入地中越冬。

其次爲習性，成蟲在夜間出行產卵。每一塊卵之數目，少者僅數個，平均有一百數十粒，每一成蟲平均產八百餘粒，分產成五、六塊，起初之幼蟲不分晝夜，都在葉背，老熟後則晝伏夜出，爲害作物。

三、驅除預防法：

1. 在小面積情形之下，則在成蟲發生期中，調查葉背有無卵塊，有則潰殺之，一週間應實施三、四次，若早產之卵已經孵化，則在未散亂之前，用手掌在下面托着捕而殺之。

2. 在大面積情形之下，則右述之方法，手續麻煩，不能應用，因此可撒布砒酸鉛二、三次，每隔一週間乃至十日撒布一次。此藥對於人類亦有毒，故對於將近收穫期之作物不能使用。

3. 除以上述之二法爲主外，對於成蟲可用糖蜜誘殺之。行此法時，不特可驅除其成蟲，且可

第二圖 夜盜蟲爲害之甘藍

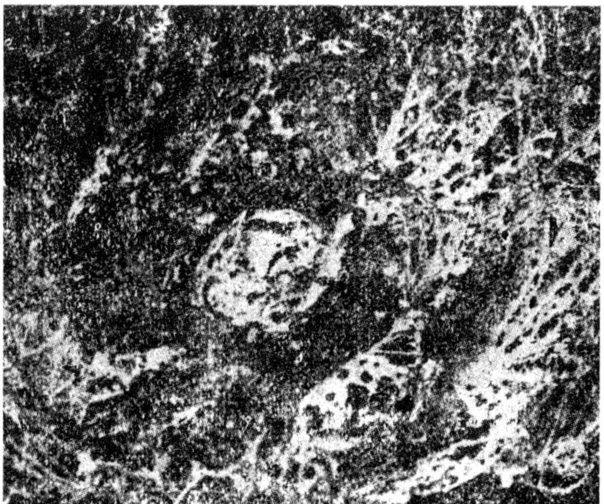

因此而得知其發生期，又若起初未曾驅除，幼蟲發生甚多時，則須嚴防其轉移，可在發生田之周圍掘明溝遮斷，且夜間落在溝中之蟲，須一一殺死。若將其投入肥料堆中而不殺死，則將入地化蛹，助長明年之發生。

第二節　萊菔心蟲

此害蟲之名稱，學術上稱爲「灰斑野螟蛾，」因其爲食芽之害蟲，故亦稱「芽蟲，」又因其食入芽之心內，故又稱「心蟲。」

一、形態　成蟲爲小形之蛾，體長二分三厘至二分五厘，展翅五、六分，全體呈灰色，前翅有曲紋(如圖)，卵扁平而呈橢圓形，初黃色。成長之幼蟲體長四分五厘，頭部黑褐色，胴部附有淡黃色線條，頗似稻之螟蟲。蛹長二分五厘至三分，全體黃褐色，其形狀與其他蛾類相同。

第三圖　萊菔心蟲

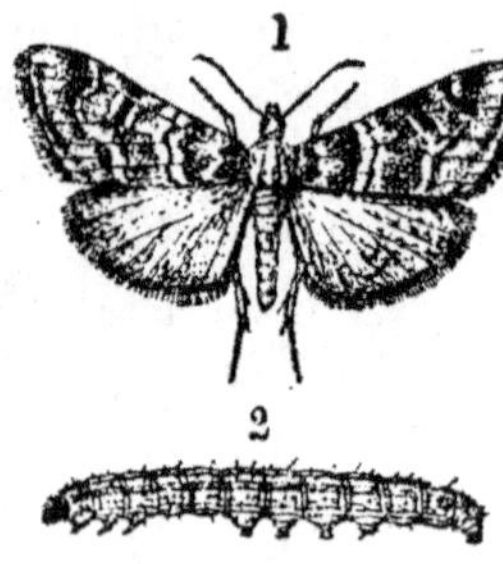

1 成蟲　2 幼蟲

二、經過習性　關於此點尚未調查詳細，然一年約有三、四代以上之發生，冬季將地面塵芥土塊等綴作成繭，幼蟲在繭中越年，翌春羽化，卵產在心葉裏，不成塊，孵化出之幼蟲，吐

第四圖　萊菔心蟲爲害之心部

絲若干，將心葉左右綴連而在其中食害，成長後則食入莖之髓部，漸次向下方行動，因此作物心部卽枯死而不能充足成長。從卵化爲成蟲，約須三十餘日，老熟時則將作物之老葉及塵芥等綴成繭子，入其中化蛹，以後卽變爲第二代之成蟲。如此循環發生，其爲害最多之時期，爲八、九月間各種菜類及萊菔類發芽之期，及漸漸生出三、四片葉之時，此際常食害其心部而使之枯死。

三、驅除預防法：

1. 在多數發生之地方，可用砒酸鉛或除蟲菊肥皂合劑，照下述之時期仔細撒布。

第一回　在抽出老葉之時。

第二回　在第一回撒後五日。

第三回　在第二回撒後五日。

2.在少數發生之地方，則用小鉗子將幼蟲一一鉗出殺死之。同時在間拔之際，將被害株除去。

第三節　星青蟲

此蟲又稱「菜葉螟蛾，」幼蟲常將心葉及其餘葉子穿孔食害。

一、形態　成蟲比前種大，體長三分五厘至四分，展翅七分至九分，全體黃褐色，前翅之翅頂色稍濃，前翅有一不正形之灰色紋及褐色之二細線，後翅有一細線。卵扁平圓形色淡黃。成長之幼蟲體長八分五厘餘，頭部黑色，胴部之背面青藍色，下面淡黃灰色，各節有小黑點，上生細毛。蛹長三分五厘餘，淡褐色，將地中之土粒作繭而居。

第五圖　星青蟲

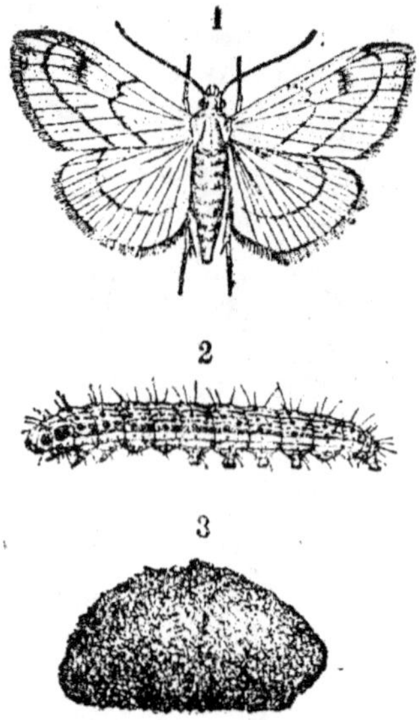

1 成蟲　2 幼蟲　3 繭

二、經過習性　一年發生二代，幼蟲在繭中，越冬翌春成蛹。第一代之成蟲在四、五月間出現，第二代則在八、九月間。幼蟲之出生期爲五、六月與九、十月間，卵產於心葉之裏面，幼蟲起初稍羣生，吐絲若干而入其中食害，成長時則散亂。

三、驅除預防法：　對前述各種害蟲所使用之藥劑，同時可防止此蟲發生，若單驅除此害蟲，則用除蟲菊肥皂合劑，毒魚藤肥皂合劑，硫酸菸鹼等皆有效。

第四節　白粉蝶

此乃最普通之害蟲，幼蟲青色，故亦稱「萊菔青蟲。」

一、形態　成蟲爲最普通之白色蝴蝶，體長六、七分，展翅一寸七、八分，全體呈白色，前翅之翅頂黑色，其下方有點點黑紋。雌雄可以色澤辨別之，即雌者白色中稍帶暗色，雄者則純白。卵呈長圓錐形，色黃。成長之幼蟲體長達寸餘，全體綠色，背部之中央有一條黃線，兩側氣門存在之部分有黃點，連成點線。蛹形如圖，頭部與胸部皆尖，在葉上化蛹者，則蛹呈青色；附近樹木、籬笆或牆壁等上化蛹者，則蛹呈灰色。

二、經過習性　經過，依地方而不同。在寒地則一年發生二代至三代，較暖之地方則四代，更暖

第六圖　白粉蝶

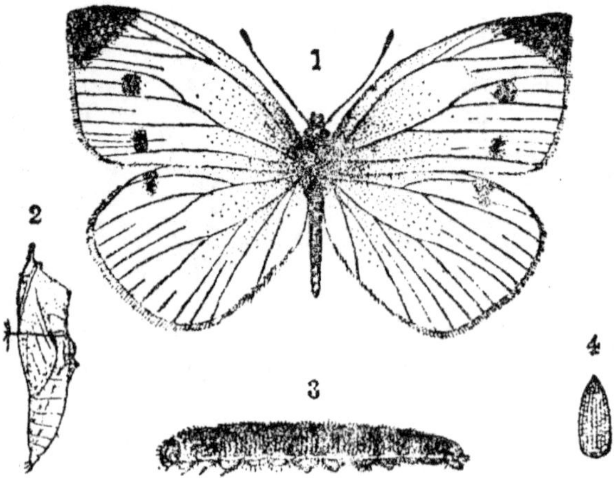

1 成蟲　2 蛹　3 幼蟲　4 卵放大

之地方則必五、六代以蛹越冬，暖地自三月間出現成蟲，普通則在五月間出現。

三、習性　卵產於葉之背面，粒粒直立，孵化出之幼蟲，起初在葉上穿小孔食害，成長後則穿成大孔，與夜盜蟲食害之葉無絲毫分別。夜間食害作物，日間則沿着葉脈而靜止。

此害蟲在暖地，雖一年發生數代，然觀其發生經過殊不適於炎熱氣候，一般在春季與秋季則多數蕃殖，夏季炎熱之時即減少至極少數，此乃食物缺乏及被寄生蟲或寄生菌寄生之故。此外則氣候恐亦有極大之關係。若照春季發生情形繼續不息，則秋季勢將大發生，其結果將使各種菜類及萊菔類之收穫完全無望，幸在夏季時予一自然之大限制，使比較的不至大量蕃殖。此蟲主要之發生期為春季及秋季，故常誤認為一年僅發生二代。

四、驅除預防法：

第七圖 白粉蝶幼蟲爲害之葉

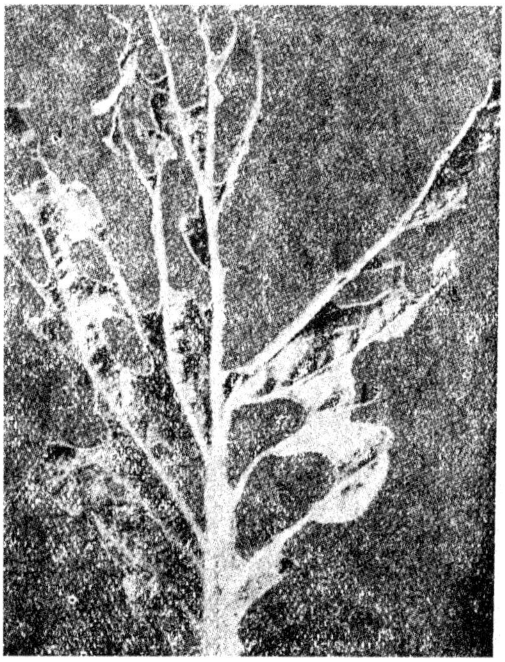

1. 應用驅除夜盜蟲之方法，卽撒布砒酸鉛等。又驅除夜盜蟲而撒布砒酸鉛時，同時可驅除此蟲。

2. 在發生不多而人工便宜之時，可將幼蟲一一捕殺。

3. 在作物上面往往有此幼蟲之死體，其傍有黃色米粒狀之黃色繭，此卽寄生蜂之繭，應注意保護勿稍殺害。

第五節 猿葉蟲

此害蟲爲害時常從作物心部起，將葉子咬食，能爲大害。在平野地方因潛伏所少，故發生比較的少，在山間地方則爲害極大。

一、形態 成蟲爲小形之甲蟲，體長一分至一分三厘，全體圓形，黑綠色而有光澤。卵橢圓形，色

第八圖　猿葉蟲

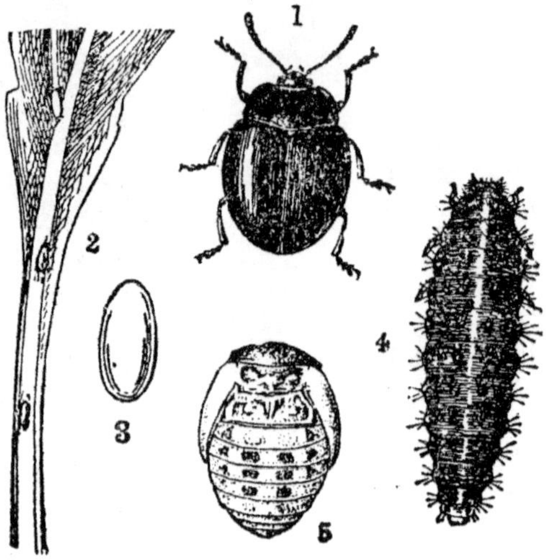

1 成蟲　2 卵之附着處　3 卵放大　4 幼蟲　5 蛹

黃，長度四厘餘。成長之幼蟲體長一分八厘至二分，頭尾較細，全體灰黑色，各部有肉瘤狀突起，其上簇生細毛，外觀頗似毛蟲。蛹如成蟲，亦呈圓形，長一分至一分三厘餘，初淡黃色，後漸成黑色。

二、經過習性　經過，依氣候與食物不同，而極不規則，若在室內飼育給與充分之食物，則一年發生五代，在野外則二代至三代即止。冬季之成蟲，成羣潛入石垣洞穴之深處，或雜草根部越年，翌春三月間外出，集合於前年留下之折斷萊菔或萊菔屑上咬食。天氣漸暖，同時萊菔與其他菜類漸次下種成長，即將下部葉邊之莖，淺淺咬傷，將卵粒粒產下，此卵約經二十日即孵化成幼蟲。此幼蟲集合在心部葉裏與成蟲一同食害，作物遂枯死。

幼蟲約經二十五日而老熟，入地中化蛹，不須二十日即變成蟲，出而交尾產卵。

以上乃三、四月間天氣寒冷時之發生情形，若在七月間暖熱天氣中，則各個時期都可縮短，卵

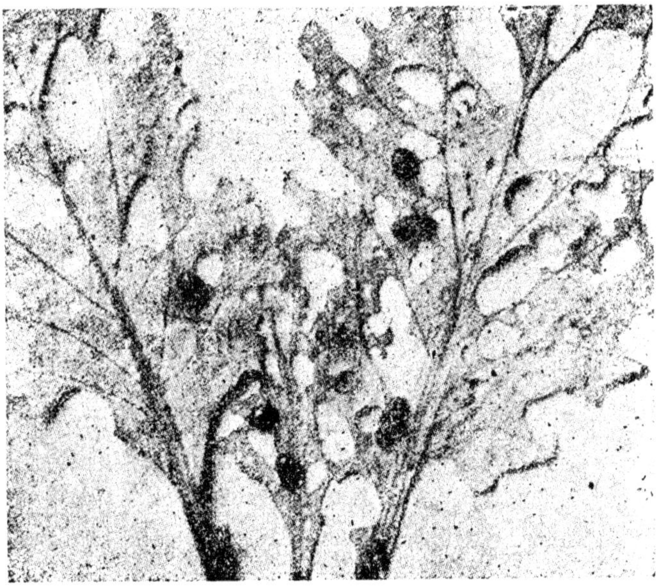

第九圖　猿葉蟲爲害之狀況

期五日，幼蟲期不足十日，蛹期五日餘。然在秋季時候，則又仍須同前述情形延長。

三、習性　幼蟲與成蟲相同，接近之則縮體落下，成蟲雖有翅而退化，不能飛行。此蟲在平原地較少，山間地則較多，此乃冬季越年場所之關係，即平原地方少畦畔，又土堤等之草叢亦少，在山間地方則不僅草叢多，且多田地之階級，石垣或土堤等處，以作其潛伏所，因此山間常多發生。

四、驅除預防法：

1. 此害蟲並非居於田園內，乃由前述之潛伏所或隣近田地發生之後漸次移來者，故下種時可在圃地之周圍，用河沙作一條五、六寸闊而極高之沙堤，如此則害蟲因身體與足之比例不平均（足短）之故，而不能超越此堤侵入。但此砂堤每因天雨而低下，故須時時將堤沙耙鬆而築高之。

2. 對於既發生之地，可用毒魚藤肥皂合劑、毒魚藤精肥皂合劑，或除蟲菊肥皂合劑，撒布二、三次，或二、三次以上以治之。

3. 少數發生而人工多時，可將黏土與石油混合盛於壺中，附此混合物於小棒之一端，將害蟲一一黏捕殺死之。

4. 每年發生甚多之地，可在晚秋作物收穫前，將園地處處掘穴，取葉屑雜草等放入，如此則害蟲必入其中潛伏，於是將泥土覆蓋壓緊而殺死之，此法頗有效。又早春將萊菔屑、蕪菁等放置地上，誘集此蟲而殺除之，亦一良法。

第六節　黃條蚤蟲

第一〇圖　黃條蚤蟲

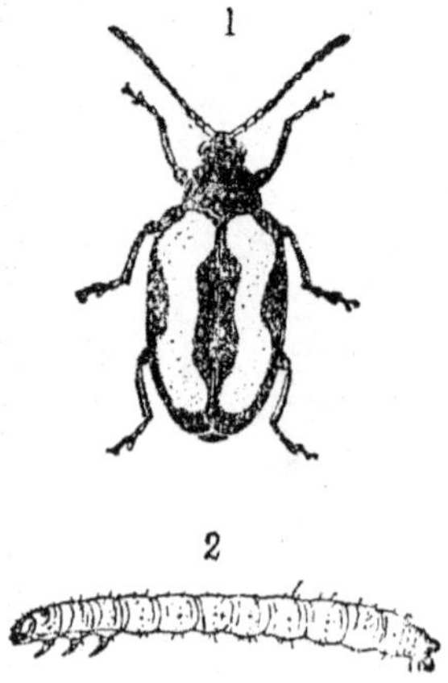

1 成蟲　2 幼蟲

此害蟲對成長之作物不爲害，惟對幼作物則食害成無數小孔，又幼蟲在地中害根，故爲害甚大。

一、形態　成蟲係微小之甲蟲，善跳善飛，體長一分餘，稍呈細長，全體黑色，翅鞘之左右有黃白色之條紋（見圖）。卵橢圓形，色淡黃。成長之幼蟲，體

第一一圖 黃條蚤蟲爲害之葉

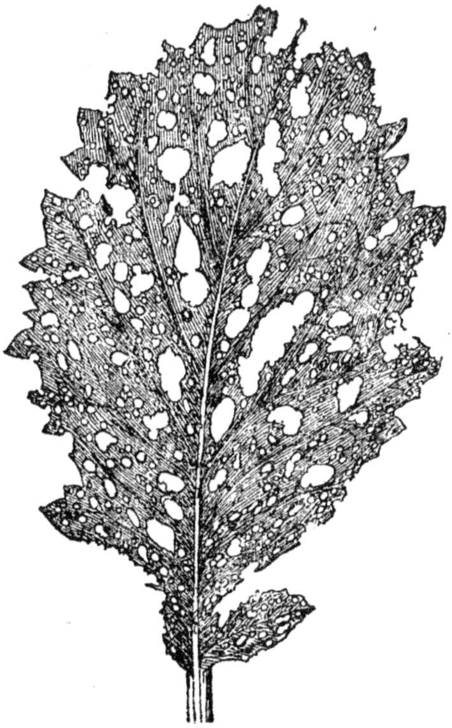

長達一分六、七厘，頭部色淡褐，胴部色淡黃。

二、經過習性 經過，不一定，每年至少發生四、五代以上。冬季成蟲越年之地方與猿葉蟲同。翌春出而產卵，產於地下細根上，不成塊。幼蟲食害根之表皮，成蟲食害葉子，甚則使作物枯死。成蟲後翅發達，善飛翔。

1. 在發生期內常常撒布除蟲菊木灰，每株約撒一錢。

2. 撒布砷酸鉛及其他合劑類。

第七節 蕪菁蜂

此乃食害葉之害蟲，其幼蟲爲黑色之長蟲，故又稱「黑蟲。」蕪菁蜂之得名，乃因其成蟲爲蜂之故。

一、形態　成蟲爲小形之蜂，體長不足三分，展翅六、七分。體之頭部及胸部之背面黑色，其他部分則與腹部同呈橙黃色，翅淡黑色半透明。卵爲不正圓形，色淡綠。成長之幼蟲體長達六分餘，初齡及初脫皮之幼蟲，體呈淡黑色，老熟者則呈濃黑綠色。蛹長不足三分，全體鼠色，繭長三分五厘餘，外部附着土粒。

二、經過習性　一年發生四、五代，冬季以幼蟲入地下作繭越年，翌春四月上旬至五月上旬，第一代之成蟲出現，將卵粒粒產入葉之組織中，約一週間乃至十日，孵化爲幼蟲，在葉之中央部穿小孔食害，約經月餘即入地中化蛹，此蛹在六月上旬羽化，爲第二代成蟲。以後成蟲產卵，幼蟲成長，至七月中旬成爲第三代成蟲，八月中旬成爲第四代成蟲，九月下旬發生第五代成蟲，惟關於此點尚未充分調查。照此發生情形，其最多發生之時期爲春季與秋季，即萊菔及其他菜類最多之時期。

第一二圖　蕪菁蜂

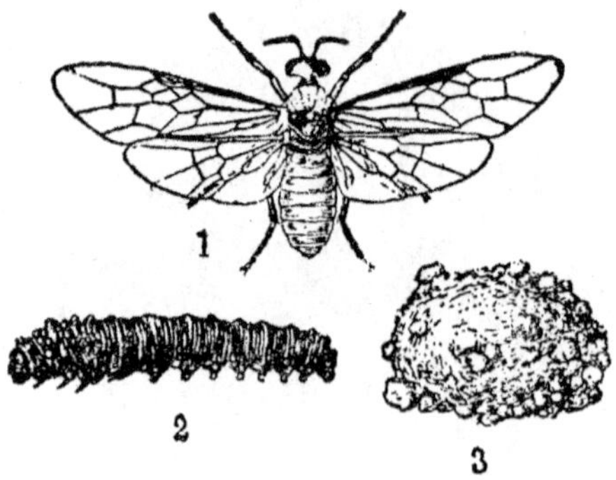

1 成蟲　2 幼蟲　3 繭

第一三圖　蕪菁蜂幼蟲爲害之葉

三、習性　成蟲在日中不善飛。幼蟲，若接近之，則曲體落於地上，又日中多隱藏在葉之下方，至夜間方出，故被害之比例數，日間比夜間少。

四、驅除預防法　此蟲與猿葉蟲同時發生，故可用相同之藥劑同時期撒布，又如用黏土黏殺，（詳附取法）亦一有效之驅除法，惟須依地方情形而用之。

第八節　蚜蟲類

害萊菔及其他菜類之蚜蟲有三種以上，有單獨發生一種者，亦有二種以上混合而發生者。其中最普通者爲「僞萊菔蚜蟲，」其次爲與此種混合而居之「桃蚜蟲，」再次爲發生於甘藍上之「萊菔蚜蟲，」茲分別說明於下。

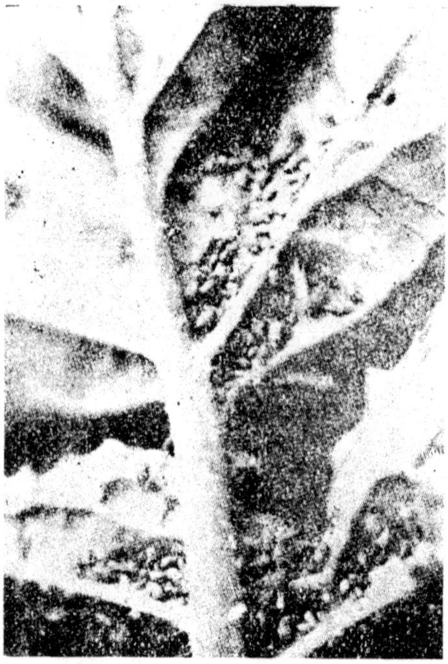

第一五圖　偽萊菔蚜蟲之着生狀

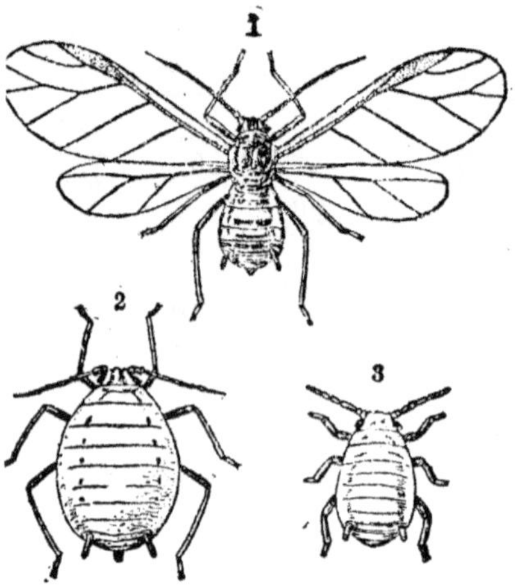

第一四圖　偽萊菔蚜蟲

1　有翅成蟲
2　無翅成蟲
3　幼蟲

一、偽萊菔蚜蟲　偽萊菔蚜蟲之無翅雌蟲，體長七厘餘，全體帶黃綠色，附有極薄之白粉，腹背附有濃綠色之斑，廓大觀之，則腹端兩側有角狀突起（往時稱爲排蜜管），呈長棒狀。有翅之雌蟲體形較小，底色綠，頭胸與背面色黑而有光澤，翅透明，角狀突起與無翅雌蟲同。幼蟲似無翅雌蟲，惟身體較小。

二、桃蚜蟲　此蟲之發生地，以桃樹爲主，其詳細情形當在果樹害蟲中另述之。若記其大要，則其形態極似上述之偽萊菔蚜蟲，因此往往被認爲同一種，然此蟲之彩色乃黃綠中呈赤褐者，雖全形極似前者，而腹部背部全無濃色斑紋及白粉。若將其區別點廓大而言之，則此蟲之角狀突起之尖端縮小，而全體呈壺狀。

三、萊菔蚜蟲　此蟲不與前二者混生，雖同在一種作物上發生，而前者附着在葉上，後者若在春季抽花梗時，則附着於穗之部分，又在甘藍上發生時，則必着生於葉上。

萊菔蚜蟲之形態與前二者大不相同，無翅之雌蟲，肥大而有幾分扁平，底色雖爲淡黃綠色，而全身覆着極密之白粉，故外觀呈白色。角狀突起短小，殆已退化。有翅之雌蟲較無翅者形小，底色淡綠，頭胸之背部淡黑色，體上雖着有白粉，而較無翅者少。幼蟲雖似其他之蚜蟲，而白粉甚少，惟以後亦漸次增加。

第一六圖　萊菔蚜蟲

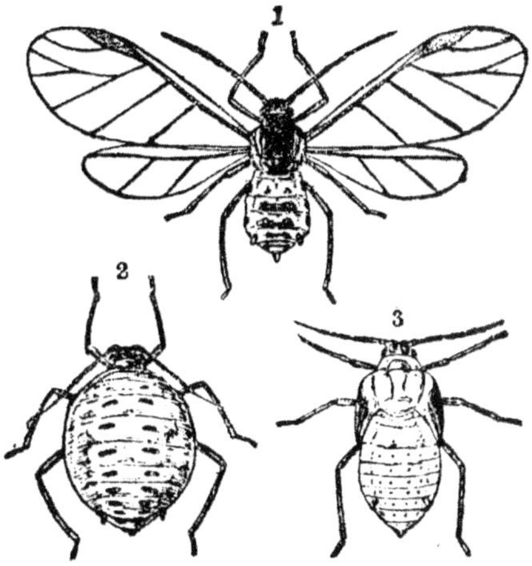

1 有翅雌蟲　2 無翅雌蟲　3 變有翅雌蟲之幼蟲

四、經過習性　蚜蟲類之經過，較其他害蟲稍複雜。普通在晚秋產卵，即以此卵越冬，至明春孵化而爲幼蟲，此幼蟲成長極易，約七日至十日即變成蟲。此成蟲全爲無翅之雌蟲，而無雄蟲。即單用此無翅雌蟲胎生幼蟲。此胎生出來之幼蟲又約經七日至十日而成爲成蟲，此成蟲亦爲無翅之雌蟲而

第一七圖
萊菔蚜蟲爲害之甘藍葉

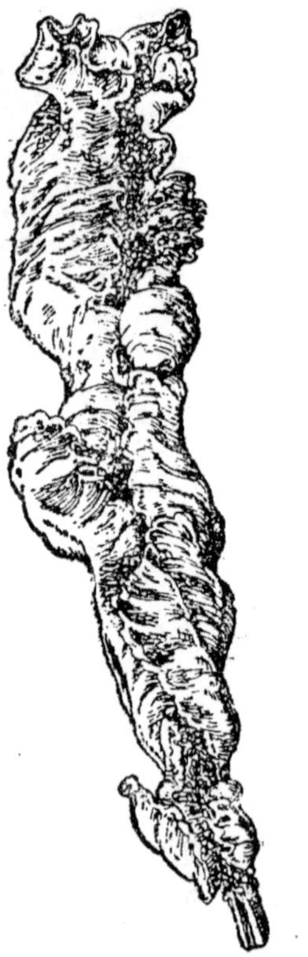

並無雄蟲。如此反覆蕃殖，盡着生於作物之心葉及其他部分，而在五、六月之時蕃殖最多。若最初蕃殖之作物體上已無空地，則胎生之幼蟲中產出有翅之雌蟲，此有翅之雌蟲須由幼蟲長成，如此生翅後即飛往他處。待移至他處後，又在該處胎生幼蟲，而此幼蟲同前一樣，全係無翅雌蟲。若在該處蕃殖太多，則又生有翅雌蟲，移往別處。

如此由春季到秋季頻行蕃殖，漸至冬季，則胎生幼蟲中，產出有翅雄蟲之幼蟲與無翅雌蟲之幼蟲兩種，此等幼蟲成長後即成有翅雄蟲與無翅雌蟲，交尾後即產卵。此乃一般蚜蟲之蕃殖法。

右之蕃殖法，以上所述之三種蚜蟲都相同。即桃蚜蟲產卵於桃芽間，春期變成幼蟲，以後蕃殖極多之無翅成蟲，再後產出有翅雌蟲，移往別處桃樹上，此外萊菔及其他菜類上亦來蕃殖，至晚秋則有翅雌蟲再歸桃樹上產出有翅雄蟲與無翅雌蟲，而產卵於桃樹上。其餘二種之蚜蟲尚未充分調查研究。第一種「僞萊菔蚜蟲」有時能見其在蕪菁之葉上，產下無數小形黑色之卵，惟非一般蚜蟲所都有。又第三種「萊菔蚜蟲」在外國調查，亦有很清楚之卵。大體上蚜蟲之經過與蕃殖法，都與前述者相同，若依此考究，定能明白。

其次，蚜蟲之口器為吸收口，即係吸收作物體內之液汁者，前二種使作物衰弱萎縮，甚則枯死，地面上散有蚜蟲成長時所脫之白色皮，作物全然消失。然後一種萊菔蚜蟲對作物則無枯死情事，僅葉子捲縮而已。

五、驅除預防法：

1. 作物發芽後，宜常常撒布烟草粉與除蟲菊木灰等。

2. 生長後之作物，可將除蟲菊肥皂合劑，毒魚藤肥皂合劑、硫酸菸鹼等撒布二、三回，約每隔一週撒布一次。萊菔蚜蟲，體上着有白粉，尤須用稍爲強力之噴霧器注射。

3. 益蟲類之保護　蚜蟲類發生之時，益蟲類常出捕食之，故此等益蟲類必須加以保護。但並不能利用益蟲以達完全驅除之目的，只可對於益蟲注意保護，勿加殺害，以收一部分之驅除效力而已。

甲　瓢蟲　瓢蟲長二分二、三厘，全體圓形，斑點之變化極多，雌蟲普通為橙赤色，有不具斑紋者，普通都有十二個、十六個或十九個以上之小黑紋，雄者普通黑色而有二個赤紋，惟其中赤紋亦有變化四個者，又有變成龜甲狀者。卵黃色，直立排列。幼蟲大體色黑，惟中央部左右生出橙赤色之紋，蛹

第一八圖 瓢蟲

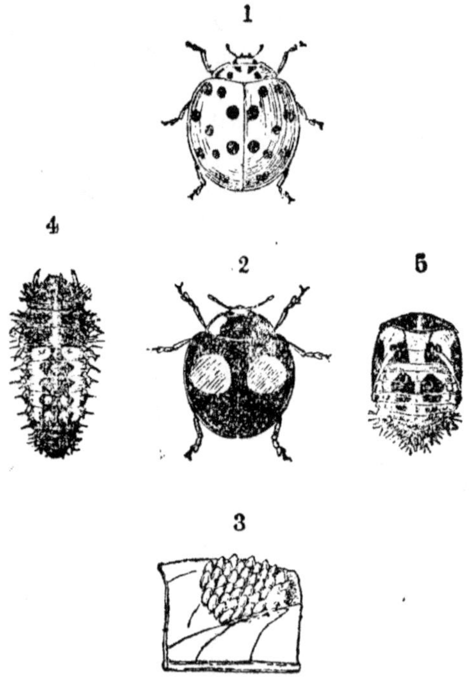

1 雌成蟲 2 雄成蟲 3 卵 4 幼蟲 5 蛹

第一九圖 七星瓢蟲

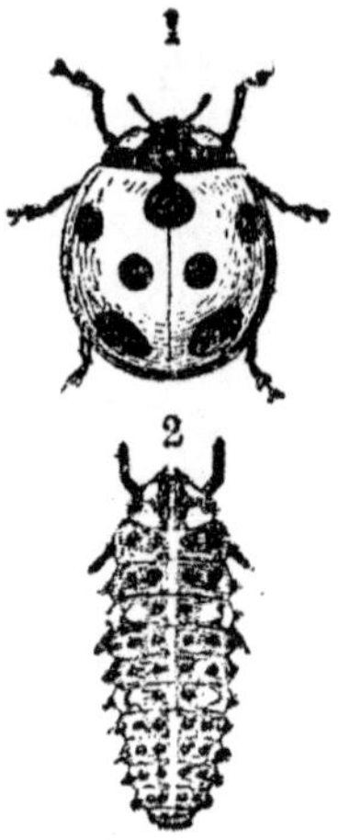

1 成蟲 2 幼蟲

之腹面顏色赤褐，附有黑紋如圖。此蟲之幼蟲及成蟲，皆能捕食蚜蟲。

乙 七星瓢蟲 此蟲較前者稍大，斑紋七個，雌雄同樣。蛹與卵似前者，幼蟲之第一、第四及第七節之背上，左右各有兩個小橙赤色之紋，與前種比較，頗易分別。

丙 小龜甲瓢蟲 此乃小形之瓢蟲，附有龜甲狀之黑紋，幼蟲色全黑。

丁 扁虻（即食蚜虻） 此乃小形之蠅，體長三分五厘至四分，展翅七、八分，腹部有黑色與黃色之橫帶。卵白色長形，粒粒產生於蚜蟲羣中，幼蟲爲蛆狀，白色，背部可透視其內臟，遂呈暗色，蛹爲貝狀。此蟲之幼蟲能捕食蚜蟲，成蟲食花蜜。

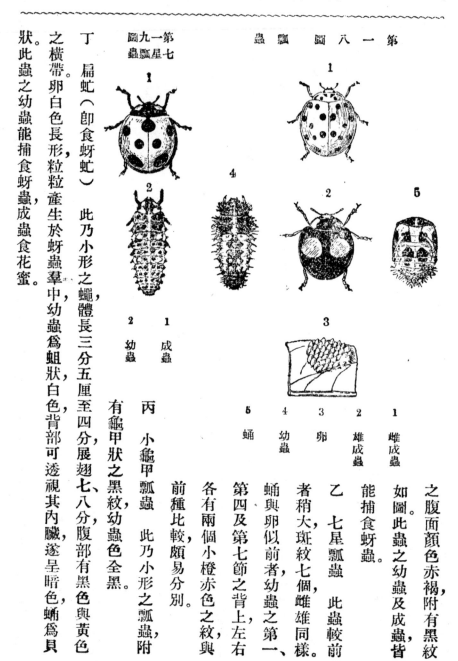

戊　草蜻蛉　此蟲在果樹蚜蟲方面較多，蔬菜蚜蟲方面較少。成蟲體長四、五分，展翅一寸二、三分，全體綠色，翅闊而透明，脈網狀，極美麗。卵附有長柄俗稱「優曇華」。成長之幼蟲體長三分餘，呈紡錘狀，灰褐色，能捕食蚜蟲在圓形之繭中化蛹。

第九節　蟋蟀

此蟲無論何人，皆知其爲夜間之鳴蟲，秋季作物發芽之時，常出而爲大害。

一、形態　成蟲體長八、九分，全體黑色，觸角長，雌之尾端具有長產卵器，雄者缺產卵器而翅之基部有發聲器，夜間能鳴。卵圓形白色，幼蟲無翅，成長後始由翅痕上生出，幼蟲之形狀與成蟲無甚差異。

二、經過習性　一年發生一代，冬季產卵於地穴中越年，翌年五、六月間孵化爲幼蟲，食雜草及其他作物之葉而生活，依各地方情形而有食害薯蕷、蕎麥、粟等之幼作物者。九月間長爲成蟲，日中潛伏雜草間，夜間出而食害幼作物。

三、驅除預防法：

1. 作物發芽之時，可用四、五寸高之鋅板或木板，豎立於田地周圍，以防止其侵入，

第二〇圖 蟋蟀

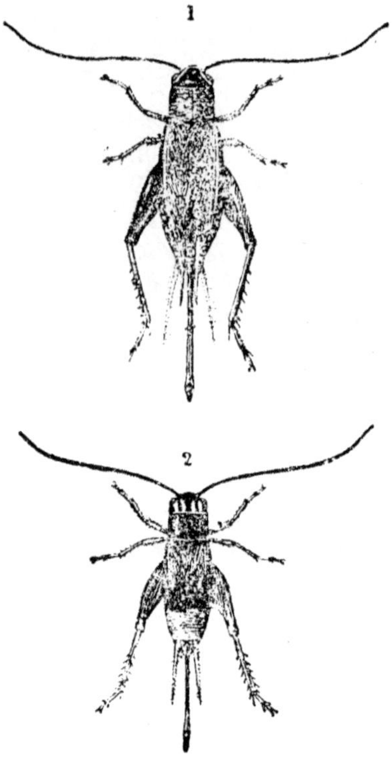

1 成蟲 2 幼蟲

2. 可將後熟之南瓜切碎，放於田地外周之畦上，如此外周既有食物，則不至侵入內方。

3. 爲害薯蕷之時，每朝可用小棒叩殺之。

4. 撒布百倍之毒魚藤肥皂合劑液頗有效。

5. 毒餌法，可用麩皮混少量殺鼠藥作成團子，撒布於田地中毒殺之。

第二章　胡蘿蔔之害蟲

胡蘿蔔之害蟲雖有十餘種，其中爲害最大者，僅「夜盜蟲」與「芽蟲」兩種，其餘爲害不大。「夜盜蟲」已在前節述之，茲不再述。

第一節　胡蘿蔔芽蟲

此蟲食害作物幼芽，使根枯死腐敗，爲害頗大。我東北九省有之，其他地方諒必亦有發生。

一、形態　成蟲爲微小之蛾，體長二分，展翅五分餘，體黑褐色，前翅中央銀白色，基部黑褐色，此外尙有細線小點等。後翅灰色。卵扁平橢圓形淡黃色。成長之幼蟲體長三分五厘餘，頭部淡褐，胴部微呈肉色，附有小點。蛹長二分餘，全體黃褐色。

第二一圖　胡蘿蔔芽蟲

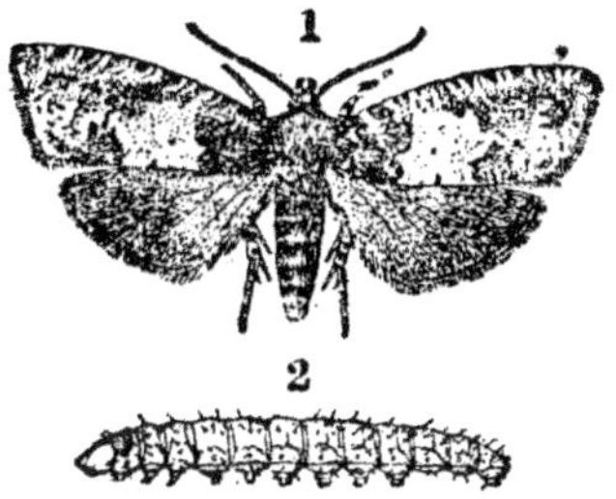

1 成蟲　2 幼蟲

二、經過習性　一年發生五代，冬季以地表之塵芥土粒等作繭，幼蟲在其中越年，翌春蛹化旋復化爲成蟲。四月上旬時在作物芽上產卵（不成塊），此卵經數日，孵化而爲幼蟲，食害幼芽，成長時食入根之髓部，遂使作物枯死腐敗。若根部已生育長大，則幼芽雖被食害亦不易枯死，能從食害部之周圍長出小芽。但中央緊要之芽與莖已被食害，致不得充足生長。因其一年發生五代，故時時得見其幼蟲及成蟲。

三、驅除預防法　本年之第一代蟲發生，於去冬種植之胡蘿蔔中，尤以留種用者爲多，其後即漸次蕃殖傳播，故第一應注意此越年胡蘿蔔之芽，用小鉗子將其中吐絲作巢之幼蟲鉗出殺死。然如此手續甚繁，不能應用於廣大之面積，故在發芽後，應使用砷酸鉛一次，以後約每隔一週撒布一次，共須撒布三四次。此外在少數發生時，則可在間拔除草之時，注意將害蟲檢出潰殺。

第二二圖

胡蘿蔔芽蟲爲害之狀況

第三章 牛蒡之害蟲

牛蒡之害蟲有三十餘種，其中爲害最大者，有次述之六種。

第一節 大牛蒡象蟲

此蟲食害種實，爲採種上最討厭之害蟲。

第二三圖 大牛蒡象蟲

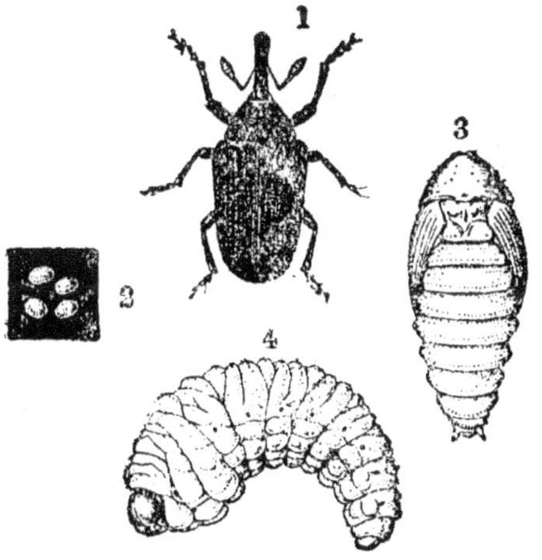

1 成蟲 2 卵 3 蛹 4 幼蟲

一、形態 成蟲爲小形之象蟲，體長除口吻外，有三分五厘至四分，全體黑色，因潛伏地中，附有泥土，故身體稍帶褐色，卵橢圓形。長五厘餘，色黃。成長之幼蟲，長三分五厘，常彎曲其體，頭部赤褐色，胴部乳白色。蛹長四分餘，色乳白，尾端有短刺二枚。

二、經過習性 從來都是謂此蟲一年發生二代，而著者調查則僅發生一代。即冬季潛入地中草叢根下，以成蟲越年，翌年五月間牛蒡生出之時，卽出而食害其葉穿成大孔，此時已能爲相當之害，如此直至花蕾抽出，及六月間開花時，乃在花之下面用吻穿孔，將卵粒粒產入，幼蟲孵化後卽食害內部種子，因此由外部觀察，則見果實半呈枯死而現褐色。至幼蟲成長時，卽在其中作巢化蛹，八月上旬以後卽變成蟲。此成蟲又食害葉子，迨身體堅固後，卽不再出現而從事隱伏。

第二四圖　大牛蒡象蟲食害之種實

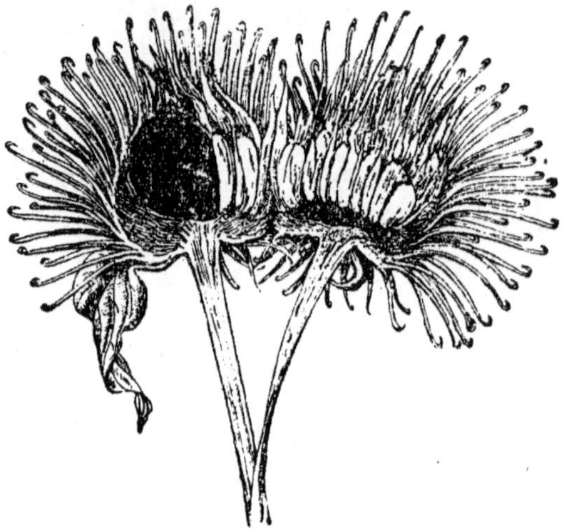

三、驅除預防法：

1. 五月間牛蒡莖尚未抽出之時，每日早晨注意，將食害葉子之成蟲捕殺之。

2. 將濃度稍高之砷酸鉛液劑撒布三、四次，約每隔十日撒布一次。據實驗結果，粉狀砷酸鉛八兩，酪素石灰二兩，生石灰一斤，水六斗，配成之藥劑，每畝須用一石八斗。

第二節　條翅象蟲

此害蟲之幼蟲，能食害作物之根，因成蟲翅上有條紋，故有此名。

一、形態　成蟲較前者大，體長雌者五分五厘，雄者五分餘（連口吻），全體黑色，腹背有三條斜白帶。卵橢圓形，長五厘餘，色乳白。成長之幼蟲長五分餘，頭部褐色，胴部肥大而呈乳白色。蛹長五分餘，初乳白色，漸次變黃白色。

第二五圖　條翅象蟲

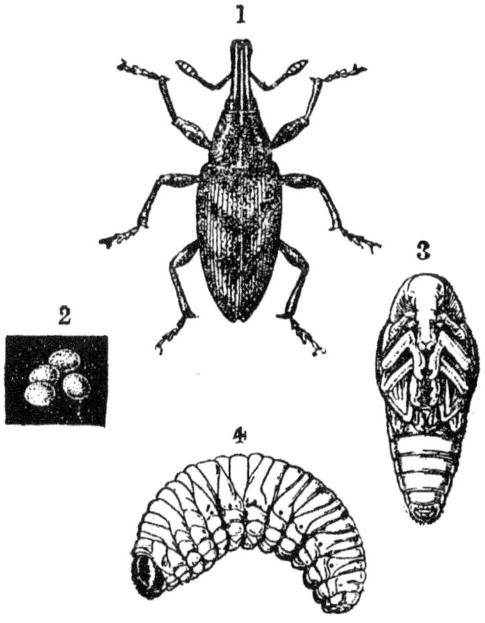

1 成蟲　2 卵　3 蛹　4 幼蟲

二、經過習性　一年發生一代，冬季與前種同樣。以成蟲越年，四月上旬始出交尾，自五月上旬至七月中旬產卵。此卵自五月中下旬至八月下旬，卽孵化成幼蟲，旋復成蛹，早者自八月上旬變爲成蟲。舊成蟲至此時卽死滅，新成蟲卽出而食害莖葉等，身體堅硬後卽潛伏。

三、習性　卵粒粒產於作物根上，幼蟲食入根中，遂使作物之根枯死。

四、驅除預防法：

1. 秋季採種後之殘株，保留於一定場所，用以引誘春季出來之成蟲，每朝捕殺之。
2. 除前法外，自四月上旬起，可撒布砷酸鉛二三次，每隔七日至十日撒布一次。
3. 調查因被害而凋萎之株，將幼蟲殺死之。

第三節 褐色象蟲

此蟲之成蟲害葉，幼蟲害根，時爲瓜類之大害。

一、形態 此乃小形之象蟲，體長二分五、六厘，全體汚黑褐色，口吻較其他各種爲短。卵小，形狀與其他各種相似，成長之幼蟲體長二分五厘，頭部褐色，胴部乳白色。蛹長二分五厘，初呈乳白色，後成黃白色。

第二六圖 褐色象蟲

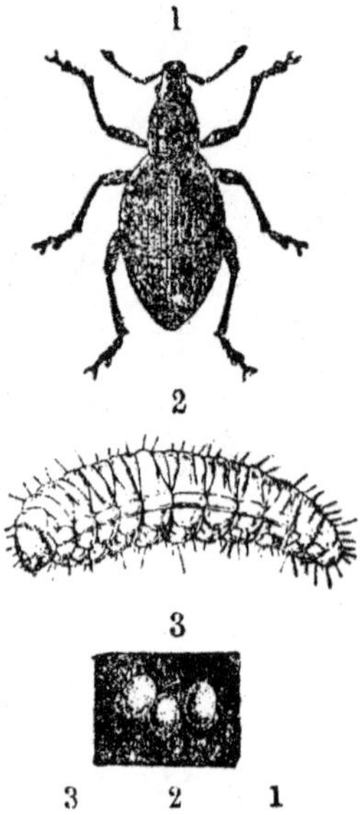

1 成蟲 2 幼蟲 3 卵

二、經過習性 一年發生一代，冬季與前種同樣，以成蟲越年，約三月下旬出現，在夜間食害葉子，同時在地表上產卵，一處約產三個。此卵孵化成幼蟲後，即從根之外部食害，使之枯死。

三、驅除預防法：

1. 對成蟲可撒布砒酸鉛，據試驗成績，則以「巴黎綠」爲最有效。

2. 幼蟲發生時，若撒布除蟲菊肥皂合劑，則幼蟲必爬出地面，故可一一拾集殺死之。

第四節　僞牛蒡捲葉蟲

此害蟲之幼蟲，在作物葉上作巢食害。

一、形態　成蟲爲極微小之蛾，體長一分五厘，展翅二分五、六厘，全體黑褐色，前翅具白帶及白紋，其中有放銀色光澤之小紋。卵圓形淡黃色。幼蟲成長者體長二分七、八厘，全體淡綠色，各節有小點。在長二分餘之白色繭中化蛹，蛹長一分六厘，全體淡褐色。

第二七圖　僞牛蒡捲葉蟲

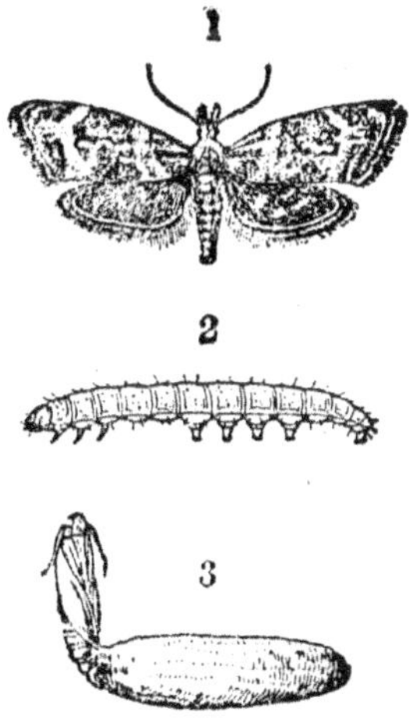

1 成蟲　2 幼蟲　3 繭及蛹殼

二、經過習性　一年發生數代，冬季以卵在枯葉中越年，翌春作物發芽時，即孵化成幼蟲。此幼蟲在葉面上張絲作薄巢，二三成羣，居處巢中，如此食害葉肉，使葉成褐色而枯死，後即變成如被火燒過之狀。

三、驅除預防法　撒布砷酸鉛可以防止，約隔十日撒布一次，又在少數發生之時，注意將幼蟲捕殺，即可防止多數發生。

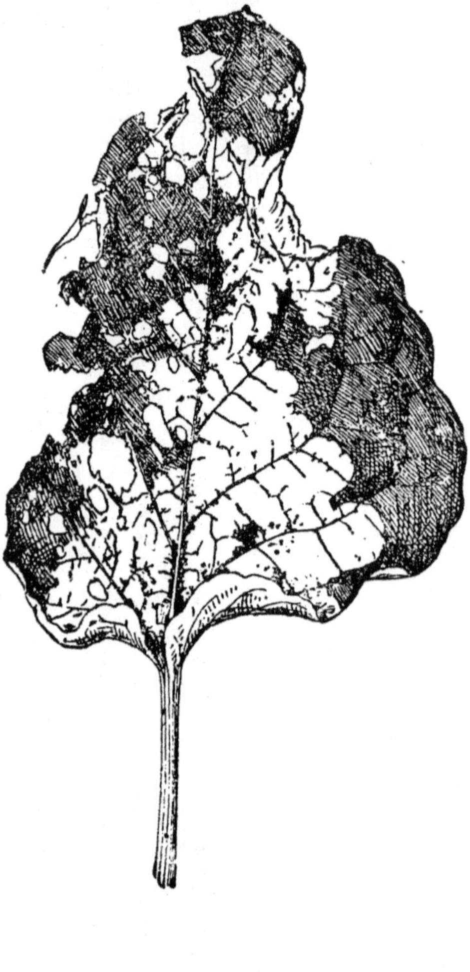

第二八圖　僞牛蒡捲葉蟲爲害之葉

第五節　牛蒡實蠅

此害蟲食害種實，各地有不產大牛蒡象蟲而產此種實蠅者。

一、形態　成蟲爲小形美麗之蠅，雌體長三分，展翅五分，體橙黃色，翅上附有四條橙黃帶，如圖。

雄者腹部短，體長二分五厘餘卵長形淡藍色。成長之幼蟲體長二分五厘，全體蛆狀，色乳白。蛹長二分餘，色黃褐。

二、經過習性　此點尚未調查清楚，惟當牛蒡開花時，成蟲卽出現，雌蟲用尾端之長產卵器從花之上部將卵粒粒產於花蕊上。幼蟲二三頭同入一果，與象蟲爲害相同，成長時卽在其中化蛹而爲成蟲。冬季多數以成蟲越年，翌春食「野薊」生活，其後卽至牛蒡上，其經過之大概如此。

第二九圖　牛蒡實蠅

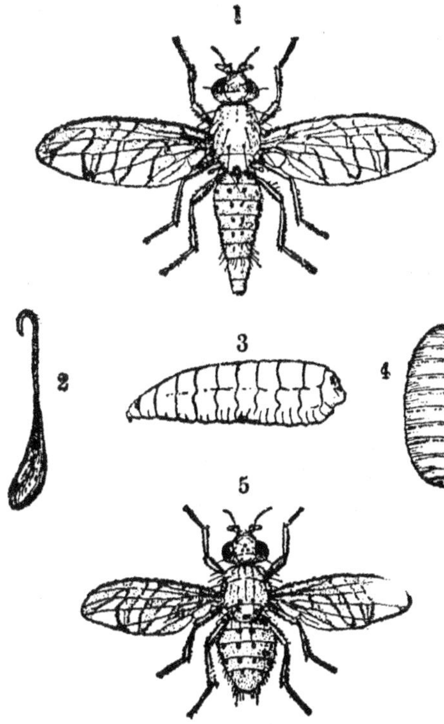

1 雌成蟲　2 蕊上之卵　3 幼蟲　4 蛹　5 雄成蟲

三、驅除預防法　目前尚無適當之方法。將開花時可用帳紗將花蕾包圍，如此則不致不能採種。

第六節 牛蒡蚜蟲

此害蟲常在各地發生，生於葉之背面及花柄上，但無大害。

一、形態 此乃比較大形之蚜蟲，無翅雌蟲，體長九厘，全體黑褐色，有翅雌蟲，體長六、七厘，展翅三分，色赤黑，幼蟲形小與成蟲無大差異。

第三〇圖 牛蒡蚜蟲

二、經過習性 冬季以幼蟲在株間越年，自春季至秋季，不絕胎生幼蟲。牛蒡並不因此而枯死，惟衰弱而不能充分生育而已。

三、驅除預防法 甚少數發生之時，可套上手套，用手殺死。多數發生之時，可將除蟲菊肥皂合劑，硫酸菸鹼等撒布數次。

第四章 薯蕷之害蟲

薯蕷害蟲甚少，一般以蟋蟀爲害較多，卽蟋蟀爲害亦因地不同，有出行地面爲害嫩芽而釀成大害者，有不大爲害者，其防除法已述於前。茲將其餘一種爲害較大者，述之於次。

第一節 薯蕷葉蟲

此害蟲之幼蟲與成蟲皆食害葉子，爲害甚大。

一、形態　成蟲乃小形之甲蟲，體長二分，頭部與胸部赤褐色，翅鞘青藍色，甚美麗。卵長橢圓形，長三厘餘，色淡黃，成長之幼蟲體長二分五厘餘，頭部淡黑色，胴部淡黃色。蛹長一分五厘，扁平橢圓形，色淡黃。繭白色麩狀。

第三一圖　薯蕷葉蟲

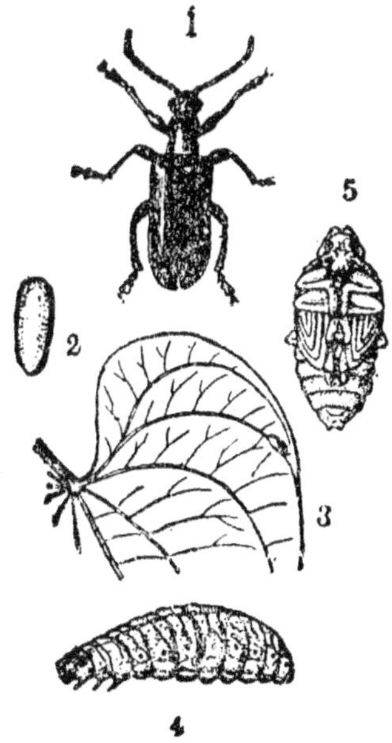

1 成蟲　2 卵放大　3 葉上之卵　4 幼蟲　5 蛹

二、經過習性　一年發生一代，冬季以成蟲在草叢中越年，每

第三二圖
薯蕷葉蟲為害之葉

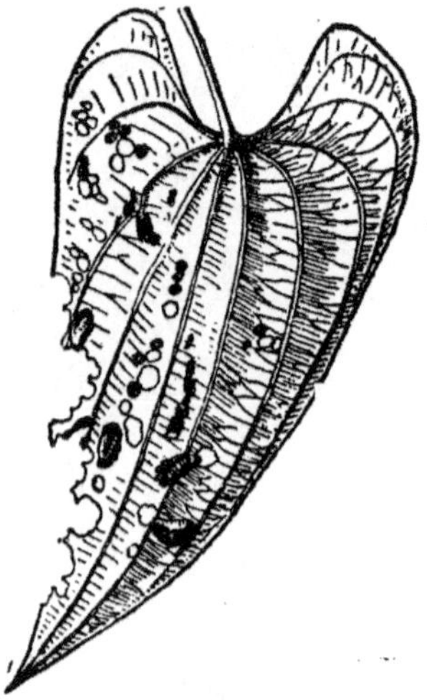

年六七月間出而食害嫩芽及葉，產卵無一定場所，亦不成塊，幼蟲食葉，穿成小孔，老熟後則在葉背作繭，入其中化蛹，八月間化為成蟲，稍出食葉，後即潛伏。

三、驅除預防法　從開葉時起，撒布砷酸鉛三四次，約每隔一星期至十日撒布一次，此外可作受蟲器，用拂落法捕殺之。

第五章　甘藷之害蟲

甘藷之害蟲有二十餘種，其中爲害最大者有兩種，爲害較小者有三種，共五種。

第一節　甘藷夜盜蟲

此害蟲在許多地方，爲害極大。日本稱爲「中白下羽」，即因其後翅中央白色之故，普通又稱「甘藷食葉蟲。」

第三三圖　甘藷夜盜蟲

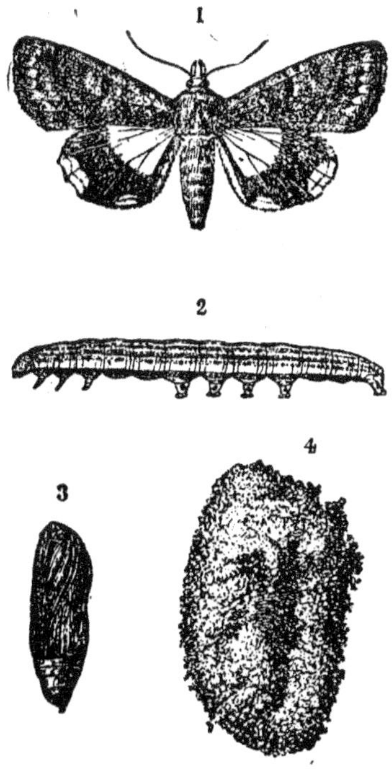

1 成蟲　2 幼蟲　3 蛹　4 繭

一、形態　成蟲爲中形之蛾，體長六分，展翅一寸二分，全體褐色，前翅有細小之雲狀紋及曲線。後翅內方爲白色，如圖。卵饅頭狀，初淡黃色，後成褐色。成長之幼蟲體長達一寸四、五分，色彩極複雜，腹面淡碧白色，胴部背線黃色，第四、五、六、七及九、十各節，附有黑紋，亞背線細而色淡，

第三四圖　甘藷夜盜蟲爲害之葉

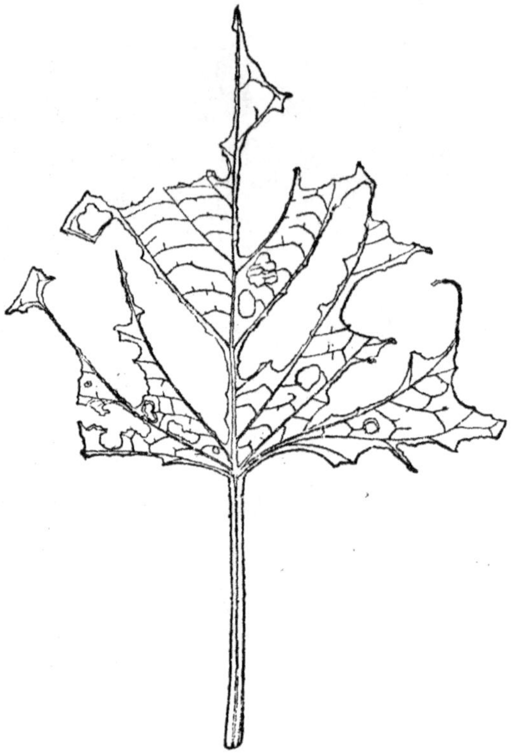

氣門上線曲，氣門線碧白色，下線最大，色黃。此外，體之下面有淡黃而中間具黑色之斑。蛹長六分餘，全體黑褐色，繭長一寸餘，色褐，外部附有十粒。

二、經過習性　一年發生三代，冬季以蛹在地中之繭內越年，翌年五月間第一代成蟲出現，七月間第二代出現，九月間第三代出現。卵產於地中，不成塊。孵化出之幼蟲，前二對腹脚不完全，行動似尺蠖，食害葉片穿成小孔，成長後則四對腹足完全，大食葉片，遂至僅留主脈。食物漸盡，則蔓之表皮亦食害。日中靜止於葉底或雜草及蔓上，夜間出食。蛹繭，作於地表上。

三、驅除預防法　幼蟲發生時可撒布砒酸鉛二三次，隔七日至十日撒布一次，如此可充分防止。

第二節　黃斑小夜蛾

此害蟲往往某一地方常發生甚多，而某一地方則並不發生。

一、形態　成蟲爲小形之蛾，體長三分，展翅七分至七分五厘，體及前翅黃色，前翅有黑色條紋及點，如圖，後翅灰色。卵爲扁平圓形，直徑二厘餘。幼蟲初齡時稍呈黑色，成長者長達九分餘，頭部微褐色，胴部淡綠，氣門線淡黃色，腹脚缺前二對，行動與尺蠖相似。蛹長二分五厘至三分，帶綠橙黃色，將土作成繭狀，入其中化蛹。

第三五圖　黃斑小夜蛾

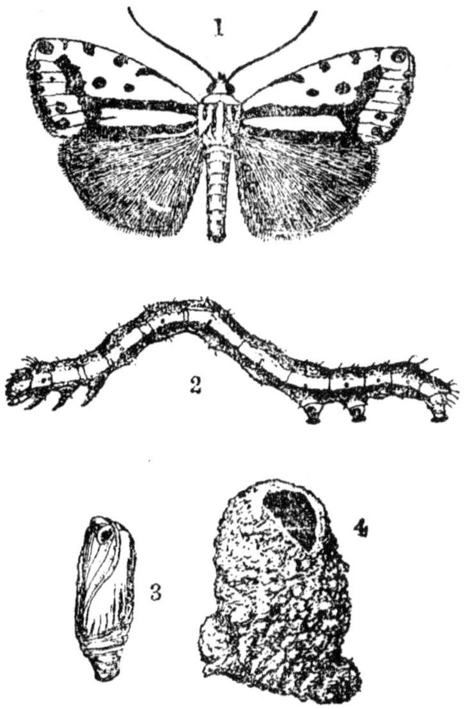

1 成蟲　2 幼蟲　3 蛹　4 土窩

二、經過習性　一年發生三代，冬季以蛹在地中之繭內越年，翌春六月下旬化爲第一代成蟲，

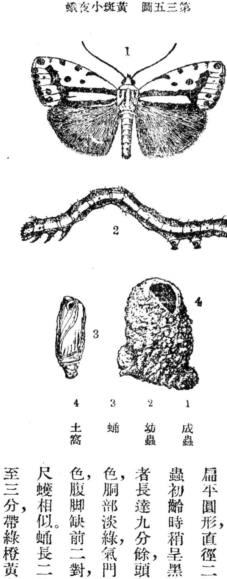

第二代之成蟲在七、八月間化出，第三代之成蟲在九月下旬化出，各代成蟲化出以後，卽爲幼蟲出現爲害期。卵產於葉背，不成塊，幼蟲初齡時，在葉緣穿小孔食害，其後則食至全體，僅留主脈，日中常靜止於葉緣。

三、驅除預防法　與前種害蟲同，規定日期，撒布砒酸鉛二三次以上。

第三節　甘藷捲葉蟲

此害蟲雖在各地普遍發生，然其爲害不大，故都放任之。

一、形態　成蟲爲微小之蛾，體長三分，展翅五、六分，全體濃暗褐色，前翅中央有二小圓紋，卵橢圓形，色淡藍，成長之幼蟲體長六分，胴部第一節以下至第五節色黑，以下淡黃色，亞背線暗黑色，從此各節生出斜線。蛹長三分餘，色赤褐。

第三六圖　甘藷捲葉蟲

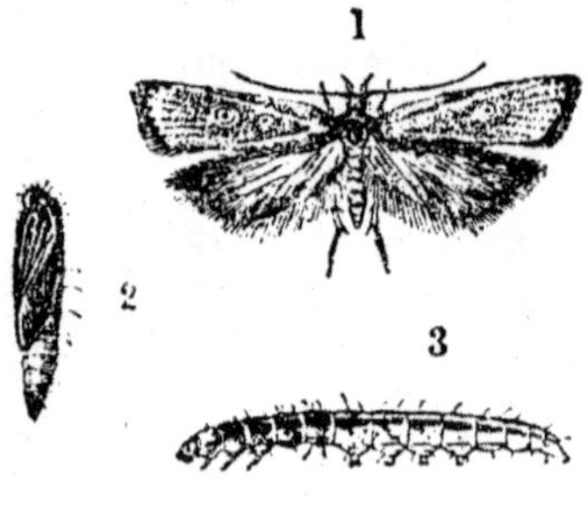

1 成蟲　2 蛹　3 幼蟲

二、經過習性　一年發生數代，冬季以成蟲越年，在苗床時代卽有幼蟲出而爲害。又春季甘藷未生育前，大多數在雜草「旋花」上蕃殖，以後至甘藷上，捲葉如圖，入其中食害葉

第三七圖　甘藷捲葉蟲爲害之葉

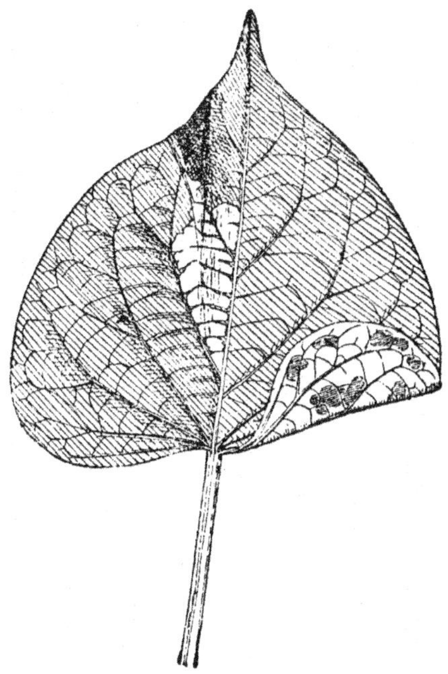

身，極活潑，能將體反轉運動。在捲葉中化蛹。

三、驅除預防法　少數發生時，自春天起，將葉上之幼蟲壓殺之，若多數發生時，則可與前種害蟲同樣，撒布砒酸鉛。此外則附近之旋花亦須注意之。

第四節　甘藷猿葉蟲

此害蟲常食入甘藷塊莖之內部，依地方不同而有爲大害者。

一、形態　成蟲似萊菔猿葉蟲而大形，體長二分餘，顏色雖有變化，而普通都爲青銅色。卵長橢圓形，色黃，成長之幼蟲，體長三分五、六厘，頭部黃褐色，胴部乳白色，各節多橫皺。蛹長二分五厘，色乳白。

二、經過習性　一年發生一代，冬季以幼蟲在土中窩內越年。翌年七月間化爲成蟲，在根上產

第三八圖　甘藷猿葉蟲

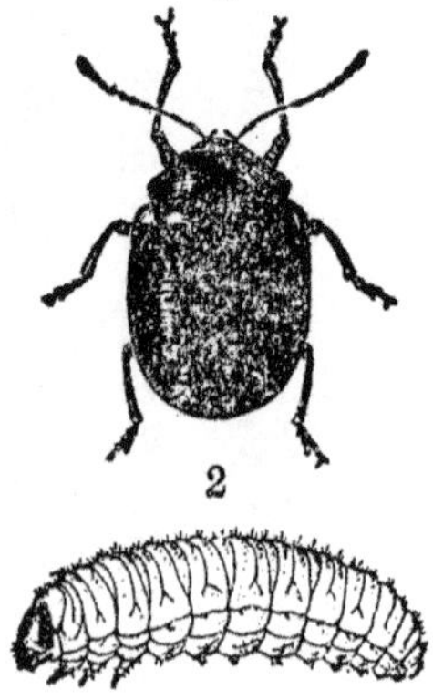

1 成蟲　2 幼蟲

第三九圖　甘藷猿葉蟲之爲害狀

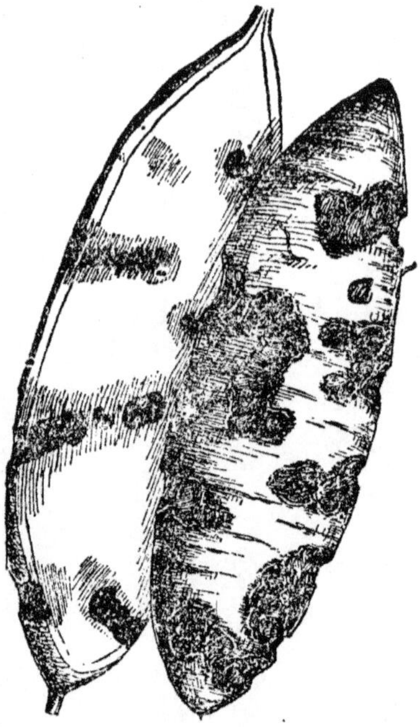

卵孵化出之幼蟲，初食皮部，後則食入內部，造成大孔，因此甘藷不能供食用。幼蟲老熟時，則深入地中，結土成窩，在其中越年。

三、驅除預防法　用氯化苦劑行土壤消毒可防治之，此外尚無適當方法，土質方面則輕鬆地被害少，品種方面則紅赤種被害少，故栽培上應注意。

第五節　叩頭蟲

此乃雜食性之害蟲，有爲害麥者，亦有爲害馬鈴薯者，就中爲害甘藷最多。

一、形態　成蟲體長，雌者約三分至三分五厘，雄者二分七厘餘，全體黑色。卵橢圓形，乳白色，長

第四〇圖　叩頭蟲

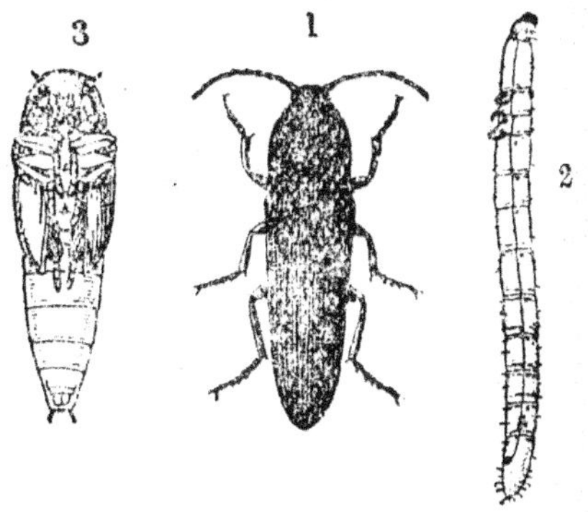

1 成蟲　2 幼蟲　3 蛹

三厘餘。成長之幼蟲體長達七分餘，細長而呈針狀，全體赤褐色。蛹長三分餘，色乳白。

二、經過習性　此點尚不甚詳，由卵化爲成蟲，須經二年或三年，每年成熟之幼蟲，九月間即深入地中化蛹，以後變成蟲而越年。翌年五月後出而交尾，次即在地表產卵。幼蟲在地中大小不一，有一年生者，有兩年生者或有三年生者。前種害蟲，能穿孔食害甘藷之內部，而此種則僅在外部淺淺食害，如圖。因此甘藷不至完全不能食用，惟不適充販賣品而已。

第四一圖　叩頭蟲爲害之甘藷

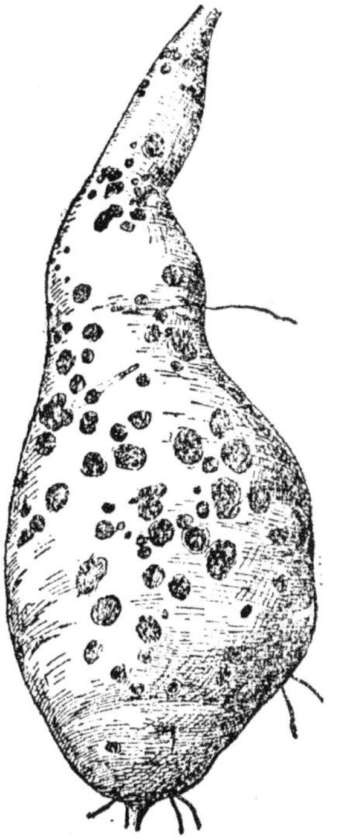

三、驅除預防法　現在尚無適當之方法，若行連作則地中幼蟲將增加，故必須與其他作物交互輪作。用氯化苦劑將土壤消毒，簡易可行，如此則不特此害蟲可除治，對於其他地中之害蟲及病害之驅除預防，亦有極大之效果。此外爲食物誘殺法，例如麩皮中加入砷酸鉛，埋置田地各處，誘集毒殺之。此種方法在外國正在倡用，惟實際上之效果尚不明。

其次，須附帶說明者，卽此害蟲不食害地中根部而食害地中莖部之稍上方，一般以爲食害根部者，實屬誤解。

第六章　馬鈴薯之害蟲

馬鈴薯之害蟲雖有二十餘種，其中爲害最大者爲「叩頭蟲」與「二十八星瓢蟲」及「大二十八星瓢蟲」之三種，叩頭蟲前節已述之，「二十八星瓢蟲」類當於茄子中詳述，故此處略之。

第七章　青芋之害蟲

青芋之害蟲種類頗少，約僅四種，其中最普通者爲下述之一種。

第一節　背條天蛾

此害蟲俗稱「烏蠋類，」爲食害葉之普通蟲類。

一、形態　成蟲體長一寸二、三分，展翅二寸三、四分，全體暗灰褐色，前翅有白色及黑色之條紋，如圖，腹背亦有兩條白線。卵形圓，色淡藍。成長之幼蟲長達二寸四、五分；全身大體爲紫黑色，有圓紋及眼狀紋，如圖，尾角突出於後方。蛹長一寸四、五分，

第四二圖　背條天蛾

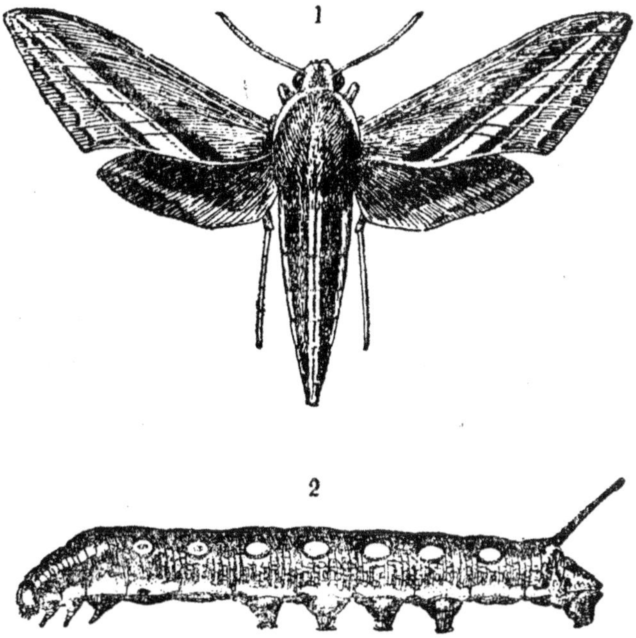

1 成蟲　2 幼蟲

全體灰黑或灰褐。

二、經過習性　一年發生一代，冬季以地中之蛹越年，每年六、七月間成蟲出現，在心葉上產卵，七、八月間化成幼蟲，由葉緣食害葉身，發生不多。惟體軀大，食量多，成蟲在黃昏時出而產卵。

三、驅除預防法　無須應用特別方法，因幼蟲體大極易得見，可直接捕殺之。

第八章 葱及葱頭之害蟲

葱及葱頭之害蟲有十數種，其中爲害最大者，爲下述之三種。然因地方情形不同，除此三種外，「種蠅」亦時食害葱根，此蟲待於瓜類害蟲中敍述。此處姑略之。

第一節 葱薊馬

此害蟲發生極普遍，尤以夏季特多，此時之葱殆不能供食用。

一、形態　成蟲微小，肉眼殆不能辨認，體長五厘，展翅六厘餘，全體淡黃色，背面稍呈淡墨色，翅毛長。卵橢圓形，色淡藍。幼蟲似成蟲，僅無翅而色彩稍黃。

第四三圖　葱薊馬

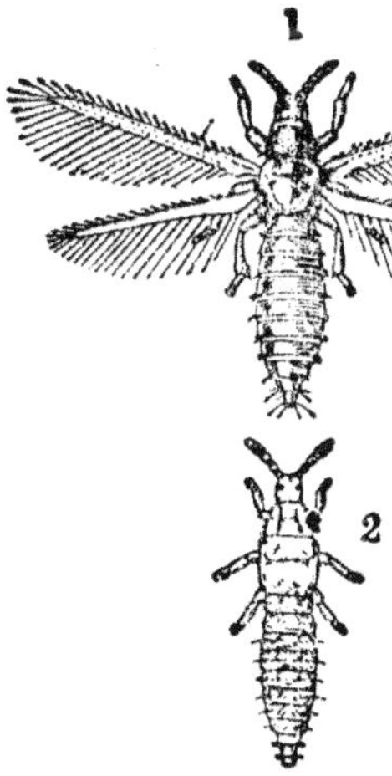

1 成蟲　2 幼蟲

二、經過習性　一年發生數代，冬季以成蟲越年，幼蟲與成蟲，同食害葉之皮部，食傷部成白色，葉遂成花布狀，其後上方變成褐色，作物遂枯死。但亦有不全部枯死者，惟如此之葉

第四四圖　葱薊馬爲害之葉

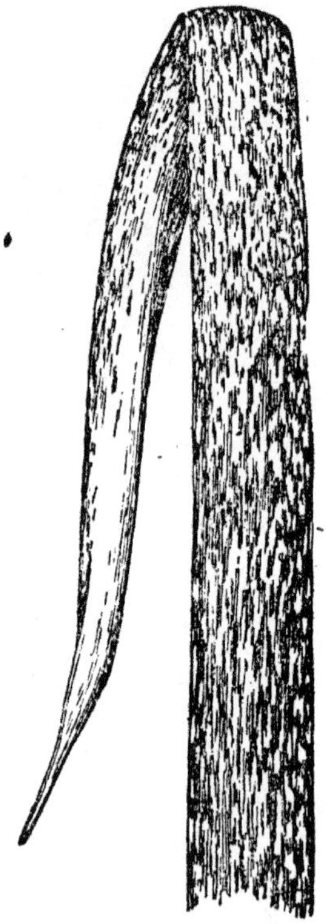

亦不能供食用。夏季雨天少時，蕃殖最多，運動活潑，在葉上時能見之，在蔭處即不易辨認。

三、驅除預防法　美國通行之防除法爲撒佈硫酸菸鹼，在一定日期內撒布二、三次，濃度爲七、八百倍至一千倍。又如用熱湯洒之，倘亦可驅除此蟲，而作物不至枯死，可試行之。

第二節　葱小菜蛾

此爲食害葱莖內部之害蟲。

第四五圖　葱小菜蛾

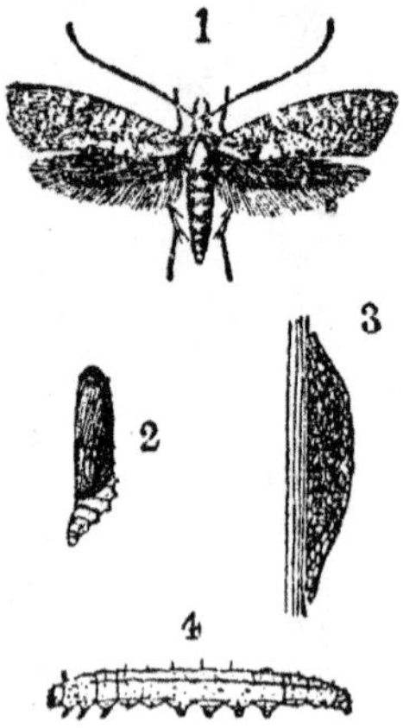

1 成蟲　2 蛹　3 繭　4 幼蟲

一、形態　成蟲爲微小之蛾，體長一分五厘，展翅三分，全體黑褐色，前翅有細小之波狀紋。卵扁平橢圓形，色淡藍。成長之幼蟲體長二分二、三厘，全體淡綠色。蛹長一分五、六厘，背面淡黑褐色，其餘淡褐色，繭粗糙而能透視內部，色淡褐。

二、經過習性　一年發生數代，卵產於表皮上不成塊。幼蟲孵化後即食破表皮而入內部食害

第四六圖
葱小菜蛾之爲害葉

葉肉，因此從外部可以透視其遺跡。老熟時則再出外部，在皮上作繭，入其中化蛹，如此，被害之作物風吹即倒。又葱頭之類，被害後則種子不能充分成熟，有相當之害處。

三、驅除預防法　現在尚無適當之方法，其發生期與前種害蟲殆相同；故若規定時期撒布硫酸菸鹼，諒可同時防止。

第三節　螻蛄

此爲雜食性之害蟲，各種作物之幼根皆蒙其害，尤以葱之苗床內爲甚。

一、形態　成蟲體長一寸餘，全體灰褐色，頭胸部呈丸形，前脚變化呈掌狀。卵橢圓形，長八厘餘，色乳白。幼蟲形小而缺翅，形狀與成蟲無大差異。

二、經過習性　冬季以稍成長之幼蟲在地中窩內越年，翌年五月間變成老熟成蟲，後即產卵。

第四七圖　螻蛄成蟲

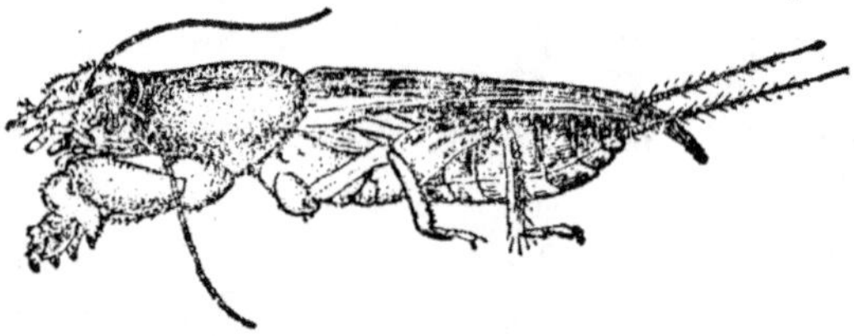

幼蟲成蟲同在地表淺處作成隧道，潛行其中食害各種作物之幼根。

三、驅除預防法：

1. 此害蟲在早晨最活動，常在地表作隧道，此際可將成蟲捕殺之。

2. 在田地各處設置瓶子，放廄肥少許，上覆藁稈，如此則必有甚多之螻蛄入其中，可集而殺死之。又在通路上設陷阱，將馬鈴薯及胡蘿蔔之皮放入，螻蛄在夜間必入其中，每朝可捕殺之，又通路上滴放氯化苦劑可防止其侵入。

第九章　石刁柏之害蟲

石刁柏之害蟲僅有下述之一種，此害蟲爲害頗多，加害「荷闌芹」「茴香」Parsley（繖形科植物）等西洋蔬菜，他如胡蘿蔔及「野蜀葵」上亦有發生，惟爲害不若前者之大。

第一節　黃鳳蝶

此害蟲食害時，常從葉上至莖上次第爲害，其數雖不多，然因其體大，故食量亦大，爲害頗烈。

一、形態　成蟲爲大形之蝶，形狀雖似鳳蝶，而其底色爲黃色；兩者最易區別之特徵，爲鳳蝶之前翅基部有三條黑條分開，黃鳳蝶之前翅基部則完全黑色。大小與鳳蝶同，春生者體長八分，展翅二寸五分餘，夏生者形體更大。卵球形，淡黃色。初齡之幼蟲，形狀與顏色頗似鳥糞，頭部黑色，胴部暗色，上面排列白斑及眼狀紋；成長時，全體底色一變而爲綠色，各節附有黑帶及黑紋；充分成長後，則體長達一寸七、八分。蛹長八分至一寸，稍稍彎曲，全體淡黃褐色，吐絲一條，纏縛其胸部於別種物體上。

二、經過習性　一年發生三代，冬季以蛹越年，翌年四、五月間發生第一代，六、七月間發生第二

第四八圖　黃鳳蝶

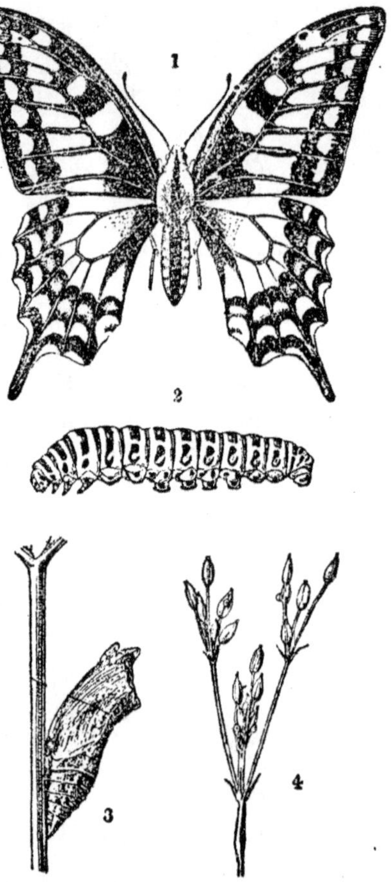

1 成蟲　2 幼蟲　3 蛹　4 卵

代，八、九月間發生第三代，卵產於作物心部，不成塊。幼蟲孵化後則直接食害，其色彩顯著，因此極易認識。觸之則從頭部後方伸出二角，發出惡臭。

三、驅除預防法　將其幼蟲一一捕殺之。若嫌其惡臭而面積又廣大時，則可撒布硫酸菸鹼或除蟲菊肥皂合劑等治之。

第十章 土當歸之害蟲

土當歸之害蟲有十餘種，主要者爲下述之兩種。

第一節 土當歸長鬚天牛

此害蟲爲「鐵砲蟲」之一種，常自莖部食入根中，翌年作物之生育常大受影響。

一、形態 成蟲體長，雌者一寸一分，雄者九分五厘，全體黃褐色，胸部左右生刺一枚，翅鞘依光線之反射而放異樣之光澤。卵長橢圓形，色乳白，成長之幼蟲體長一寸四五分，頭部小形，褐色，胴部乳白色。蛹長九分餘，色乳白。

第四九圖 土當歸長鬚天牛

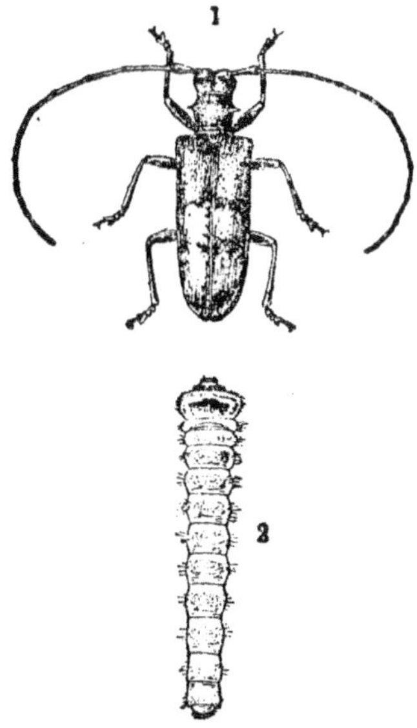

1 成蟲 2 幼蟲

二、經過習性 一年發生一代，冬季以食入地中根髓內之幼蟲越年，翌年六月間化蛹，七月間變成蟲，在距地五寸餘之莖部，咬傷外皮，將卵粒粒產下。孵化出之幼蟲，直接食入髓部，漸次成長則向下

第五〇圖　土當歸長鬚天牛爲害莖之下部縱斷面

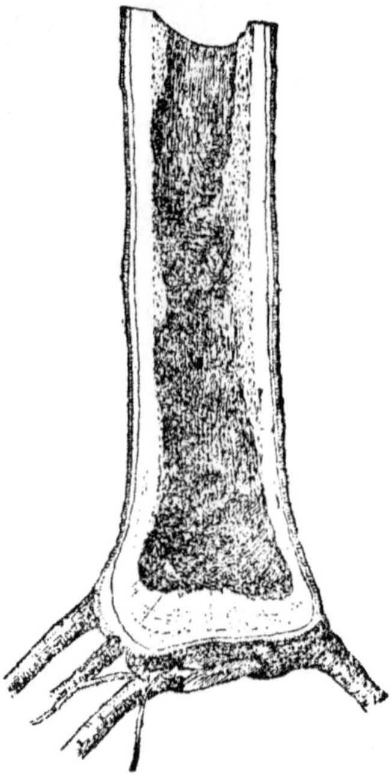

行，雨天之次日則以水壓關係而上昇。

三、驅除預防法：

1. 被害莖在秋季必因風而折，若檢查根部則極易知其中有害蟲，故可掘出處理之。

2. 更掘出各株施行更新之時，其有幼蟲食入之根莖極爲明顯，可收集燒却，或用其他方法處理之。

第二節　小白象蟲

此害蟲與前種同，亦爲食害根莖者，惟並不食入髓部而食害外部，土當歸之外「人參」亦同樣被害。

一、形態　成蟲爲中形之象蟲，體長四分五厘至五分，全體灰白色，各節多橫皺。蛹長四分餘，色白。

第五一圖　小白象蟲

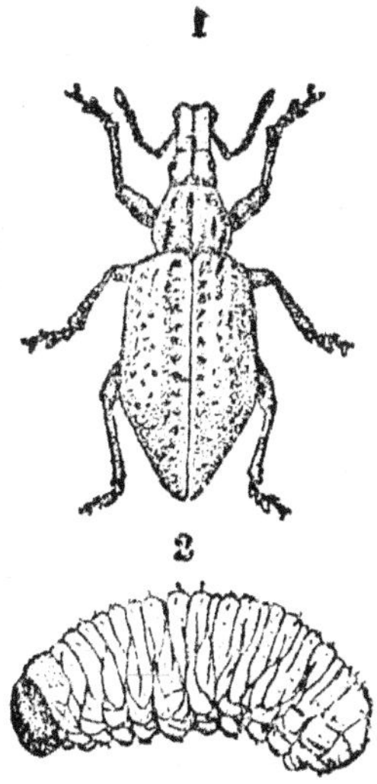

1 成蟲　2 幼蟲

二、經過習性　一年發生一代，冬季以蛹在地中越年。翌年五月以後至九月間，成蟲出現，自葉緣食害，被害部成鋸齒狀，同時在葉背產卵二三十粒，將葉捲轉包之。孵化出之幼蟲，即入地中食害根部。

三、驅除預防法　成蟲後翅退化，不能飛翔，且運動不活潑，故可一一捕殺之。又在更新之時，若將土地深掘，則知此害蟲與前種不同，即常羣生一處，故可收集處置之。

第十一章　筍之害蟲

筍之害蟲有三種，其中爲害最大者，爲下述之一種。

第一節　筍髓蟲

此害蟲之幼蟲食害筍之髓部。

一、形態　成蟲爲中形之蛾，體長六、七分，展翅一寸二分至一寸五分，全體灰褐色，前翅有曲線及白斑，如圖。卵呈饅頭狀。成長之幼蟲長達一寸四、五分，頭部飴色，胴部之下面淡白色，上面暗紫色，背線細而色白，亞背線色白而稍大。蛹長六、七分，色赤褐或黑褐，在地中所造之薄繭中。

第五二圖　筍髓蟲

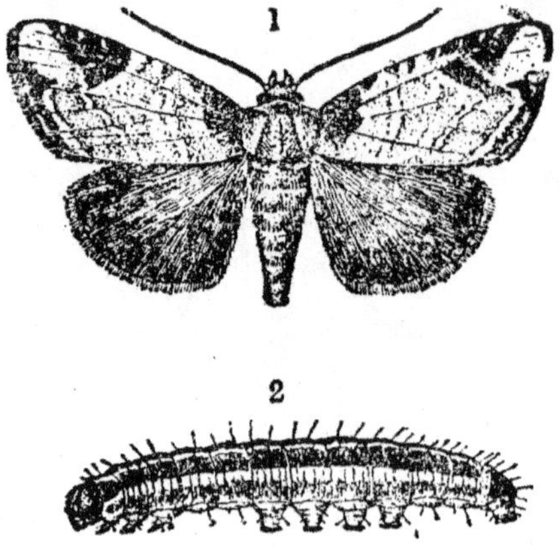

1 成蟲　2 幼蟲

二、經過習性　一年發生一代，冬季以葉上之卵越年，翌年六月間孵化，有直接食入筍內者，亦有入「款冬」與「蘘荷」內，稍成長後始移至筍內

第五三圖　筍髓蟲爲害筍之縱斷面

者。入筍內者，乃由上方漸次到下方，內部滿積蟲糞，筍即停止伸長，遂至腐敗。幼蟲入地中化蛹，自七月下旬至八月中，化爲成蟲，在葉上點點產卵。

三、驅除預防法　尚無適當之方法，凡被害之筍即停止伸長，觸動之籜即分離，且筍身細小，故應及早除去，將害蟲殺死。普通在不清潔之竹林中發生較多，故竹林宜注意間伐及清潔。

第十二章　菾菜之害蟲

「菾菜」之害蟲種類頗少，普通除有「萊菔」方面所述之「夜盜蟲」加害外，以次述之兩種害蟲爲多。

第一節　黑條野螟蛾

此害蟲之幼蟲，在被捲之葉中食害葉身。

一、形態　成蟲爲小形之蛾，體長四分五厘，展翅八分弱，全體灰黃色，前翅及後翅有條紋如圖。卵尙不明。成長之幼蟲，體長達七分五厘餘，全體綠色，第一節及第二節之背上有兩個黑紋。蛹長四分五厘，全體黑褐色。

第五四圖　黑條野螟蛾

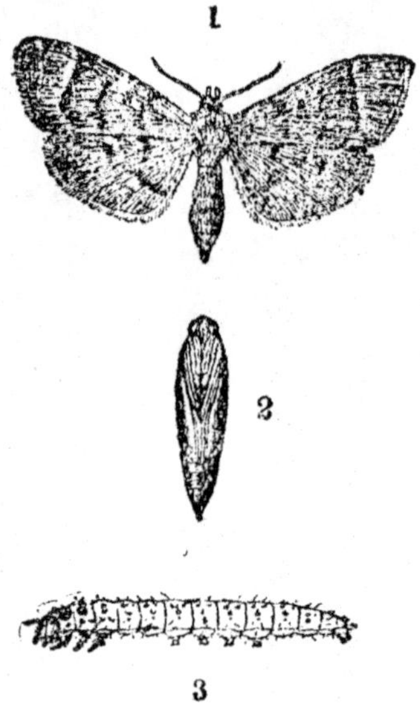

1 成蟲　2 蛹　3 幼蟲

二、經過習性　一年發生二、三代以上，冬季大概以幼蟲越年，翌春羽化，漸次蕃殖，七、八月間出現最多。幼蟲在捲葉中食害葉身，且放出多量糞便，致葉不能供食用。

第五五圖
黑條野螟蛾爲害之葉

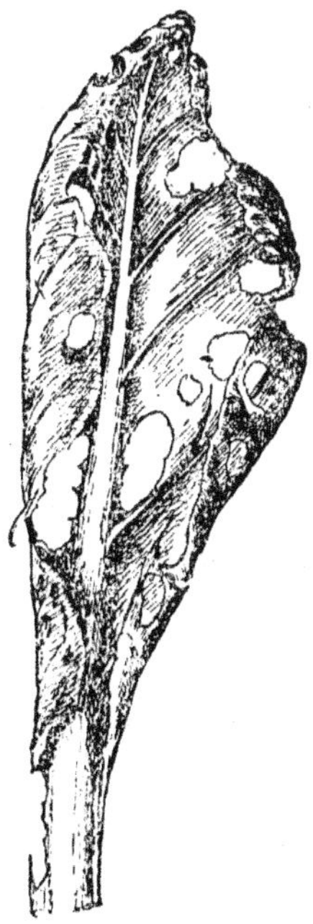

三、驅除預防法　在發生之初期，即尚未多數蕃殖之時，將幼蟲一一捕殺，勿任其傳播。撒佈毒劑雖有效，惟此菜常常採摘供食，故不能使用。

第二節　白帶野螟蛾

此害蟲爲害與前者同樣。

第五六圖　白帶野螟蛾

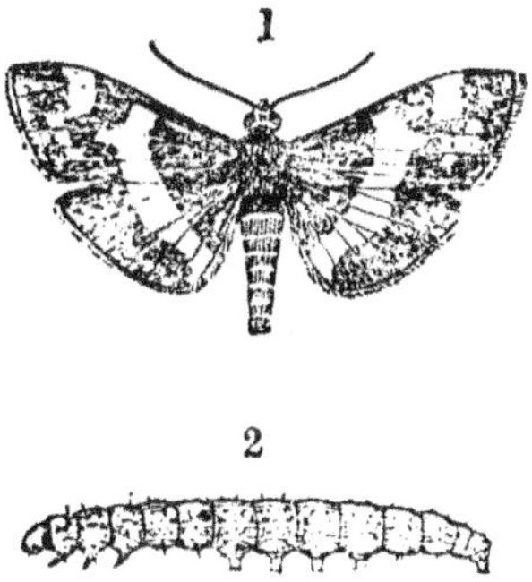

1 成蟲　2 幼蟲

一、形態　成蟲較前種稍小，體長三分，展翅七分，全體茶褐色，自前翅至後翅有白色之帶狀紋，其名即由此而得。卵扁平橢圓形，色淡藍。成長之幼蟲長達六分五厘餘，全體淡綠色，背線白色，亞背線淡黃色，氣門線白色不甚明。蛹長三分餘，色黃。

二、經過習性　經過不規則，每年發生三代至四代，冬季以蛹在枯死之雜草中越年，翌春化爲成蟲，以後在葉上點點產卵。幼蟲與前種同樣，綴葉而入其中食害，除「菾菜」外，雜草之「藜」上亦多發生。

三、驅除預防法　同前種又雜草亦應剷除。

第十三章 款冬之害蟲

款冬之害蟲，種類稍多，近三十種，惟其中爲害最大者，祇下述之一種。

第一節 粟螟蟲

此害蟲之食性極雜，各種作物都能爲害，蔬菜中惟款冬被害最大

一、形態 成蟲依雌雄而不同。卽雌者比雄者稍大，體長四分五厘，展翅一寸餘，仝體灰黃色，前後翅有曲線，如圖。雄者形體較小，仝體濃褐色，有若干部分留有灰黃色，而不仝體一色。卵形扁平橢圓，色微黃，成長之幼蟲，體長達八、九分，頭部黑褐，胴部淡灰黃色，各節有小點，如圖。蛹長四分五厘，仝體黑褐色。

第五七圖 粟螟蟲

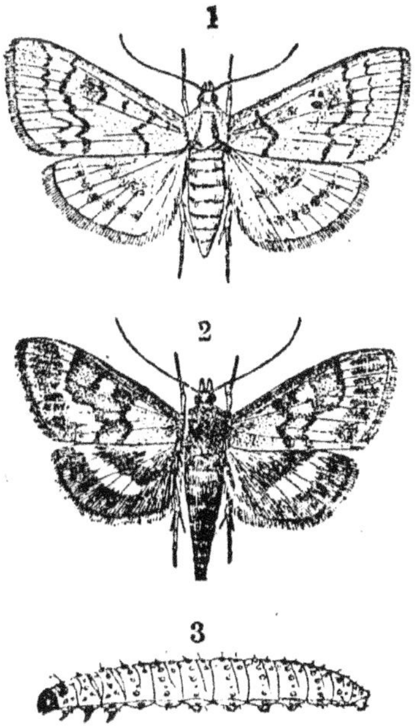

1 雌成蟲 2 雄成蟲 3 幼蟲

二、經過習性 因地方不同而發生代數不一定，冬季以幼蟲

第五八圖　粟螟蟲爲害之莖

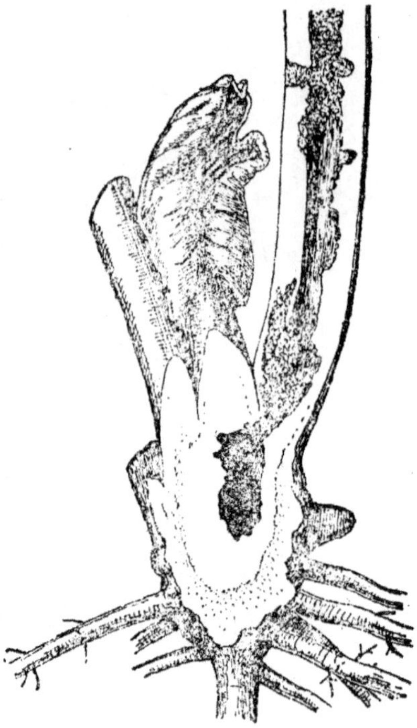

在粟及其他被害植物中越年，翌年六月間，第一代成蟲出現。卵產於「苦蕎麥」及「蓼」上，又在栽藍地方則產在藍上，幼蟲食害各植物之髓部。第二代成蟲在七月間出現，主在款冬上產卵，其幼蟲食入莖內，漸次移入下方，食害莖之髓部，而使之全株枯死。第三代之成蟲在八月間化成，此時恰值粟之成長時期，於是在粟上產卵，幼蟲即食害粟莖，冬季即在其中越年。此蟲除上述植物外，薑之莖根亦常食入，又茄子之莖，亦有食入而使之枯死者。

三、驅除預防法　尙無適當之方法，尤以其食性複雜之故，防治更感困難。冬期中將粟莖及根株全部燒却，又春期發生之苦蕎麥及蓼等，如加以適當處置，當可減少其發生。

第十四章　甘藍及花椰菜之害蟲

甘藍，花椰菜與萊菔或其他菜類，爲類似之作物，故從大體上論之，則其害蟲相同，惟因葉質厚薄關係，其害蟲遂稍有不同。茲將其主要者述之於下。

第一節　銀紋夜蛾

此害蟲與「夜盜蟲」「白粉蝶」同樣食害甘藍之葉。

第五九圖　銀紋夜蛾

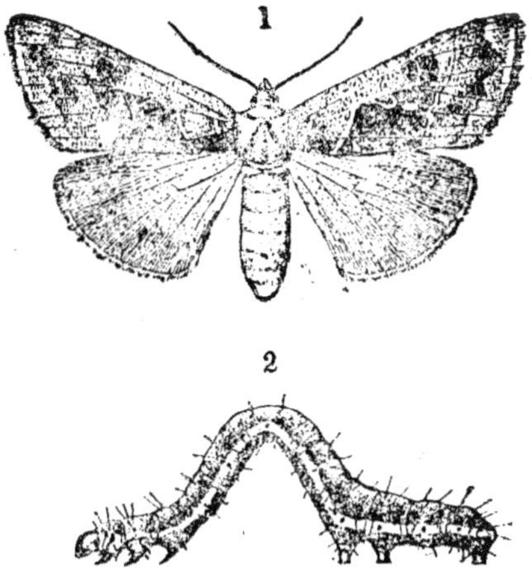

1 成蟲　2 幼蟲

一、形態　成蟲與夜盜蟲殆同大，即體長六七分，展翅一寸三分，全體灰褐色，前翅中央有小銀色紋，外緣有濃淡之雲狀紋。卵尚不明。成長之幼蟲，體長寸餘，全體綠色，氣門線白色，腹足僅二對，故行動似尺蠖，與其他害蟲極易分別。蛹長六分餘，腹面綠褐色，背面褐色，在白色粗雜之繭中。

第六〇圖　銀紋夜蛾爲害之葉

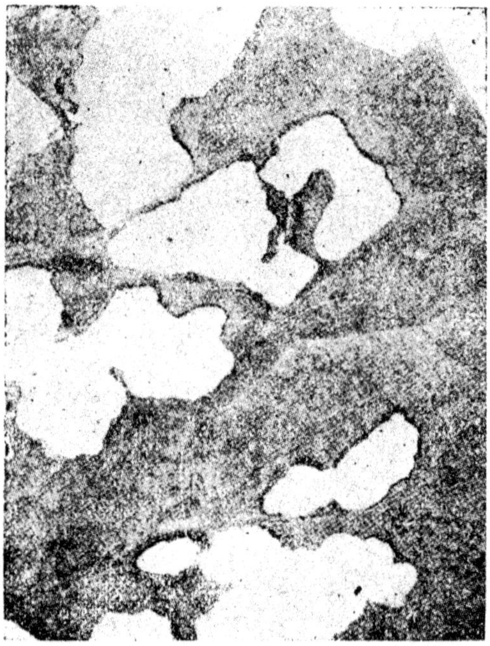

二、經過習性　經過不甚清楚，冬季以蛹越年，翌春化爲成蟲，次卽產卵。幼蟲每年六月間出現，將甘藍葉食成大孔，老熟時則至葉下造繭，入其中化蛹。化爲成蟲以後，似不再至甘藍上，不知其往何處，或係生活在「紫雲英」之上。

三、驅除預防法　使用毒殺夜盜蟲及白粉蝶之藥劑，可防止此種害蟲。

第二節　蓮紋夜盜蟲

此爲雜食性之害蟲，芋頭葱等作物上發生亦多，花椰菜一類之厚葉作物，食害更甚。

一、形態　成蟲與前者殆同大，體長五六分，展翅約一寸三分，全體褐色，前翅前緣有斜形大灰白紋外，且多波狀、雲狀紋，後翅白色。卵饅頭狀，初淡黃色，後變紫黑色。初齡之幼蟲殆全體黑色，成長後則體長達一寸三分餘，頭部褐色，胴部下面灰黃色，上面有花布狀之紋，且各節有粗大之黑紋。蛹

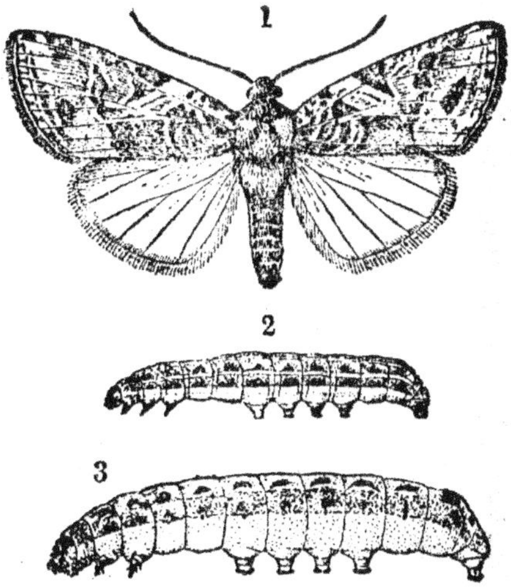

1　成蟲　2　初齡幼蟲　3　老熟幼蟲

第六一圖　蓮紋夜盜蟲

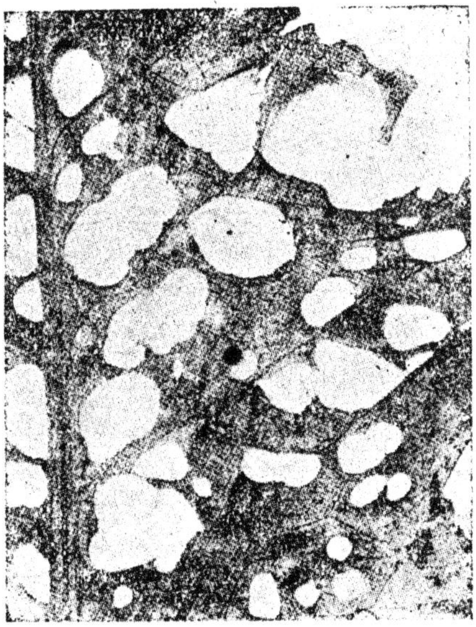

第六二圖　蓮紋夜盜蟲爲害之葉

長五六分色黑褐

二、經過習性　一年似發生二代，冬季以幼蟲越年，翌春出而生活於葱菊等作物上，老熟時卽入地中化蛹。第一代成蟲在七、八月間出現，在花椰菜葉之背面產卵，常二、三百粒產在一處，九、十月間化成幼蟲，初羣居，成長時則散亂食害，入地中化蛹。十月間化成第二代成蟲，此次所產之卵孵出之幼蟲稍成長後卽越年。

三、驅除預防法　與前種害蟲同樣。惟此種之初齡幼蟲羣生在一葉上，故可在未散亂時處置之。

第三節　小菜蛾

此害蟲在甘藍上發生爲主，雖食害厚質葉肉，而蟲體細小，一時不易明察之。

一、形態　成蟲爲微小之蛾，體長一分八厘，展翅四分五厘，全體灰褐色，前翅後緣有波形縱線，帶黃白色。卵不明。成長之幼蟲體長三分，全體綠色，體之中央膨大。蛹長一分八、九厘，色黃綠，在灰白色之粗繭中，外部可透視。

第六三圖　小菜蛾

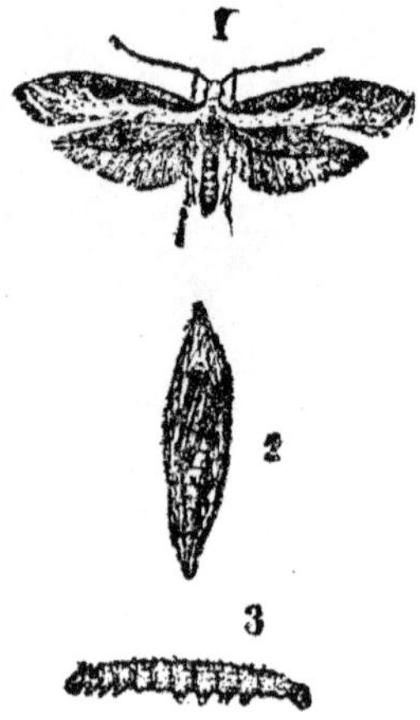

1 成蟲　2 蛹及繭　3 幼蟲

二、經過習性　一年發生三四代以上，不規則，常可在甘藍葉上見其幼蟲。此害蟲食害葉肉，係從上面食起，運動活潑，稍觸之，則反轉身體，向地落下。化蛹之繭，附於葉之上下兩方，呈網狀而極清楚。

三、驅除預防法　對其他害蟲使用藥劑時，可驅除此蟲。

第四節　僞守瓜

此爲雜食性之害蟲，各種作物皆有爲害，甚至「稗草」或「陸稻」等亦不能免其中爲害甘藍最多，故將其作爲一種甘藍害蟲論之。

一、形態　成蟲雖似守瓜（後章所述瓜之害蟲）、而體色不同，卽守瓜全體橙黃色，此蟲則有變化，全體暗褐色，卽顏色較守瓜爲暗。變化後之蟲體，翅鞘基部尚留有原色，其餘成黑色，故亦有稱

第六四圖　僞守瓜

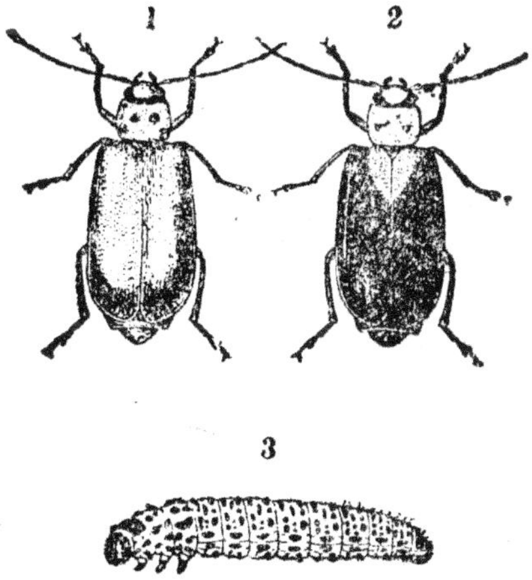

1 普通成蟲
2 黑色種
3 幼蟲

第六五圖　僞守瓜雌雄成蟲及幼蟲爲害之葉

爲黑守瓜者，體色雖黑，惟並非有光澤之眞黑色。雌者體長二分五厘餘，雄者稍小。卵形呈卵圓，色橙黃。成長之幼蟲長三分五厘，頭部黑褐色，胴部淡暗黃色，各節有小形之黑褐色斑點，在地中化蛹。蛹長二分至二分五厘，色黃。

二、經過習性　一年發生一代，越年狀態不明，或以卵越年，幼蟲每年在五月間出現，暴食甘藍及各種作物之葉，遂使之枯死。老熟時卽入地中化蛹，六月下旬至八月間化爲成蟲，此成蟲亦爲相當之害。

三、驅除預防法　食害栽培作物外，在雜草中之「虎杖」上亦多發生，總之任何作物上此蟲皆可發生，故可使用有預防效果之砷酸鉛以治之。前節所述之害蟲，若使用此劑，以行驅除，則同時卽可預防此蟲。

第十五章　瓜之害蟲

瓜之害蟲有二十餘種，其中最主要者，爲次述之五種。

第一節　守瓜

此乃瓜類中爲害最大之害蟲，且爲常人熟知之害蟲。

第六六圖　守瓜

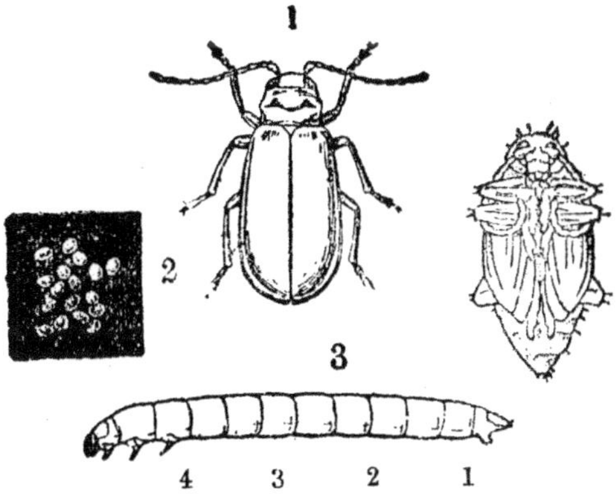

1 成蟲　2 卵　3 幼蟲　4 蛹

一、形態　成蟲爲小形之甲蟲，體長自二分五厘至二分六、七厘，後方比前方膨大，全體橙黃色，眼黑色。卵呈卵圓形，長二厘餘，色淡黃。成長之幼蟲長三分五厘餘，頭小色褐，胴部微黃白色。蛹長二分五、六厘，全體淡黃色。

二、經過習性　一年發生一代，冬季以成蟲深入南向之堤中，或草叢之根下，成羣越年。翌年四月間出至苗床內食害瓜葉，並在根際產卵。食葉之狀況，係將身體末端支着一點，然後將前端移動咬食，食傷口成一圓形，其

第六十七圖　守瓜爲害之狀況

後此圓形中之葉肉卽枯死脫落。爲害重時，葉遂全部枯死消失。根際所產之卵，化成幼蟲後，卽入地中食害幼根，後食入大根之內部，作物雖不直接枯死，然常萎縮不能伸張而無結實之希望。七月上旬，老熟之幼蟲卽在地中化蛹，中下旬以後則新成蟲出現，復食害瓜葉，以後則食性稍雜，不限定瓜類，各種作物之葉亦有食害。到晚秋時則漸次集合於日照之暖處，從事潛伏。

三、驅除預防法：

1. 移植後，將新聞紙對折，再將闊邊對闊邊摺合，糊成袋狀，周圍裝四根小柄，將此袋狀物套於作物上，小柄之一端穩插土中。如此則成蟲不致從上方侵入，可免被害及產卵。

2. 用鐵線作成直徑一尺二、三寸，高尺餘之籠形框，裝以帳紗，舊蚊帳，或其他類似帳紗之物，將此物覆於作物上，可稱最完善之法，惟經濟方面所費較多，不可不注意及之。

3. 撒布砷酸鉛，可防止成蟲食害，惟作物心部日日伸長，故不可不每隔二、三日補充一次。

4. 移植之時，同時將新聞紙疊成二重，由一邊到中央剪開，將其夾着作物莖之下部，即用此紙覆蓋苗之週圍地面，如此可防止成蟲至根部產卵，惟不能防止成蟲食害葉身。

5. 幼蟲既發生後，可用水一斗溶解氰化鉀一兩三錢之溶液，在每株地上撒布二合左右以殺之。此液在四合以內對於作物不至有害。

第二節　瓜捲葉蟲

此蟲之幼蟲在被捲之葉中食害葉身，故稱爲「捲葉蟲。」

一、形態　成蟲爲小形之蛾，體長三、四分，展翅八分餘，體之頭胸部與尾端及前翅之外周，廣布黑色，其他白色，爲甚美麗之蛾。卵扁平圓形，色淡黃。

二、經過習性　一年發生三代以上，不規則，冬季以蛹越年。每年六月間則第一代成蟲出現，其後則漸次變成不規則，卵、幼蟲、蛹可同時見之。卵產於葉背，不成塊。幼蟲在葉背將葉子左右連綴，入其中食害。圃場及温室內皆發生，若因天不雨而大發生時，則不特將葉子全數食盡，即果子內亦有食入者。

第六八圖　瓜捲葉蟲

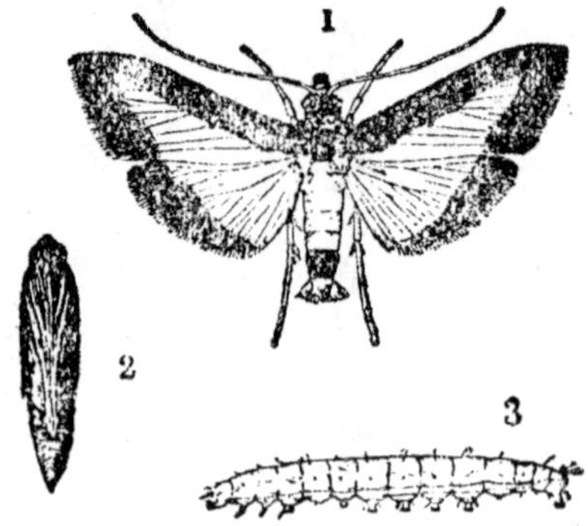

1 成蟲　2 蛹　3 幼蟲

第六九圖　瓜捲葉蟲之爲害狀

三、驅除預防法　驅除瓜類病害而使用波爾多液時，可混用砷酸鉛，如此可充分防止。溫室之窗戶，夜間須關閉，以免成蟲飛來產卵。

第三節　種蠅

此爲雜食性之害蟲，食害各種作物之苗及種子，就中對瓜類爲害最大。

一、形態　成蟲爲小形之蠅，體長二分，展翅四分，頭部銀灰色，眼暗褐色，胸腹灰黃色，上生細毛，翅透明。卵長橢圓形色白。成長之幼蟲長三分弱，全體蛆狀，色乳白。蛹長一分五厘餘，色黃褐。

二、經過習性　此點尚不甚清楚，冬季在寒地以成蟲，在暖地似以幼蟲越年，暖地在二月間，即在各種作物之苗床內食害根部，使之枯死。瓜類則在三、四月間下種時一同出現，種子未發芽時，即食入內部，稍經生育者，則食入根部，釀成大害。除前述各種瓜類外，對葱頭、各種豆類、甘藍等亦加害，其次如陸稻、水稻之直播者，當水少時則亦發生而加害。

第七〇圖　種蠅

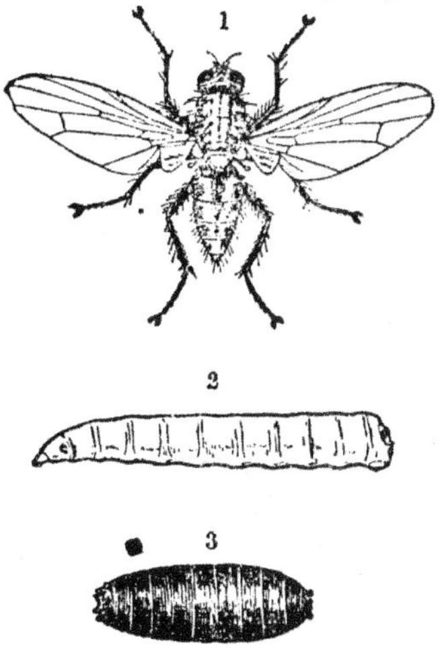

1 成蟲　2 幼蟲　3 蛹

第七一圖　種蠅幼蟲爲害之菜豆

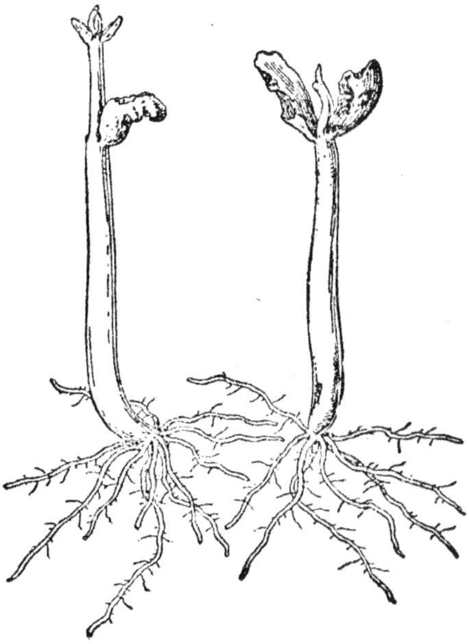

三、驅除預防法　目前尚無適當之方法，若使用臭氣極濃之人糞尿類之肥料，則發生極多，故必須避用。若必須使用，則須放置二星期以上，待臭氣減少後下種。又若一旦幼蟲發生，則可撒布除蟲菊肥皂合劑，如此則此蟲必外出至地面，可一一收集殺死之。

第四節　瓜蚜蟲

此乃發生於瓜及茄子上之蚜蟲，若在苗床內發生，則葉即捲縮而停止伸張，為害甚大。

一、形態　無翅之雌蟲，身體微小，體長四厘，體形殆呈圓形，全體黃色，有翅者體長四厘，展翅一分二、三厘，身體大部黃色，惟頭胸部却為漆黑色。幼蟲無翅，與無翅雌蟲無大差異。

二、經過習性　一年發生二、三十代，成蟲常胎生幼蟲，有翅者則飛往他處，夏季約經一星期化為成蟲，幼蟲與成蟲同羣生於葉之背面，吸收養液，因此葉即捲縮而不伸長。

第七二圖　瓜蚜蟲

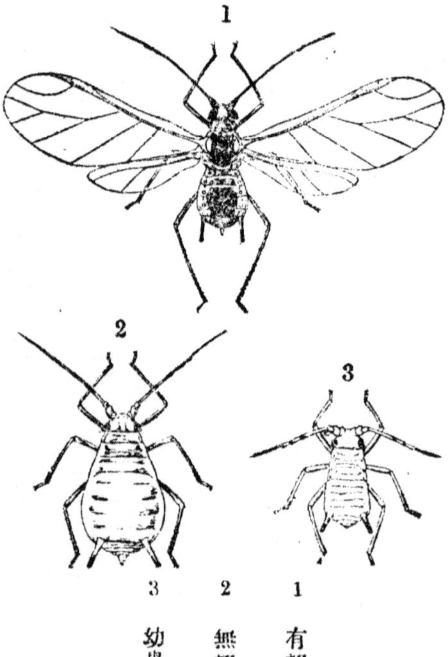

1 有翅之雌蟲　2 無翅之雌蟲　3 幼蟲

第七三圖　瓜蚜蟲着生後捲縮之葉

三驅除預防法　苗床時代卽有此蟲發生，故須將着生株除去，選植其健全者，若移植後發生，則必須將肥皂合劑或除蟲菊肥皂合劑、毒魚藤肥皂合劑、硫酸菸鹼等，撒布二三次以上。其次，應保護捕食此蟲之益蟲，惟不能全由其任驅除工作。

第五節　丸跳蟲

此害蟲在苗床中較少，常在直播之作物之子葉及新葉上食成許多小孔。

一、形態　爲微小之害蟲，肉眼不易見之，成蟲體長四厘餘，全體丸形，頭部黃褐色，其餘爲暗紫色，除脚以外，腹部具有長大之跳躍器，用以飛跳。卵尚未調查，幼蟲形小，與成蟲無大差異，僅稍帶赤色。

二、經過習性　經過尚不明，一年似發生數代，春季發芽時卽有發生，在心葉上穿小孔食害，甚

第七四圖 丸跳蟲三十倍之成蟲及其爲害之葉

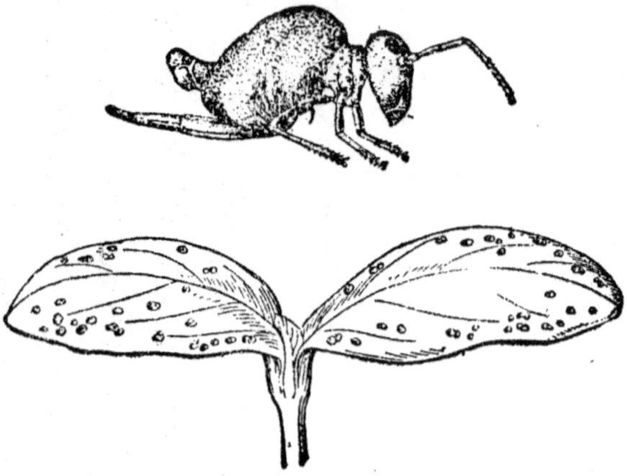

則使作物枯死。接近之則飛跳，捕捉不易。

三、驅除預防法：

1. 將除蟲菊木灰，或烟草粉，或八比二之木灰與焦油腦(Naphthalene)之混合物，或鋸屑一升石油二合之混合物等，撒於地上，勿接觸及葉，可防止此蟲移來侵害。

2. 撒布除蟲菊合劑與其他蚜蟲中所述之藥劑，皆可驅除之。

第十六章　茄子之害蟲

茄子害蟲有十餘種，其中爲害最大者有五種以上，其中瓜蚜蟲對茄子亦同樣有大害，因前節已述之，故不再述。

第一節　二十八星瓢蟲

此害蟲之幼蟲與成蟲皆暴食作物之葉，而成大害。

一、形態　成蟲略呈圓形，體長二分至二分四厘，全體赤褐色，胸部暗黑色，而附有黑點，翅鞘上左右共有二十八個黑紋。卵紡錘狀，色黃。成長之幼蟲長二分六、七厘，全體蒼白色，上面生有枝之刺。蛹之

第七五圖　二十八星瓢蟲

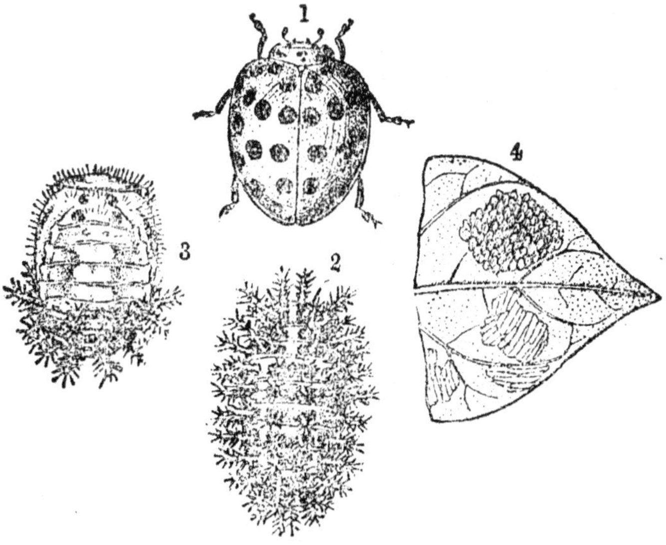

1 成蟲　2 蛹　3 幼蟲　4 卵

第七六圖　二十八星瓢蟲爲害之葉

蟲之脫皮殼，蛹長二分餘，全體淡黃色，頭胸尾端附有幼背附有小黑紋。

二、經過習性　一年發生二、三代，冬季以成蟲越年，每年五月上旬以後出而食害葉子，同時在葉背產數十粒直立成塊之卵，孵化出之幼蟲與成蟲同，在葉之背面食害葉肉，葉即成褐色而枯死。老熟時附着於葉背、莖上或雜草等處化蛹，七月中旬後化成第一代成蟲，產卵如前，第二代之成蟲在八、九月間，不規則的出而食害，以後即越年。一年發生三代者，則第三代之成蟲自十月至十一月間化成。第一代成蟲發生時，茄子尚未播種或生出，故此成蟲即至馬鈴薯與「酸漿」上生活，第二代以後始加害茄子。

三、驅除預防法：

1. 馬鈴薯及酸漿上發生時，可用砷酸鉛，或馬鈴薯防除病害須使用波爾多液時，可混用巴黎綠。

2. 馬鈴薯收穫時，將殘莖鋤入土中。

3. 至茄子上爲害時，可使用右述之藥劑；惟對於近收穫期之茄子不能使用。故當在其幼蟲時代趕緊驅除，可撒布三十倍左右之除蟲菊石油乳劑液以防治之。

4. 除草時，將葉背之卵及幼蟲成蟲等，一一捕殺。

第二節 大二十八星瓢蟲

此害蟲雖極似前者，而種類全然不同，且產地亦不相同。

一、形態 成蟲雖似前者，而形體較大，胸背必有縱走之劍狀黑紋，左右各有二個圓紋，翅鞘上有二十八個黑紋。卵比前者大，前者各粒密着，此種則各粒分離。幼蟲之底色爲黃色，蛹色亦黃，有極清楚之黑色斑點。

二、經過習性 一年發生一代或二代，因地方寒暖而不同。冬季與前種同樣，以成蟲越年，四月下旬即外出食害並產卵，故較前者稍早。又七月上中旬，即可由幼蟲化爲成蟲。第二代成蟲自八月下旬至九月中旬化成，發生期在寒地則比前種稍短，且殆有一定。爲害作物之情形與前者同，即第一代在馬鈴薯上生活，第二代始來茄子上。又前種好食酸漿，而此種則不食酸漿而嗜食「龍葵」及「曼陀羅花」等。

第七七圖 大二十八星瓢蟲

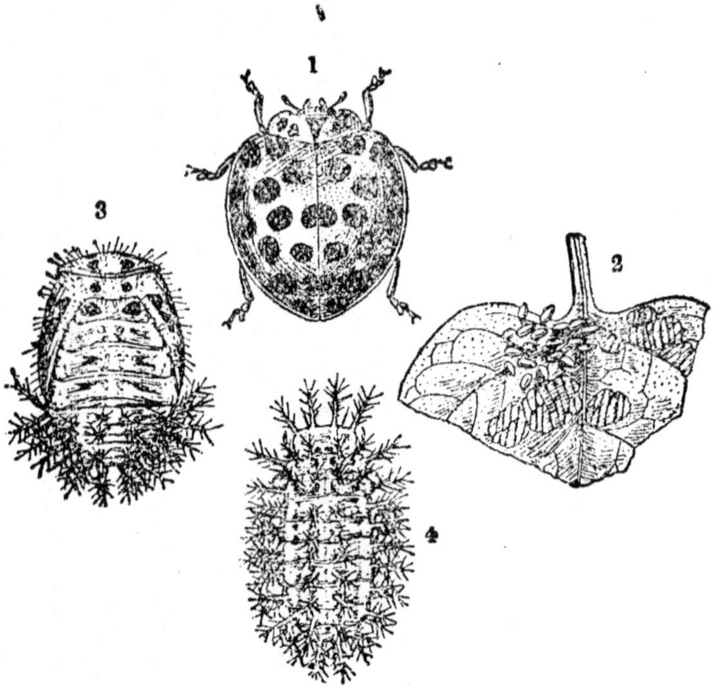

1 成蟲 2 卵 3 幼蟲、4 蛹

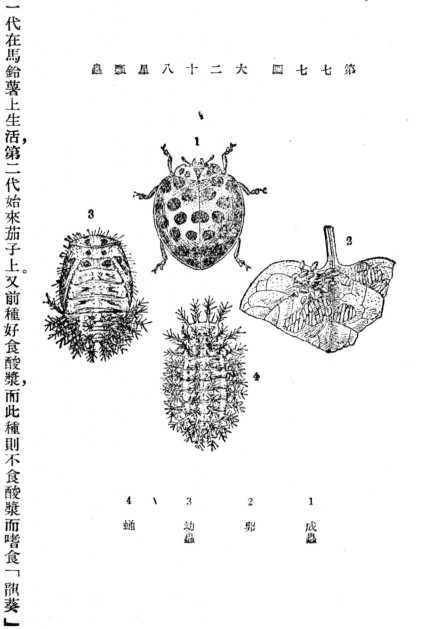

第七八圖 大二十八星瓢蟲之爲害葉

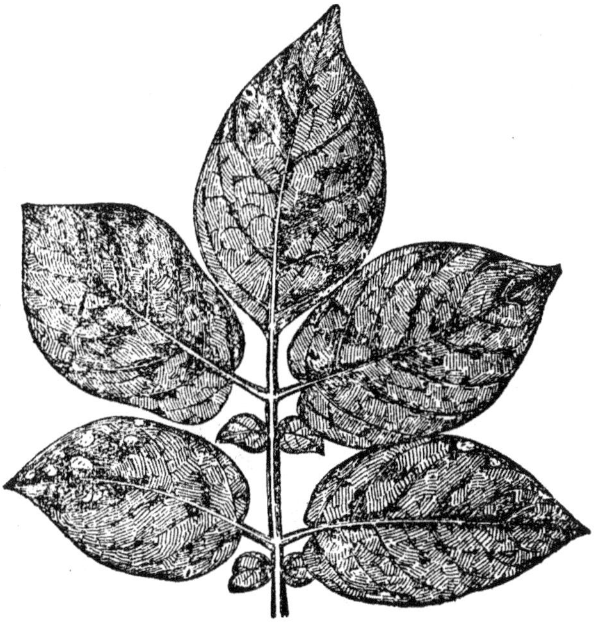

三、驅除預防法

此害蟲大體上可與前種同樣處置，又以其春季成蟲出現期較早，且同時齊出，此時適當馬鈴薯伸出三、四寸之時，故可調查其食害部，而將成蟲捕殺之，此法甚簡便。

第三節 切根蟲類

此爲食斷作物根莖部之害蟲，俗稱「切根蟲，」自學術上分之，則有兩種。一名蕪菁夜蛾，一名甘藍夜蛾。此兩種中何種發生較多，則依地方而不同，亦有兩種同時發生爲害者。茲將此兩種蟲一

第七九圖 蕪菁夜蛾

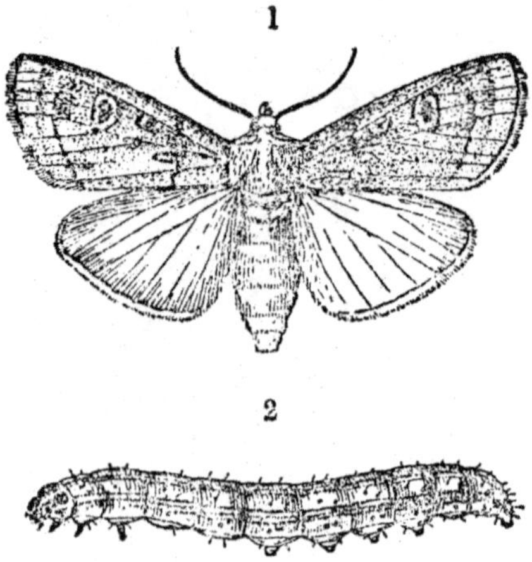

1 成蟲
2 幼蟲

第八〇圖 蕪菁夜蛾之幼蟲為害及潛伏狀

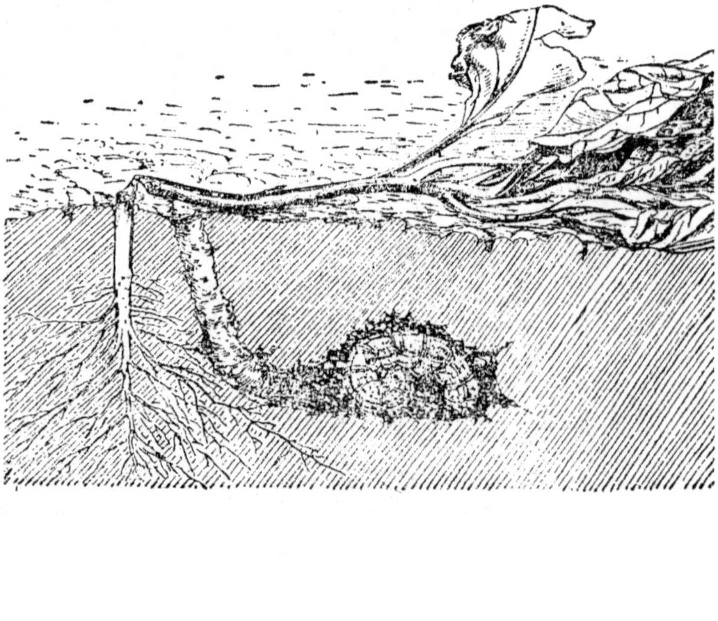

併說明於下：

一、形態 蕪菁夜蛾之成蟲，體長七分展翅一寸二、三分，全體灰褐色，前翅中央有腎狀紋及小圓紋，此外有三條橫線，如圖，後翅稍白色。卵呈饅頭狀，初淡黃色，後變褐色。初齡之幼蟲，全體綠色，成長後則暗色，長達一寸三分，上面有不甚分明之小點，初齡時缺中前二對腹足，成長時始四對完全。蛹長七分餘，色黑褐。

甘藍夜蛾之成蟲，體長六、七分，比前者大，展翅一寸六、七分，與前者不同之點爲翅長形，色彩較淡，腎狀紋之外側，與從外緣生出之二枚黑色劍狀紋相對。卵及初齡幼蟲皆與前種無大差異，惟老熟時長度達一寸五、六分，若用十倍至二十倍之廓大鏡觀之，則前者之皮膚平滑，此種之皮膚，則附微細小點，宛如鮫膚，此卽兩者之異點。蛹除形稍大外，與前者無大差異。

第八一圖　甘藍夜蛾

1

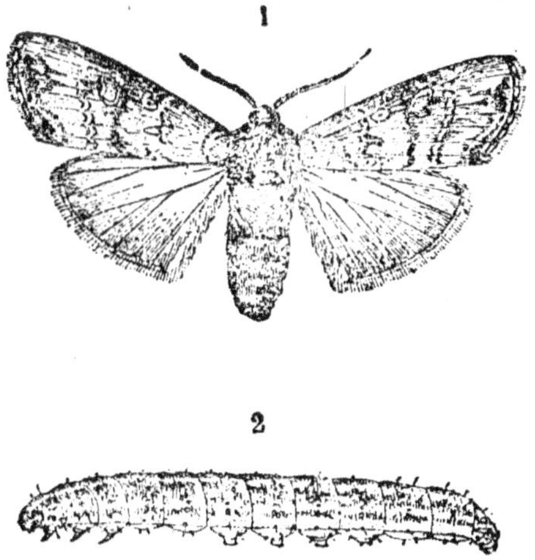

2

1 成蟲　2 幼蟲

二、經過習性　關於經過一層，議論不一，尙待詳細調查，若照已往記載，則大概一年發生二代，冬季則兩者皆以地中幼蟲越年，翌春茄子及其他作物移植時，則食害根部，使之枯死，在地中化蛹，六、七月間化成第一代成蟲。前者在葉背產卵，後者則粒粒產於地表上。孵化出之幼蟲在葉背食害葉子，成長後入地中。第二代之成蟲在八、九月間化成，此代幼蟲因無幼作物可食，故食接近地面之下部葉子而生活。成蟲在夜間出行產卵。

三、驅除預防法　現在尚無適當之方法，往時所用之法在移植時，將除蟲菊木灰烟草粉等，混入土壤中，可防止其侵入。又作物之莖根部，可先用報紙捲裹然後種植。既被害之作物，須在其根部搜掘害蟲而殺死之，以免爲害其他作物。

第十七章 豆類之害蟲

豆之種類甚多，如豌豆，蠶豆，菜豆，豇豆，鵲豆，刀豆等，故害蟲之種類亦不少，其中爲害大者，有下述六種。

第一節 豌豆象蟲

第八十二圖 豌豆象蟲

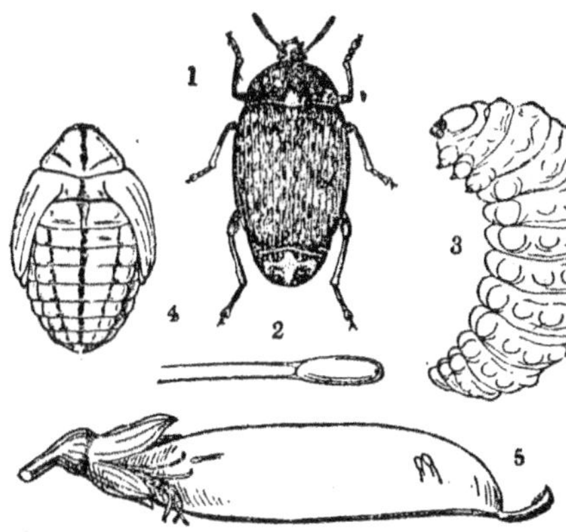

1 成蟲 2 卵放大 3 幼蟲 4 蛹 5 莢上之卵

此害蟲食害子實內部，爲害多之地方，有因此而不能採種者。

一、形態 成蟲形小，體長一分五、六厘，全體黃褐色，胸部之中央後側有一白紋，翅鞘有小白點，腹端有二個黑紋。卵呈箭頭形，色橙黃。成長之幼蟲體長二分餘，肥大而稍彎曲，頭部褐色，胴部乳白色。蛹長一分五、六厘，色淡黃。

二、經過習性 一年發生一代，冬季以成蟲

第八三圖　豌豆象蟲食害之豌豆

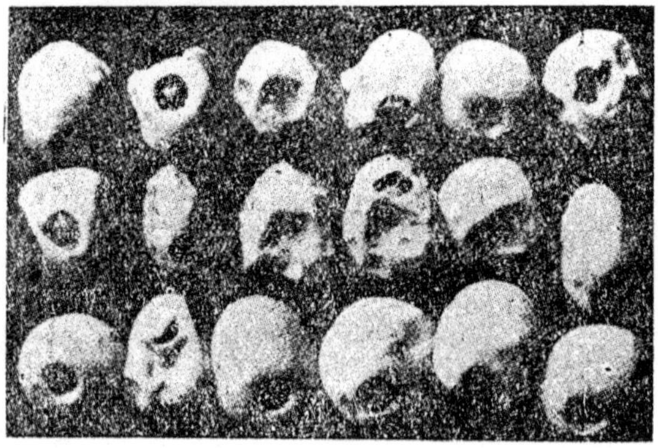

在藏豆之處越年，至五月中旬始飛往田圃，在豆莢上產卵。此幼蟲直接食入種子內部，約經二星期化蛹，至七月中下旬化爲成蟲，脫出豆粒而越年。

三、驅除預防法：

1. 當豆莢生出之時，使用除蟲菊肥皂合劑，可防止其飛來產卵。

2. 收穫後直接用二硫化碳，或氯化苦劑燻蒸。

3. 被害之豆收穫後即供食用，或用其他方法處置之，使成蟲不能外出。

第二節　小豆蚜蟲

此害蟲常至小豆上爲害，故有此名。然被害最大者，仍爲蠶豆，因蠶豆之莖葉水分甚多，故特易蕃殖，爲害蠶豆每有因此而萎縮不能結實者。

一、形態　此爲微小之害蟲，無翅之雌蟲，體長八厘，全體紫黑色而有光澤，稍裝白粉，有翅之雌

第八四圖　小豆蚜蟲

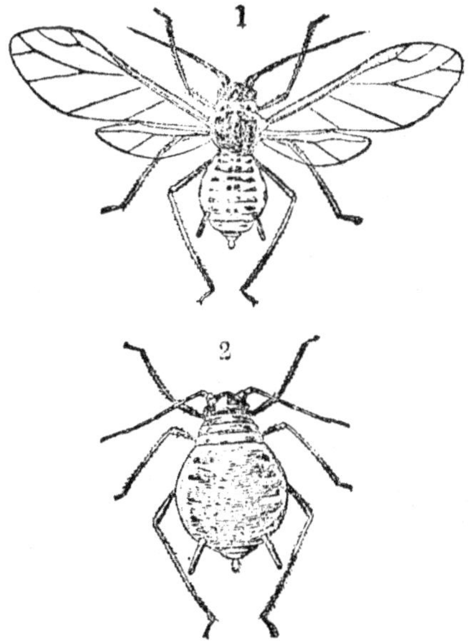

1 有翅雌蟲
2 無翅雌蟲

蟲體長七厘展翅二分餘較諸前者除胸部稍發達,外其餘無大差異。幼蟲無翅,形小,似無翅雌蟲。成長時從胸部左右生出翅痕。

二、經過習性　一年發生二、三十代,冬季越年之狀態尚不明,大概在紫雲英中,以幼蟲越年,翌春蕃殖多數後即移至蠶豆上。蠶豆以外之各種豆科植物上亦有發生。

三、驅除預防法　肥皂合劑,除蟲菊肥皂合劑、毒魚藤肥皂合劑、硫酸菸鹼等,無論用何種皆有效,惟一次不能完全驅除,須撒布二、三次以上。

第三節　金龜子類

金龜子類有多種,且食性極雜。其中「小金龜子」與「豆金龜子,」主害大豆及其他豆類,果樹類中常害李及葡萄，「銅色金龜子」則特害「菜豆」為害果樹與前種同。為便利計，爰總述於次：

一、形態　小金龜子體長四分五厘至五分，其體色雖有變化，而普通都為青藍色。卵橢圓形，色微黃。成長之幼蟲體長達七、八分，頭部赤褐色，胴部初乳白色，老熟時黃色。蛹長四、五分，色淡黃。

豆金龜子之成蟲，體長三分六、七厘，稍呈扁平，翅鞘中央大部呈褐色，其周緣部分呈青藍色。卵比前者小。幼蟲之形體亦較小，腹端下面若用廓大鏡檢查，則有許多短毛，前種有二十餘對縱列，此種只有七對左右縱列，此為兩種幼蟲之不同點。

銅色金龜子為大形種類，成蟲體長七分至八分五厘，全體青銅色。卵及蛹尚未調查。幼蟲形大，腹端下面之毛列有四十餘對。

第八五圖　小金龜子

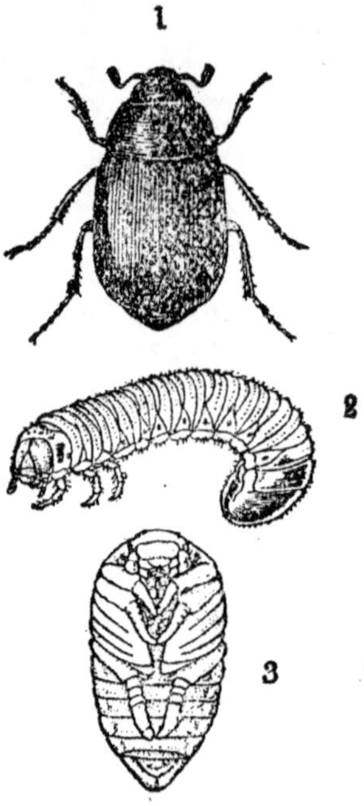

1 成蟲　2 幼蟲　3 蛹

第八六圖　豆金龜子

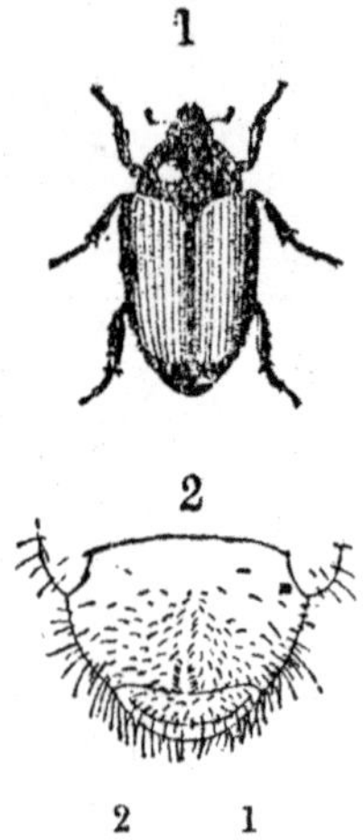

1 成蟲　2 幼蟲尾端

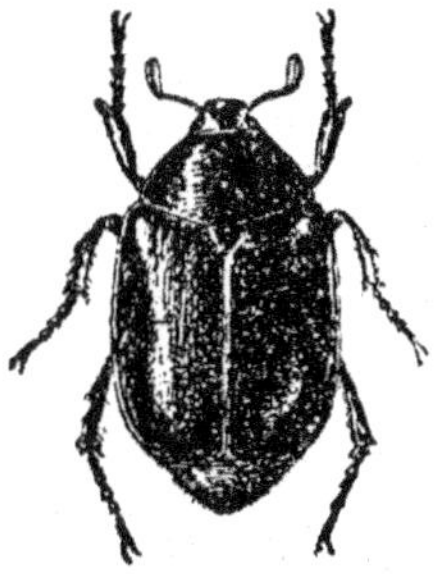
第八七圖 銅色金龜子

二經過習性　前二種一年發生一代後一種似二年發生一代成蟲之出現期，豆金龜子最早六月中旬即出現，其次爲小金龜子，再次爲銅色金龜子。因各個身體之大小不同，故食害孔亦有大小之差別，如圖。各蟲食害葉子至九月間，大體依出現次序而死滅。卵各產於地上，幼蟲入地中，食害之植物不一，因此普通都不認其爲害；但此害蟲亦有嗜食之植物，例如桑樹等多之地方，其間若栽有陸稻等作物，則有將稻根食害而使之全然枯死者。蛹在耕土中化成。

第八八圖 小金龜子之爲害葉

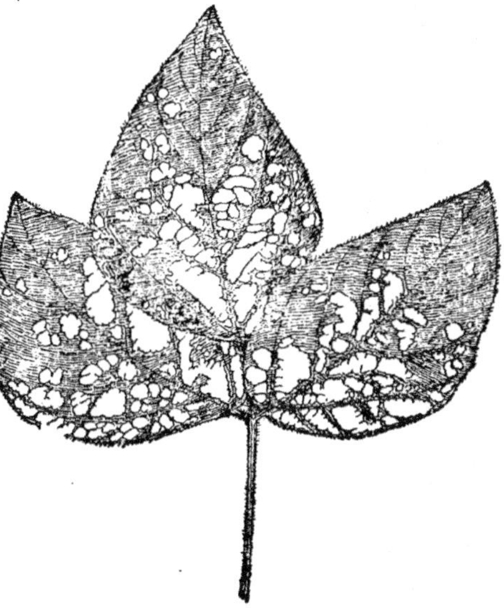
第八九圖 豆金龜子之爲害葉

三、驅除預防法：

1. 豆類及李之抵抗藥害力弱，故現尚無適宜之藥劑可供使用。惟在早晨成蟲運動不活潑之時，可將其拂落用手捕殺，或用畚箕一類之器具，將其收集殺死之。

2. 對於爲害葡萄者，可在防除病害使用波爾多液時，混用砷酸鉛或巴黎綠，以毒殺之。

3. 成蟲係夜間飛來，故在晚間若將塵芥雜草等堆積燒烟，即可防止。

第四節　芫青

此乃食害葉子而爲大害之蟲，惟發生地不甚普遍。

一、形態　爲長形之軟甲蟲，體長五六分，全體黑色，惟頭部赤褐色，胸部中央有縱行白線一條，翅鞘上有三條。卵與幼蟲及蛹尚未研究。

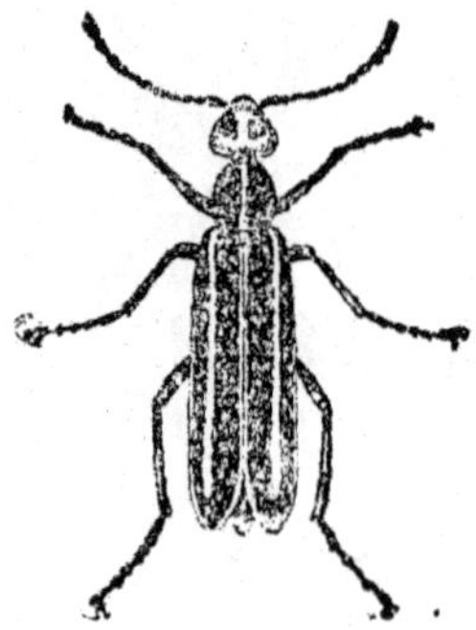

課九〇圖　芫青之成蟲

二、經過習性　現尚未明，成蟲在八月間成羣出現，暴食大豆之葉，豆類以外，茄子亦食害。發生地方不一定，有昔日發生甚多，而今變爲不發生者。此蟲可爲發泡劑及其他之藥用。

三、驅除預防法　除用捕蟲網圍捕外，恐無其他方法，幼蟲在地中生活，故若厲行冬耕將其曝露地上，當可防止翌年發生。

第五節 粉綠象蟲

此爲食害豆類葉子之害蟲，多發生於寒地。

一、形態 成蟲爲小形之甲蟲，體長二分餘，全體綠色，僅翅鞘上有雲狀紋。卵球形，色黑。幼蟲與蛹尚未研究。

第九一圖 粉綠象蟲之成蟲

二、經過習性 一年發生一代，冬季以成蟲越年，翌年五月出現，在葛葉上生活。次在地上產卵，以後不明。七月間則新成蟲出現，食害大豆之葉。

三、驅除預防法 可用鐵皮製成箕狀，將其收集捕殺，除此外尚無其他方法。

第九二圖 粉綠象蟲爲害之葉

第六節　裏波小灰蝶

此害蟲食害鵲豆之莢及種子，常爲大害。

一、形態　成蟲爲小形之蝶，體長四五分，展翅一寸餘，色紫藍，後翅之末端，有兩個黑紋及細的尾狀物，翅之裏面黃褐色，其上有波形之白條，其名即由此而得。卵橢圓形而稍扁平，色淡綠。成長之幼蟲體長達三分餘，頭部微小，胴部扁平，色淡綠，上有灰褐色之曲線。蛹長三分，短大而色淡綠。

第九三圖　裏波小灰蝶

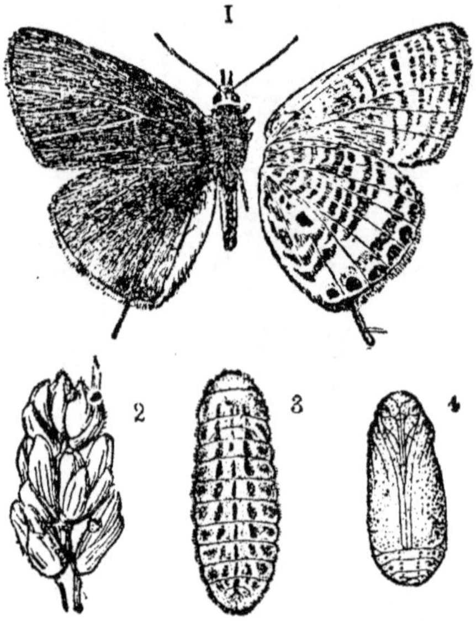

1 成蟲　2 卵　3 幼蟲　4 蛹

二、經過習性　此層尚未明，冬季大概以蛹越年，翌春羽化，幼蟲在其他豆科植物雜草上生活，大約夏季以後始至鵲豆上。但亦有於三月間即出行大害鵲豆者，卵粒粒產於蕾上，幼蟲在蕾之內部或幼莢上食害，爲害甚大。蛹垂於莖上。

第九四圖 裏波小灰蝶幼蟲之爲害莢

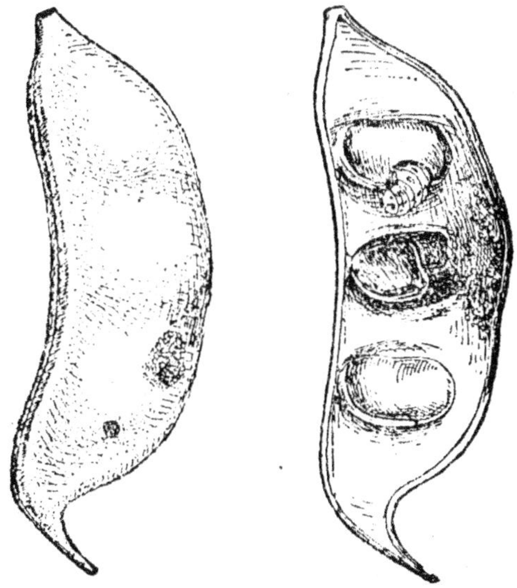

三、驅除預防法 尙無適當之方法，撒布除蟲菊肥皂合劑，可防止成蟲飛來，故可防止其產卵。

第十八章　草莓之害蟲

草莓之害蟲有二十餘種，爲害大者有次述之兩種。

第一節　草莓花象蟲

此爲切斷草莓及薔薇花蕾之害蟲，爲害頗大。

一、形態　成蟲爲微小之象蟲，雌體長一分，雄八厘，全體黑色，翅鞘左右有雲狀之濃色紋。卵橢圓形，色淡藍。成長之幼蟲，體長一分餘，頭部有光澤，色微褐，胴部乳白色。蛹長九厘餘，色乳白。

第九五圖　草莓花象蟲

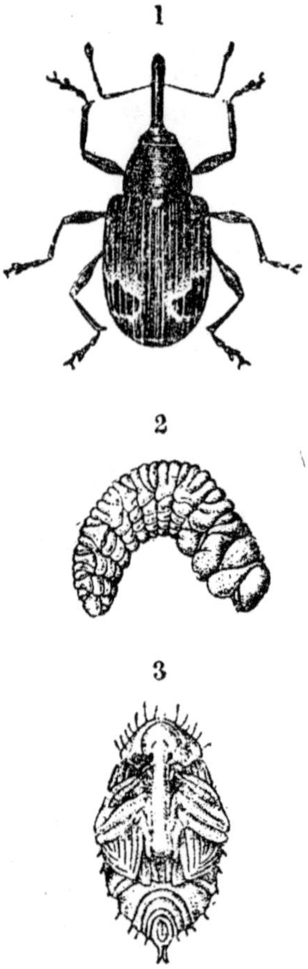

1 成蟲　2 幼蟲　3 蛹

二、經過習性　一年發生一代，冬季以成蟲越年，翌春草莓開花時，出而用口吻在花蕾上穿孔，

第九六圖 草莓花象蟲爲害之落下蕾

產卵其中。同時用口吻將花梗切斷，如此二、三日中蕾即下垂，次即落下，幼蟲即在此落下之蕾中生活化蛹五月中下旬化爲成蟲，即行潛伏。

三、驅除預防法：

1. 花梗生出之時，可撒布除蟲菊木灰或烟草粉，每三、四日撒布一次，如此當可防止成蟲來襲，惟尚未有實驗之成績。

2. 花蕾生出時，撒布砒酸鉛，亦有相等之效果。

3. 爲防止翌年發生計，須將落下之花蕾全部收集放入肥料堆中，或燒毀之。此法對薔薇亦須施行。

第二節 草莓葉蟲

一、形態 成蟲爲小形之葉蟲，體長一分三、四厘，全體暗黃色，胸部背面有×形之紋。卵球形，色黃。成長之幼蟲體長一分二、三厘，頭部暗褐色，胴部黃色，上面有黑色之毛，蛹長一分餘，色暗黃。

第九七圖 草莓葉蟲

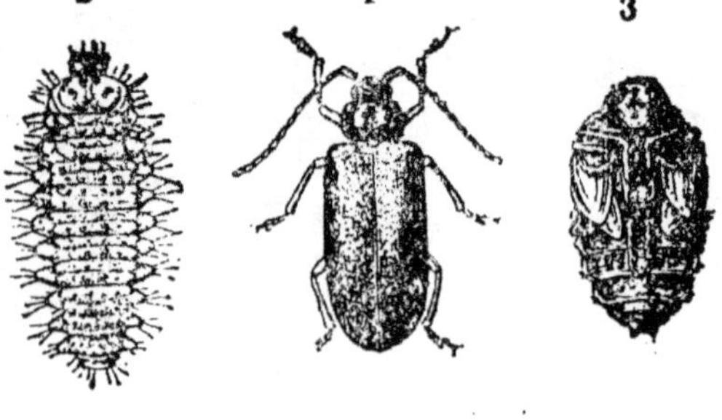

1 成蟲　2 幼蟲　3 蛹

第九八圖 草莓葉蟲爲害之葉

二、經過習性　一年發生三四代，冬季以成蟲越年，自春期至秋期，行不規則之發生。成蟲幼蟲皆食害蓼及草莓之葉，卵產於葉背，十餘粒集在一處。蛹以尾端垂在葉背。

三、驅除預防法：

1. 少數發生時，可將幼蟲及成蟲一一捕殺。

2. 多數發生時，可撒布砒酸鉛。

3. 附近所有之蓼草，完全除去。

第三編　果樹之害蟲

第一章　梨之害蟲

梨之害蟲種類甚多，若將其爲害者列舉之，至少有二百餘種，然若舉其爲害多者，則僅有下述之十數種。

第一節　梨小食心蟲

第九九圖　梨小食心蟲

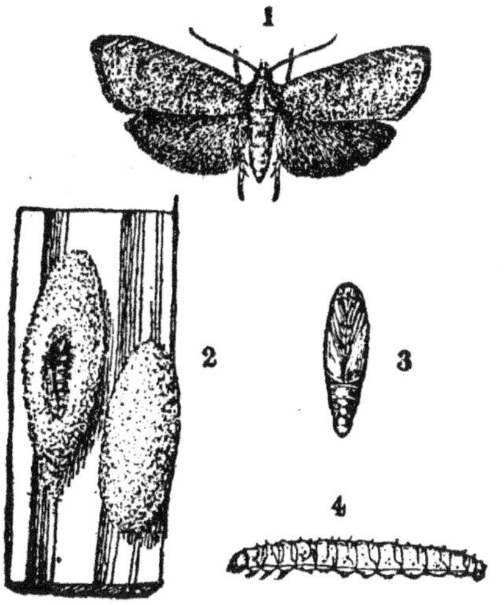

1 成蟲　2 繭　3 蛹　4 幼蟲

此乃食害果實內部使之腐敗之害蟲，爲梨害蟲中之最甚者。因其較次述之「梨食心蟲」形小，故稱之爲梨小食心蟲。

一、形態　成蟲爲微小之蛾，體長一分七、八厘至二分，展翅四分餘，全體灰褐色，前翅前緣有暗灰色之短斜線，外緣有黑點，後翅灰褐色。卵扁平橢圓形，色乳白。成長之幼蟲，體長三分五厘至四分，頭部淡褐色，胴部淡黃色，背部稍帶赤色。蛹長二分餘，色褐，在四分餘長之粗糙繭中。

二、經過習性　一年中不規則之發生，自四代以上至六代，冬季以幼蟲食入老皮下，或裝果箱之木材中越年，翌春化蛹，第一代之成蟲在五月間出現，第二代在六月，第三代在七月，第四代在八月，代數多者則其出現期提早，卽第五代在八月，第六代在九月，惟無論如何，其發生皆爲不規則者。且其中第一、二兩代之成蟲，須至桃樹之嫩葉上點點產卵，因此時尚無梨果，幼蟲食入桃樹新梢之髓部，而使心梢折斷。第三代發生在七月間，此時梨果既出，若果子已經套袋，則在袋上產卵。幼蟲食入果子內部，食入部則變黑而腐敗。第四、五代發生時，若有晚生梨，則在梨上繼續發生，否則再歸桃樹上折斷心梢。被害之果子以梨爲主，其次榲

第一〇〇圖　桃之心梢被梨小食心蟲加害之狀況

梣、桃子上，亦有多少爲害。被折斷心梢者如榲桲、梅、櫻桃、木瓜（又名鐵脚梨）、枇杷等。

三、驅除預防法：

1. 果實套袋雖不能完全防止，而大多數可以防止。

2. 若不套袋，則自四月至七月上旬，規定日期撒佈砷酸鉛，七月以後則因果子有汙染之虞，故砷酸鉛不能使用，可撒佈硫酸菸鹼之一千倍溶液，如此可驅除其卵及孵化後之幼蟲。七月以後當禁用砷酸鉛，以免果實與葉同蒙藥害。

3. 對成蟲可用糖蜜及梨果榨汁之誘殺法。

4. 燃點誘蛾燈而時常變更其位置，又若急速將樹搖動，可助誘殺。

第一〇一圖 梨小食心蟲爲害果之縱斷面

5. 桃之心梢折斷時，在幼蟲未逃去之前，須將折斷梢摘下燒却。

第二節 梨食心蟲

此害蟲除食害梨之果子外，並食害幼芽，使之枯死。

一、形態　成蟲爲小形之蛾，體長四分展翅九分，全體灰白色，前翅有二條橫紋，二紋之間有一條中斷之短線。卵扁圓形，黃褐色，孵化前赤色。成長之幼蟲體長達五、六分，頭部黑褐色，胴部暗色。蛹長四分餘，色褐，

第一〇二圖　梨食心蟲

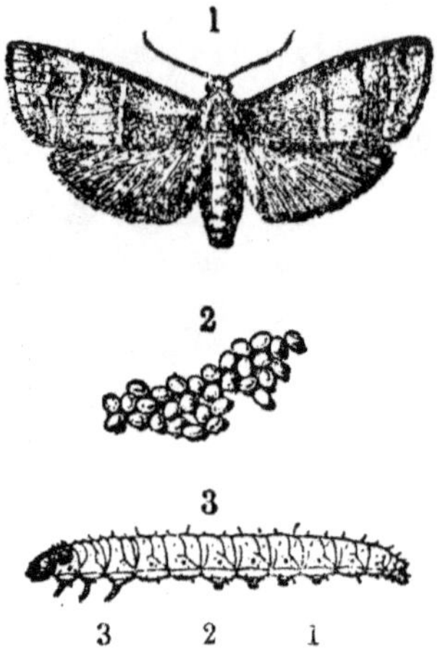

1 成蟲　2 卵　3 幼蟲

二、經過習性　一年發生兩代，冬季以初齡幼蟲在芽中越年，翌春食害幼芽，次則食入幼果之內部。化蛹前，將果梗用絲綴在枝上，而在果子內部化蛹，因此果實有至冬期而不落下者。第一代之成蟲，在六月間出現，在芽之附近產卵，幼蟲卽食入芽中而使之枯死，再入果實內。第二代之成蟲在八月間出現，此代幼蟲食害幼芽，芽卽因此落下，健全者則固結在樹上，若注意觀察則極易區別。不套袋而放任自然之喬木上，其害更多。

第一〇三圖　梨食心蟲食害後之乾果

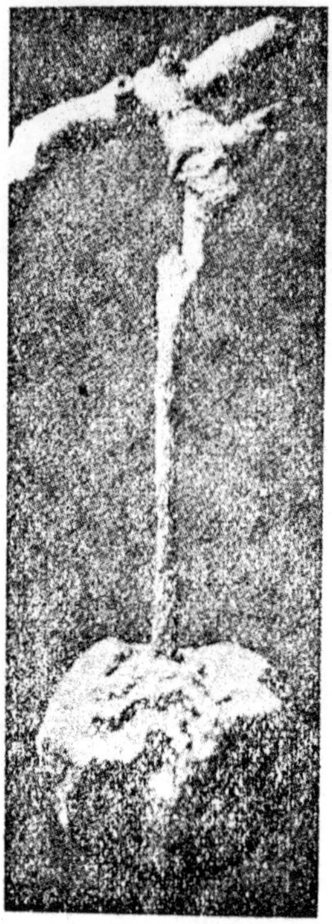

三、驅除預防法：

第一〇四圖　梨食心蟲為害之芽及無害芽

1. 為防止此蟲食入果實內起見，須行套袋法，

2. 為防止食害幼芽計，在成蟲產卵期內，須撒布二三次砷酸鉛。

3. 冬季剪定時，須注意被害芽，將其中幼蟲殺死，被害枝燒却。

4. 放任自然之梨樹上，如發生甚多時，則有遷移為害之虞，故梨園附近若有此等之樹，則無論如何，不可不加以適當處置。

第三節　梨實蜂

此乃食入梨之幼果內而使之落下之害蟲，為害甚大。

一、形態　成蟲為小形之蜂，體長一分四厘，展翅三分八厘餘，體黑色，翅透明，脚之腿節黃色。卵長橢圓形，色白，稍彎曲。成長之幼蟲長二分餘，頭部微褐，胴部淡黃色。蛹長一分二、三厘，色淡黃，在地

第一〇五圖　梨實蜂

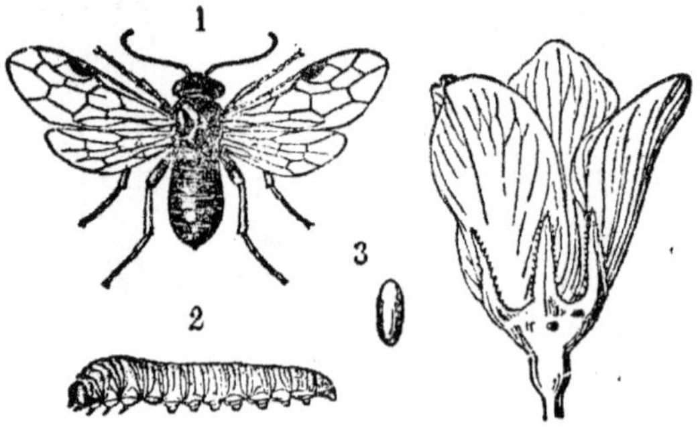

1 成蟲　2 幼蟲　3 卵　4 花托之產卵部

中之繭內化成。

二、經過習性　一年發生一代，冬季在地中之繭內越年，翌春化蛹。成蟲於四月下旬出現而在花托上產卵，不成塊，上覆黑色粘液。孵化出之幼蟲，食害幼果之內部，由一果轉移他果，被害果多落下。且老熟之幼蟲，能與果子同落地上，以後卽入地中作繭越年，翌春化蛹。早晚天寒，則成蟲靜止於葉間或草中，日中暖時，則集於花上吸蜜，同時在花托上產卵。此蟲之羽化期與普通早花種之梨之開花期一致。

三、驅除預防法：

1. 在園之一部栽植早花種，用白布製成傘狀之受蟲器，輕輕敲擊樹枝，使集在樹上之成蟲落下受器中而殺死之。同時在日中撒布除蟲菊肥皂合劑，或硫酸菸鹼之一千倍液，以驅除每日飛來之成蟲。

2. 花開盡後若撒布毒魚藤肥皂合劑，則不特可驅除轉移之幼蟲，且食入之幼蟲，亦能將其殺死。

3. 多數發生之時，若不能使其不產卵，則可在其產卵部用針刺殺其卵。惟此種手續甚為麻煩。

4. 落果中有幼蟲在內，故應從早將其收集處置。

第四節 綠天牛

此害蟲為鐵砲蟲之一種，幼蟲起初食害皮部使之腐爛，以後則食入材部，在暖地為害較多。

一、形態 成蟲為小形之天牛，體長四分五厘，體色橙黃，惟觸角及眼黑色，翅鞘黑藍色，甚美麗。卵長橢圓形，色黃。成長之幼蟲，體長五、六分，頭小色褐，胴部橙黃色。蛹長四分五厘餘，色橙黃。

第一〇六圖 梨綠天牛

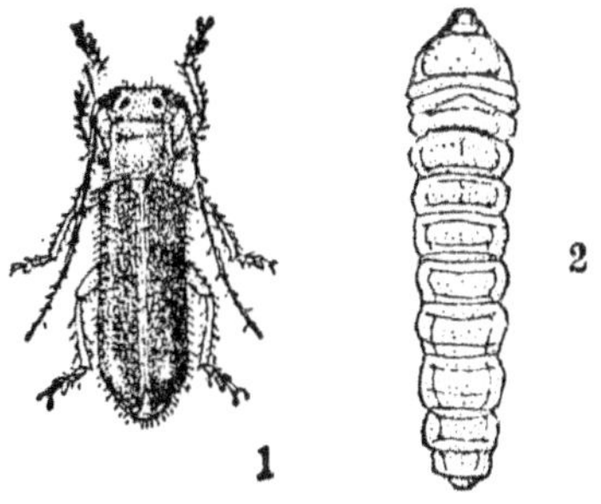

1 成蟲 2 幼蟲

二、經過習性 二年發生一代，冬季以幼蟲越年，翌春化蛹，成蟲七月間出現，將前年生之枝條之軟皮嚙破，將卵粒粒產於咬破之軟皮下面。孵化出之幼蟲即在此軟皮下食起，使之腐爛，以後即食入材部，排出如細切烟草樣之細長之糞，與

第一〇七圖　梨綠天牛之爲害枝

其他天牛稍有不同。又食入孔爲直形，向上而不向下。又不食入大幹，亦爲此種天牛之特徵。

三、驅除預防法：

1. 蟲孔向上且爲直形，故可用鐵線將其刺死，甚爲簡便。

2. 成蟲在日中不善飛行，故可搜集殺死之。又此蟲之產卵部分限於前年生之軟枝上，故可察出用指甲壓殺之。

第五節　介殼蟲類

害梨之介殼蟲有許多種，主要者爲下述之四種，此中爲害最大者爲梨圓介殼蟲(*Aspidiotus perniciosus* Comst. 此蟲普通稱爲 San josé 介殼蟲，因曾在美國 San josé 地方釀成大害，故有此名)。

一、形態　梨圓介殼蟲雌者之介殼形圓，直徑六、七厘，色黃褐或灰黃，中央有殼點。殼下之蟲體

第一〇八圖 梨圓介殼蟲

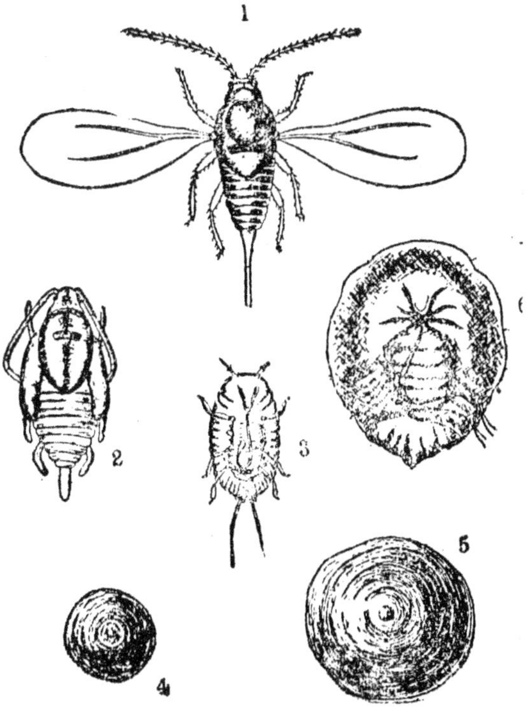

1 雄成蟲　2 雄蛹　3 幼蟲　4 幼蟲介殼　5 雌之介殼　6 雌蟲

扁平，橢圓形，色黃。雄者體長二厘，展翅四厘餘，體橙黃色，翅一對，透明，交尾器甚長，突出尾端。胎生幼蟲，故無卵。幼蟲初呈草履形，色淡黃，觸角、脚等完全，尾端具一對尾毛，此等器官，後即消失，雄者入所作黑綠色之圓形介殼中，以後化蛹，雌者無蛹。

第一〇九圖 梨圓介殼蟲之着生狀

第二，梨長黑星介殼蟲，此蟲之介殼橢圓形，色灰白，殼點在前方扁而色黑，雌體橙黃色。雄之介殼長形，殼點之色與雌者無大差異。又蟲體與前者相似。卵橢圓形，色淡紫。幼蟲與前者無大差異。

第三，梨牡蠣介殼蟲，此蟲雌者介殼之形狀為長形，長六厘餘，殼點在前方，色與介殼同，赤褐或黃褐，體長形，色乳白，其餘與他種介殼蟲無大差異。

第一一〇圖　梨長黑星介殼蟲

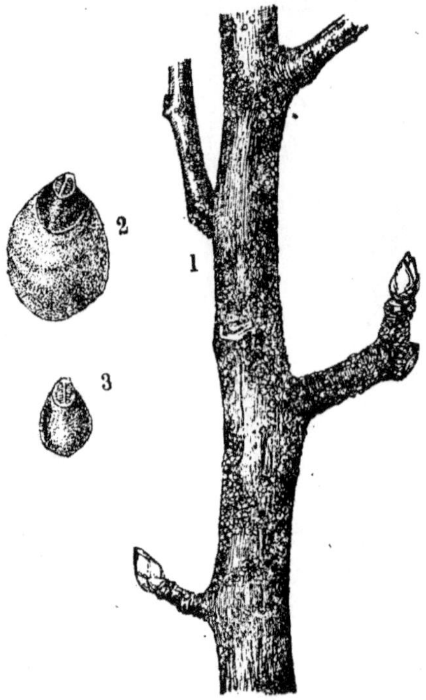

1　着生狀
2　雄之介殼
3　雌之介殼

第一一一圖
梨牡蠣介殼蟲着生為害之果子

第四，梨粉介殼蟲，此蟲之雌體，與其他介殼蟲之雌體不同，即並無介殼覆着，體扁平橢圓形，長一分四、五厘，底色紫赤，因覆有白粉，故現白色。卵及幼蟲似其他之介殼蟲。

二、經過習性　梨圓介殼蟲一年發生三、四代，冬季以幼蟲入小形之介殼中越年。第一代成蟲在五月間，第二代在八、九月間，第三代在十月至十一月間，胎生幼蟲。胎生出之幼蟲，自由活動，附着於適當之場所後

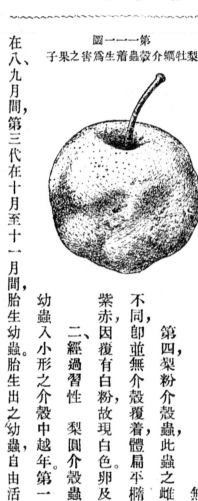

第一一二圖 梨粉介殼蟲

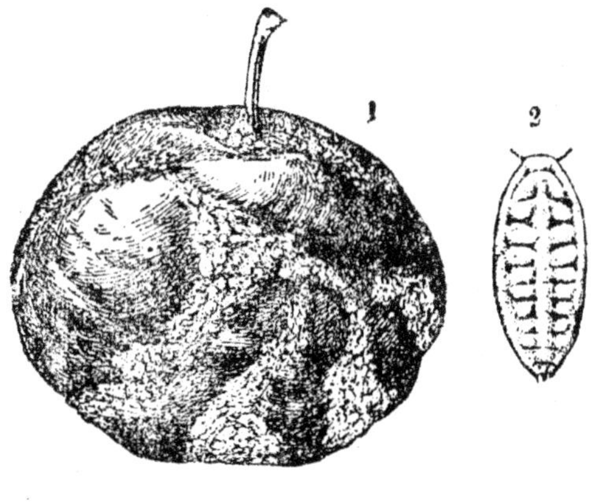

1 着生被害果
2 雌蟲

則脫皮而入介殼中，同時脚與觸角消失。其後雄蟲則化蛹，再化爲成蟲而飛出，雌蟲則因身體與介殼太大，故全體無變化。卽雌者終生覆着介殼而身體退化，吸收口發達，吸收液汁。雄蟲入介殼化蛹，再化爲成蟲。此後，則僅事交尾而不復爲害。此介殼蟲附着樹皮及果實之表面，雄蟲在葉上沿主脈而附着，枝條被着生後，其着生部分凹入，外圍成紅色，又在西洋梨之果子上附着時，則附着部之外周變紫色。

昔時在北美加州San josé地方附近曾大量發生，故近時以此地名附在此蟲名字之前，而稱之爲San josé。此蟲在運輸苗木時傳布，除梨以外，蘋果亦常着生加害。

梨長黑星介殼蟲，一年似發生二代，冬季以成蟲越年，翌春產卵。幼蟲孵化後，在五月間化成第一代成蟲，第二代在十月間化成，雌蟲附着於枝條，雄蟲主在葉脈上附着，各地皆有發生。

梨牡蠣介殼蟲，一年發生二代，冬季以雌成蟲越年，翌春產卵。第一代之成蟲在七、八月間出現，第二代在十月間出現。着生於枝及果子之皮上，使成凹凸，而不能充商品。

梨粉介殼蟲，一年發生三代，冬季以雌成蟲在地中之加害部越年，翌春幼蟲出現。第一代之成蟲在五月間出現。第二代在七月間，第三代在九月間。寄生在地中根上者，作成根瘤，出至地上者，則入果子之套袋中，着生於果梗部之凹陷所與臍部及外部，吸收液汁，因此果子變成不正形，不能充商品。就土壤之性質而論，則砂土發生多，黏重地少。

三、驅除預防法：

1. 苗木購入時，須先行燻蒸然後栽植。

2. 冬季撒布石灰硫黃合劑；但此劑對於梨長黑星介殼蟲，則效力不充分，撒布機械油乳劑之十倍稀釋液最有效。

3. 對於梨粉介殼蟲，可施行客土法，造成黏重土壤，同時爲防止外出地上之蟲上樹起見，可用各種之膠黏物如塗膠等環塗樹幹遮斷之。

4. 對於此主要之梨圓介殼蟲，有一種小赤星瓢蟲能捕殺之，故應注意保護。

小赤星瓢蟲（Ghilocorus similis Ross.）之成蟲形小，體長一分四厘餘，全體黑色，翅鞘上有二個小紅色紋。幼蟲黑色，上生刺毛。成蟲幼蟲同以介殼蟲爲食料。冬季以成蟲越年。除食此介殼蟲外亦捕食桑樹介殼蟲，其餘之介殼蟲則食者較少。

第六節　梨蚜蟲

害梨之蚜蟲有二、三種，其中以此種爲害較大，着生在葉上面，使葉向上捲縮，在九月間葉卽落下，遂使樹勢衰弱。

一、形態　無翅之雌蟲體長六厘，有全體黃褐及綠色之兩種，複眼紅褐，觸角與脚之前端黑色，腹角比較的長。有翅之雌蟲，體長六厘，展翅一分七、八厘，頭及胸瘤觸角等，色淡黑，其他爲綠色。幼蟲似無翅之雌蟲，形小色綠。卵長橢圓形，色黑。

第一一三圖　梨蚜蟲

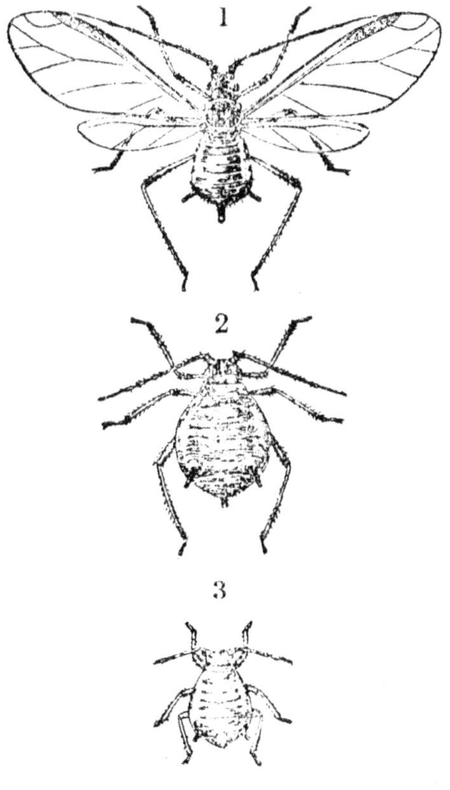

1 雄成蟲　2 雌成蟲　3 幼蟲

二、經過習性　一年發生二、三十代，冬季以卵越年，翌春梨樹發芽時孵化，開葉時卽在葉面着生，而使之捲縮，其後用胎生法繁殖。當時只捲葉，為害不著，然至九月間，則凡被着生之葉皆脫落，因此除果子成熟受影響外，翌年之發芽及樹勢亦大受影響。

三、驅除預防法　撒布除蟲菊肥皂合劑、硫酸菸鹼、毒魚藤肥皂合劑等皆有效，而於春期發芽時，驅除由卵孵化出之幼蟲，收效最大；故必需特別注意此點。此外雖有食此蚜蟲之益蟲類，然尚不能希望有大效果。

第一一四圖　梨蚜蟲為害之捲縮葉

第七節　黃粉蟲

此害蟲在果子之果梗下羣生，吸收果汁使之腐敗落下，有時為害頗大。

一、形態　此乃似蚜蟲之害蟲，無翅之雌蟲體長〇．八九粍（約等於二．七市厘），呈西洋梨或茄子之倒形，全體深黃色，腳與觸角俱短小，惟口吻長大（長及胸部末端），雄蟲尚未調查。卵

第一一五圖　黃粉蟲

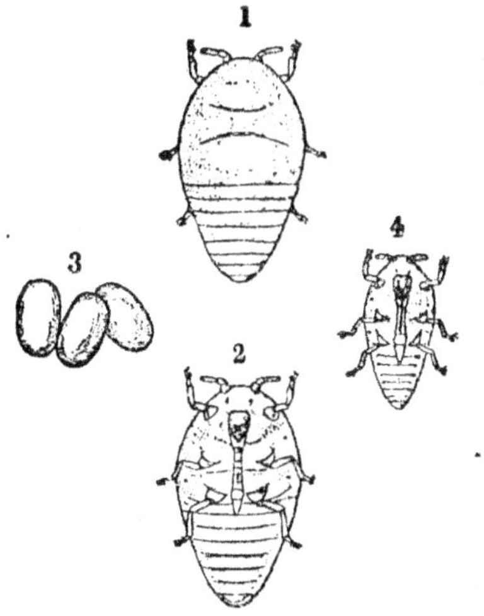

1 雌成蟲之背面　2 雌成蟲之腹面　3 卵　4 幼蟲

呈卵形，色微黃。幼蟲全形似無翅之雌蟲而形小，以體之比例而論則幼蟲之觸角與脚等較爲粗大。

二、經過習性　一年發生八至十代，冬季以由卵至成蟲之各時代越年，翌春蕃殖在樹皮之裂口處着生。其中有多少在果子生出時，由套袋之空隙處潛入果梗下面蕃殖，吸收果子液汁，因此果子初呈硬化，後即腐敗，遂至落下，爲害甚大。

三、驅除預防法　尚未想出適當之方法，若冬季撒布石灰硫黃合劑，可驅除在皮部着生之蟲，對於侵入套袋中者，可用棉花附着硫黃華放在袋之紮口處，即可防止其侵入袋內。

第八節　梨蝨

此害蟲在春季新梢及果梗上羣生，吸收液汁，爲害頗大，暖地不發生，寒地則發生甚多。

第一一六圖　梨蝨

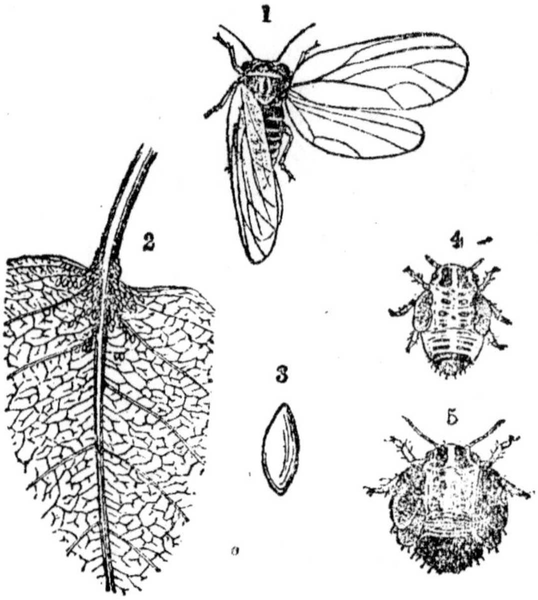

1 成蟲　2 產卵部　3 卵　4 初齡幼蟲　5 老熟幼蟲

一、形態　成蟲微小，似前述之蚜蟲，惟蟲體稍堅固，體長連翅一分三厘，色暗褐，翅透明。卵橢圓形，色黃。幼蟲扁平圓形，似蝨，底色綠，身體上面淡黑色。

二、經過習性　一年發生一代，冬季以成蟲越年，每年自四月下旬出而在新芽及嫩葉上產卵，常不規則的產在一處。孵化後則羣生於新梢及果梗等處吸收液汁。其排泄出之糞液上，即發生煤灰病，使果樹成黑色而不清潔。六月間化為成蟲，即潛伏越年。

三、驅除預防法：　除蟲菊肥皂合劑、毒魚藤肥皂合劑、硫酸菸鹼等皆有效，尤以硫酸菸鹼之二千倍液效最著。

第九節 梨蝨

此害蟲着生於葉背，吸收液汁，使葉變黃白而早落，有時在秋季再發芽開葉。因此，翌年開花結

第一一七圖 梨蝨着生狀

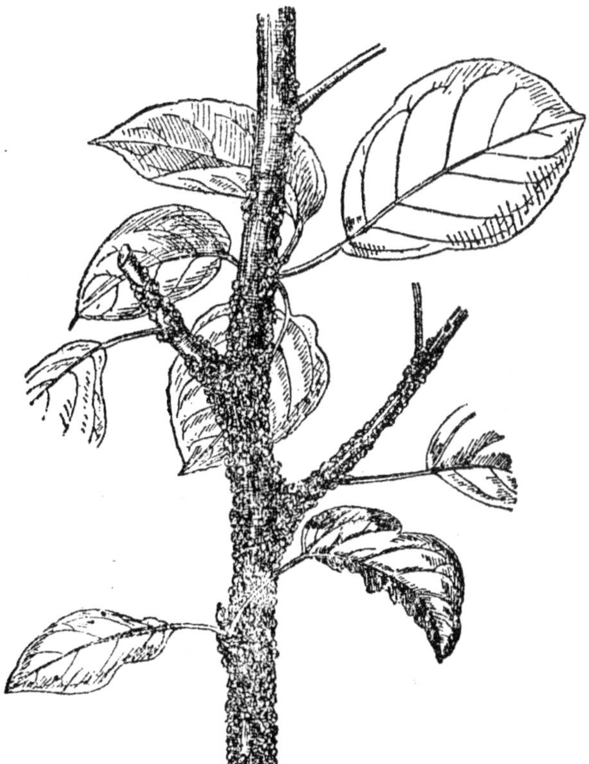

果遂大受影響。

第一一八圖 梨蝽

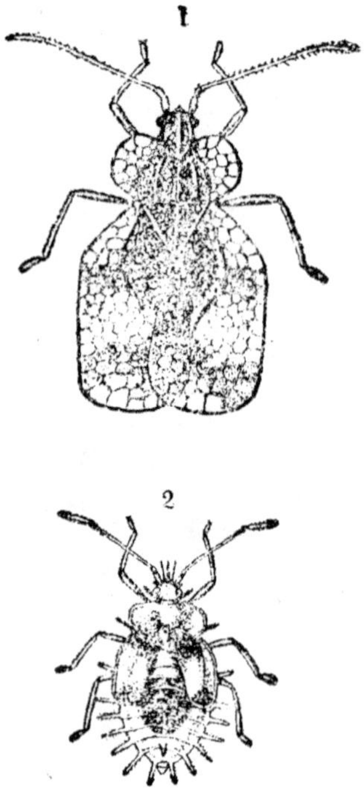

1 成蟲 2 幼蟲

一、形態 成蟲微小，全體呈軍扇狀，故亦稱軍扇蟲（日人稱為軍配蟲）。體長連翅一分二厘，體色黑，胸部及翅密着網狀脈，上面附有黑色斑。卵楕圓形，一端曲，色藍。幼蟲扁平暗褐色，腹部兩傍生刺。

二、經過習性 一年發生四代，冬季以成蟲越年，翌年五六月出而產卵，從葉之背面將卵粒粒產於組織內。幼蟲在葉背用口吻吸收液汁，漸次成長。第一代成蟲在七月出現，第二代八月，第三代九月，第四代十月，即在一個月內，能由卵化為成蟲，產卵有遲早不同，故幼蟲與成蟲常混生於一處。除梨以外，蘋果、榲桲等樹上亦有着生，雨少之年，蕃殖特多。

三、驅除預防法 使用與前種害蟲同樣之藥劑。

第十節 梨椿象

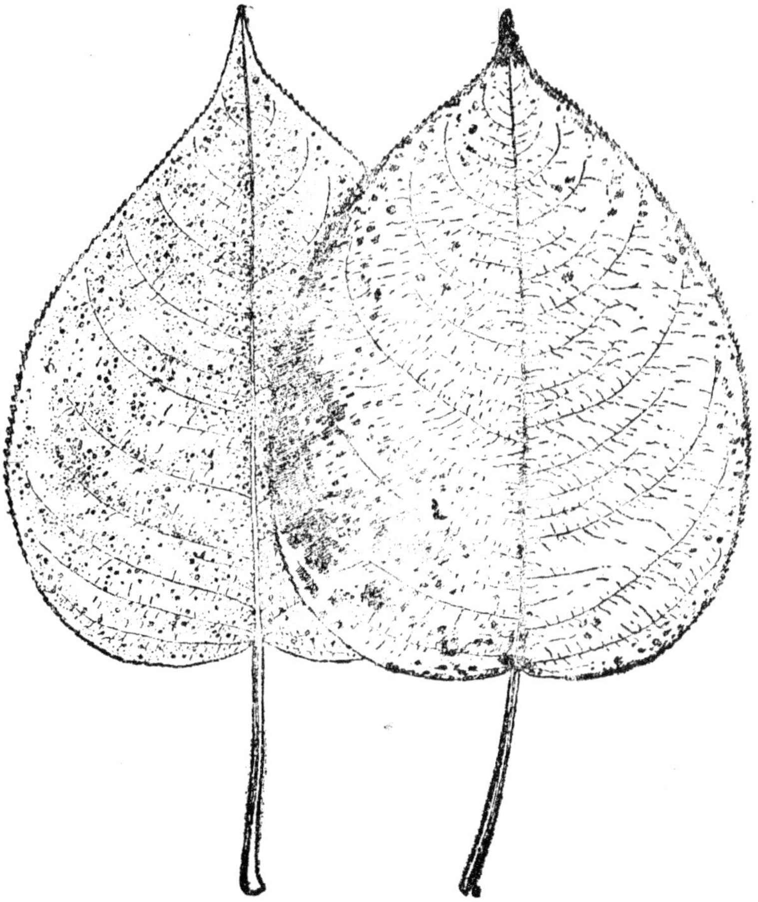

第一一九圖 梨蝽爲害葉之上下面之糞

第一二〇圖 梨椿象

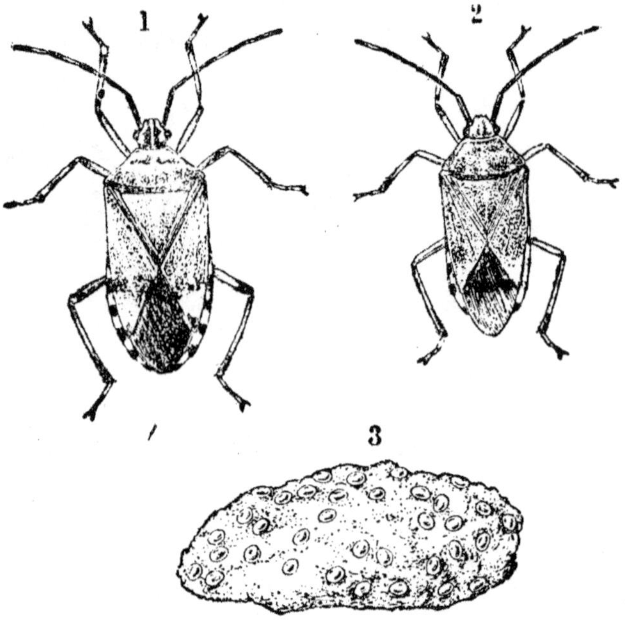

1 雌成蟲　2 雄成蟲　3 膠質物上之卵

此蟲之成蟲及幼蟲，同吸收果子液汁，使之變成不正形而無水分，爲害頗大，主在寒地之山間地方發生，暖地與平原不產生。

一、形態　成蟲爲中形之椿象，雌體長四分餘，全體褐色，翅鞘上有黃白紋，如圖。卵楕圓形，色淡綠，產在膠質物之裏面。幼蟲無翅，全形與成蟲無大差異。

二、經過習性　一年發生一代，以初齡之幼蟲越年，翌春五月間出而吸收果子液汁，六月下旬以後化爲成蟲，在葉上產卵，孵化出之幼蟲，入老皮下裂縫中等處越年。

三、驅除預防法：

1. 冬季照防除星毛蟲之法，將老皮削下燒却，如此可驅除越年之幼蟲。

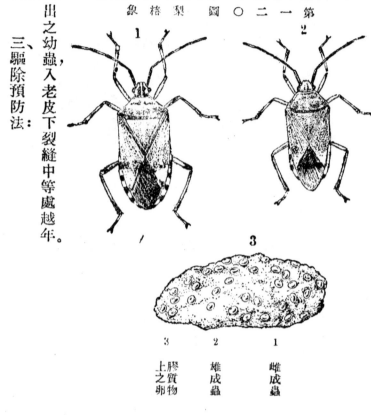

2. 六、七月間，午前害蟲運動不活潑之時，急搖枝幹，將落下之成蟲殺死。

第十一節　星毛蟲

此害蟲，春季捲葉食害，秋季則直接食害葉肉，又對蘋果亦同樣加害，翅透明，色黑。

一、形態　成蟲爲小形之蛾，體長三分，展翅八、九分，全體黑色，翅半透明。卵扁平橢圓形，色淡黃。幼蟲初齡，色暗赤褐，生粗毛，成長者長達七分餘，頭部微小，色褐，胴部肥大，色淡黃，各節之左右有黑紋一個，且生毛，故稱爲星毛蟲。蛹長三分餘，色黃白，在白色之軟繭中。

第一二一圖　梨星毛蟲

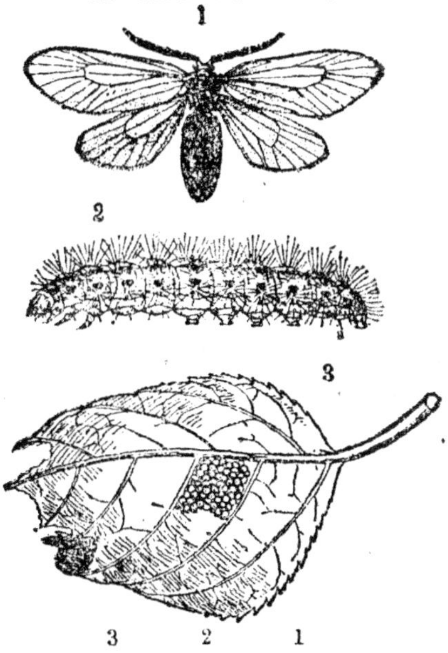

1 成蟲　2 幼蟲　3 卵塊

二、經過習性　一年發生一代，冬季在老皮下作繭，以初齡之幼蟲在繭中越年，翌春發芽時出而食害幼芽，以後開葉，則將一片葉子左右聯合，入其中食害葉肉，使之枯死。老熟後則在葉背作繭化蛹，七月間化爲成蟲，在葉背產卵，集在一處，孵化出之幼蟲，從葉背食害葉肉，使之透

第一二二圖
梨星毛蟲春季爲害之葉

第一二三圖
梨星毛蟲秋季初齡幼蟲之爲害葉

明而從早落下。

三、驅除預防法：

1. 冬季將老皮刮下燒却。無老皮則此蟲不能越年，故由此可減其蕃殖。

2. 春季幼蟲從老皮裏出來之前，可用各種膠黏物如膠塗等環塗樹幹，將其遮斷，此法在更新而用接穗時尤爲重要。

3. 春季幼蟲活動時，撒布砒酸鉛。以後幼蟲聯合葉片而入其中食害時，可一一由葉上壓死之。

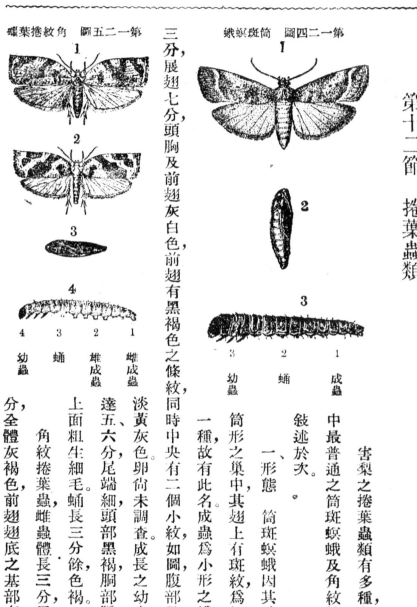

第十二節　捲葉蟲類

害梨之捲葉蟲類有多種，茲將其中最普通之筒斑螟蛾及角紋捲葉蟲敍述於次。

一、形態　筒斑螟蛾因其幼蟲入筒形之巢中，其翅上有斑紋，爲螟蛾之一種，故有此名。成蟲爲小形之蛾，體長三分，展翅七分，頭胸及前翅灰白色，前翅有黑褐色之條紋，同時中央有二個小紋，如圖，腹部及後翅淡黃灰色。卵尚未調查。成長之幼蟲，體長達五、六分，尾端細，頭部黑褐，胴部暗灰色，上面粗生細毛。蛹長三分餘，色褐。

第一二四圖　筒斑螟蛾

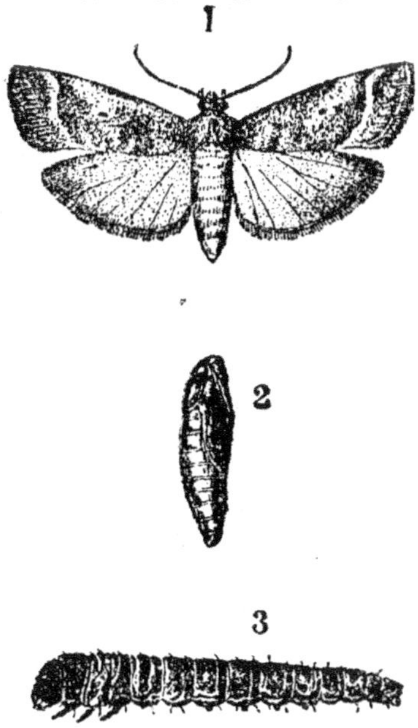

1 成蟲　2 蛹　3 幼蟲

第一二五圖　角紋捲葉蟲

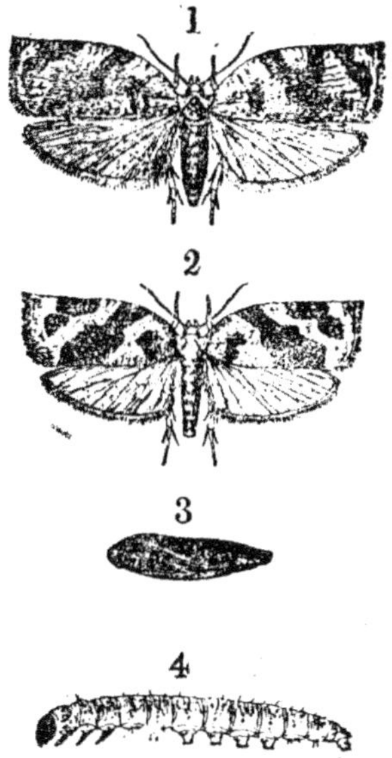

1 雌成蟲　2 雄成蟲　3 蛹　4 幼蟲

角紋捲葉蟲，雌蟲體長三分，展翅七分，全體灰褐色，前翅翅底之基部有一紋，中央有大形濃褐色斜條，翅頂附近有短條紋，如圖，後翅與前翅顏色同。雄蟲比雌蟲稍小，前翅之條紋比雌者明顯。卵扁平成塊，色紫褐，似裝有白粉。成長之幼蟲，體長達六分五厘餘，頭部黑褐，胴部暗綠，粗生細毛。蛹長三分餘，色褐。

二、經過習性　筒斑螟蛾一年發生一代，冬季以幼蟲在枯葉中越年，翌春開葉時出現，綴合數葉，二三頭以上共處其中，次各作成筒狀之巢，在其中食害葉與芽。老熟時則在其中化蛹，六月中化爲成蟲而產卵，似以此卵化成之幼蟲越年，惟尚不甚明。

第一二六圖　筒斑螟蛾爲害之葉

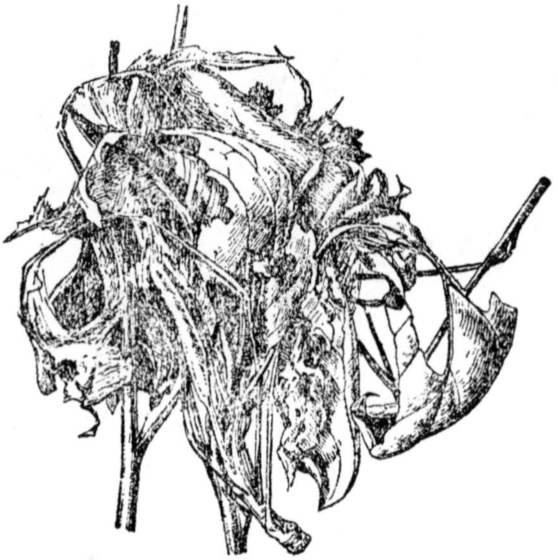

角紋捲葉蟲亦一年發生一代，冬季在樹幹之各處產卵越年，翌春化成幼蟲，開花時綴花食害，待花期既過，則初時折葉一部，後則捲綴全葉食害，在其中化蛹，六月中化爲成蟲，在樹幹上產成卵塊，即以此卵越年。除梨之外蘋果上亦同樣爲害。

三、驅除預防法：

1. 筒斑螟蛾乃捲葉加害之蟲，極易察見，故可將其一一採下燒却。若防治他蟲而使用砒酸

第一二七圖　角紋捲葉蟲爲害之葉

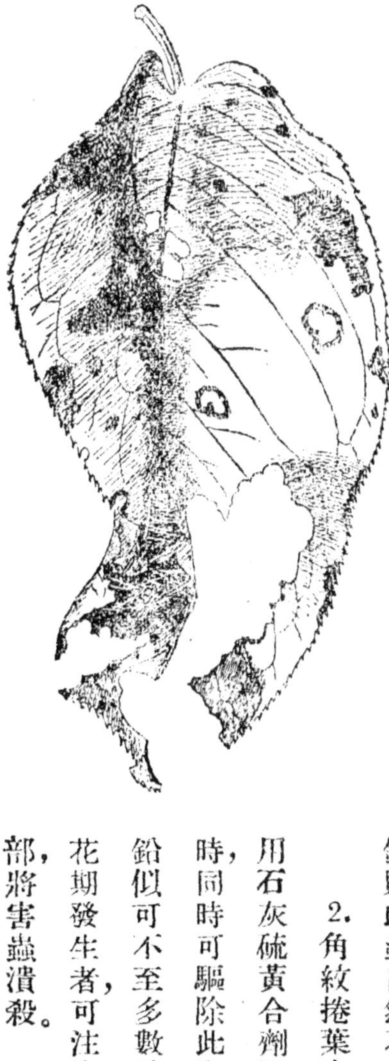

鉛，則此蟲自然不至發生。

2.角紋捲葉蟲，在冬季使用石灰硫黃合劑驅除介殼蟲時，同時可驅除此卵，使用砷酸鉛似可不至多數發生。又在開花期發生者，可注意採摘被害部，將害蟲潰殺。

第十三節　梨花尺蠖

此害蟲俗又稱「花蟲」在開花期綴花食害，爲害甚大。

一、形態　成蟲爲小形之蛾，體長二分五厘至三分，展翅七、八分，全體淡黃灰色，前翅由前緣向後，有許多之波狀線，前後翅中央皆有一個黑紋。卵橢圓形色白，後變爲淡紅色成長之幼蟲，體長達五分餘，頭部黃褐色，胴部綠色，背線大色暗赤褐，腹脚僅一對。蛹長三分弱，稍扁平，色褐。

二、經過習性　一年發生一代，以卵越年，四月以後出而食害花蕾，至開花時即食害花。幼蟲在

第一二八圖　梨花尺蠖

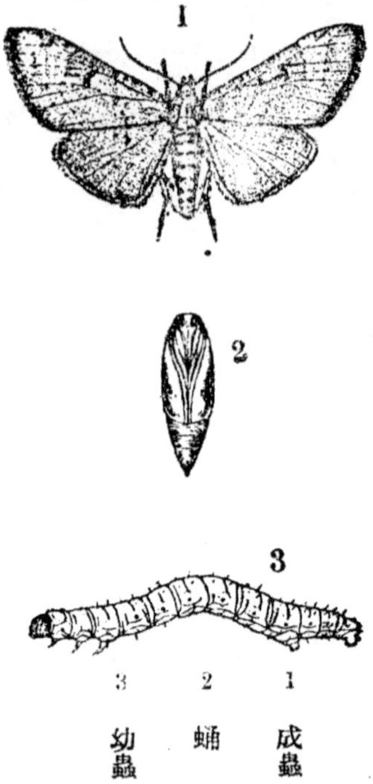

地邊附近之粗皮裂孔內化蛹，五月中化爲成蟲。卵產於粗糙之皮部，每數粒成塊。

三、驅除預防法：

1. 在發芽前若撒布石灰硫黃合劑，以驅除介殼蟲，則對此蟲之卵及幼蟲亦有驅除之效力。

2. 多數發生時，撒布除蟲菊肥皂合劑、毒魚藤肥皂合劑、硫酸菸鹼等，當可驅除大部分之幼蟲。

3. 少數發生時，可直接採摘潰殺。

第一二九圖　梨花尺蠖爲害之花

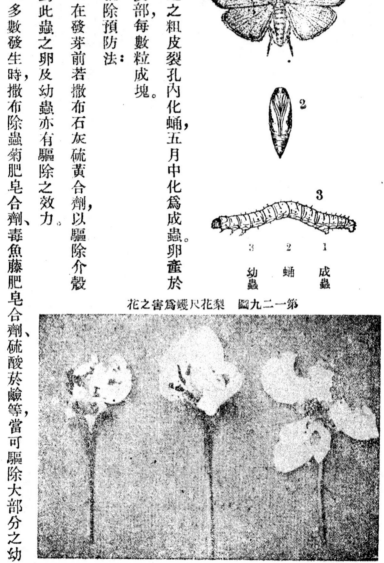

第二章 蘋果之害蟲

蘋果害蟲之種類比梨稍少，全體計算約有百二、三十種，其中爲害最大者，僅十數種，此中且有與其他果樹相同者。如食害果子爲害最大之桃小食心蟲，乃桃之害蟲，捲葉之角紋捲葉蟲乃梨之害蟲，此兩種蟲分述於梨桃害蟲項下，茲不再述。

第一節 蘋果綿蟲

此害蟲寄生於根及枝上，吸收液汁，作成瘤狀物，爲害甚大，能隨種苗傳播。

一、形態 此害蟲爲蚜蟲之一種，故其形狀與蚜蟲相似。成蟲之無翅雌蟲，體長七厘，全體之底色雖赤褐，惟身上密覆白色之綿狀物，故外觀呈白色，有翅之雌蟲形體稍小，綿狀物少，頭部稍呈黑褐色，翅透明。卵黑色。幼蟲淡赤褐色，綿狀物少，變成有翅蟲者，則胸部左右有翅痕。

二、經過習性 一年發生二、三十代，即在短時間內能化爲成蟲，秋季轉移至楡樹上產卵越年，翌年幼蟲成育化成有翅雌蟲，再歸至蘋果樹上，西洋各國雖皆如此，惟日本地方所研究者似不然。即主以幼蟲潛入樹幹及根瘤之皺摺中越年，翌春成長化爲成蟲，此等多數爲無翅之雌蟲，且用胎

第一三〇圖　蘋果綿蟲

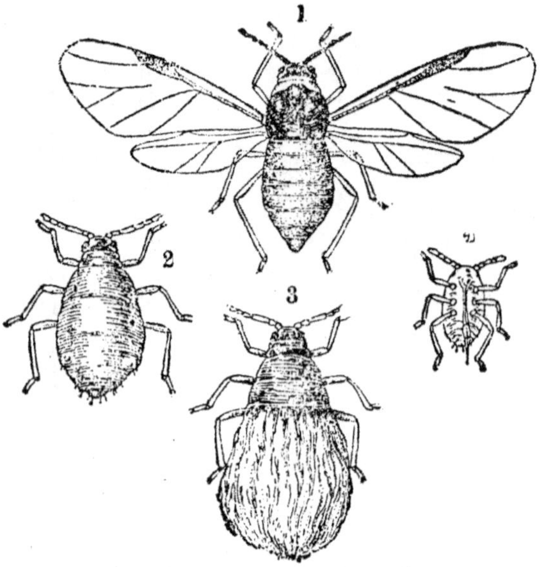

1 有翅雌蟲　2 無翅雌蟲　3 雌蟲覆着之綿毛　4 幼蟲

生法蕃殖幼蟲，入梅雨期前及九月間，則有翅雌蟲出現，飛往他樹蕃殖。最初着生之部分，在枝條之切口及葉柄基部有芽之部分，在此處蕃殖而吸收養液，蘋果受其刺激後，着生部即腫成瘤狀，此瘤初則平滑而圓，至秋季則破裂而一部分凹入，翌年再在此多數發生，此瘤更成多數皺摺，一方枝條長大，因此二、三年後即變成幼蟲潛伏之最適地。根上爲害之狀況與此無大差異。

三、驅除預防法：

1. 果樹須廢去喬木方式而加以適宜之修枝與剪定，如此則自不致多數發生。
2. 用圓葉海棠作砧木，可防止根部發生，同時上部似亦可以不至發生。
3. 五月間發生初期，在發生部塗抹五倍至十倍之石油乳劑。

第一三一圖 蘋果綿蟲着生初期之枝及枯死枝

4. 枝之切口，塗以煤膠。（Coal-tar）。

5. 夏季發生者，可將二千倍之硫酸菸鹼液撒布二三次。

6. 益蟲中之「草蜻蛉」能捕食此蟲，或謂近年來某地方之綿蟲減少，此乃其一因。若然則使用硫酸菸鹼，同時有殺死此益蟲之缺點，往時卽有人顧慮及此。茲特記之以供後日參考。

第二節 蘋果牡蠣介殼蟲

害蘋果之介殼蟲，已在梨害蟲中述及，此外尚有多種，其最普通者爲牡蠣介殼蟲，茲述之於次：

一、形態 雌之介殼狀似長形之牡蠣介殼，長八、九厘，殼點在前端，全體褐色或暗褐色，雌之體

第一三二圖 蘋果北蠣介殼蟲

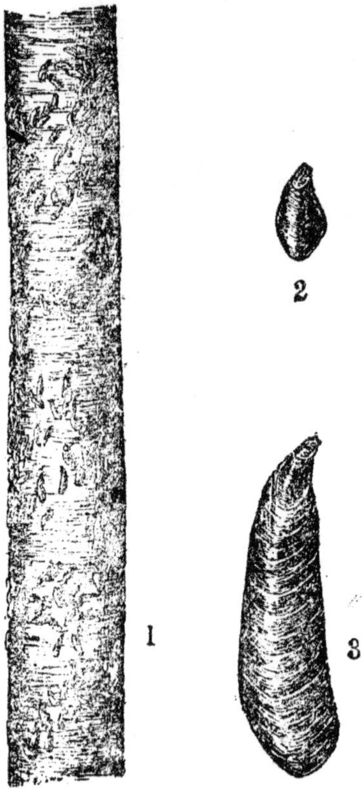

1 着生狀
2 雌之介殼
3 雄之介殼

長五、六厘，色白，尾端色橙黃。雄之介殼形小，長三、四厘。雄蟲、卵、幼蟲等，大體上與其他之介殼蟲相似。

二、經過習性 一年發生一代，冬季以卵在雌之介殼下越年，此卵五月間孵化，七月間化爲成蟲，次即產卵。介殼附在枝幹之皮部及果子上，吸收養液，因此樹勢多呈衰弱，果子不能充商品。

三、驅除預防法：

1. 五月下旬至七月上旬，幼蟲孵化活動時撒布二、三十倍之石油乳劑，或約〇·三度之石灰硫黃合劑。

2. 冬季用竹刷小刀背等，將介殼搔落，剪定時剪下之枝條務須燒却。

第三節 蘋果巢蟲

此害蟲在枝葉上作巢在巢中食害葉子爲最普通之害蟲

一、形態　成蟲爲小形之蛾，體長二分五厘，展翅六、七分，前翅銀白色，上面附有小黑點，腹部及後翅灰色。卵扁平褐色，成長之幼蟲，體長六分餘，全體暗色，背棕黑色，左右兩側列有黑紋。蛹黑褐色，長四分餘，在灰白色之繭中。

第一三三圖　蘋果巢蟲

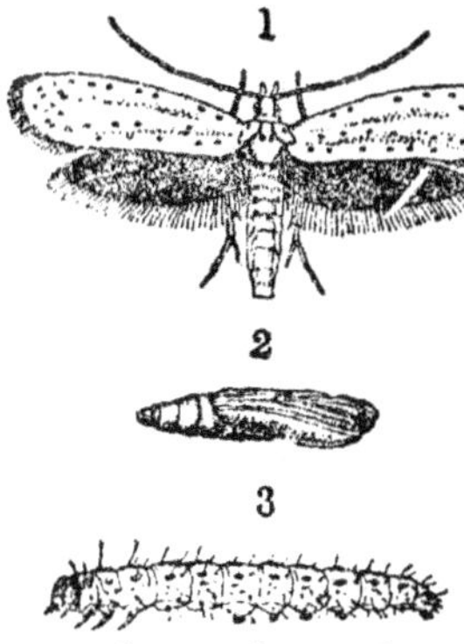

1 成蟲　2 蛹　3 幼蟲

二、經過習性　一年發生一代，冬季以孵化出之幼蟲在卵塊下越年。六月以後出而作巢，在巢中食害葉子，老熟後則在巢中作繭，在繭中化蛹。至八月間化爲成蟲，卵產於枝條之生出處，成塊。

三、驅除預防法：

1. 照捲巢蟲方法，撒布砷酸鉛，可驅除之。

2. 若不使用右之藥

第一三四圖　蘋果巢蟲爲害狀

劑而又發生多時，可將其與枝條一同切下而燒却之。又可在竹棒之一端附以鐵叉之類，將蟲集捲下燒却之。

3. 冬季撒布石灰硫黃合劑驅除介殼蟲時，此蟲之幼蟲亦能驅除。

第四節 捲葉蟲類

害蘋果之捲葉蟲種類甚多，除綴葉食害外，並嚙食果子之外皮。其中最主要者，爲「蘋果僞捲葉蟲」、李捲葉蟲、褐捲葉蟲、「帶捲葉蟲」、「蘋果白捲葉蟲」、「角紋捲葉蟲」等六種。此中「角紋捲葉蟲」已在梨害蟲中述過，茲不再述。

第一三五圖 蘋果僞捲葉蟲

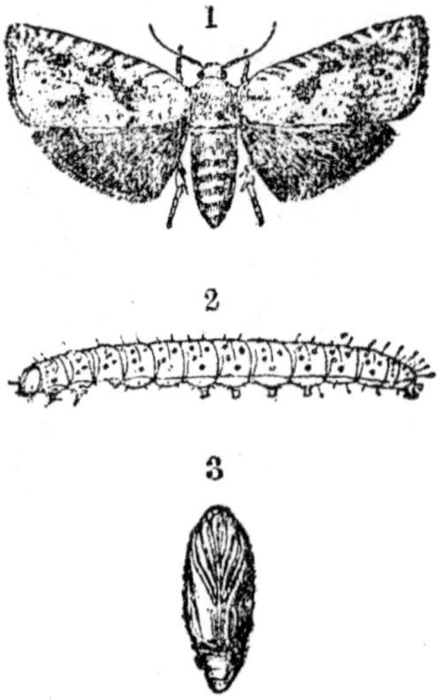

1 成蟲 2 幼蟲 3 蛹

一、形態 蘋果僞捲葉蟲在昆蟲分類上，屬於擬捲葉蛾科，故有此名。成蟲爲小形之蛾，體長一分五厘，展翅三分五厘餘，頭胸及前翅暗灰色，腹部及後翅暗黑褐色，前翅中央及外緣，有廣闊之暗黑色斑紋，外緣及緣毛爲紫赤色。卵扁平橢圓形。成長之幼蟲長三分五厘，頭

第一三六圖　李捲葉蟲

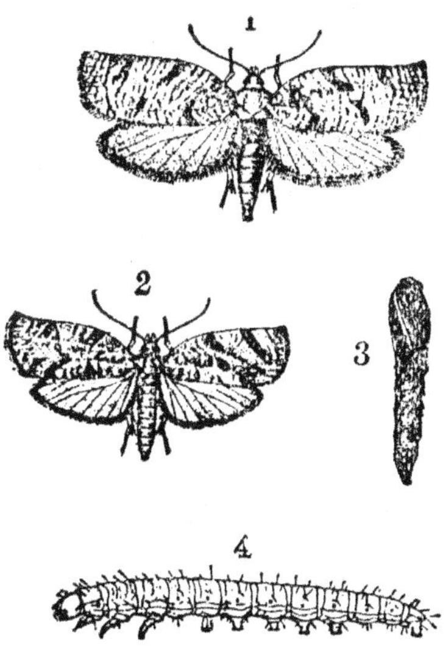

1 雌成蟲　2 雄成蟲　3 蛹　4 幼蟲

部淡黃褐色，胴部淡黃色，上面生細毛。蛹長二分餘，暗灰色在白色二重之軟繭中。

李捲葉蟲之雌成蟲，體長三分，展翅七分二、三厘，頭胸及前翅黃褐色，前翅有細微之褐色線，其中有三條廣大之斜條紋，如圖，腹部與後翅灰色。雄之形體較小，前翅之條紋較大，而不甚清晰。卵扁平微綠色。成長之幼蟲，體長達八、九分，頭部淡黃色，胴部淡綠色，粗生細毛。蛹長三分餘，稍呈長形而色褐。

第一三七圖　褐捲葉蟲

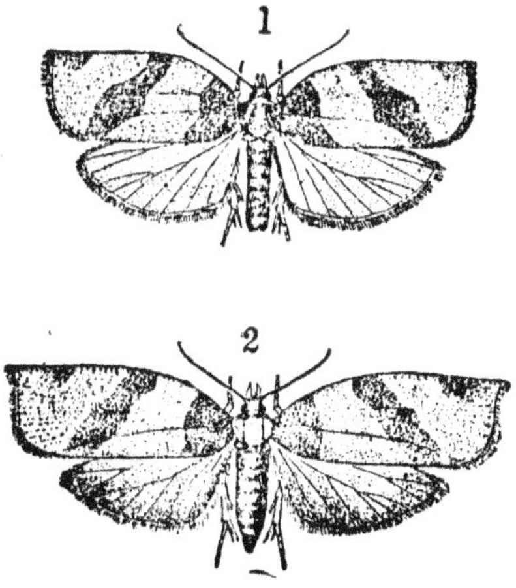

1 雌成蟲　2 雄成蟲

褐捲葉蟲之成蟲，雌體長三分，展翅九分餘，頭胸及前翅黃褐色，翅底與翅頂及中央有斜形而廣闊之褐色帶紋，腹部及後翅稍帶黃色。雄者比較小形，翅之長度較短，幅較寬，斑紋與雌者同。卵似前者。成長之幼蟲長達一寸以上，全體綠色，第一節硬皮板之後緣兩角黑色，

第一三八圖　帶捲葉蟲

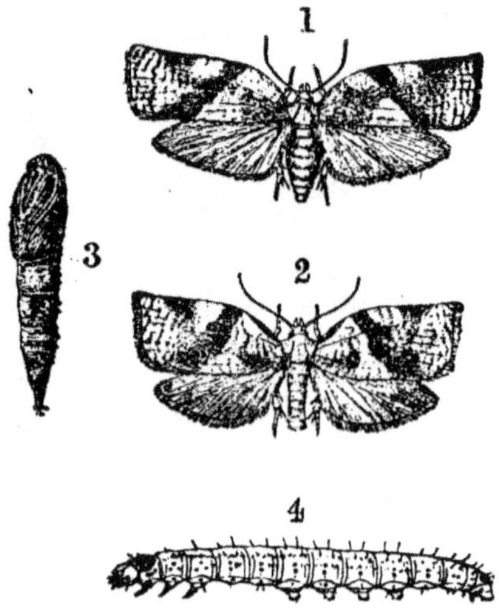

1 雌成蟲　2 雄成蟲　3 蛹　4 幼蟲

其餘似前者。蛹亦無大差異。

帶捲葉蟲之雌成蟲，體長二分五厘，展翅七分弱，全體灰褐色，前翅中央有斜形大褐色帶，帶之中央部稍小，中央部以下則急速增大。近翅頂部有不明顯之褐色紋。雄者比較小形，前翅稍帶白色，帶狀紋甚清楚。卵及蛹與前者無大差異。成長之幼蟲長達八分餘，全體飴色，硬皮板稍呈褐色，全形與他種無大差異。

蘋果白捲葉蟲，成蟲形小，體長二分，展翅五分，體色暗黑，前翅之中央大部分爲灰白色，前緣有短斜線，翅底及外緣色黑褐，又角臂上有三角形之黑褐紋中間含有兩個濃黑紋，後翅灰色，雌雄無大差異。卵扁平圓形色藍。成長之幼蟲，體長三分五厘，頭部暗色，胴部上面色暗赤褐，腹面紫綠色。蛹長二分五厘餘，色褐。

二、經過習性　蘋果僞捲葉蟲，一年發生二、三代以上，卵粒粒產於葉柄上或葉上，以幼蟲越年。加害之狀況與他種不同，必在葉之上面作薄巢，入其中食害葉肉。蛹在背面所作之白色繭中，羽化

第一三九圖　蘋果僞捲葉蟲之爲害葉

成蟲之時，身體脫出過半。成蟲日中在葉上活潑運動其運動之方法及形狀，似飛機，故有稱爲飛機蟲者。

李捲葉蟲一年發生四代，冬季以幼蟲越年。第一代成蟲在六月上旬出現，第二代在七月上旬出現，第三代在八月上旬出現，第四代在九月上旬出現。卵粒粒產於葉上，幼蟲綴葉而在其中食害。

第一四〇圖　李捲葉蟲之爲害葉

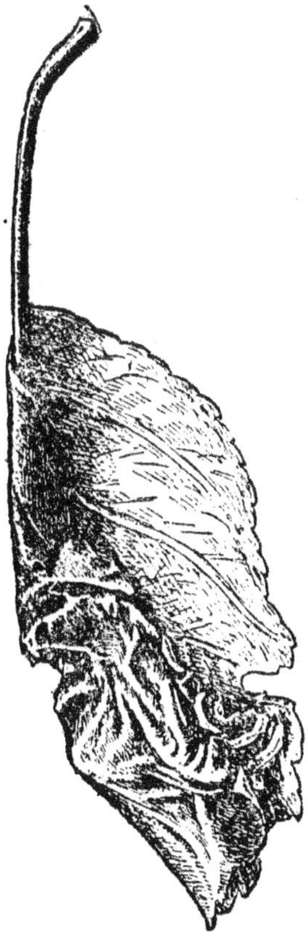

褐捲葉蟲一年發生三代，冬季以幼蟲越年。第一代成蟲在六月上旬出現，第二代在七月上旬出現，第三代在八月下旬出現。產卵部位及爲害之狀況與其他各種無大差異。惟此蟲除捲葉以外，尚須食害果實之表皮。

帶捲葉蟲一年發生一代，冬季以產在枝幹皮部之卵越年，六月上旬以後出而食害葉子，同時

第一四一圖　褐捲葉蟲之爲害果

食害花。

蘋果白捲葉蟲，一年發生二代，冬季以幼蟲在所綴枯葉繭中越年，春季食芽。第一代成蟲於六月間出而在葉背點點產卵，幼蟲起初食害葉肉，後即食害軟葉及芽。第二代之成蟲在八月出現，產卵如前，此幼蟲在枝上綴葉，入其中食害，有時侵入袋中食害果實之外部。蘋果以外，梨之芽亦常食害。

三、驅除預防法：

1. 無論何種，若在發芽後按照一定之時期撒布砷酸鉛，可免其食害。

2. 冬季撒布石灰硫黃合劑驅除介殼蟲時，同時可驅除枝幹部此蟲之越年卵。

第五節　細蛾類

此類害蟲之成蟲形體極小，故稱爲細蛾，幼蟲潛行於葉之組織內，故亦可稱爲「潛葉蟲。」爲害者有兩種，其中金紋細蛾爲害最多，銀紋細蛾比較的少。

第一四二圖　金紋細蛾

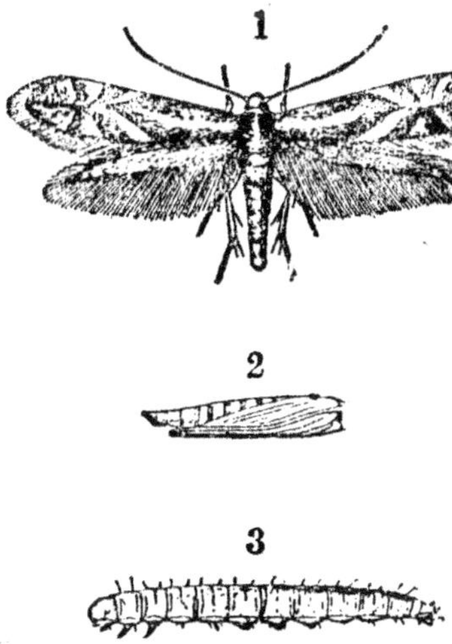

1 成蟲　2 蛹　3 幼蟲

第一四三圖　銀紋細蛾

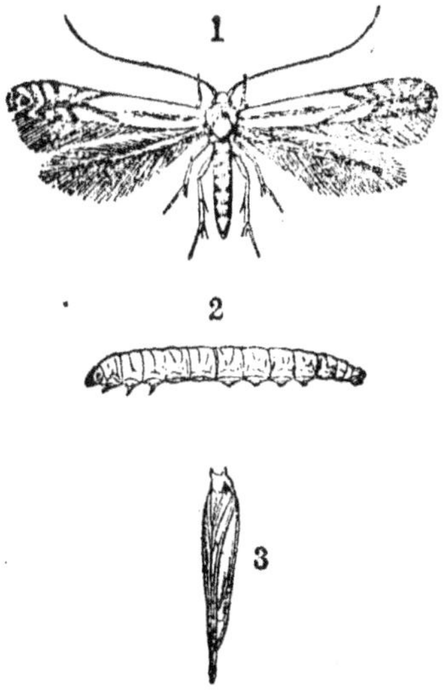

1 成蟲　2 幼蟲　3 蛹

一、形態　金紋細蛾之成蟲甚微小，體長七、八厘，展翅一分八厘至二分，頭胸有金色與銀色之條紋，前翅有金色與銀色交互而成之虎皮狀紋，前端中央有黑色條紋，緣毛長，腹部與後翅灰色。卵未調查。成長之幼蟲長一分七、八厘，頭部小形，前方尖，與胴部同呈黃色，粗生微細之毛。蛹長一分餘，色淡黃褐。

銀紋細蛾比前者稍大，體長一分，展翅三分弱，頭胸及前翅銀白色，前翅近尖端處，從前緣緣毛上，生出五條以上之短斜黑線，與後緣生出者相合，尖端作成孔雀羽紋狀之紋，緣毛長，腹部及後翅灰色。卵未調查。長成之幼蟲長二分餘，全體微黃綠，色頭部扁平，體上粗生微細之毛。蛹

第一四四圖　金紋細蛾爲害之葉

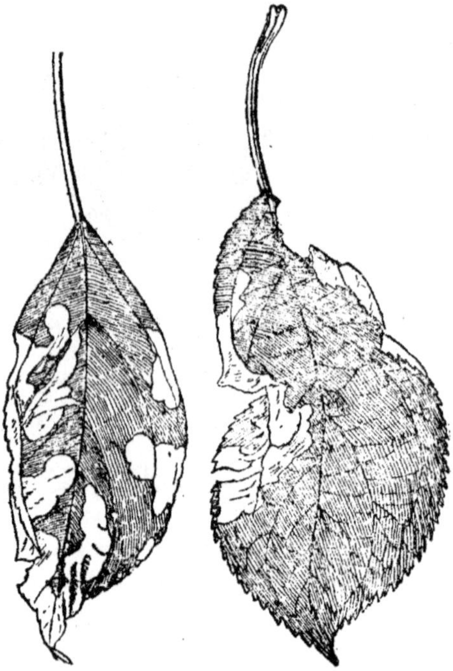
第一四五圖　銀紋細蛾爲害之葉

長一分餘，微綠色，頭部具角狀之突起，觸角極長。繭長一分五厘色白，四面用絲吊在葉背。

二、經過習性　金紋細蛾，一年發生三代，冬季捲葉一部，入其中化蛹越年。第一代之成蟲在五月下旬出現，第二代七月，第三代九月。其幼蟲雖云第一代於六月間出現，第二代八月，第三代十月，然不甚規則。幼蟲食入葉之組織內，因此葉片形成皺摺，而透明。

銀紋細蛾，一年發生二代，在葉背之繭中化蛹越年，翌春化爲成蟲，幼蟲食入葉之組織內，食害部之周圍，成褐色而枯死，如圖。第二代之成蟲，八月中旬出現，幼蟲在八月至九月間出現，與前種同樣不規則。

三、驅除預防法：

1. 與捲葉蟲同樣，在發芽後撒布砷酸鉛，可以驅除預防。
2. 收集冬季落葉而燒却之，可驅除其越年蛹。

第六節 蘋果葉蟲

此為食害葉子之害蟲，為害甚大。蘋果之外赤楊亦常食害，故亦稱赤楊葉蟲。

一、形態　成蟲體長二分五厘，腹部膨大，全體紫藍色。卵橢圓形黃色。成長之幼蟲，體長三、四分，頭部黑色，胴部淡黃黑色，各節附有黑點，如圖。蛹橢圓形，色淡黃。

二、經過習性　一年發生二代，冬季以成蟲越年，早春出而食害嫩葉，以後在葉上產卵成塊。幼蟲食害葉肉，老熟後即入地中作繭化蛹，七、八月化成第一代成蟲。以後產卵，幼蟲於八月間食害葉子，九月間化成第二代成蟲，與幼蟲一同食害葉肉，以後即潛伏越年。

第一四六圖 蘋果葉蟲

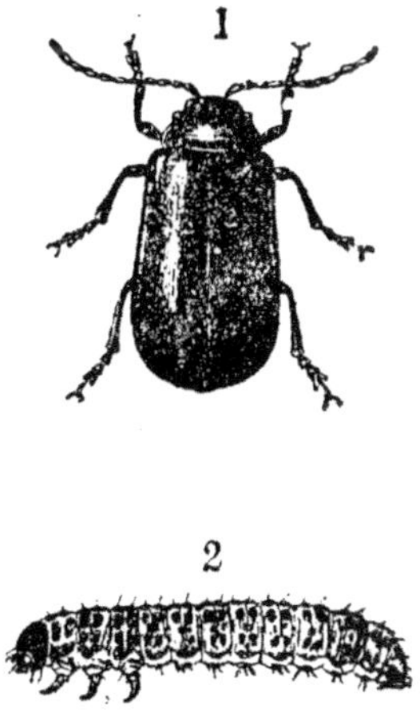

1 成蟲　2 幼蟲

第一四七圖 蘋果葉蟲之爲害葉

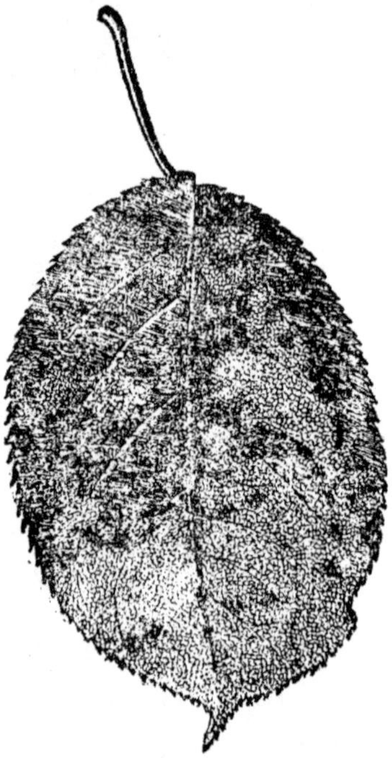

三、驅除預防法

與前述之捲葉蟲類及細蛾類同時，在規定之期間內，撒布砒酸鉛，可以充分防止。

第七節 蘋果葉蜂

此爲食害葉子，使僅餘主脈之害蟲，爲害甚大，惟發生地不甚普遍。

一、形態 成蟲爲小形之蜂，體長二分七、八厘至三分，體黑色而有光澤，惟雌之腹部第三、四節有淡黃綠色之黑紋，翅暗色。卵長橢圓形，藍色。成長之幼蟲，體長達七、八分，全體暗綠色，上面附有暗色小

第一四八圖 蘋果葉蜂

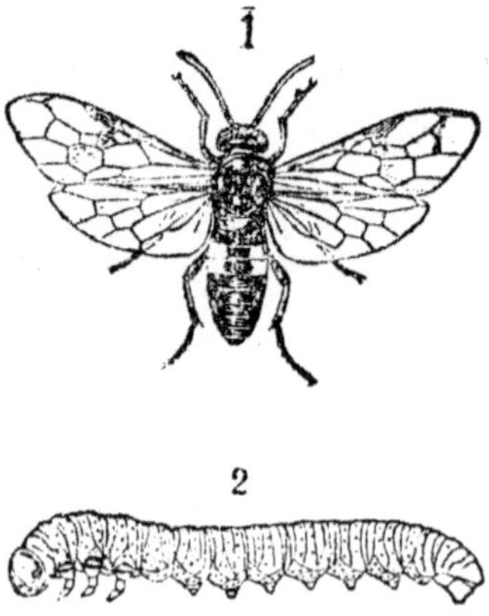

1 成蟲 2 幼蟲

第一四九圖　蘋　葉蜂之爲害葉

點，蛹長三分餘，淡灰白色，眼黑色。

二、經過習性　一年發生二代，冬季在地中或根邊作土色之繭，入其中越年。第一代之成蟲，在五月間出現，將卵粒粒產於葉之組織中。幼蟲食害葉子，使僅留主脈，日中在葉緣舉尾靜止。第二代之成蟲，在八月間出現，此代幼蟲加害如前，以後即入地中之繭內越年。

三、驅除預防法：

1. 與前述各種害蟲同樣，撒布砒酸鉛。

2. 在幼蟲發生期內行數次打落法，頗有相當之效果。

第八節　蘋果小食心蟲

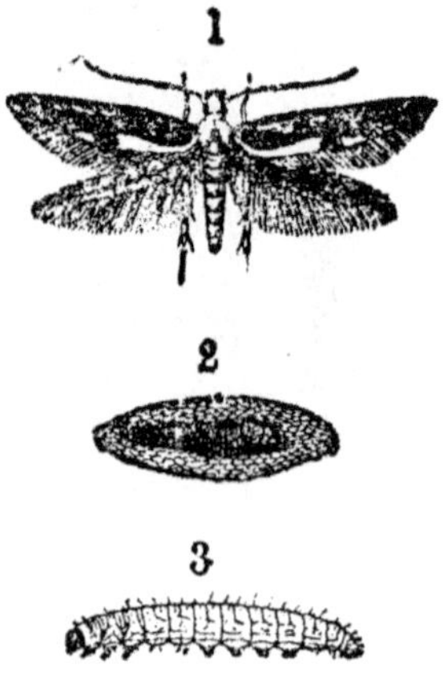

第一五〇圖　蘋果小食心蟲

1 成蟲　2 蛹　3 幼蟲

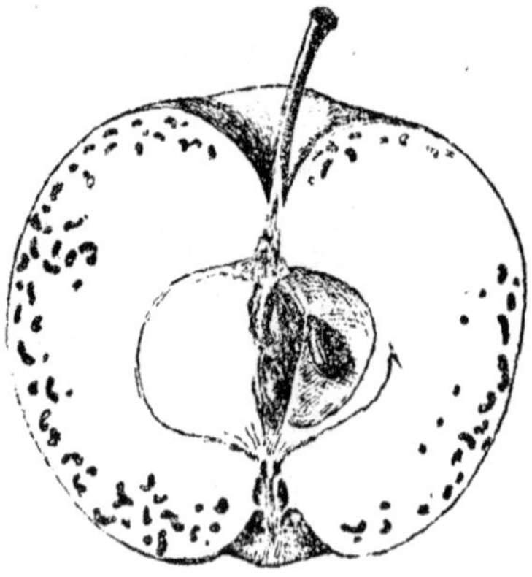

第一五一圖

蘋果小食心蟲爲害果之縱斷面

此爲食害果皮之害蟲，外觀似寫成之字，故又稱爲「寫字蟲，」此蟲並不隨處發生。

一、形態　成蟲爲微小之蛾，體長一分三厘，展翅三分五厘，全體暗灰色，前翅後緣銀白色，前緣有短斜線，中央有不顯著之紋，與後翅同具長緣毛。卵扁平圓形，半透明。成長之幼蟲長達三分餘，頭部黑色，胴部蒼白色，老熟時稍帶赤色。蛹長二分弱，色濃褐，入網狀之繭中。

二、經過習性　一年發生一代，冬季以幼蟲在地中之繭內越年，翌年七月間化爲成蟲，在各個果子上產卵一二粒。幼蟲在果皮下淺行食害，外觀現出字畫形式。老熟時卽入地中作繭而越年。

三、驅除預防法：

1. 與其他害蟲同樣，撒布砷酸鉛。

2. 產卵前套袋於果子上，可防止發生。

第三章　枇杷之害蟲

枇杷之害蟲雖近二十種，而其固有之害蟲極少，大多數與其他果樹共通受害。其中爲害最大者，爲普遍各地加害果子之「桃象蟲，」及食入樹幹內之「桑天牛，」此外則爲廣佈各處食害葉子之「舉尾毛蟲。」桃象蟲在桃之害蟲中敍述，桑天牛在無花果害蟲中敍述，舉尾毛蟲在櫻桃之害蟲中敍述。

第四章　桃之害蟲

桃之害蟲種類甚多，全體計算，約在五十種以上；惟亦有多種係與其他果樹共通者，其中爲害最大者有十餘種。此十餘種中之「木葉蛾」類在葡萄害蟲中敍述，此處從略。

第一節　桑介殼蟲

此乃桑樹之害蟲，同時爲各種果樹之害蟲，在桃樹之枝幹上發生甚多，甚至使之枯死。

一、形態　成蟲雌者之介殼圓形，直徑由六、七厘至一分，色灰，中央之殼點橙黃色，雌體扁平，黃色，除口吻外，眼、觸角、脚等全數退化。雄蟲具完全之形體，但僅有前翅一對，體長二厘餘，展翅

第一五二圖　桑介殼蟲

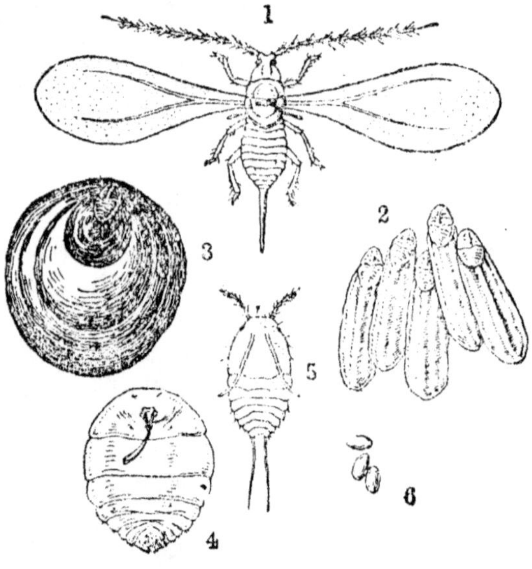

1 雄成蟲　2 雄蟲繭　3 雌蟲介殼　4 雌體　5 幼蟲　6 卵

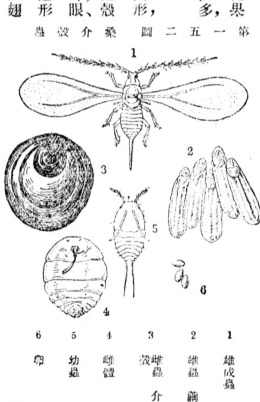

六厘，體橙黃色，翅透明，尾端生出長形交尾器。卵橢圓形，橙黃色。幼蟲扁平橢圓形，觸角及脚發達，且尾端具一對尾狀物。雌蟲無蛹，雄蟲有蛹，在白色細長之繭中，此繭微細，用肉眼觀察，只見白粒，常集合而呈綿狀。

二、經過習性　一年發生三代，冬季以受胎後之雌蟲越年，翌春產卵於體下，幼蟲孵化後即爬出，表皮呈白色。由此附着於一定場所而製造介殼，雄者則作繭化蛹，雌者更成長而作成大介殼，在其中化爲成蟲。第一代在六、七月間出現，第二代八月，第三代十月。枝幹之任何部分皆有着生，惟雄者主在枝之分出處之下方，及日光不能直射之部分附着。用吸收口吸收養液使樹勢劇衰，遂至枯死。除桃以外，梅、李、櫻桃等果樹及梧桐上亦多着生。

第一五三圖
桑介殼蟲之着生狀

三、驅除預防法：

1. 購入苗木時，必須用氰酸氣燻蒸。

2. 若發生少數，則冬季可用竹刷等搔落毀滅之；若發生多數，則撒布或塗抹三、四度之石灰硫黃合劑，或十五倍之機械油乳劑。

3. 在幼蟲孵化活動期，撒布三、四十倍之石油乳劑，或約〇・五度之石灰硫黃合劑稀薄液，即有充分之效力。

四、天敵　梨圓介殼蟲(Aspidiotus Perniciosus Const.)之天敵小赤星瓢蟲，其幼蟲成蟲，皆能捕食此介殼蟲，惟此蟲乃隨害蟲之蕃殖而蕃殖者，即必須害蟲甚多，此益蟲之食料充足時，方能蕃殖，故不能專賴此蟲任驅除工作。

第二節　桃象蟲

此害蟲亦害各種果子，就中對桃子爲害最大。又有「切蟲枝」之別名，因成蟲在果子上產卵後，須將枝條稍爲咬切，故有此名。

第一五四圖　桃象蟲

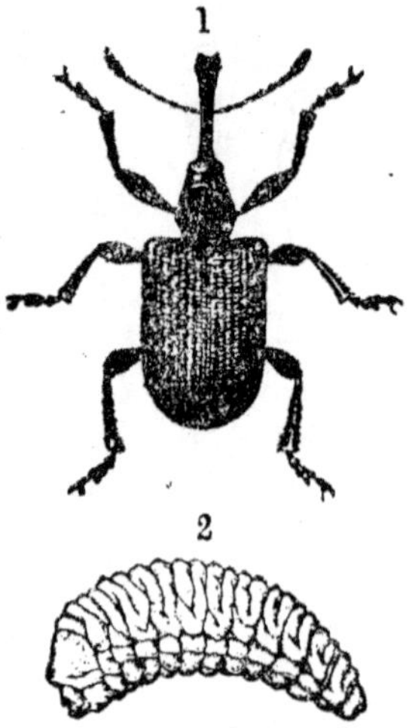

1 成蟲　2 幼蟲

一、形態　成蟲爲小形之象蟲，體長二分六七厘至三分，全體紫紅色而有光澤，甚美麗。卵橢圓形，藍色。成長之幼蟲長四分餘，頭部淡褐色，胴部乳白，各節有横皺，常稍作彎曲。蛹長三分餘，色微黄。

二、經過習性 一年發生一代，冬季以成蟲在地中窩內越年，翌春開花期出現，待花落後，在幼果上穿小孔，將卵粒粒產入，同時將枝條咬切。孵化出之幼蟲，食入果肉內，稍成長時，則被咬切之枝條，恰能折斷落於地上，如此則地上枝條上之果子，保持有相當之水分，可爲其良好之食料，成長後入地中，裹土爲窩，入其中化蛹。至九月間化爲成蟲越年，寒地在八月間尚有成蟲出行產卵者，因此年內不能化成成蟲，想必至翌年羽化。此蟲產卵後雖咬切枝條，若然係大枝條則因力所不能，遂不咬，即對梨子咬切果梗，蘋果咬切樹枝，枇杷或咬切樹枝，或不咬，梅樹多數不咬。又被害後之梅子，硬結而不成育。

第一五五圖 桃象蟲產卵後切斷之枝條

三、驅除預防法：

1. 套袋，可防止此蟲來襲，此法手續雖煩，然必須實行。
2. 成蟲發生期中，須常將白布敷在地面，將成蟲拂落捕殺，或發現成蟲後，隨即用手捕殺。
3. 厲行冬耕，將地中成蟲曝晒於外，使之死亡，惟尚非根本之方法。
4. 應用毒劑則生藥害，除桃之外（即枇杷等），在理論上雖可使用，惟尚未有確切之實驗成績。

第三節　桃食心蟲

此害蟲爲害與前者相等，幼蟲雖食入果子內部，而其爲害狀況完全不同。即前者食入果子後，使果子萎縮而外部生皺，此種害蟲則食入果子後將糞便排出，用絲連綴，使附着果皮，變成褐色，甚則變成穢物，包着果子。

第一五六圖　桃食心蟲

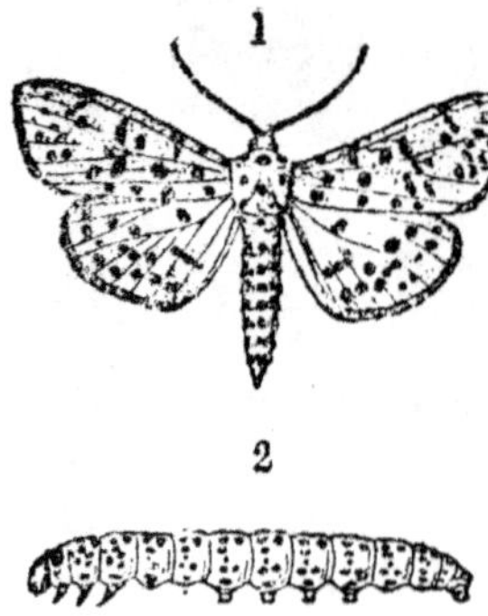

1 成蟲　2 幼蟲

一、形態　成蟲爲小形之蛾，體長自四分五厘至五分，展翅八、九分，全體橙黃色，體與翅均有小黑點如圖。卵扁平橢圓形，初白色，後變赤色。成長之幼蟲長達七分餘，

第一五七圖　桃食心蟲爲害狀

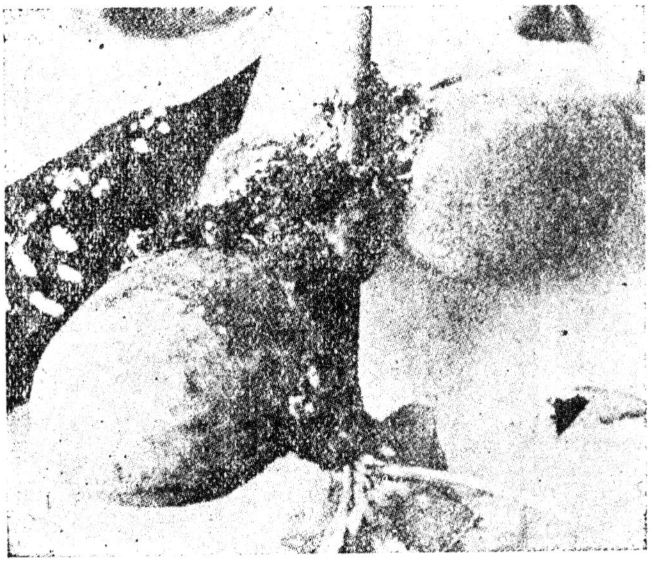

全體赤色而稍帶乳白，各節有瘤點。蛹長四分五厘餘，色赤褐，在灰白色之粗繭中。

二、經過習性　一年發生二代，冬季在老皮下作繭，幼蟲入其中越年。翌春五、六月間，第一代之成蟲出而在果子上產卵，不成塊，幼蟲食入果肉內，成長後則如前所述，將蟲糞連綴，排出果子外面。第二代成蟲在八月間出現，此時無桃，因此食入石榴、栗、蜜橘等果子內，有時食入梨之果梗基部，老熟時即入老皮下之繭中越年。

三、驅除預防法：　此害蟲僅限於不套袋而放任之果樹上發生，故若實行套袋，可無問題。

第四節　桃小食心蟲

梨害蟲中所述之「梨小食心蟲」亦常害桃之心梢，又以名稱相似，故往往有將此二蟲混而爲一者。故近有人特稱此蟲爲「桃赤實蟲，」以便區別。此蟲雖主害桃實，但有時爲害梨及蘋果亦甚烈。

一、形態　成蟲爲小形之蛾，雌者體長三分，展翅五、六分，雄者體長二分，展翅四分餘，全體灰黃色，惟頭胸部大部分爲黑色，前翅自翅底起沿前緣，自中央部至外方，有廣闊之黑褐色斑紋，後翅與腹部爲灰色。卵球形，一端列小刺，一方橙黃色，一方黃褐，後變爲暗褐色。成長之幼蟲長四、五分，頭部暗褐色，胴部帶多少赤色，故又稱爲「赤蟲。」蛹長二分五厘，入地下作繭而居。

第一五八圖　桃小食心蟲

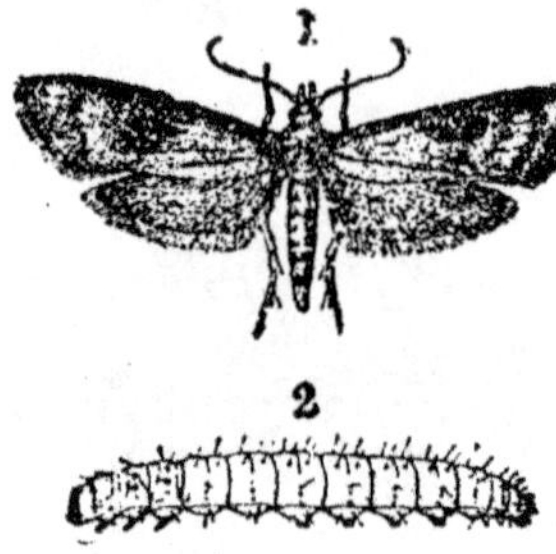

1 成蟲　2 幼蟲

二、經過習性　經過分一年一代、一年兩代、一年三代之三種。即冬季以幼蟲在地中之繭內越年，五月下旬至七月上旬化爲第一代成蟲，在果子上點點產卵，孵化出之幼蟲，食入果子內食害，老熟後入地中作繭，在繭中化蛹，此繭之形狀分二種：一爲扁圓形，一爲紡錘形。在扁圓形繭中化蛹者，至七月中化爲第二代之成蟲。產卵孵化，食害果子內部，八月間老熟，入地中再作扁圓形與紡錘形之二種繭。在扁圓形繭中化蛹者，化成第三代成蟲。產卵孵化，害晚種桃，八月下旬老熟，入地中作扁圓形之繭，在繭中越年。翌春再作紡錘形繭，換繭化蛹。同一成蟲所生出者，有數種變化，頗有趣味。

第一五九圖 桃小食心蟲害桃之狀

第一六〇圖 桃小食心蟲爲害蘋果之狀（外部及內部縱斷面）

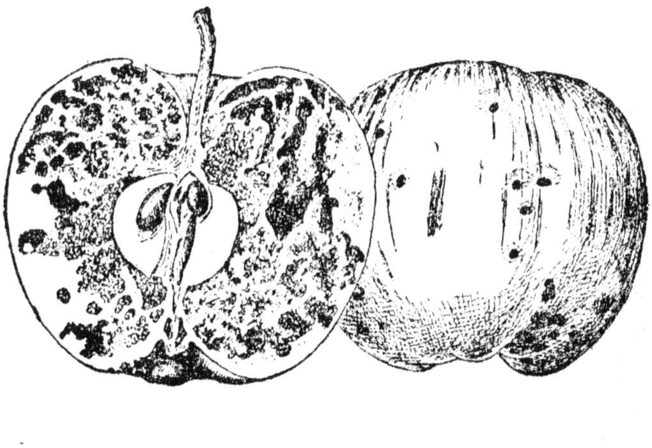

此蟲害梨之時，大體上與害桃者同，惟爲害蘋果時有與害桃之情形不同者。卽害桃之時，幼蟲食入果子內部，果子多少有些萎縮，從食入孔排出黏液於外面，對蘋果則完全不同。又初齡幼蟲食入果肉之狀況，恰與果肉用針穿成許多細孔一般。且成長時，特別食害果內核之部分，爲害狀況如圖。此時除加害內部外，卽外部亦有相當大之孔顯出。在寒地則因氣候寒冷，一年僅發生二代，第一代成蟲在五月下旬，第二代在七月間出而產卵。幼蟲加害以後卽入地中，一年一代終止者，則入紡錘形之繭中，二代者則入扁圓形之繭中，與前述者無大差異。

三、驅除預防法：

1. 行套袋法時，據試驗結果，袋子不可無底。
2. 將不套袋之犧牲果暫爲保留，待上面聚集多數後再行處置。
3. 燃點誘蛾燈誘殺成蟲，有相當之效果。

第五節 桃花蟲

此蟲在桃之開花期出現，食害花蕊，發生多時，能將全數之花食盡。

一、形態　成蟲爲中形之蛾，體長五、六分，展翅一寸二、三分，全體灰褐色，前翅中央有橢圓形之紋，其外方有橫線，後翅稍帶灰色。卵饅頭狀，徑約一厘半，初乳白色，後呈暗褐色。成長之幼蟲，體長達一寸至一寸二、三分，頭部褐色，胴部淡赤褐色，各節有不顯著之斑點。蛹長五、六分，色赤褐。

二、經過習性　一年發生一代，冬季以卵越年。花蕾未膨脹時，卽孵化而食入蕾之中部，食害花

第一六一圖　桃花蟲

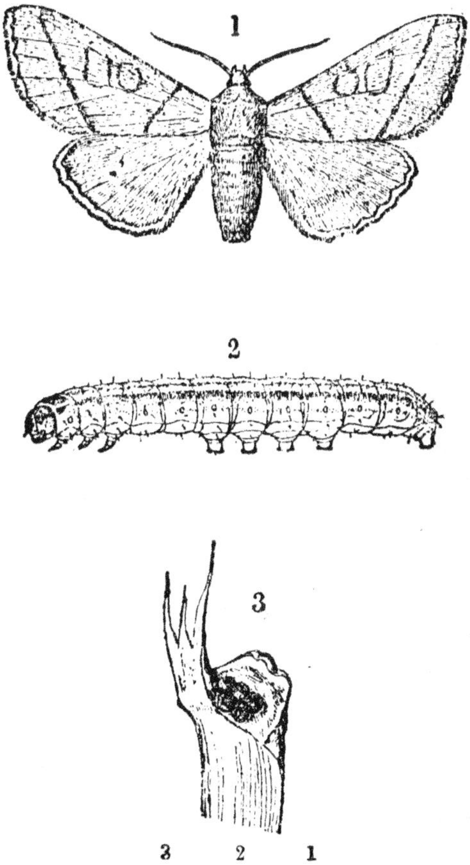

1 成蟲　2 幼蟲　3 卵

蕊，一花食盡則漸次移往他花。至中齡時，則日中靜止在蕾之內部，老熟時則日中在老皮下或地中潛伏，夜間登昇食害花蕊盡時則食葉。雖主害桃花，而桃花以外之果樹花上亦有少數食害，野外則「山躑躅」上亦有多少發生。老熟後入地中化蛹，成蟲在十一月間出而在老皮下等處產卵，由二、三粒至數十粒不等少數之蟲似以蛹越年，翌春羽化。

三、驅除預防法：

1. 在卵孵化前，即花蕾膨脹之時，撒布砒酸鉛。
2. 在成蟲發生期內，行糖蜜誘殺法，誘殺成蟲。
3. 為防止卵蟲孵化後上昇花枝起見，枝幹上環塗膠黏物。

第一六二圖 桃花蟲爲害之花(1)與無害之花(2)

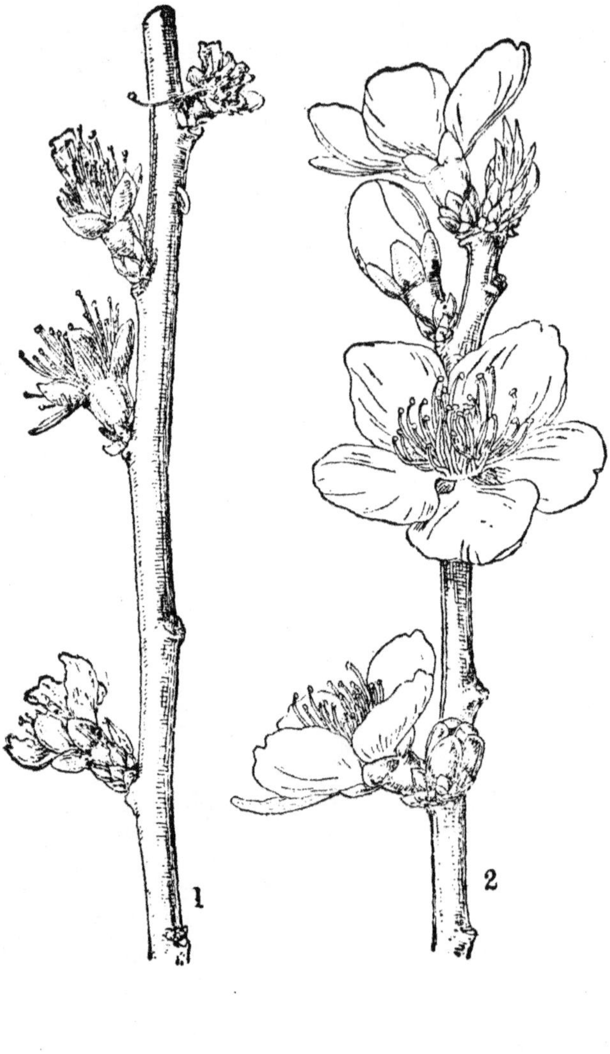

4. 在山地新闢果樹園時，附近之山躑躅，必須完全除去。

第六節 桃綠尺蠖

此害蟲之發生期較前者遲，在發芽時食害新葉，除桃以外對李亦爲大害。

一、形態　成蟲依雌雄而大不相同。即雌蟲全然缺翅，體長二分餘，肥大而色灰；雄者有普通之

第一六三圖　桃綠尺蠖

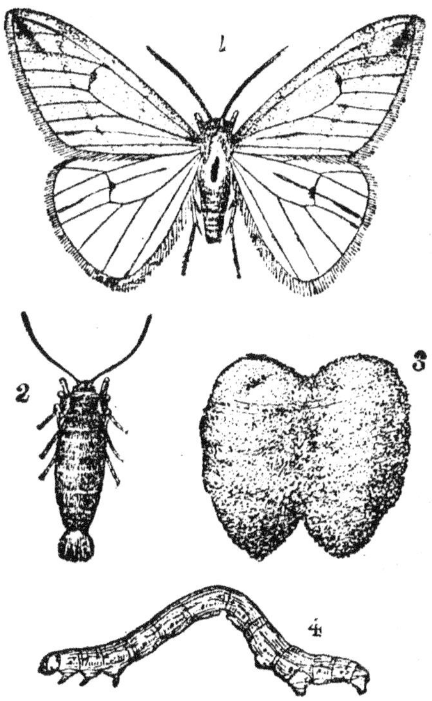

1 雄成蟲　2 雌成蟲　3 土中之繭　4 幼蟲

翅，體長三分餘，展翅九分餘，全體灰色，前翅中央有一個黑點及斜狀線，後翅中央亦有一個黑點如圖。卵球形，色黃綠，產成塊狀，上覆雌蟲尾端之毛。成長之幼蟲，體長六分五厘餘，全體帶黃綠色，兩條背線及氣門上下之兩線細而色淡黃，其中除線以外，全體亦有赤褐色者。蛹長二分五厘至三分，帶黃綠色，在地中造薄繭，繭之外部附有土粒。

二、經過習性　一年發生一代，冬季以卵越年，四月上旬以後孵化，食害嫩葉及新芽，為害甚大。此外，依地方情形不同，有時李比桃被害多。老熟後在地中作繭，在繭內化蛹，經過夏期至十二月間化為成蟲而產卵，因雌者無翅，故產卵不能至遠處而產在根際之老皮間。

三、驅除預防法：

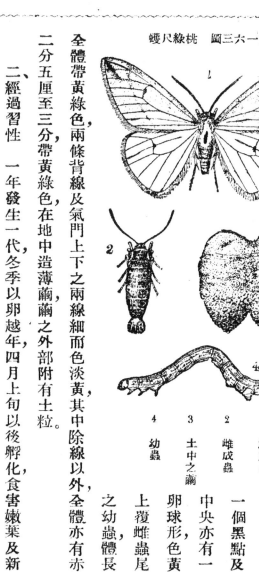

1. 對幼蟲可撒布除蟲菊肥皂合劑，及千倍之硫酸菸鹼液。

2. 爲防止產於近地之卵孵化上昇起見，早春須在樹幹周圍塗膠黏物。

第一六四圖　桃綠尺蠖爲害之葉

第七節　桃潛葉蟲

此害蟲在葉之組織內走食，使葉衰弱而早落，翌年之結果遂大受影響。

一、形態　成蟲爲微小之蛾，體長一分，展翅二分餘，全體銀白色，複眼黑色，前翅有條線及一黑紋，如圖。緣毛長，體之腹部及後翅爲灰色，緣毛長。卵圓形，色白。成長之幼蟲長一分八厘餘，體稍扁平，

第一六五圖　桃潛葉蟲

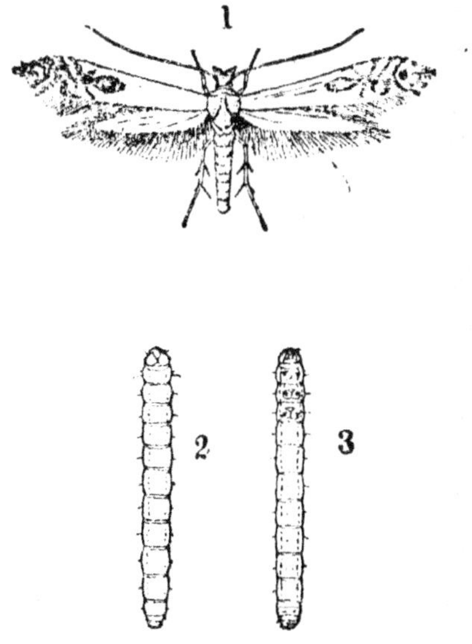

1 成蟲
2 幼蟲背面
3 幼蟲腹面

色淡綠。蛹長一分二、三厘，色淡綠，在葉背四面吐絲，中央作淡綠色之繭，入其中化蛹。

二、經過習性　一年發生七代，冬季以成蟲越年，四月下旬桃樹開葉時，卽出而在葉背產卵。幼蟲在葉之組織中潛行食害，六、七月間樹勢旺盛之時，葉子似無異狀，至六、七月以後則突然衰弱而落下，因年內再行發芽，故翌年無結果之希望。一年發生七代，故夏季常得見其卵、幼蟲、成蟲等。

三、驅除預防法：　尚無適當之方法，美國對此害蟲使用硫酸菸鹼以治之，吾國亦可試用。

第一六六圖　桃潛葉蟲之爲害葉

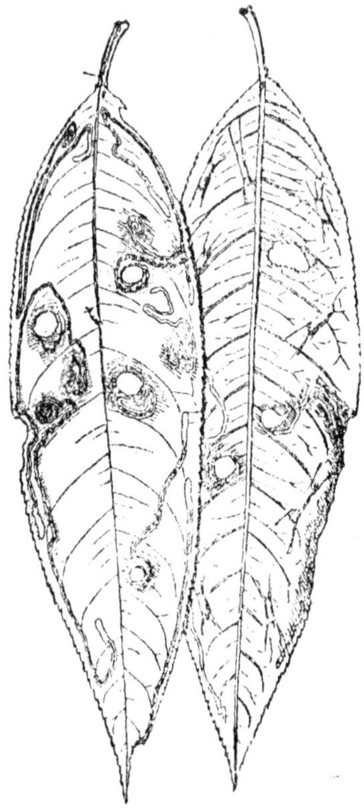

第八節　小透羽蛾

此害蟲在樹幹皮下形成層部分食害，排出蟲糞於外部，後遂使樹身枯死。

一、形態　成蟲體長五分，展翅九分五厘餘，體色紫黑，翅透明，但前翅外緣及其近處有黑色紋如圖，雄者腹部四、五節間有細黃帶。卵球形，淡黃白色。成長之幼蟲，體長八分餘，頭部褐色，胴部淡黃色，背線赤色，各節生有一定之短毛。蛹長五分餘，色赤褐。

二、經過習性　一年發生一代；冬季以成長之幼蟲越年，七月間化蛹，八月間化爲成蟲。將卵粒粒產於樹幹上，尤以近地面處皮之損傷部分爲多。幼蟲在皮下食入，排出蟲糞於外部，因形成層之部分

第一六七圖　小透羽蛾

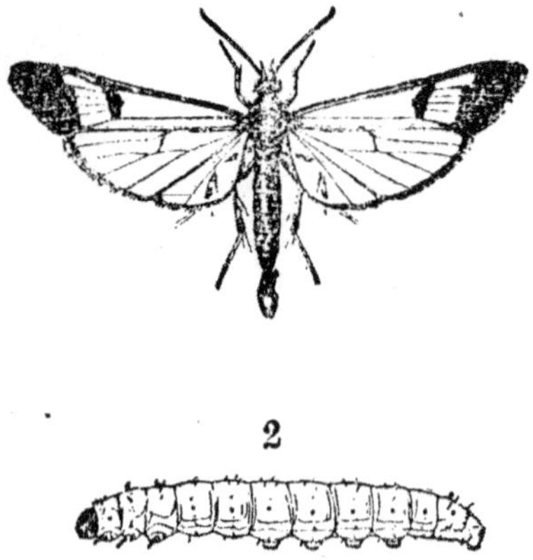

1 成蟲　2 幼蟲

第一六八圖　小透羽蛾爲害排出蟲糞之狀況

被其食害，樹勢遂衰弱，尋至枯死。成蟲羽化時，蛹殼一半脫出。除桃以外，櫻桃及櫻等亦多發生。

三、驅除預防法：

1. 此蟲之卵產於皮部損傷之部分，故可將其削去而塗以煤膠。

2. 排出蟲糞之部分，用小鐵槌從上面叩擊，將幼蟲潰殺。

第九節　蚜蟲類

害桃之蚜蟲有二種：一爲「桃蚜蟲」又稱「桃赤蚜蟲」或「壺蚜蟲」，在心梢葉背着生，使葉捲縮；一爲「桃粉吹蚜蟲」，此蟲雖着生於葉背，而葉不捲縮，體面附着白粉，故此兩種蟲分別極易。兩者爲害皆甚大。

第一九六圖　桃蚜蟲

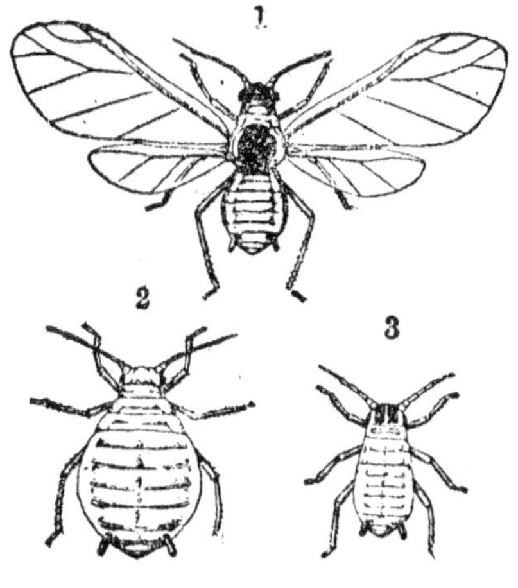

1 有翅雌蟲　2 無翅雌蟲　3 幼蟲

一、形態　桃幼蟲之無翅雌蟲，體肥大，長七厘餘，體色依時期而不同，頭胸部赤褐，腹部暗色，複眼赤褐，又有全體微黃赤色或微黃色者，腹端兩側生出腹角，昔時稱爲排蜜管，將此蟲廓大觀之，則前端稍縊小，長成時恰呈壺形，故有壺蚜蟲之名稱。其次，有翅雌蟲，頭部黑色，腹部淡暗綠色，有四片透明之翅，腹背與無翅者不同而有淡黑紋。幼蟲似無翅雌蟲，而幅狹，觸角、脚等粗大。若變成有翅蟲者，則腹部左右有翅痕。

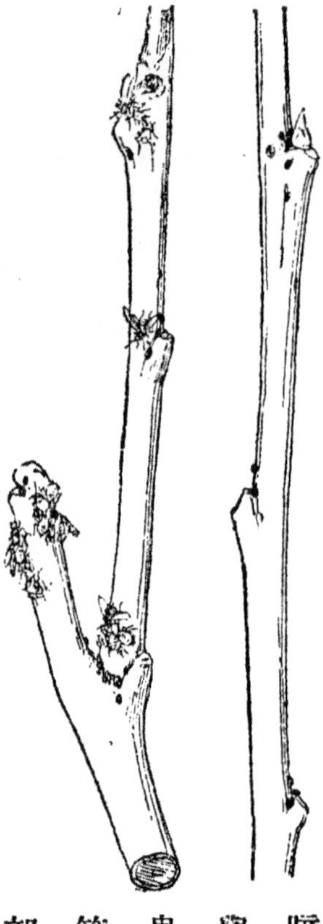
第一七〇圖　桃蚜蟲之卵及其在芽間產卵之狀況

第一七一圖　桃蚜蟲為害之捲縮葉

桃粉吹蚜蟲，無翅雌蟲比前者之身體細長，底色綠，體面附着稍厚之白粉。有翅雌蟲，體長與無翅者相等而幅狹，頭胸暗黃，腹部淡綠，上面附着白粉。幼蟲與其他者同樣，似無翅雌蟲。

二、經過習性　兩者相同，

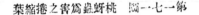

一年發生十數代以上。桃蚜蟲，冬季以卵在芽間裂縫處越年，翌春芽膨脹前孵化，發芽後則在嫩葉之背面着生，此時無雄蟲，單以雌蟲胎生幼蟲，新梢漸成長，此蟲亦漸蕃殖，使葉捲縮如圖，為害頗大。惟至梅雨期則突然減少，殆難見其蹤跡，此時有翅之雄蟲，飛至萊菔或其他菜類上蕃殖，至秋季再歸至桃樹上，有翅雄蟲與無翅雌蟲，即出行交尾產卵。

第一七二圖 桃粉吹蚜蟲之着生狀

其次為桃粉吹蚜蟲，冬季越年狀態，想與前者同，惟尚未十分明瞭。葉子伸長後此蟲即蕃殖，沿着背面主脈吸收液汁，葉子衰老落下。此蟲在梅雨期內亦減少，到秋季則再蕃殖。

三、驅除預防法　可撒布除蟲菊肥皂合劑，或一千倍至一千五百倍之硫酸菸鹼液。但對桃蚜蟲則因捲葉而無效力，故在發芽前（即卵孵化之時）撒布為最有效。據實驗家之說，則在桃芽約生二葉之時，孵化出之幼蟲盡集在此新葉上，若此時連葉摘下處置之或潰殺之，可防止以後發生。

第五章 梅之害蟲

梅之害蟲，全數估計約有四十餘種。其中與別種果樹共通者甚多，又爲害大者比較少最主要者有下述四種。

第一節 梅毛蟲

此爲雜食性之害蟲，他種果樹及樹木上雖亦發生，而以在梅樹上發生者，爲最普通。幼蟲張巢，日中隱伏，夜間出而食害葉子。

一、形態　成蟲爲中形之蛾，因雌雄不同，而色澤及大小生差異。即雌蟲形大，體長六分，展翅一寸三、四分，全體赭褐色，前翅中央有斜形濃色帶紋，後翅內方半部之色較外方半部

第一七三圖　梅毛蟲

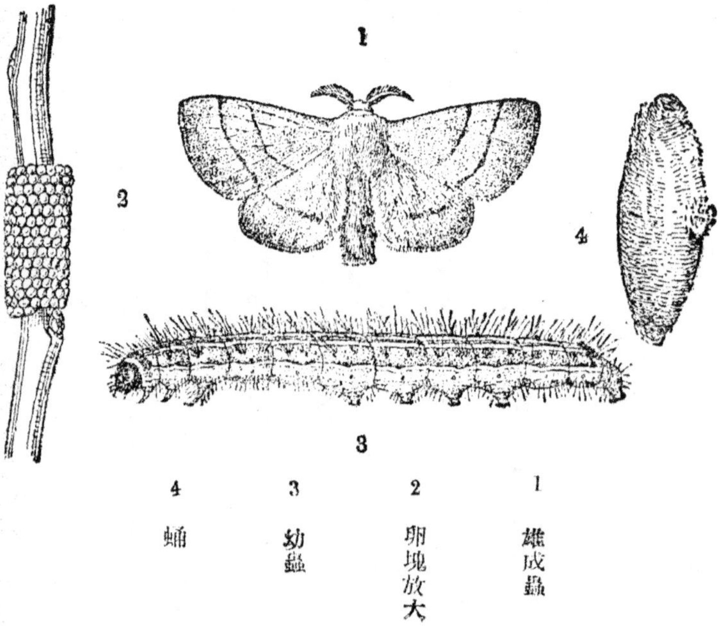

1 雄成蟲　2 卵塊放大　3 幼蟲　4 蛹

爲濃。雄者稍小形，體長四、五分，展翅一寸一分餘，全體黃褐色，雌者前翅之紋爲帶狀，雄者則爲兩條線紋，後翅則僅有一條不淸潔之線紋如圖。卵圓筒形，灰白色，多數集合於小枝上，似指頭帶戒指之狀。成長之幼蟲長一寸八分至二寸，頭部灰黃色，胴部上面靑藍色，上有兩條細小之橙黃色線，腹面灰色，全體生有細長之毛如圖。蛹長五、六分，全體灰褐色，在黃白色之粗雜繭中。

二、經過習性　一年發生一代，冬季以卵越年，翌春三月間孵化，吐絲造巢，日間入此中，夜間出而食害葉子，漸次成長，則漸次造大巢更換。化蛹之繭作於連綴之二、三片葉子中。

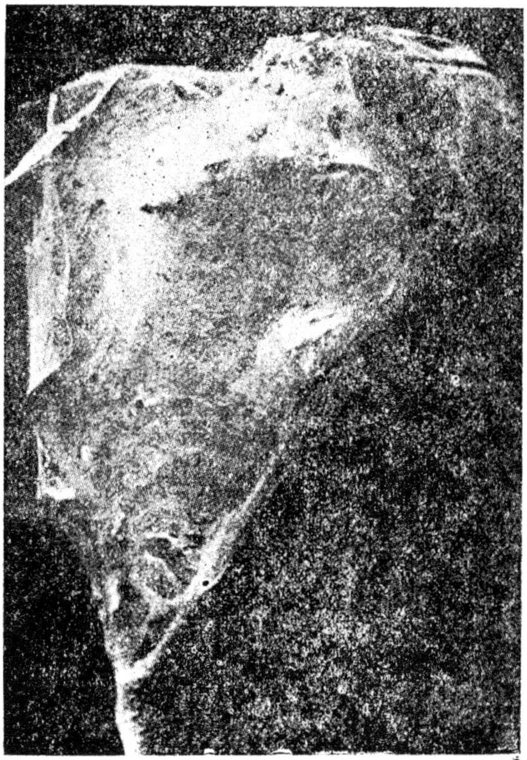

第一七四圖　梅毛蟲之天幕

三、驅除預防法：

1. 冬季檢查枝上之卵塊，將其採下燒却，惟手續甚煩。

2. 對於作巢羣生之幼蟲，必須在未成長爲害之前，用火把將其燒却。此巢生於枝條之生出處，故雖用火燒，樹亦不至枯死。

3. 代替火燒之方法，可用洋油放入巢中。因有老皮關係，故樹亦不至枯死。

第二節　梅黑透羽蛾

此害蟲在早春發芽期出而食害芽及嫩葉，近來各地頗多發生。梅以外對桃樹亦同樣爲害。

一、形態　成蟲爲小形之蛾，體長二分五厘至三分，展翅六分五厘餘，全體黑色，翅則僅翅脈黑色，他部透明，極似梨星毛蟲，惟形體較小，脈及外周黑色，其他部分則透明。卵扁平圓形，色黑褐。成長之幼蟲，體長五分餘，頭部微小，色褐，胴部上面暗色，下面紅色，上生彎曲細毛。蛹長二分五厘至三分，色黃白。

第一七五圖　梅黑透羽蛾

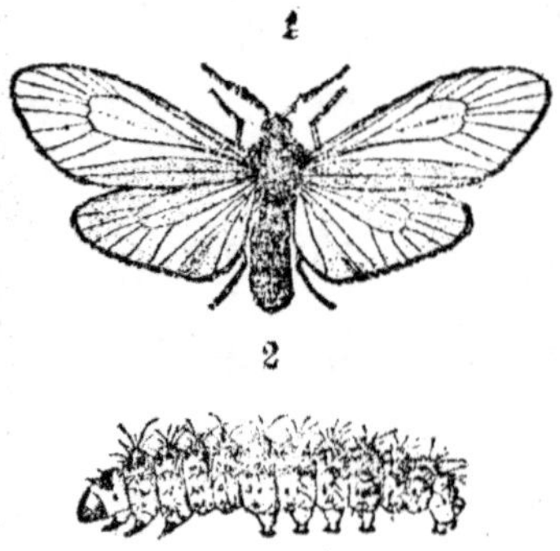

1 成蟲　2 幼蟲

二、經過習性　一年發生一代，冬季在老皮下與梨星毛蟲同樣，以初齡幼蟲在繭中越年，翌春發芽時出而食害芽、花、嫩葉等，常將其食光。此幼蟲五月上旬以後老熟化蛹，五月下旬以後至六月上旬化爲成蟲。卵產於葉背或纏繞枝上，由此孵化出之幼蟲，在葉背稍加食害，即

第一七六圖

梅黑透羽蛾爲害之新梢(1)及無害之新梢(2)

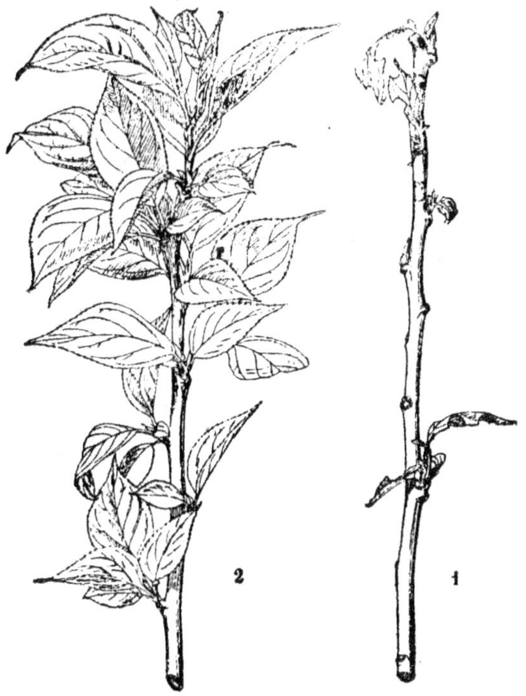

至老皮下作小形之繭，入其中越年，此蟲之幼蟲腹部赤色，故栽桃之人，有稱之爲赤腹蟲者。

三、驅除預防法　現時尚無適當之方法，不如梨樹之能削除老皮，若在冬季中將洋油塗抹老皮部分，使繭中幼蟲浸透，當可有效，惟尚未有實驗成績。此洋油因樹有老皮關係，故不至有害。又幼蟲係從老皮下出來，故在早春幼蟲活動之前，在結果枝之生出處，用塗膠等之膠黏物環塗，則幼蟲不能上昇結果枝。除此以外則祇能將食害之幼蟲捕殺。

第三節　梅尺蠖

此爲食害桃與梅之嫩葉之害蟲，與前二種同樣，爲害雖不甚大，而亦有相當之害。

第一七七圖　梅尺蠖

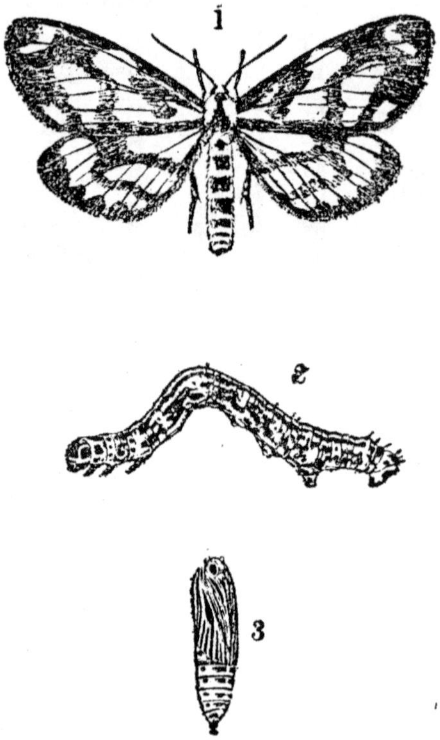

1 成蟲　2 幼蟲　3 蛹

一、形態　成蟲體長六、七分，展翅一寸六、七分，惟雄者稍較小形，體細長，色橙黃，上有黑紋，翅長形，白色，上面有黑色相連之曲線紋。卵方形，綠色，後成暗色。成長之幼蟲，體長達一寸七、八分，全體黑色，上面有白色之線，及橙黃色之條紋，腹脚一對，為尺蠖之一種。蛹長六、七分，色黃褐，上有黑紋。

二、經過習性　一年發生一代，冬季以卵越年，翌春化成幼蟲，吐絲若干連綴數葉，入其中食害。此幼蟲六月上旬以後老熟，至七月間化為成蟲。蛹在綴葉中用尾端附着，使身體倒垂。

三、驅除預防法：

1. 幼蟲容易看出，故可將其一一捕殺。

2. 撒布除蟲菊肥皂合劑及石油乳劑之四、五十倍液，硫酸菸鹼之一千倍液，均有效。

第四節　金毛蟲

此爲雜食性之害蟲，各種果樹、桑樹、樹木雜草等皆有發生，惟在梅樹上發生較多，故作梅樹害蟲論。若以爲害之程度而論，則較其他害蟲爲小，幼蟲顏色顯著，容易見及，其毛有毒，若刺及吾人之皮膚，則能使皮膚發痒。

一、形態　成蟲雌者體長六分，展翅一寸四分，雄者體長四分，展翅一寸餘，全體白色，眼黑色，雌之前翅後緣有黑紋一個，尾端生黃毛，雄之前翅後緣有黑紋兩個，腹部三節以下色黃。卵扁平圓形，色褐成塊，覆以雌蟲尾端之黃毛。成長之幼蟲長達一寸二分餘，頭部黑褐色，胴部大體爲黃色，背線黃赤色，第一節之左右赤色，此外則各節有黑色隆起，由此簇生黑色細毛。蛹長五分餘，色濃褐，在灰色之薄繭中，外面附有少數之毛。

第一七八圖　金毛蟲

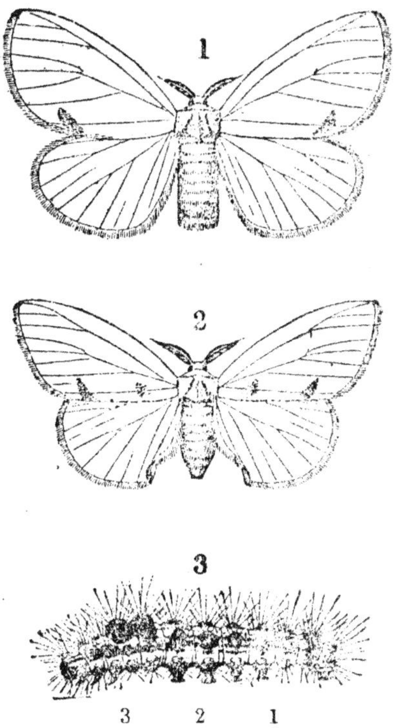

1 雌成蟲　2 雄成蟲　3 幼蟲

二、經過習性　一年發生三代，冬季以幼蟲在樹之裂口及根之生出處張巢，入其中越年，早春出而食害芽及蕾，五月下旬老熟，六月上旬化爲第一代成蟲，產卵枝上，此幼蟲於六、七月間出而爲害，至七月下旬化成第二代成蟲，同前樣產卵，八月中幼蟲復出爲害，九月中化成第三代成蟲，產卵孵化，幼蟲稍成長即越年。成蟲之鱗毛亦與此幼蟲之毛一樣有毒，若接觸於吾人之皮膚，則甚痒而感痛，搔之則起紅腫。

三、驅除預防法：

1. 此蟲早春出來之時，稍羣居，故可用火把燒死之。

2. 成蟲發生期間，將產在枝上之卵塊，採下燒却。

3. 被此蟲之毛刺傷後，可用阿母尼亞水或過氧化氫（H_2O_2）滴敷患處，又一種藥膏名Menthorotum者，亦可塗抹。

第六章　李之害蟲

較梅之害蟲種類少。大部分係與其他果樹類共通者，食害葉者爲「桃綠尺蠖」及「金龜子類」，食害果子最多者，爲「梨小食心蟲。」金龜子類爲豆類害蟲，其餘可參照梨及桃之害蟲。

第七章　櫻桃之害蟲

櫻桃之害蟲有三十餘種，其中頗多與梨、蘋果、梅、桃等共通者。櫻桃固有之害蟲甚少，若就其爲害大者而論，則有次述之五種，其中在幹皮下爲害之「小透羽蛾」已在桃之害蟲中述過，茲不再述。

第一節　內池櫻桃葉蜂

此害蟲產於日本福島縣，爲內池俊雄氏所發現，故將其姓冠於此蟲之名稱上。

第一七九圖　內池櫻桃葉蜂

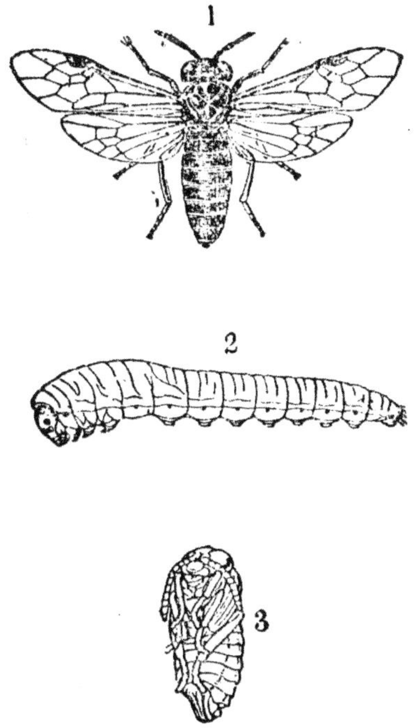

1 成蟲　2 幼蟲　3 蛹

一、形態　成蟲爲小形之蜂，體長二分，展翅三分三、四厘，體黑色，翅透明，脚之中央以下爲暗黃色。卵橢圓形，色乳白。成長之幼蟲長達四分餘，第三、四節最大，全體因包有狀似「蛞蝓」身上之褐色黏液，故甚黏滑。蛹長三分餘，初鮮黃色，後漸變黑色。

二、經過習性　一年發生二、三代，冬季在地下一寸餘深之處，以幼蟲入附有土粒之繭中越年。翌年五月下旬以後至六月中旬，化成第一代之成蟲，卵粒粒產於葉之組織內，六月下旬至七月中旬孵出幼蟲，食害葉面之葉肉，留下底面之表皮，葉即因此完全枯死落下。第二代之成蟲在七月中旬至下旬出現，由此產卵孵化。幼蟲在七、八月間爲害，大部分從此越年，其中有在八月下旬至九月上旬化爲成蟲者，故在十月下旬仍有孵化幼蟲爲害，因其各代幼蟲之間隔近，且參差發生，遂得時常見其幼蟲。

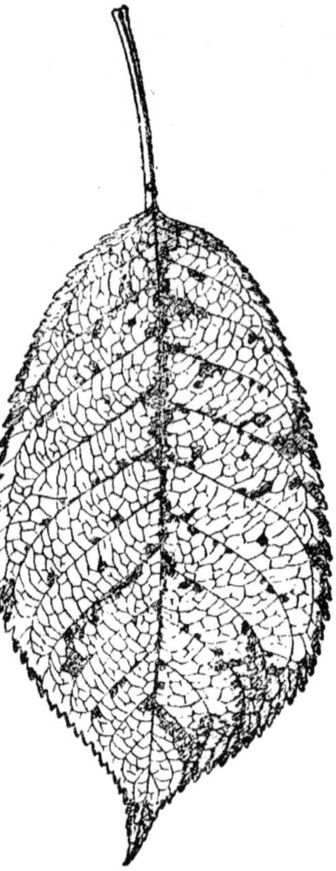

第一八〇圖　內池櫻桃葉蜂之爲害葉

三、驅除預防法：

1. 果子收穫前不能使用藥劑，宜撒布無毒而不至汚染果子之毒魚藤肥皂合劑或毒魚藤精肥皂合劑等。

2. 果子收穫後，撒布砷酸鉛。

第二節　茶翅椿象

此乃雜食性之害蟲，不僅爲害櫻桃，惟在櫻桃上較多，故在此處述之。

一、形態　成蟲爲大形之椿象，體長五分至六分，全體暗褐色，有微細之點紋，眼褐色，前胸有四個黃點，楯板上亦有四個不明顯之紋。卵壺狀，色暗褐，上面之周圍列生小刺。幼蟲缺翅而身體扁平，前胸之外緣生刺，全體暗黑色，有複雜之斑紋如圖。

第一八一圖　茶翅椿象

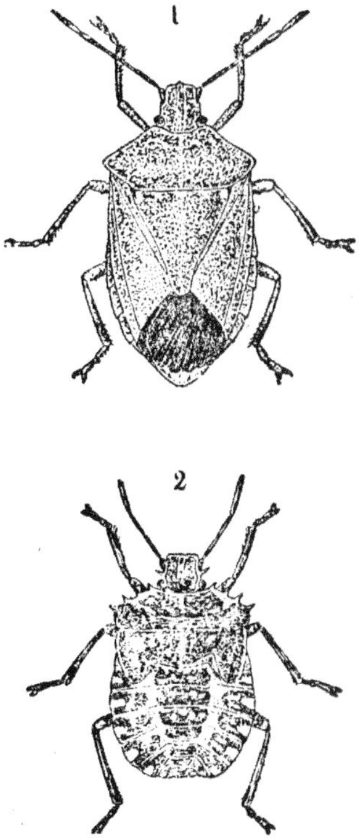

1 成蟲　2 幼蟲

二、經過習性　一年發生一代，冬季以成蟲越年，四月下旬以後開始活動，吸收果子液汁，使呈不正形，至六月間則在葉背產卵，數十粒集在一處。幼蟲孵出後即在葉背吸收液汁，以後則移往其

第一八二圖　茶翅椿象爲害之果子

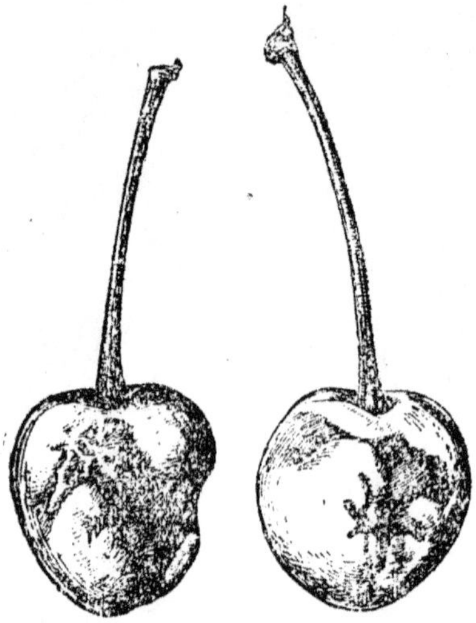

他作物體上，尤以至豆類上者爲多。七、八月間化爲成蟲，惟至九月間尚可看見幼蟲，是否爲遲生者，抑係一年發生二代，則尚不明。幼蟲與成蟲俱能發出惡臭。

三、驅除預防法　撒布前種害蟲第一法之藥劑，可以防止。因其爲吸收口，故用毒劑時不能生效。

第三節　櫻桃實蠅

此乃雜食性之害蟲，常食害各種果樹之成熟果，尤以櫻桃爲甚。

一、形態　成蟲爲微小之蠅，體長七厘，展翅一分八厘餘，體爲淡暗黑色，眼爲美麗之紅色。卵橢圓形，色乳白。成長之幼蟲長達一分五厘餘，全體乳白色，口器黑色。蛹長一分餘，前方之兩側，具生刺狀突

第一八三圖　櫻桃實蠅

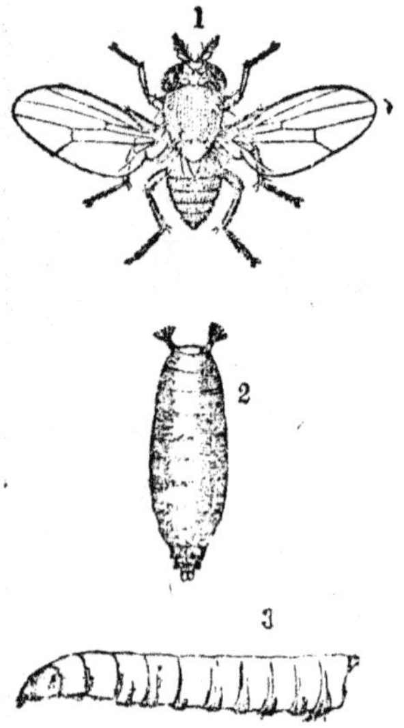

1 成蟲　2 蛹　3 幼蟲

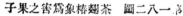

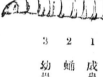

第一八四圖 櫻桃實蠅爲害果

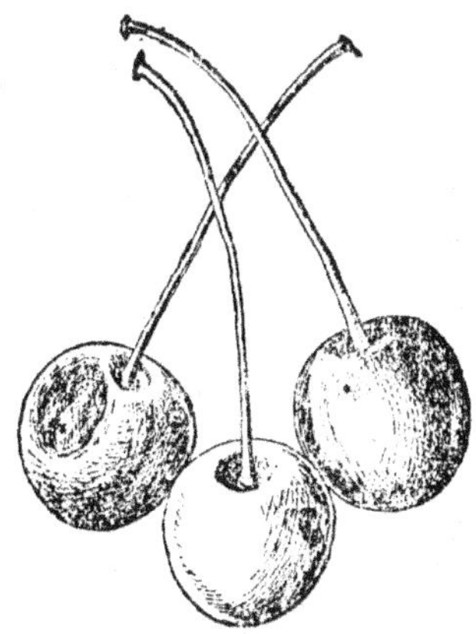

起，全體褐色。

二、經過習性　此層不甚明白，冬季大概以成蟲越年，六月上旬以後，出至熟果上穿小孔產卵，幼蟲食害內部，迅即使之腐敗。世代期間甚短，似在十數日間，即能從卵化爲成蟲，其後在別種果子上生活，十月以後，有爲害葡萄者。

三、驅除預防法　現在尚無適當之方法，可提早收穫，每株果樹皆上方先成熟，漸及下方，故可將上方者先收穫。

第四節　舉尾毛蟲

此乃雜食性之害蟲，爲害各種植物，就中對於櫻及櫻桃爲害較多。

一、形態　成蟲爲稍大形之蛾，下長七、八分，展翅一寸六、七分，全體暗白色，翅長形，前翅之基部有一個黑紋，外緣有五個黑紋，後翅灰緣，腹背黃褐色。卵黃白色，圓形。幼蟲至二、三齡時，頭部黑色，其餘紫紅色，生白毛，老熟時體長達一寸五分餘，全體紫黑色，叢生白色短毛，腹面中央紫紅色。蛹長六、七分，全體紫黑色。

二、經過習性　一年發生一代，冬季以地中之蛹越年，翌年八月間化爲成蟲，在葉背產卵，數十粒排列一處，幼蟲在葉背食害，成長時雖向各葉分散，惟仍羣棲枝上，日中舉起尾端靜止，故有舉尾毛蟲之名。夜間暴食葉子，一葉食盡則移往他葉。九月間老熟，此時爲害最多，除害櫻及櫻桃之外，以李爲多，此外則梅、梨、蘋果、枇杷等各種果樹，亦常被害。

第一八五圖　舉尾毛蟲

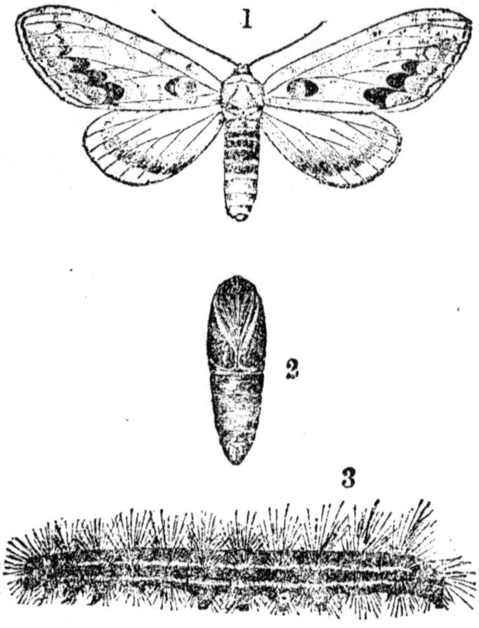

1 成蟲　2 蛹　3 幼蟲

三、驅除預防法　幼蟲羣生，在未分散之前，須注意將其潰殺，其發生處必有一部分枝條失去葉子而空出，故可尋出其幼蟲拂落殺死之。又若在無用之枝條上發生時，可將其與枝條一同切下。若多數發生而已經分散時，可撒布各種接觸劑及砷酸鉛。

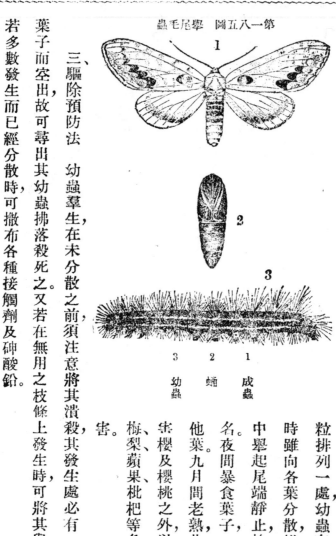

第八章 柑橘之害蟲

柑橘之害蟲有百餘種，其中爲害最大者爲下述之十餘種，此十餘種中，又以介殼蟲爲主。

第一節 白條介殼蟲(Iceria purchasi mask.)

第一八六圖 白條介殼蟲

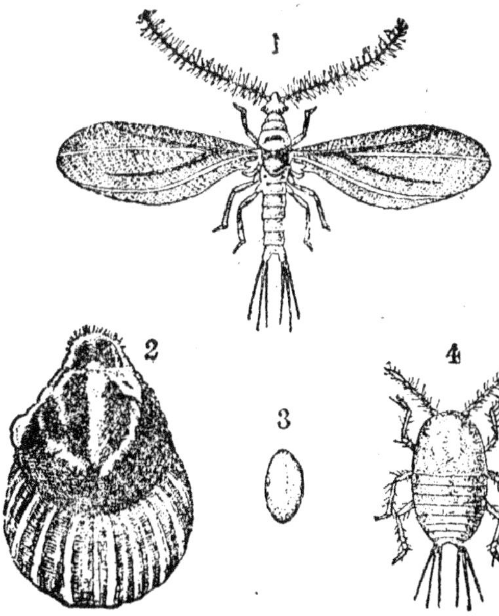

1 雄成蟲
2 雌蟲及卵囊
3 卵
4 幼蟲

此乃澳洲原產之害蟲，現在栽培柑橘之地方，殆無不發生。幸可利用一種有效之益蟲以制之，故現在對於此蟲，已不足畏懼。

一、形態　成蟲之雌者雖爲介殼蟲之一種，而並無介殼覆着，全體扁平橢圓形，長二、三分，全體赤褐色，產卵時生出綿狀白色之卵囊，上面有線十八、九條。雄者體長九厘，展翅二分二、三厘，體橙赤色，翅暗色，尾端生長毛。卵橢圓形，橙赤色。幼蟲扁平而呈橢圓形，觸角脚等發達，雄者之蛹白色在小形之繭中。

第一八七圖　白條介殼蟲之着生狀

二、經過習性　一年發生二、三代，不規則。即冬季以幼蟲或雌成蟲越年，幼蟲越年者，第一代成蟲五、六月間化成，第二代七、八月間，以後變成不規則。雌成蟲至產卵期則尾端生出卵囊，各個互相重叠如圖，外觀由此呈白色。幼蟲與成蟲除同用吸收口吸收養液加害外，其排泄之糞液能誘發煤病，故爲害更大，若放任不理，則樹勢衰弱，遂至枯死。

三、驅除預防法：

1. 購入苗木時，必須行氰酸氣燻蒸。

2. 發生之時，可收入澳洲瓢蟲（Rodolia cardinalis Muls.）放飼園中，使之捕食。

第一八八圖 澳洲瓢蟲

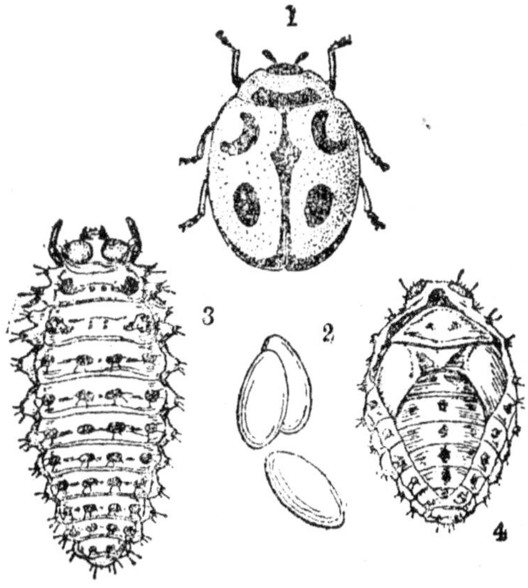

1 成蟲 2 卵 3 幼蟲 4 蛹

澳洲瓢蟲之成蟲，爲小形之瓢蟲，體長一分五厘餘，橢圓形，全體橙赤色，體上有曲玉狀之黑紋如圖。卵橢圓形紅色，成長之幼蟲，體長二分五厘餘，全體褐色，上生黑毛。蛹長一分二厘餘，在幼蟲脫皮之殼中，色橙赤。

經過習性　一年發生八代，較右述害蟲之蕃殖力大，且不食其他介殼蟲而專食前種，故更爲有效。日本靜岡縣農事試驗場中有飼養此蟲，各地如需用時，可由府縣農事試驗場或農會介紹，請求發用。放飼以後則不能再使用除蟲之藥劑。

第二節　箭頭介殼蟲

此害蟲現已傳播各地，爲害甚大。

一、形態　雌成蟲之介殼，褐色長形，長一分三厘餘，恰呈箭頭形，其名即由此而得。雌體在介殼下，長五六厘，全體黃褐色，雄者與其他介殼蟲同樣，惟體色淡橙。其蛹所入之介殼長形，色白。卵橢圓形，淡紫色。幼蟲淡黃色，介殼形小。

第一八九圖　箭頭介殼蟲之着生狀

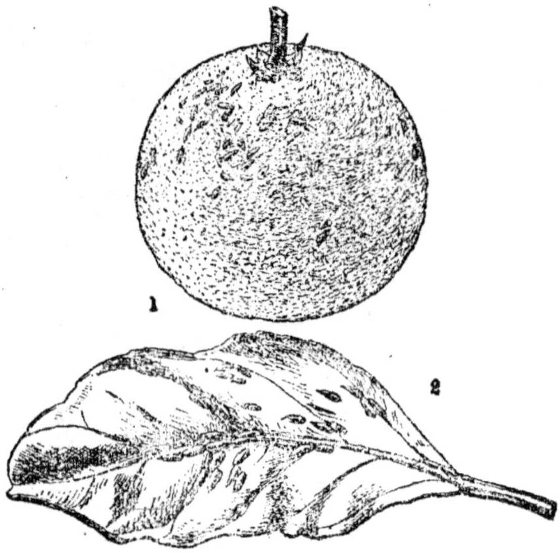

1 在果子上之着生狀
2 在葉上之着生狀

二、經過習性　依地方而不同，普通一年發生三代，冬季以雌成蟲越年，五月中旬產卵，孵化成長，第一代成蟲在六月下旬化成第二代在八月下旬，第三代在十月下旬。幼蟲成蟲一同着生在枝葉上吸收液汁，漸次使之變成黃色，後遂枯死。又使果子生凹凸而無良果可收穫。

三、驅除預防法：

1. 購入苗木時，必須行氰酸氣燻蒸。

2. 對於已發生者，則在夏季六月間，卽幼蟲第一代發生時，撒布五十倍之機械油乳劑，或松脂合劑。

3. 冬季撒布右述乳劑之二十五倍液。

第三節 紅玉蠟蟲（卽Ruby蠟蟲）

此害蟲與前者同樣，現已傳播各處，爲害甚大。

一、形態 雌成蟲無介殼覆着，體形似潰爛之小豆，長一分二、三厘，色暗紅，四角有襞積。雄成蟲與其他介殼蟲無大差異。卵橢圓形，赤紫色，長一厘弱。幼蟲淡赤褐色，似其他之介殼蟲。

第一九〇圖 紅玉蠟蟲

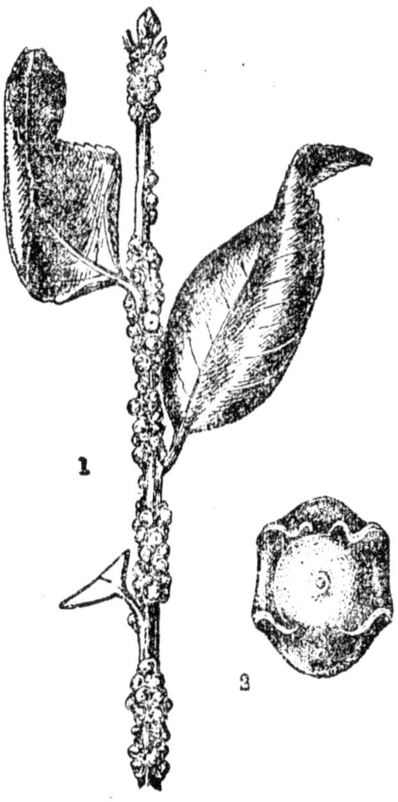

1 着生狀 2 雌成蟲

二、經過習性

經過，一年發生一代，

冬季以雌成蟲越年，六月中旬以後產卵，九月間化爲成蟲。柑橘以外，其他各種的植物上亦着生，排泄之糞液能誘發煤病。

三、驅除預防法　身體有蠟質包着，故驅除困難，冬季可行氰酸氣燻蒸，幼蟲時代宜撒布松脂合劑。

第四節　其他介殼蟲類

以上所述乃對柑橘類爲害最大之介殼蟲，此外尚有數種，亦係普通發生者，茲述之於次。

第一目　綿介殼蟲

此介殼蟲似白條介殼蟲，惟此蟲之雌體遠較白條介殼蟲爲小，色灰黃，卵囊亦較小，僅有二、三條隆起，與白條介殼蟲之有十八、九條細線者，極易區別。又着生之數目，亦比較少，如前種之重叠者極稀。一年發生二代，冬季以幼蟲越年。

第二目　赤丸介殼蟲

此蟲之介殼形圓，直徑六厘五、六，色黃褐。與其他介殼蟲不同，不產卵而胎生幼蟲，一生發生二代，冬季以成蟲越年。

第一九一圖 綿介殼蟲

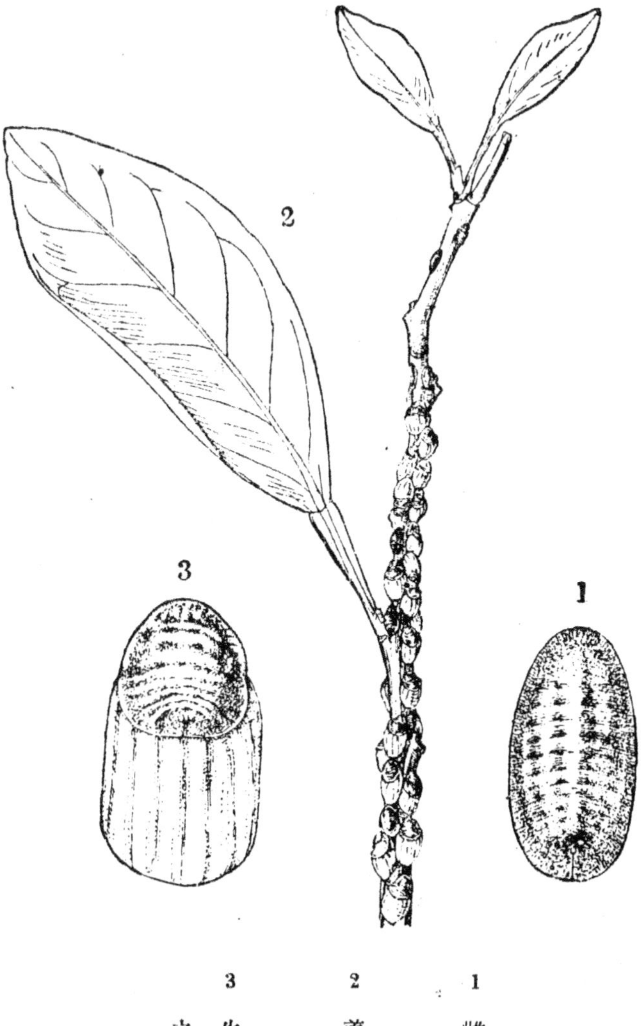

1 雌蟲放大
2 着生狀
3 生卵囊後而收縮之雌成蟲

第三目 褐丸介殼蟲

此蟲極似前者，惟介殼完全褐色，即比前者稍帶黑色。亦係胎生幼蟲，經過情形，大體與前者相似。

第四目　葉蘭長介殼蟲

此介殼蟲在葉蘭（紫蘭）上亦多發生，故有此名。介殼大體爲長三角形而呈彎曲狀，故往時亦有人稱爲彎曲介殼蟲。介殼之色黃褐，一年發生二、三代，冬季以成蟲越年。

第一九二圖　赤丸介殼蟲

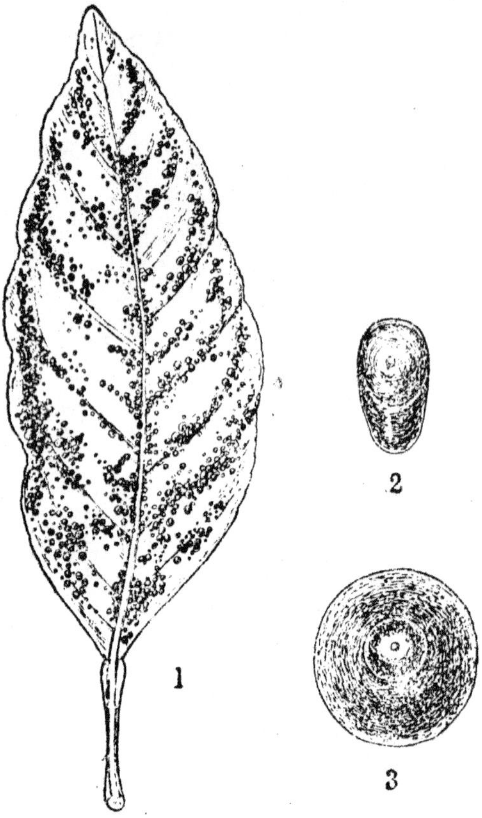

1 着生狀　2 雄介殼放大　3 雌介殼放大

第五目　丸黑星介殼蟲

此介殼蟲，形略圓，色灰白，殼點在一方，扁而色黑，冬季以成蟲越年，一年似發生二代。

第六目　黑黑星介殼蟲

此蟲之介殼呈龜甲狀，全體色黑，殼點在前端突出，恰如龜頭，其色亦黑。經過情形與前者無大差異。

第七目　蜜柑粉介殼蟲

此介殼蟲之身上無介殼覆着，全體橢圓形，色微黃，上覆極厚之白粉。着生之情形，乃沿葉柄至葉背主脈而羣生，故外觀上完全白色，有誤認爲白條介殼蟲者。若檢查蟲體，則白條介殼蟲赤色，此種則完全爲微黃色，因此兩者極易區別。又此種決無卵囊生出。經過情形尚未清楚，一年必發生二、三代以上，冬季以成蟲及幼蟲越年。

第一九三圖　蜜柑粉介殼蟲之着生狀

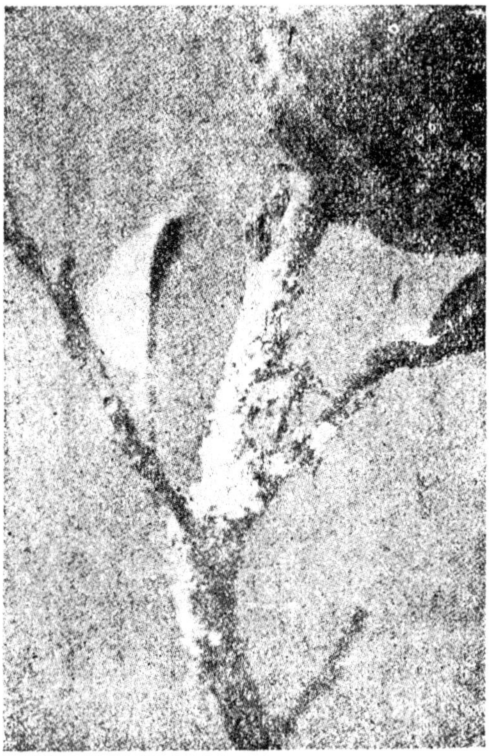

以上所述之各種介殼蟲，不能利用澳洲瓢蟲驅除，不可不使用其他藥劑。

第五節　蜜柑刺粉蝨

此害蟲在葉背羣生而吸收液汁，又其糞液能誘起煤病，爲害甚大，乃次於介殼蟲而爲大害之害蟲，現已漸次向各地傳播。

一、形態　成蟲之形狀似梨蝨，體長五厘弱，體色橙黃而有褐紫色之斑紋，翅上有粗大之灰紫色斑紋，雄者比雌者形稍小。卵楕圓形而彎曲，初淡黃色，後變紫色。初孵化之幼蟲淡黃綠色，長楕圓形，後變爲有光澤之黑色，周緣圍以白色之綿狀物，其中有放射狀之黑色刺。蛹與圖中幼蟲殆爲同形，惟背面隆起較著。

第一九四圖　蜜柑刺粉蝨

1

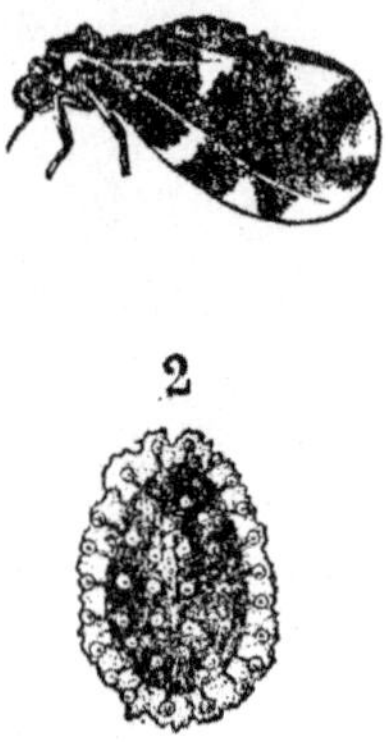

2

1 成蟲　2 成長的幼蟲

第一九五圖　蜜柑刺粉蝨之着生狀

二、經過習性　一年發生四代，冬季以成長之幼蟲越年，第一代成蟲在四、五月間化成，第二代六月，第三代八月至九

月，第四代九月以後至十一月初旬。卵產在葉背粒粒成渦形，孵化出之幼蟲雖自由步行，惟固定後脚卽退化。幼蟲成蟲同吸收養液使樹勢衰弱。

三、驅除預防法：

1. 購入苗木時與介殼蟲同樣，舉行燻蒸後再行栽植。

2. 對於既發生者，則冬季撒布二十五倍至三十倍之機械油乳劑，幼蟲發生期中，撒布此種乳劑之五十倍液，或松脂合劑之三十倍液。

3. 此害蟲驅除後則不至再有糞液，故可免發生煤病。

第六節　蜜柑潛葉蟲

此害蟲在嫩葉之組織中，似寫字之狀潛行食害，故又稱爲「書字蟲。」被害之後除樹勢衰弱外，且爲「瘡痂病」及「潰瘍病」之誘因。

一、形態　成蟲爲微小之蛾，體長七厘，展翅一分六、七厘，全體銀白色，前翅有兩條黑色之橫帶及長緣毛，上面有黑紋，後翅及腹部灰色。卵橢圓形，乳白色。成長之幼蟲長二分餘，全體淡黃色。蛹長一分弱，色灰褐。

第一九六圖　蜜柑潛葉蟲

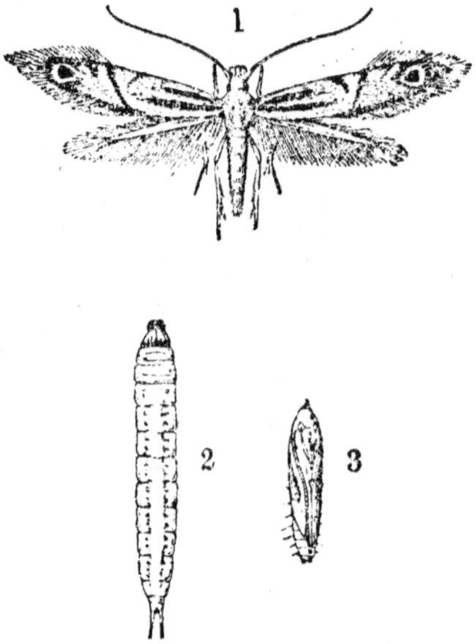

第一九七圖　蜜柑潛葉蟲之爲害葉

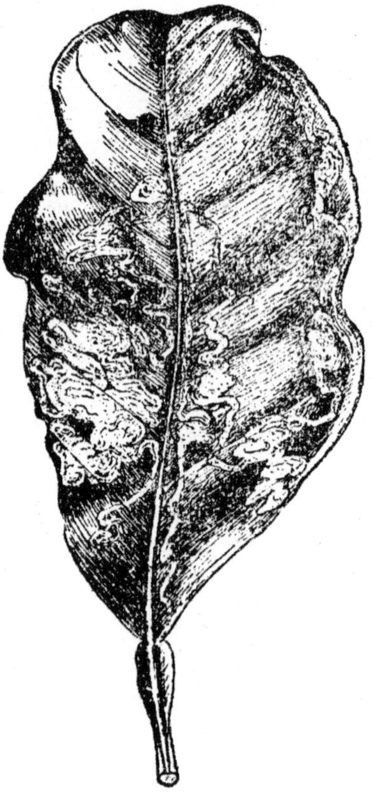

二、經過習性　經過不整齊，一年似發生五、六代，冬季以成蟲越年，自四月下旬以後出現，直至十一月間，常得見其幼蟲及成蟲。卵粒粒產於葉面上，幼蟲食入嫩葉之組織中，自由走食，葉因此捲縮而不伸長。至化蛹前則稍將葉緣折曲，入其中化蛹。

三、驅除預防法　現在尙未發見適當之方法。據云時常撒布除蟲菊肥皂合劑，可防止產卵，故若使用硫酸菸鹼等，亦當有效。

第七節 蜜柑捲葉蟲

此乃連綴嫩葉與芽而入其中食害之害蟲，與前者同，在各地發生。

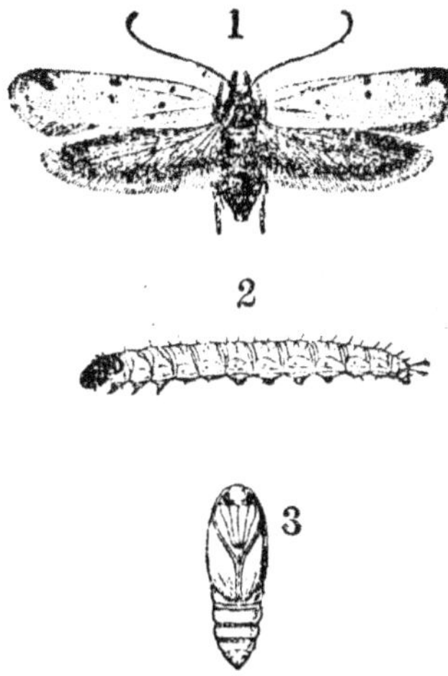

1 成蟲　2 幼蟲　3 蛹

第一九八圖 蜜柑捲葉蟲

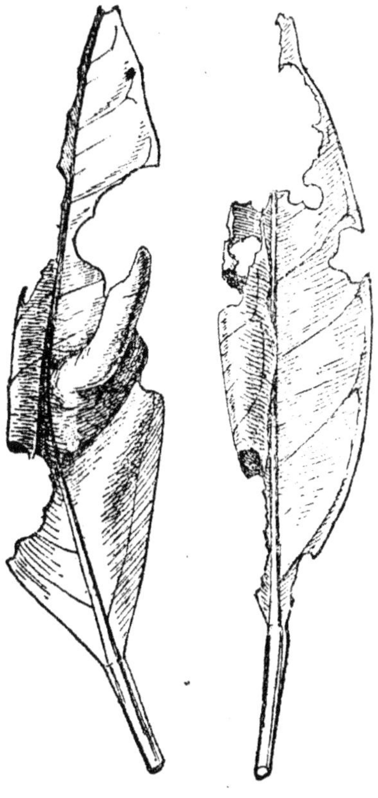

第一九九圖 蜜柑捲葉蟲之爲害葉

一、形態　成蟲爲小形之蛾，體長二分五厘，頭胸部與前翅之基部茶褐色，其餘則全爲淡灰褐色。卵尚不明。成長之幼蟲，體長達四分餘，頭部及第一節之硬皮板色黑褐，其餘胴部，全體綠色，各節有小點。蛹長二分七、八厘，全體帶綠褐色，稍扁平。

二、經過習性　一年發生二、三代以上，最多發生加害之時，爲六月間之生育期。幼蟲將一葉或二、三葉與新

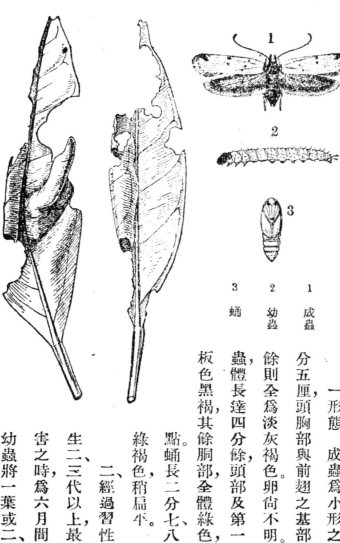

梢連綴，入其中食害。冬季以成蟲越年。

三、驅除預防法　撒布砷酸鉛諒可有效，惟未有實驗成績。撒布波爾多液驅除柑橘病害時，可將砷酸鉛混入。此外在少數發生時，可在葉上將其潰殺。

第八節　蜜柑蠅

此害蟲之幼蟲食入果子內部，使之早行腐敗落下。

一、形態　成蟲為中形之蠅，體長四分，展翅七分五厘餘，全體淡褐或茶褐色，雌之尾端具長產卵器，雄者缺之，而尾端呈丸形。卵長橢圓形，稍彎曲，長三厘餘，色乳白。成長之幼蟲，體長五分餘，呈圓錐形，色乳白。蛹橢圓形，長三、四分，色黃褐。

二、經過習性　一年發生一代，冬季以蛹在地中越年，每年自六月以後至九月化為成蟲，卵

第二〇〇圖　蜜柑蠅

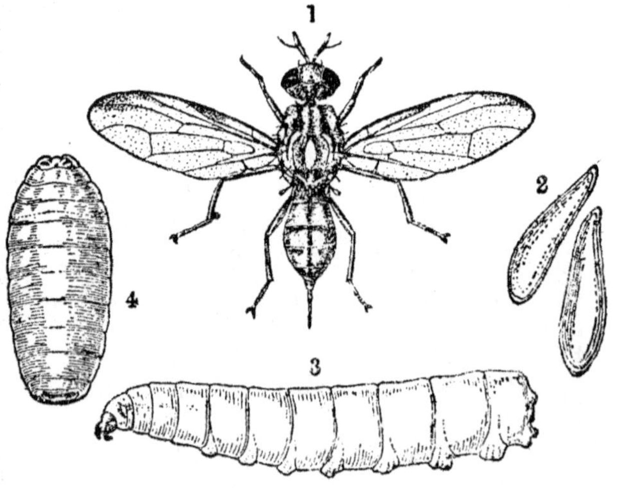

1 成蟲　2 卵　3 幼蟲　4 蛹

產於果皮內爲主，粒粒產入。幼蟲在十月至十一月間食害果肉，使之早成黃色而落下。果皮薄之品種被害較多。幼蟲在果子落下時卽入地中化蛹。

二、驅除預防法：

1. 因此蟲常至薄皮之蜜橘上爲害，故栽植前不可不注意選取適宜品種。

2. 成蟲常靜止於葉陰處，故可用網球拍狀之網上附鳥黐黏捕殺死之。

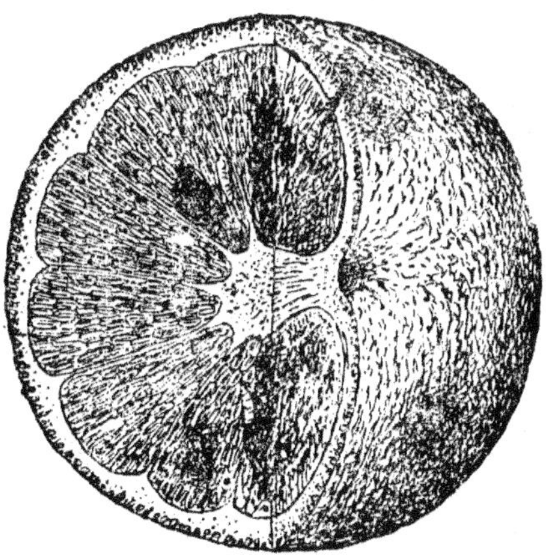

第二〇一圖 蜜柑蠅爲害之蜜柑斷面

第九節 星天牛

此害蟲俗稱「鐵砲蟲」，由幹部食入根之下面，遂使樹株枯死。

一、形態 雌成蟲體長一寸餘，全體黑色而有光澤，胸部左右生大刺，翅鞘上有白斑如圖。雄者較雌稍呈小形，惟觸角長。卵扁平橢圓形，色乳白。成長之幼蟲長一寸二、三分，頭部小形色褐，胴部乳白色而稍帶赤，第一節之硬皮板上，有兩重凸字形之褐色紋。蛹與他種無異。

第二〇二圖　星天牛

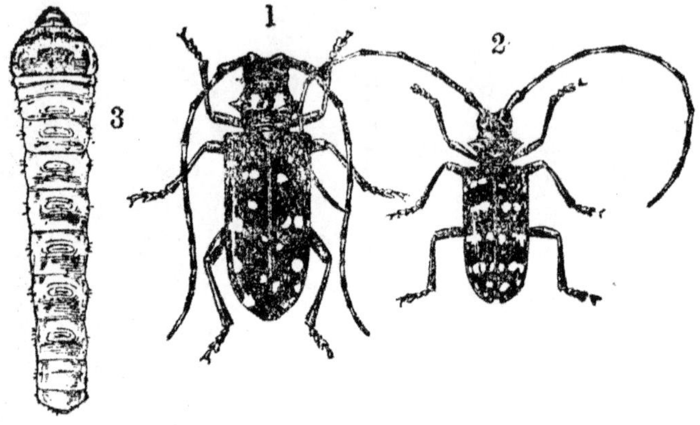

1 雌成蟲　2 雄成蟲　3 幼蟲

二、經過習性　幼蟲經過二年至三年始化爲成蟲，冬季以幼蟲越年。老熟之幼蟲，每年五、六月間化蛹，七、八月間化爲成蟲，在距地一尺至一尺五寸之幹上，嚙破樹皮，將卵粒粒產入。幼蟲成育而化蛹時，其被害情形則依幹之大小而有分別。對於十年生左右之樹木，則在根莖部之木材部環食。因此容易被風吹折，且被害後樹勢漸次衰弱，葉子變黃，遂至枯死。柑橘以外桑及柳樹亦常被害，據著者之實驗，此蟲爲害梨樹時，特別在現出地面之根部發生。

三、驅除預防法：

1. 用「百部」根或用棉花黏着殺鼠劑，塞入幼蟲之排糞孔內。

2. 由右孔注射各種藥劑，或將除蟲菊粉用油練成固塊塞入。

3. 爲防止成蟲產卵起見，距地約一尺五寸間之樹幹，宜用棕皮藁稈或竹筒等包之。

第二〇三圖 星天牛爲害根之縱斷

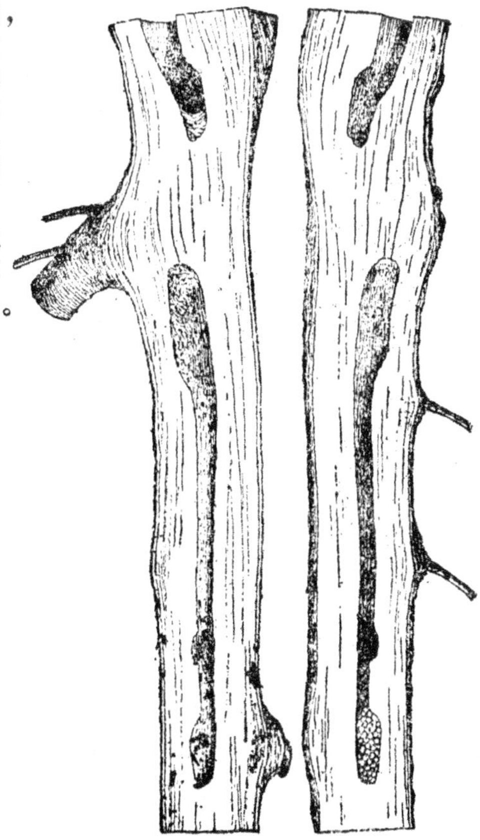

4. 發見成蟲時宜隨卽捕殺。成蟲之數目不甚多，故不難隨見隨殺，如此捕殺，效果甚大。

5. 果樹被害後，樹勢衰弱，驅除害蟲後，同時宜施行根接法。此害蟲比較的不在小樹上發生，故此爲必要之救助法。

第十節 蜜柑長吉丁蟲

此害蟲發生頗多，與樹膠病有關係，爲害甚大。

一、形態　成蟲爲小形之玉蟲（卽吉丁蟲），體長二分四厘餘，頭胸及體下青藍色，翅鞘黑藍色。卵橢圓形扁平，初乳白色，後帶橙黃色。成長之幼蟲長達六、七分，頭部微小，色黑褐，第二、第三節小形其餘與第一節同大，呈丸形，全體乳白色，尾端有鋏狀之黑褐色突起。蛹呈圓錐形，色乳白，漸次變成帶黃色。

第二〇四圖　蜜柑長吉丁蟲

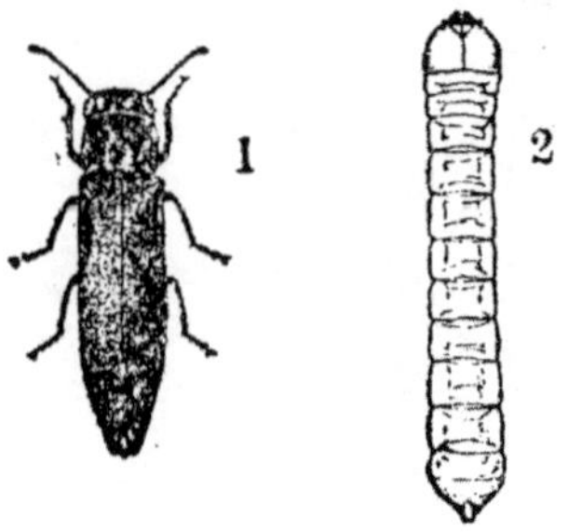

1 成蟲　2 幼蟲

二、經過習性　一年發生一代，成蟲出現不整齊，每年自六月上旬至九月間，皆有之。六、七月中最盛，產卵於樹幹之近根部之皺皮及裂縫中，尤以因「樹膠病」而皮部剝開之部分為多。孵化出之幼蟲走食皮下，可助樹膠病之蕃殖，又因發生樹膠病而樹勢衰弱，於是此蟲食害更加容易，如此兩者相助，為害甚大。若樹勢強盛者則極少來害，多在十年以上之老樹上發生，尤以樹勢衰弱而有病者為甚。

三、驅除預防法　現尚無適當之驅除預防法，必須注意施肥管理等，使不發生樹膠病。若一旦發生，則在蟲糞排出部，用鐵槌之屬將其叩擊，或將此部分削去，用「煤膠」或濃厚石灰硫黃合劑塗之，以免病害侵入蕃殖。

第九章 柿之害蟲

柿之害蟲有二十種以上，其中最主要者爲下述之數種。

第一節 柿實蟲

此乃從蒂部分食入果心內而使之落下之害蟲，爲柿之第一位害蟲。

一、形態　成蟲爲微小之蛾，體長二分，展翅五分餘，全體紫色而帶黑褐，頭部及體之下面色黃褐，胸背及前翅近尖端處有一橫紋，呈黃褐色，前後翅俱有長緣毛。卵壺狀，色白。成長之幼蟲，體長三分至三分五厘，頭部赤褐，胴部背面暗紫褐色，腹面淡色，各節粗生細毛。蛹長二分餘，色褐，入暗褐色之繭中。

第二〇五圖　柿實蟲

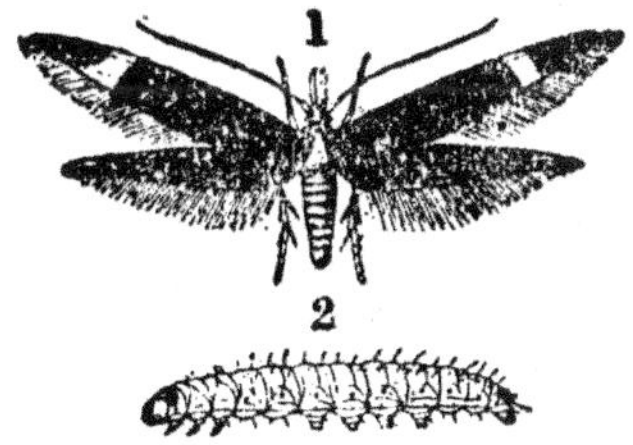

1 成蟲
2 幼蟲

二、經過習性　一年發生二代，冬季以幼蟲在老皮下作繭越年，翌春化蛹。第一代之成蟲在六月間出現，在果梗或葉柄上點點產卵。幼蟲從幼果之蒂部食入果心內，因此果子早變赤色而落下，幼蟲在柿子落下前入老皮下結繭化蛹。第二代之成蟲在七月至八月中出現，產卵如前，幼蟲同樣食入果子內，果子成熟前即使之變赤色而落下，幼蟲雖在果子落下前成熟而入老皮下，亦有先在落果中後始潛入老皮下越年者。

三、驅除預防法：

1. 利用隔年結果，一地方共同實行。除去隔年之果實，則可免害，往時各地頗多實施而收效者，惟近來無人實行。

2. 撒布砒酸鉛。應加用酪素石灰以緩和藥害，如以第二代幼蟲爲目的，則第一回藥在七月下旬撒布，第二回在八月上旬，第三回在八月中旬，如此可免被害。

3. 樹數不多時，行套袋法可免被害，惟手續麻煩。

第二〇六圖　柿實蟲爲害果之縱斷面

第二節　刺蟲

此乃雜食性之害蟲，各種果樹雖有爲害，而對於柿樹爲害特多。

一、形態　成蟲爲中形而肥大之蛾，體長四、五分，展翅一寸一、二分，頭胸部及前翅黃色，從翅頂生出兩條斜線，由此處向外方之色，稍帶橙赤，腹部及後翅淡橙色。卵扁平橢圓形，色黃白。成長之幼

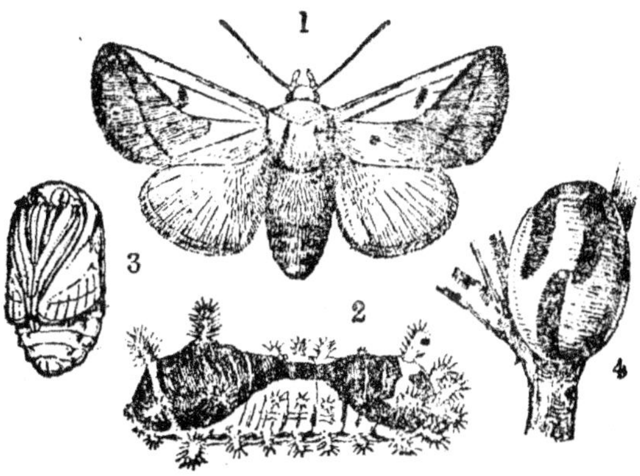

1 成蟲　2 幼蟲　3 蛹　4 繭

第二〇七圖 刺蟲

蟲長達七分餘，極肥大，色雖黃綠，而背面有大形之藍色紋，更有大小之突起，上生刺毛。蛹長四分五厘餘，色黃褐，化蛹之繭爲石灰質，似小鳥之卵，色灰白而有黑色之條紋。

二、經過習性

以一年發生一代爲主，有時亦有一年發生兩代者，冬季以繭中之幼蟲越年，翌春化蛹，六月間化爲成蟲，在葉背點點產卵。幼蟲起初將葉肉點點食害，後來則從葉緣暴食，老熟時則在枝之分叉處作繭越年。發生二代者則在八月間化爲成蟲，九月間則幼蟲出行食害，越年情形與發生一代者同。

第二〇八圖 刺蟲之爲害狀

三、驅除預防法：

1. 冬季採集其繭燒却之。

2. 爲前害蟲撒布砷酸鉛時，同時可防止此蟲。

第三節 黑刺蛾

此害蟲在栽培油桐之地方，發生特多，食害油桐及柿子之葉，有時將葉食光，爲害極大。

第二〇九圖 黑刺蛾

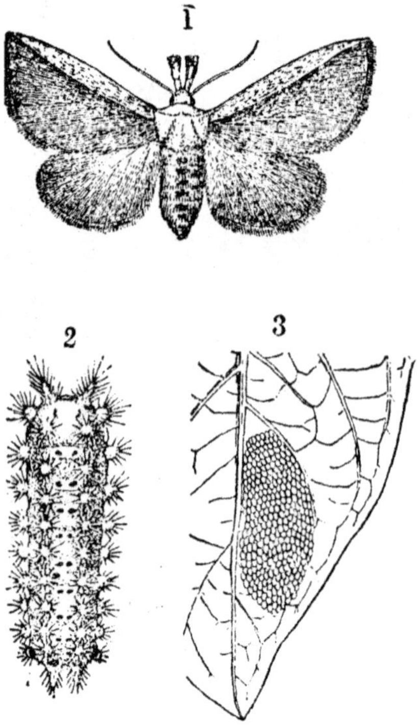

1 成蟲 2 幼蟲 3 卵

一、形態　成蟲比前者稍大，體長四、五分，展翅一寸四、五分，全體呈天鵝絨狀，色灰黃，下唇鬚長而突出，呈蓮房狀，腹背有黑紋。卵扁平橢圓形，色藍。幼蟲孵出時全體淡黃色，成長時稍帶黑色，充分成長時體長達九分餘，各節生突起，上生黑色之刺毛，體背各節有二個小點。蛹短大，色黃褐，繭橢圓形，長三分七厘

第二一〇圖　黑刺蛾幼蟲初期爲害葉

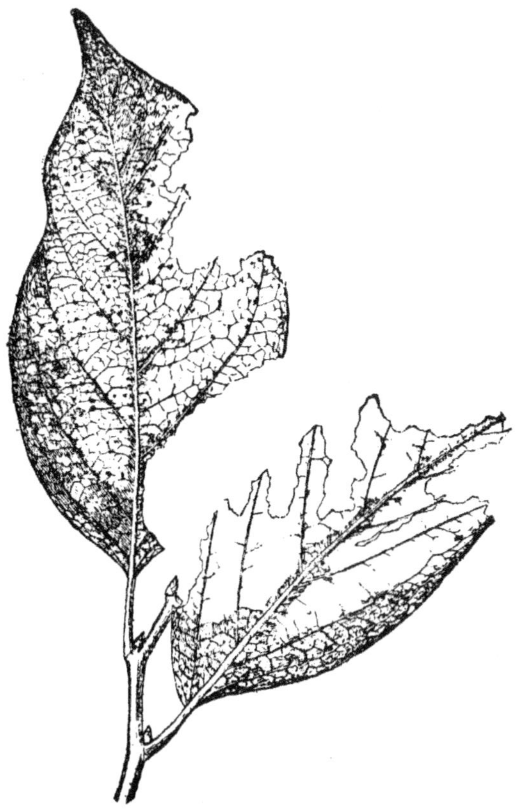

餘，黑色而附有泥土。

二、經過習性　一年發生二代，冬季以幼蟲在地表繭中越年，翌春化蛹五月下旬化爲第一代成蟲，卵產於下部葉子之背面，數百粒一塊，產成鱗狀。幼蟲在葉背成列食害葉肉，因此葉子僅剩上皮而透明，後即破爛。漸成長則漸次散亂，惟仍以數頭排列，從葉之一方食至另一方，老熟者則下至地表入繭中化蛹。第二代之成蟲，自七月下旬至八月上旬出現產卵如前，孵出之幼蟲亦同樣爲害。

三、驅除預防法：

1. 初孵化出之幼蟲多數在葉背羣生，將葉子食成一部透明，或一部成褐色而枯死，若加注意則極易發見，此時將其與樹枝一同切下燒却，最爲簡便。

2. 若蟲已散亂，則與前害蟲同樣撒布砷酸鉛。

3. 多數發生而轉移時，可用塗膠等之膠黏物環塗樹幹，將其遮斷，

第四節　茶避債蟲

此乃雜食性之害蟲，雖食害茶及其他果樹，惟食害柿樹葉子爲多。

一、形態　成蟲之形態依雌雄而不同，雄者爲普通之蛾，體長三分至四分，展翅八、九分，全體暗黑褐色，前翅外緣有稍透明之部分；雌者全體呈蛆狀，長五、六分，頭部極小，翅與脚全缺，腹部生少數鱗毛，終生在蓑衣中不出。卵橢圓形，黃色。成長之幼蟲長七分餘，頭部黑，胴部乳白色，前端三節，上有

第二一一圖　茶避債蟲

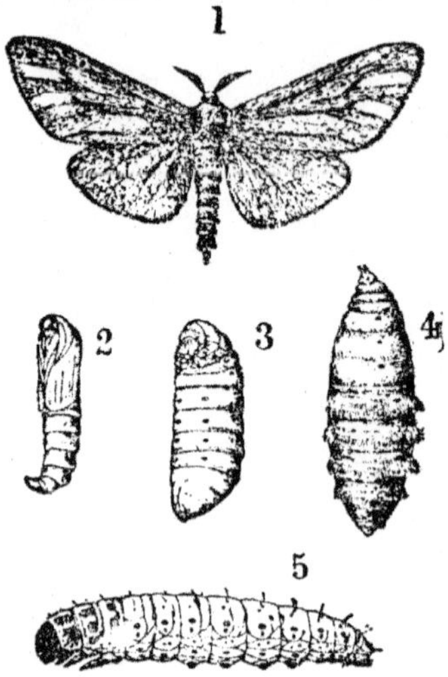

1 雄成蟲
2 雄蛹
3 雌蛹
4 雌成蟲
5 雌幼蟲

不規則之縱線。雄蛹細形，長四分五厘，尾端稍曲，全體黃褐色；雌蛹肥大，長五分餘，形狀如圖。幼蟲之蓑灰色，外部附着枯枝或葉等，長一寸餘，雌蟲之蓑大形，長一寸五分餘。

二、經過習性　一年發生一代，冬季以小蓑中之幼蟲越年，翌年食害再加長大，到七、八

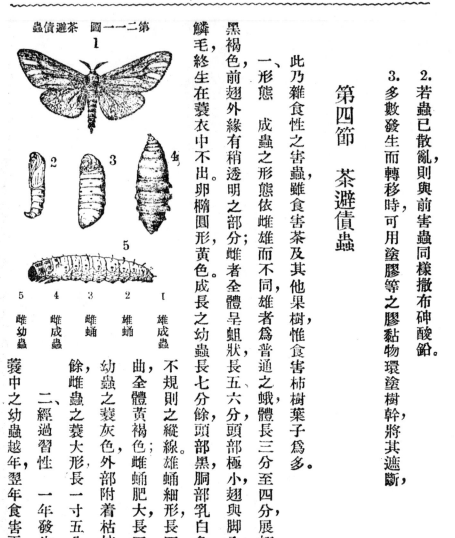

月間化爲成蟲，雄者由蓑之下方出，雌蟲棲蓑中，交尾後卽產卵蓑中。孵化出之幼蟲，造一與自身同大之蓑，入居其中，僅出頭蓑外，食害葉子。秋季葉落後，則樹枝之皮亦食害，梅杏等有因此而蒙大害者。

三、驅除預防法：

1. 撒布砒酸鉛。使用本劑，往時都被認爲無效，據最近實驗已證明其有效。

2. 成長之幼蟲，蓑形較大，容易捕殺。

第一二一圖 茶避債蟲之爲害葉

第五節 介殼蟲類

害柿之介殼蟲類有多種，茲將其中之僞大綿介殼蟲、角蠟蟲、黑牡蠣介殼蟲等述之於次。

一、形態 僞大綿介殼蟲之成蟲，雌者體上並無介殼覆着，呈橢圓形，長一分五六厘，體色雖紫褐，惟覆着綿狀物而呈白色。產卵之卵囊長形，色白，如圖。其中裝有無數淡黃色之卵。雄蟲與其他介殼蟲同，具翅能飛，化蛹時繭白色半透明。幼蟲橢圓形，與雌蟲無異。

第二一三圖　僞大綿介殼蟲之着生狀

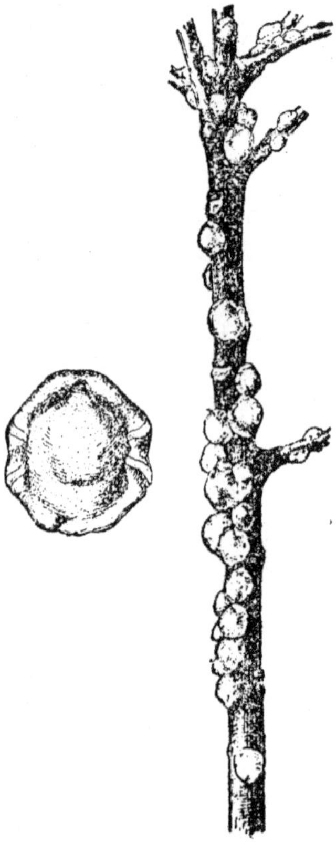
第二一四圖　角蠟蟲之着生狀

角蠟蟲之雌成蟲呈橢圓形，從下面觀之，雖呈紫赤色，惟上面全部包以厚層白色蠟質物，長一分五厘餘，外周有襞積，中央隆起，前面有角質突起。卵橢圓形，紫赤色。幼蟲及雄成蟲似其他介殼蟲。雄者之繭在葉上面，呈白色星狀。

柿黑牡蠣介殼蟲之雌蟲介殼，長一分餘，稍彎曲，殼黯黃褐，其餘完全暗黑色，體形長，色黃。雄蟲之介殼小形，長四厘餘，與雌者同色。卵形圓，帶紫灰色。幼蟲似其他之介殼蟲。

二、經過習性　僞大綿介殼

第二一五圖　柿黑牡蠣介殼蟲之着生狀及雌蟲介殼之放大

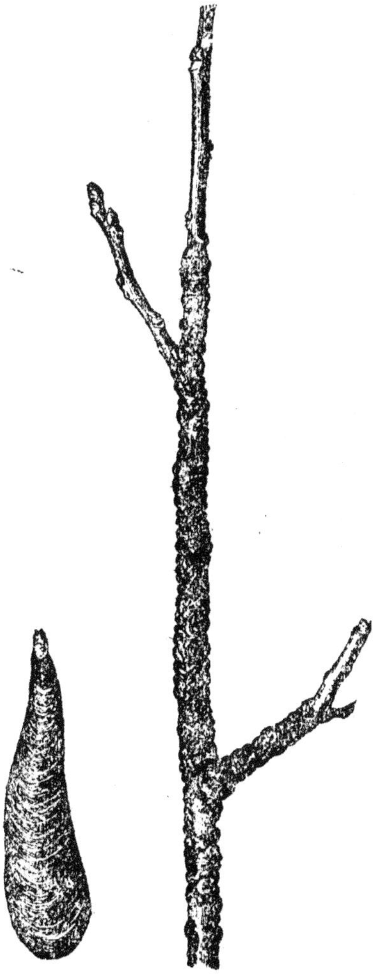

蟲，一年發生一代，冬季以幼蟲越年，翌春五月間老熟而化爲成蟲。此成蟲着生於葉背如圖，生出白色之卵囊，產卵其中。此卵孵化成幼蟲，即寄生在枝上，吸收液汁。對各種之果樹雖皆爲害，特以在柿樹及無花果上爲多。近來有若干地方，在蘋果上亦發生甚多。

角蠟蟲一年發生一代，冬季以成蟲越年，六月間產卵，幼蟲羣生於枝葉上吸收汁液，糞液能誘發煤病，使樹身變黑。此乃雜食性害蟲，亦食害茶及其他庭園植物、果樹等。柿樹特多，溫暖地方尤甚。

黑牡蠣介殼蟲，一年發生一代，冬季似以卵越年，五、六月間化幼蟲，生枝上，與成蟲同吸收汁液。

三、驅除預防法　角蠟蟲甚頑强，冬季驅除困難。宜在六、七月間幼蟲出現時除治，此時亦爲其餘二種之出現期，宜撒布波美比重計〇・三度之石灰硫黃合劑。又僞大綿介殼蟲冬季以幼蟲越年，無介殼，故宜在冬季撒布右劑之三、四度液。害部宜切取燒却。購入苗木時，必須先行氰酸氣燻蒸。

第十章　無花果之害蟲

無花果害蟲種類有十數種，主要者為下述之兩種。

第一節　桑天牛

俗稱鐵砲蟲，觀其名字即可知其為桑樹害蟲，此蟲食性複雜，果樹中則為害無花果最多。

第二一六圖　桑天牛

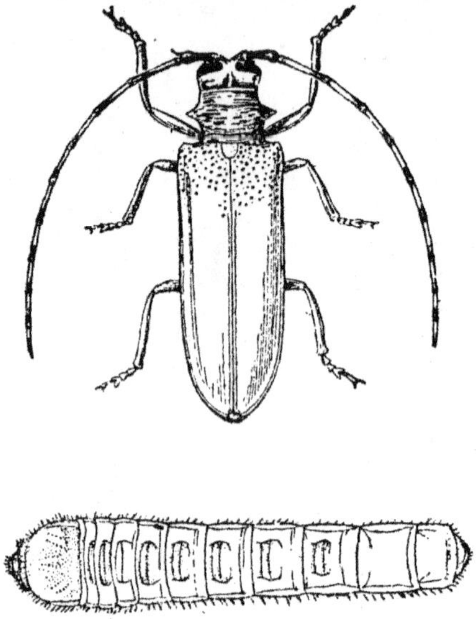

1 成蟲　2 幼蟲

一、形態　雌成蟲體長一寸四、五分，雄者稍較小形，全體暗黃色或灰褐色，似桑樹或無花果之皮，複眼黑色，胸部左右各生刺一枚，翅鞘之基部有許多之粗點。雌者雖較大形而觸角短，雄者雖較小形而觸角長，此為雌雄之區別點。卵扁平橢圓形，長七、八厘，色白。成長之幼蟲長達二寸至二寸五分，頭部小形色褐，胴部乳白色，第一節特別大，上面有微細之點與山字形之紋。蛹長一寸三、四分，色乳白。

二、經過習性　二年發生一代，即從產卵之年起，須至第三年方變爲成蟲，冬季以幼蟲越年，老熟之幼蟲在六、七月間化蛹，七、八月間化爲成蟲，出而嚙破小枝之皮部及少數木材部，將卵粒粒產入。此卵孵化之幼蟲，直接食入材部，在髓內上下走食，處處向外面穿孔，由此孔排出鋸屑狀之糞。由大幹部分排出之糞，則點點排出，由細枝上排出者，則與樹液一同排出，連成長條，在葉上乾固成渦狀。成長時則漸次走入下方幹中，妨害生長，遂使枯死。蛹在食害之孔中化成。

第二一七圖　桑天牛幼蟲爲害之幹

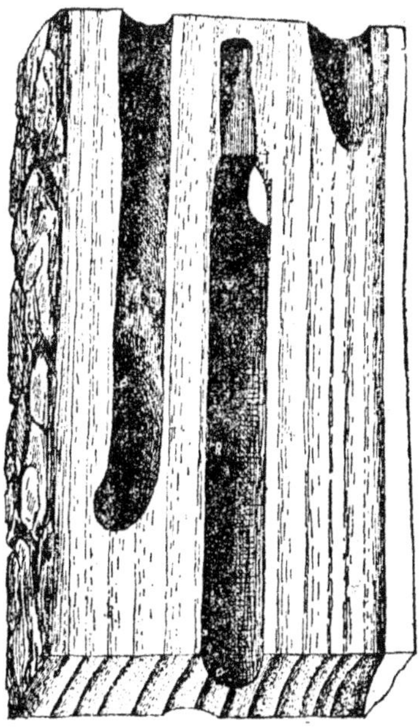

三、驅除預防法　與驅除柑橘星天牛之方法同。又此蟲在桑樹上亦發生，故在桑樹方面亦不可不嚴重驅除。

第二節　無花果實蟲

此害蟲在分類上之名稱，爲「木紋大螟蛾。」幼蟲食害果子，在暖地發生。

一、形態　成蟲爲小形之蛾，體長二分五厘，展翅七分餘，全體白色，外周有黃褐色之色彩如圖，中間有小紋，甚美麗。卵尚未調查。成長之幼蟲，體長達四分餘，頭部黃褐色，胴部黃綠色，各部有淡黑色之小點，由此粗生細毛。蛹長二分五厘餘，色黃褐。

第二一八圖　無花果實蟲

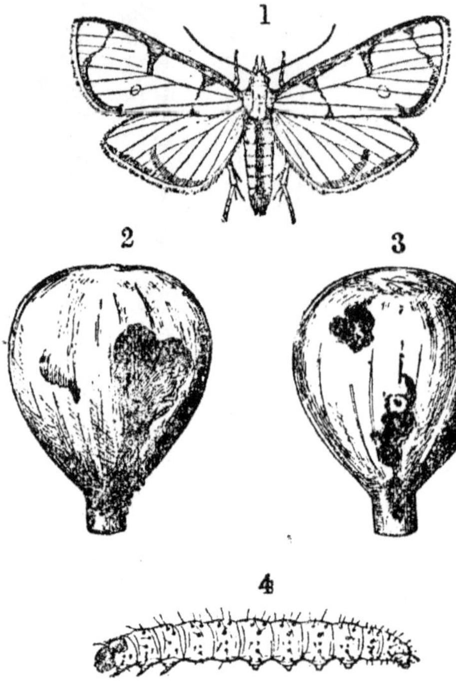

1 成蟲　2 被害果之外部　3 同前　4 幼蟲

二、經過習性　一年發生二代，冬季在皮之裂縫或根際等處作繭，幼蟲入其中越年，翌春化蛹，四、五月間化成第一代成蟲所生幼蟲，在七、八月間出而張絲於果子與樹枝及葉柄上等處，在其中食害果子之外皮及果梗等，以後食入內部，果子因此而早落。第二代之成蟲在十月間出現，其幼蟲再行爲害，老熟即越年。

三、驅除預防法　幼蟲初在外部食害，可在幼蟲將發生時，撒布砒酸鉛，以後則依其情形而再撒布二三次。此蟲在果子與枝間張絲，發生場所甚明顯，故在少數發生時，可一一捕殺，惟手續麻煩。

第十一章　葡萄之害蟲

葡萄害蟲共有四十餘種，其中最主要者爲下述之十二種，此十二種中有金龜子類三種，已在蔬菜部之豆類中述過，故此處不再述。

第一節　葡萄根蚜蟲（Phylloxera vastatrix Planchon）

此害蟲乃蚜蟲之一種，主在根上寄生，故稱爲根蚜蟲。惟普通都稱其外國名Phylloxera，近時亦稱爲葡萄根瘤蟲，其害甚大（註：法國葡萄爲歐陸最有名者，曾受此蟲爲害，幾至無收穫之望，法政府曾懸賞三十萬佛郎徵求防除法）。

一、形態　成蟲有三種形態，即在根上生活之無翅雌蟲，體長三厘餘，扁平而近橢圓形，全體淡黃色，體上面有斑紋。在葉背蟲癭中生活之無翅雌蟲無此紋。有翅之雌蟲體長三厘餘，展翅一分餘，全體淡黃色，翅透明。卵橢圓形，淡黃色，幼蟲同色，體扁平而呈橢圓形。

二、經過習性　大體與蚜蟲相似，惟比蚜蟲更複雜，茲述大要如次：冬季在根上寄生，作根瘤。以幼蟲或卵，在根之凹入部越年，春季長成無翅之雌蟲。此雌蟲之一部分止在根部，無需雄蟲而產卵，

第二一九圖　葡萄根蚜蟲

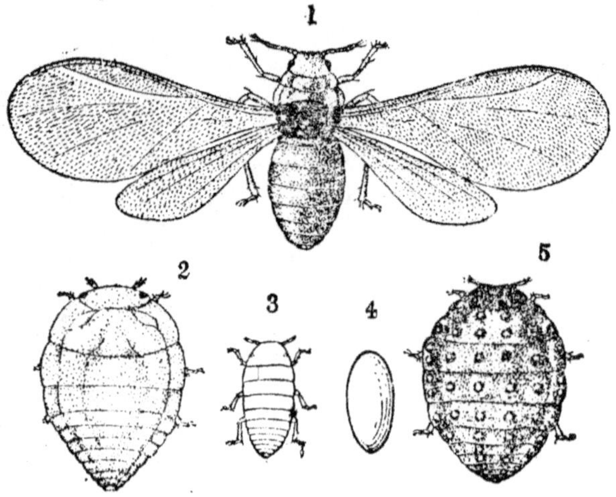

1 有翅雌蟲　2 作蟲癭之無翅雌蟲　3 幼蟲　4 卵　5 作根瘤之無翅雌蟲

漸次蕃殖，其他一部分，則上升至幹吸着於葉背，葉被其刺激而膨脹生成雞蛋狀之物，將害蟲身體完全包着。此名蟲癭，單以雌蟲在此中產卵蕃殖。由此蕃殖出者，全為無翅之雌蟲，充分成長時，即破蟲癭之上面（即葉之表面）而出。此爬出之害蟲，再吸着於葉背而作蟲癭。如此由春季至秋季蕃殖數次，及晚秋時，此蟲癭中蕃殖出之害蟲，全數下降地下產卵，即以此卵或由此卵孵化出之幼蟲越年。此乃根瘤中生出之無翅雌蟲及蟲癭中生出之無翅雌蟲之蕃殖法。有翅之雌蟲僅在春季從根瘤中外出飛往他處蕃殖。其餘則不詳。

以上之蕃殖法，除加害葉子外，根上所作之根瘤，能阻止養液上升，葡萄常因此而枯死，故為極可怕之害蟲。

第二二〇圖　葡萄根蚜蟲所作之蟲癭

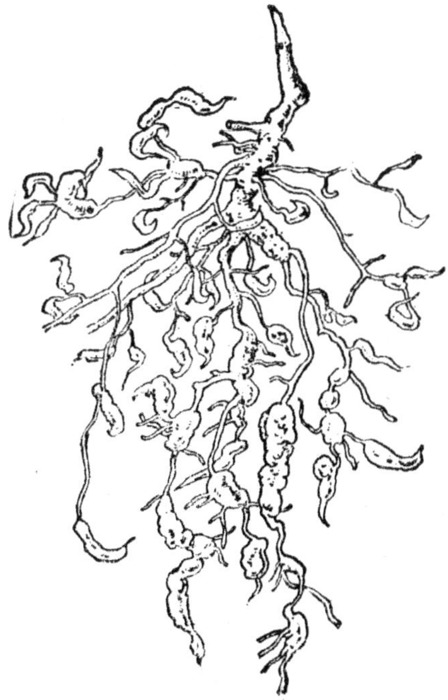

第二二一圖　葡萄根蚜蟲所作之根瘤

三、驅除預防法：

1. 購入苗木時，必須先行燻蒸，然後栽植。

2. 爲防止此害蟲來根上起見，宜輸入 Riparia 及 Rupestris 系之葡萄作砧木，即此等葡萄之根，不被寄生。

3. 土地黏重而空氣流通不良之地方發生最多，故必須用客土法使之成爲輕鬆之砂土。

4. 在用水便利之地方，可在園之周圍作畦，灌水入葡萄園，如此可使地中害蟲完全死滅。

附大隅正氏葡萄根蚜蟲經過表解（譯者增補）

有性卵→第一次成蟲
- 蟲癭型→卵→幼蟲→成蟲→卵→世代反覆
- 根瘤型→卵→幼蟲→成蟲→世代反覆→世代反覆
- 有翅型→無翅雌雄→交尾→有性卵（→有性卵）

第二節 葡萄虎天牛

此害蟲不與其他天牛同樣走食髓部，而在皮下食害。春季葡萄發芽後爲準備化蛹起見，即將葡萄枝切斷，爲害甚大。

第二二二圖 葡萄虎天牛

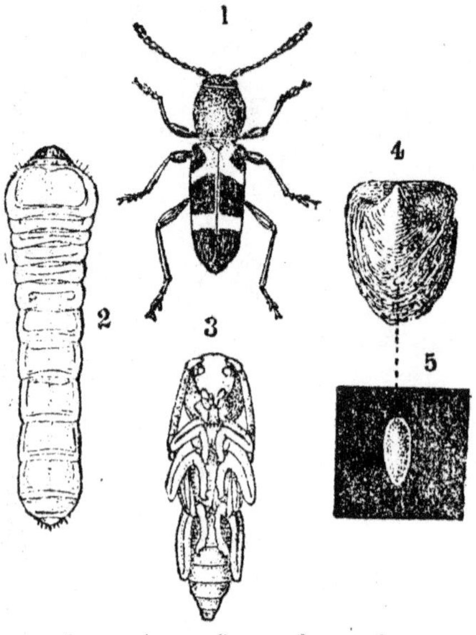

1 成蟲 2 幼蟲 3 蛹 4 產卵部 5 卵放大

一、形態 成蟲爲小形之天牛，體長四分，頭部黑色，胸部暗赤色，翅鞘黑色，基部有二條黃褐色之斜線如圖。卵楕圓形，長三厘餘，色乳白。成長之幼蟲長四分五厘餘，頭部形小色褐，胴部淡黃白色。蛹長三分至三分五厘，色黃白。

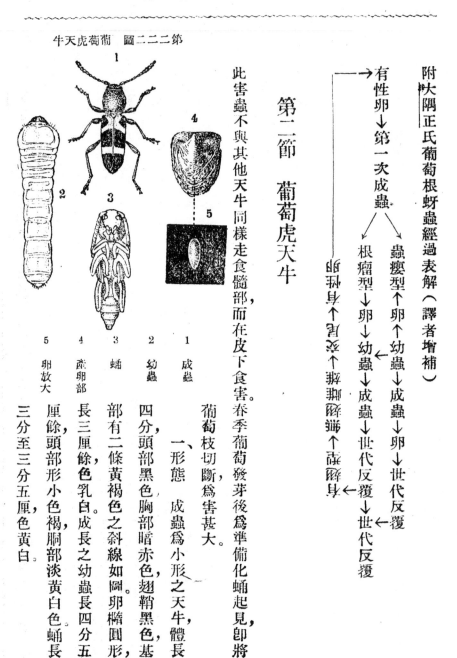

二、經過習性　一年發生一代，冬季以幼蟲越年，五月間將樹枝環咬而斷折，斷口以上卽全部枯死。幼蟲在被切斷一方之髓部化蛹，八月間化爲成蟲，出而在芽苞下產卵，不成塊。此卵孵化出之幼蟲，主在皮下走食，不入髓部。故若將老皮削去，則走食之痕跡極清楚。

第二二三圖　葡萄虎天牛之切斷枝

三、驅除預防法：

1. 冬季剝去老皮，用刀切斷幼蟲。

2. 春季切斷之枝條，必爲幼蟲之化蛹所，故不可放任之，必須將其燒却。

第三節　葡萄透羽蛾

此害蟲與前者不同，卽須食入髓部，至後則下方之大幹亦食害。

一、形態　成蟲爲中形之蛾，體長五分，展翅一寸餘，前翅及體部黑色，後翅透明，此外則腹部有二條黃帶。卵扁平橢圓形，色赤褐。成長之幼蟲長九分餘，頭部赤褐，胴部淡黃褐色。蛹長五分餘，色濃褐。

第二二四圖　葡萄透羽蛾

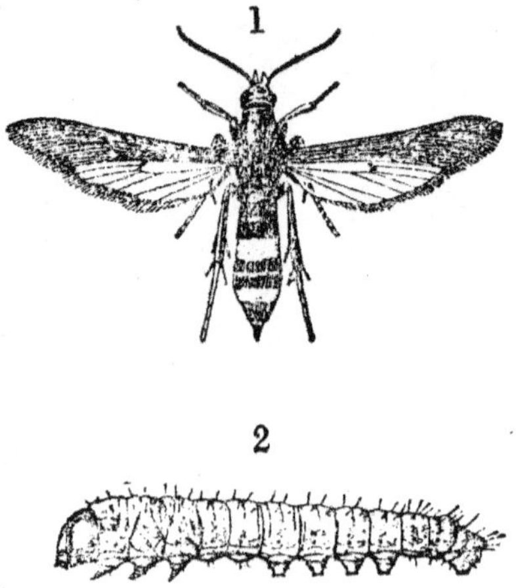

1 成蟲
2 幼蟲

第二二五圖　葡萄透羽蛾之幼蟲爲害狀

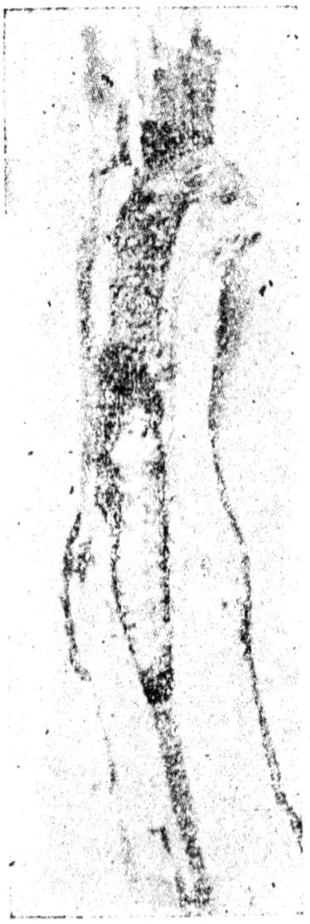

二、經過習性　一年發生一代，冬季以幼蟲越年，翌春化蛹，五月以後至六月間化爲成蟲，卵粒粒產於新梢之葉腋內。此卵孵化出之幼蟲，直接食入髓部，食入部之附近變成紫色。處處穿孔，將糞排出外部，成長時則食入下部大枝幹中，因此樹勢衰弱，致不能結果。

三、驅除預防法：

1. 被食入之新梢，前端萎縮，食入部變成紫色，極明顯，故應及早將其切下，將幼蟲殺死。

2. 食入大枝幹部者，則可用小刀將糞之排出孔削大，用棉花黏着殺鼠劑塞入。此外可應用鐵砲蟲之驅除法。

3. 冬季剪定時，應特別注意食入枝，將害蟲除去。

第四節 金猿蟲

此害蟲在早春發芽時食害芽及嫩葉，山間地方爲害較多。

第二六二圖 金猿蟲

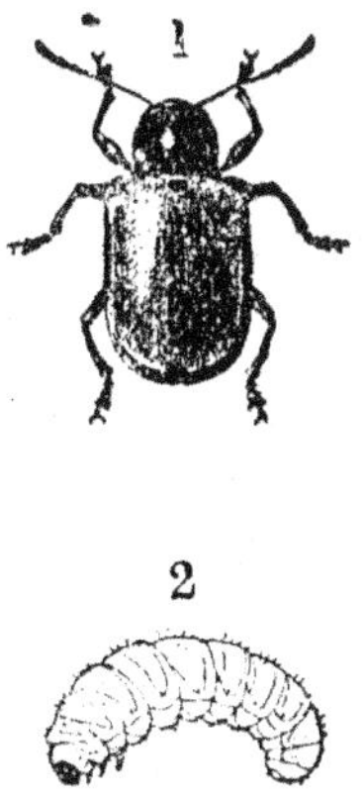

1 成蟲 2 幼蟲

一、形態 成蟲形小，體長二分八厘餘，色青藍，翅鞘之中央部紅色，爲美麗之葉蟲。卵楕圓形，長四厘餘，色黃。成長之幼蟲體長達四分餘，頭部黃褐色，胴部淡白色，上面粗生細毛。蛹長二分五厘餘，色黃。

二、經過習性 一年發生一代，冬季以成蟲越年，翌春發芽時，出而暴食芽及嫩葉，且在根際之老皮下，行不規則之產卵。幼蟲入地中，想係食害根皮，惟尚未調查明白。新成蟲八、九月間出現，稍行食害葉子，即越年。

三、驅除預防法 尚未有適當之方法。早晨害蟲運動不活潑時，可用鐵皮大漏斗，下裝布袋，掛在頸上，使貼於腹前，用小棒將害蟲打落其中。此外據試驗結果，可將飢餓之雞放入園中，將害蟲拂落，則雞必來啄食。又可使用砒酸鉛，惟此時嫩芽每日伸長，故不可不每日補充。

第五節　銅金猿蟲

此害蟲亦與前種同樣，在早春發芽時出而食害嫩芽，使之枯死。尤以食害莖皮者爲甚，許多葡萄園每有因此而成廢園者。

第二二七圖　銅金猿蟲

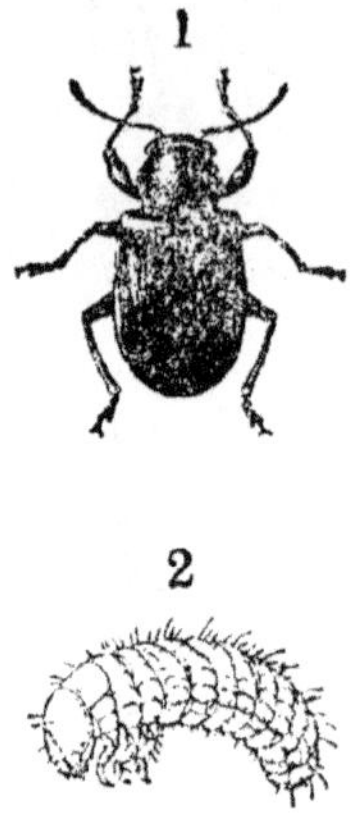

1 成蟲　2 幼蟲

一、形態　成蟲遠較前種爲小，雌者體長一分三厘，雄者一分餘，全體銅青色而有光澤。卵長橢圓形，長七厘餘，色微白。成長之幼蟲，體長達二分餘，頭部微褐色，胴部微黃色，上面粗生細毛。蛹未調查。

第二二八圖　銅金猿蟲爲害之新梢及葉

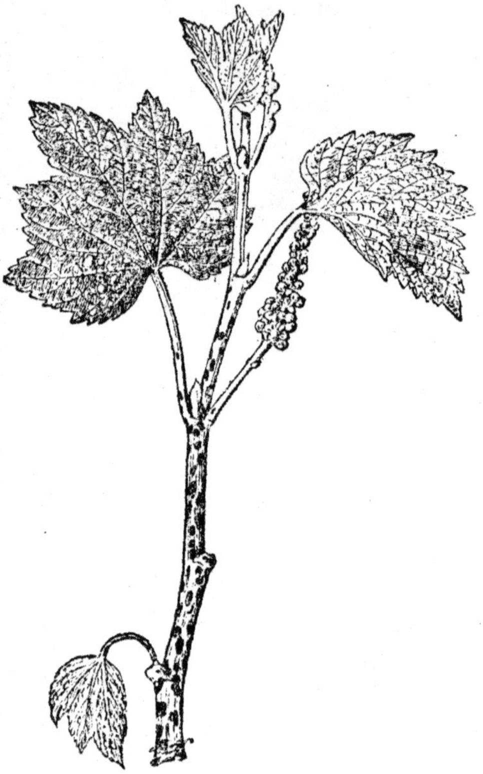

二、經過習性　一年發生一代，冬季以成蟲越年，當四月至五月間之發芽時期，在嫩葉及新梢之皮上，穿小孔食害，使之枯死。卵

與前種同樣，或在地中數粒數粒產下，幼蟲入地中嚙食細根之皮膚，或長時將根切斷；故其爲害殆與春季成蟲相彷彿。羽化期尚不明，當在八月間，卽以此成蟲越年。春季加害之時，日中隱藏在土塊下，夜間出而食害。

三、驅除預防法　尚未有適當之方法。除照前種之方法外，對日中隱伏在土塊下者，宜試用二、三十倍之除蟲菊加用石油乳劑。

第六節　葡萄二點浮塵子

此乃野生葡萄上發生之害蟲，有時在栽培之葡萄上發生爲害者亦甚多。

一、形態　成蟲爲小形之浮塵子，體長一分一、二厘，全體暗黃色，頭頂上有二個小黑紋，楯板上生成兩個大形黑紋。此外翅上有斑紋。卵楕圓形，色淡黃。幼蟲全體微黃色，眼赤褐色。

第二二九圖　葡萄二點浮塵子

1 成蟲　2 幼蟲

二、經過習性　一年約發生三、四代，冬季以成蟲越年，卵粒粒產於葉脈內，或茸毛下，幼蟲成蟲同在葉背吸收養液。自

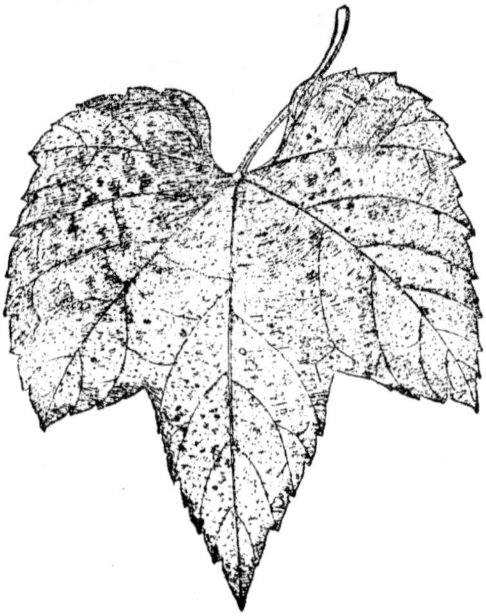

第二三零圖 葡萄二點浮塵子爲害葉

上面看時，葉子變成蒼白色，且從早落下，除果子不能成熟外，翌年芽之形成，亦大受影響。

三、驅除預防法；

1. 撒布大量之除蟲菊石鹼合劑或除蟲菊加用石油乳劑等之五六十倍液，惟須用強力而能擴散之噴霧器，否則不能收成蟲飛去之效果。

2. 一千倍之硫酸菸鹼液，對幼蟲有效，對成蟲稍劣。

3. 此蟲常在野生葡萄（卽蘡薁又名山葡萄）上發生後，轉至葡萄園中，故必須將野生葡萄除去。

第七節 葡萄鳥羽蛾

此害蟲春季食害蕾，夏季食害果子內部，爲害甚大。

第二三一圖　葡萄鳥羽蛾

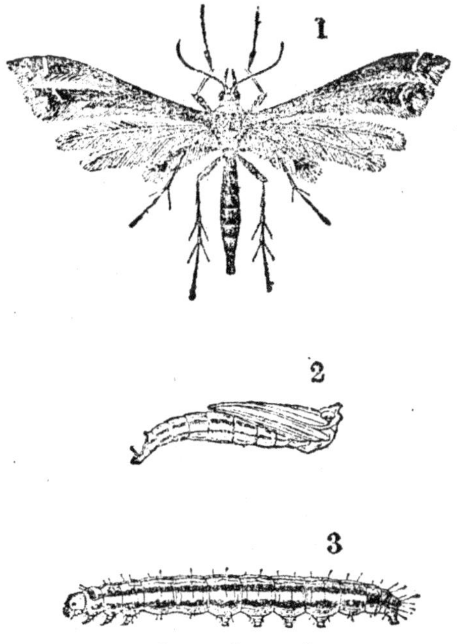

1 成蟲　2 蛹　3 幼蟲

一、形態　成蟲爲細小之蛾，體長二分五、六厘，展翅五分五厘至六分，全體黑褐色，前翅分成二片，後翅分成三片，前翅有不清楚之斑紋，前後翅之後緣有長毛。卵扁平長橢圓形，色藍，後變黃色，再變黑色。成長之幼蟲長五分五厘餘，全體之底色爲微黃綠色，有無紋者與有紋者之別。有紋者各節之氣門上線部有黑紋，即條線。蛹長二分五厘餘，暗黃綠色。

二、經過習性　以前都認爲一年發生二代，據著者之調查爲一年發生三代，冬季大都以卵越年。孵出之幼蟲在開花期間（即五、六月）出而食害花蕾。第一代成蟲在七月化成，將卵粒粒產於果梗上，幼蟲食入果子內部，使成空虛。八、九月間化爲第二代成蟲，移入晚種葡萄內。無晚種葡萄之地方，則在野生葡萄上生活，在此產卵，將果子食害。十月以後化爲第三代成蟲，即以此代成蟲之卵越年。

三、驅除預防法：

第二三二圖　葡萄鳥羽蛾爲害之花果

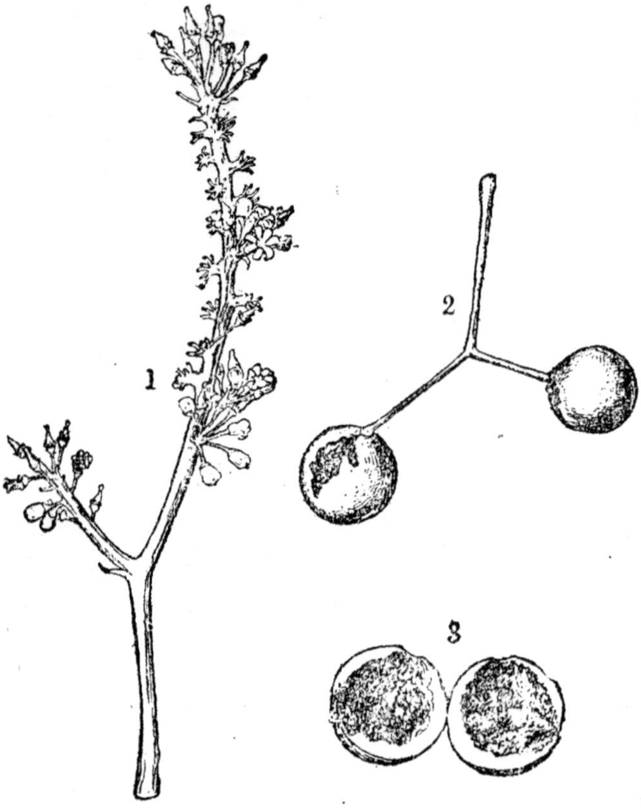

1. 第一代發生爲害蕾者，可撒布除蟲菊肥皂合劑，或硫酸菸鹼。

2. 第二代以後者，可行套袋法，或當使用病害藥劑波爾多液時，加用砒酸鉛，如此可收防止之效。

3. 附近之野生葡萄，爲此害蟲發生之策源地，必須將其除去。

第八節　通草木葉蛾

此害蟲之幼蟲無甚關係，成蟲吸收葡萄及其他之桃、梨、蘋果等之果子液汁，爲害甚大。

第二三三圖 通草木葉蛾

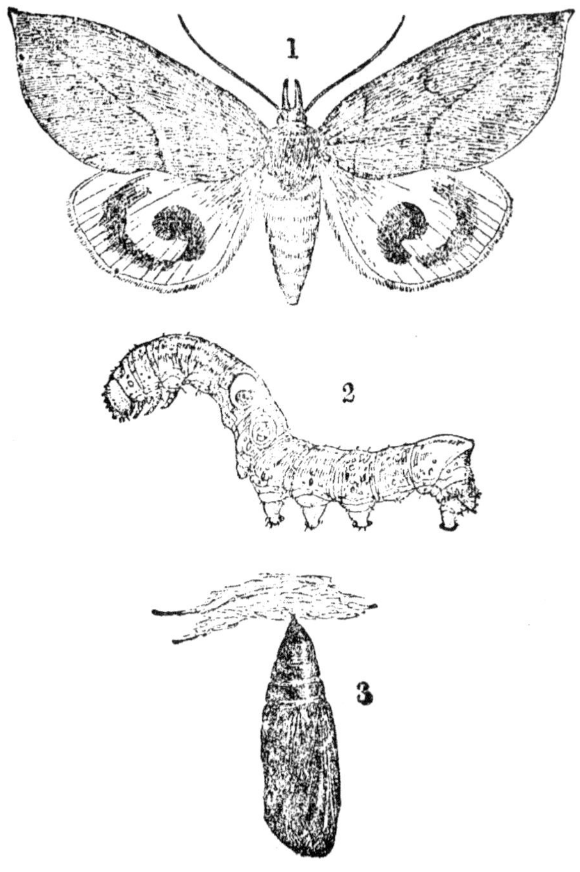

1 成蟲 2 幼蟲 3 蛹

一、形態 成蟲爲大形之蛾，體長一寸二、三分，展翅三寸四、五分，頭部及前翅濃灰褐色，前翅有兩條曲線，腹部及後翅橙黃色，後翅有鈎形之黑紋，甚美麗。卵形圓，色淡黃。成長之幼蟲，體長三寸餘，全體紫黑色，第五節上面有蛇眼狀之紋，第六節上面有弦月狀之紋，此外有種種之小紋，又此蟲常常將頭部向下。蛹長一寸二、三分，全體濃黑褐色。

二、經過習性 從來一般人都以爲一年發生一代，據著者之調查係一年發生二代，冬季以成蟲越年，翌春產卵，五月以後化爲幼蟲。所食之爲草「通草」「十大功勞」等，將葉子食害，老熟時以粗絲將二、三片葉子連綴，入其中化蛹。第一代成蟲在七、八月間出現，夜間出外吸收桃及早熟葡萄之熟果液汁，次即產卵。此卵化成之幼蟲，在十月中下旬化為成蟲越年。

三、驅除預防法：

1. 行套袋法，且此袋必須用二重紙製成，方能充分防止。

2. 將洋油罐之上面一塊除去，裝入鋸屑及少量硫黃華之混合物，放於園內各地，晚上點火燒烟，即可防止其飛來。

3. 夜間在園內點火注視，見害蟲飛來時，即用捕蟲網徐徐捕殺之。

第九節　小木葉蛾

此害蟲與前者同時發生，同樣為害，惟依地方不同而為害有多少之差別。

一、形態　成蟲約當前者一半大，體長八分，展翅一寸七分餘，頭胸部及前翅赤褐，前翅從翅頂生出一條黑線，此外有不清楚之條紋，腹部及後翅之基部黃灰色，卵球形，淡黃色，成長之幼蟲長二寸三分餘，全體灰褐色，節間黃色，第八、九、十各節之氣門有黑色之縱線。蛹黑褐色，長七分餘。

二、經過習性　不甚清楚，冬季以成蟲或卵越年，翌春化成幼蟲，食「木防己」及「牛皮凍」

第二三四圖　小木葉蛾成蟲

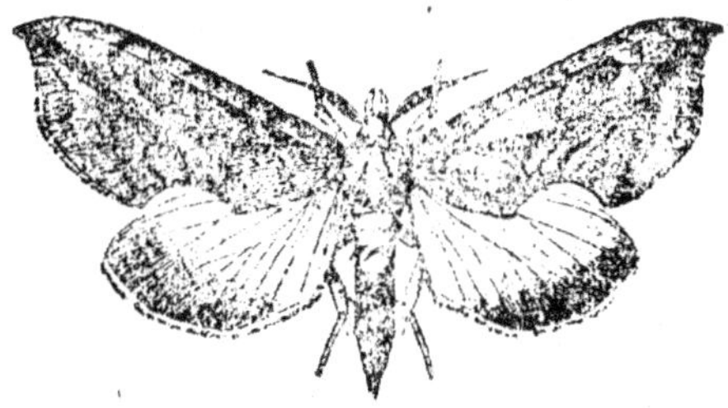

第二三五圖　小木葉蛾爲害之果子

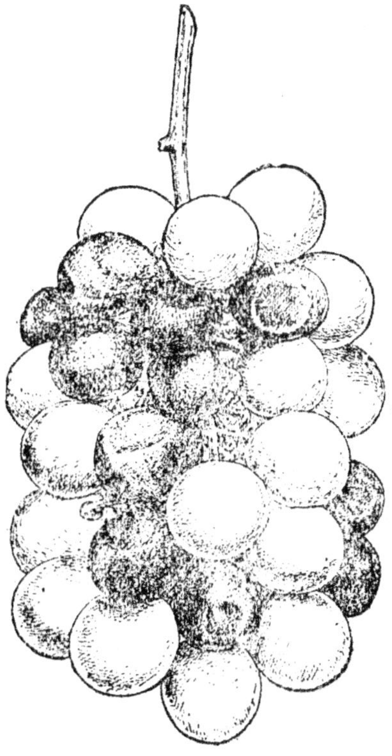

（茜草科）「絞股藍」（葫蘆科）等之葉子而生活。至八月間化蛹，八月中旬以後至九月上旬出現最多，吸收葡萄熟果之汁液。此後則急速減少，是否因產卵後死去抑或越年關係，則不甚明白。

三、驅除預防法　照前者之方法驅除。

第二三六圖 山天牛

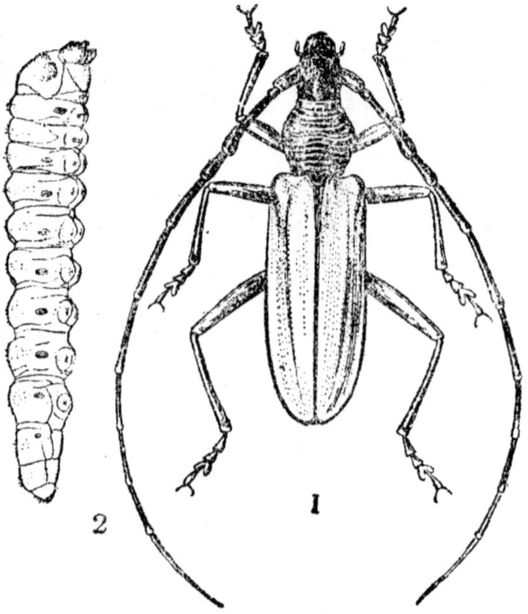

1 成蟲　2 幼蟲

第十二章 栗之害蟲

栗之害蟲在數十種以上，其中爲害最大者，有下述之三種。

第一節 山天牛

此害蟲俗稱鐵砲蟲，在材部穿大孔食入，極易使樹勢衰弱。亦有稱爲栗天牛者。

一、形態 成蟲爲大形之天牛，體長一寸二、三分，全體暗黃褐色，觸角極細長，胸背多橫皺，體色全體相同，無斑紋。卵長橢圓形，淡黃色。成長之幼蟲，體長二寸餘，頭部黑褐色，胴部乳白色，第一節之硬皮板上，有一對凹字形之紋，此點爲此蟲與害椎木之白條天牛之大差別點。蛹未調查。

二、經過習性　似約經二年化爲成蟲，幼蟲在材部穿大孔食入深處，外部排出鋸屑狀之糞。成蟲在五月下旬以後至六月上旬出而在皮下產卵，栗樹被此蟲食害而枯死者則尚未有，惟樹勢漸次衰弱，又因暴風而容易被折斷。

三、驅除預防法　與其他天牛同樣，將各種藥劑注入食入孔中，又在成蟲出現期內，將停止在樹上之成蟲捕獲殺死之。

第二節　栗毛蟲

此蟲之成長，幼蟲爲大形之害蟲，常暴食葉子，能將葉子全數食光。身上生有白色之毛，故在日本俗稱爲「白髮太郎」。

一、形態　成蟲爲大形之蛾，雌體長一寸二分，展翅四寸，全體黃褐色，除前翅中央有半月形之紋，後翅中央有蛇眼狀之紋外，前後翅尚有如圖之曲線及橫帶。雄者較小，觸角羽狀，全體色彩暗黃綠，與雌者相反。卵橢圓形，灰褐色，產成塊狀。初齡之幼蟲全體黑色，漸次由側面起變成綠色。成長之幼蟲，體長達三寸五分，全體黃綠色，密生白色毛，氣門碧色。蛹長一寸二分餘，全體污黃褐色而有黑斑，尾端有角而呈牛頭狀。繭長一寸八、九分，粗糙而可透視內部。

二、經過習性　一年發生一代，冬季以卵越年，翌春栗樹發芽時孵化，羣集葉上食害，漸成長則

第二三七圖　栗毛蟲

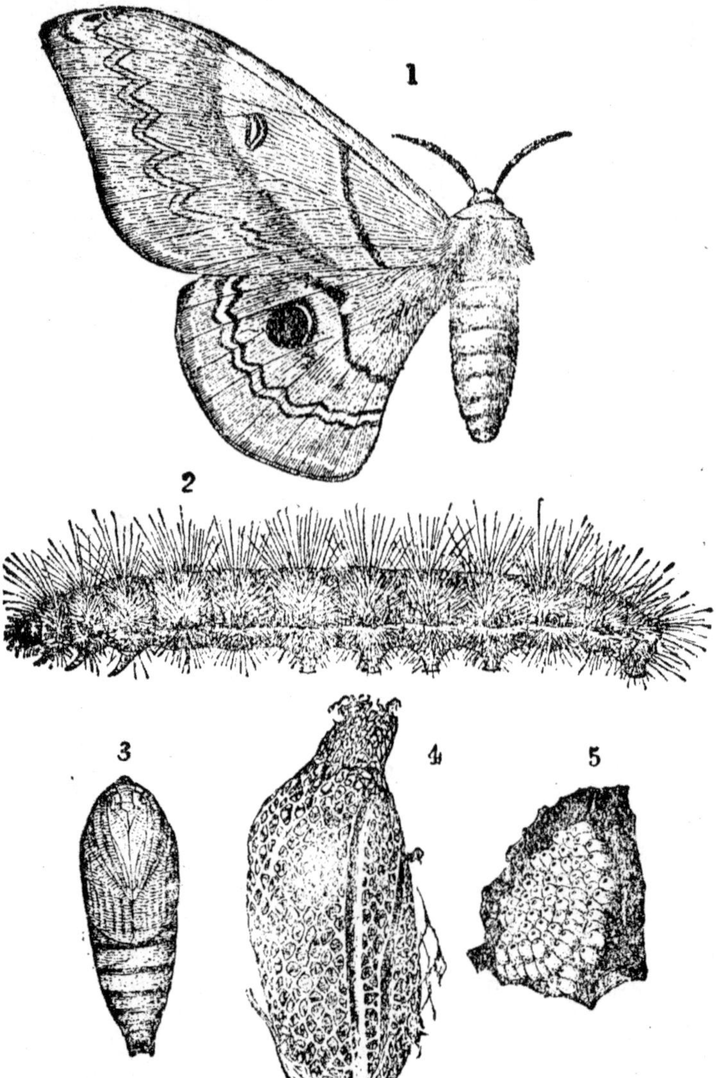

1 成蟲　2 幼蟲　3 蛹　4 繭　5 卵塊

漸散亂，七月以後老熟化蛹。成蟲在九月間出現，在樹幹下方及枝之分歧處之下面等處產卵成塊。蛹作於連綴之葉中。葉常全被食光，因此果子成熟大受影響。栗以外之各種植物亦常爲害。

三、驅除預防法：

1. 冬季必須調查樹幹，將卵壓潰。

2. 初期幼蟲羣生，身體黑色而容易看見，故可將其與樹枝一同切下，潰殺之。

3. 使用砷酸鉛，當有效。

第三節 栗實象蟲

此害蟲食害果實內部，爲害甚大，乃最可怕之害蟲。

第二三八圖 栗實象蟲

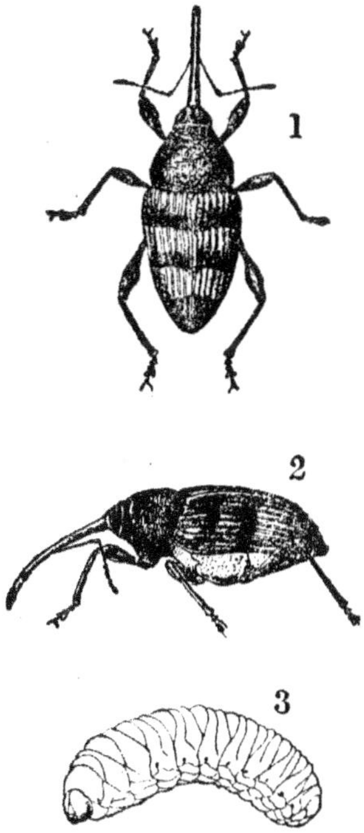

1 成蟲背面

2 成蟲側面

3 幼蟲

一、形態 成蟲體長三分，口吻一分八厘餘，底色黑或濃褐色，全體有黃褐色之短毛，現如圖之紋。卵橢圓形，色乳白。成長之

第二三九圖　栗實象爲害蟲果之內面及外面

幼蟲長三分五厘餘，常彎曲，頭部黃褐色，胴部微黃色，各節有皺摺。蛹長三分餘，色乳白。

二、經過習性　一年發生一代，冬季以地中幼蟲越年，翌年七月間化蛹，八月以後至九月化爲成蟲，從栗之殼斗外部下面用長口吻穿孔，每一果子產入一粒至三粒之卵，幼蟲在內部食害成長，十月下旬老熟，落地上，入地中越年。

三、驅除預防法：

1. 果子收穫後，稍爲晒乾，即須行二硫化碳燻蒸。氯化苦劑則因浸透性強烈，恐有害果肉。

2. 照從來之方法，可用水漬，惟果味要變劣。

3. 收穫時，對於被食害之果子，須及早加以處置。

第十三章 棗之害蟲

棗之害蟲種類極少，爲害大者，僅有下述之一種。

第一節 棗實蟲

此害蟲夏季捲葉食害，秋季食入果子內部，爲害甚大。

第二四〇圖 棗實蟲

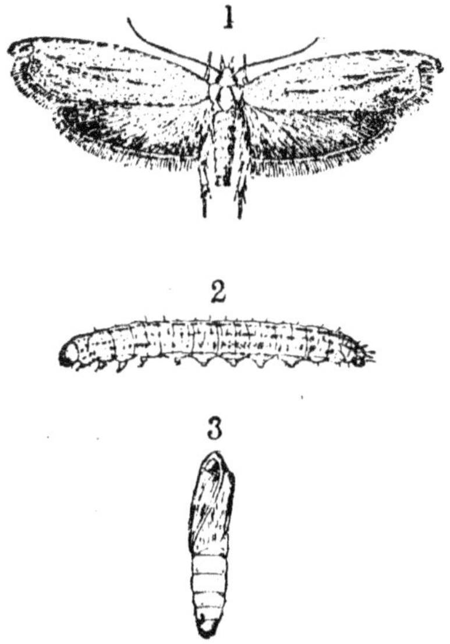

1 成蟲 2 幼蟲 3 蛹

一、形態 成蟲爲微小之蛾，體長二分，展翅五分弱，頭胸及前翅色黃褐，前翅中央有二條大縱帶，腹部及後翅灰色。卵未調查。成長之幼蟲長四分五厘餘，全體淡綠色，背面有五條紫褐線。蛹長二分餘，色黃褐。

二、經過習性 一年似發生三、四代，冬季以蛹在老皮間越年，翌春五月間羽化產卵，幼蟲綴葉食害，在其中化蛹。第二代之成蟲，六月中旬出現，與第一代者同樣爲害。以

第二四一圖 棗實蟲之爲害葉

第二四二圖 棗實蟲之爲害果

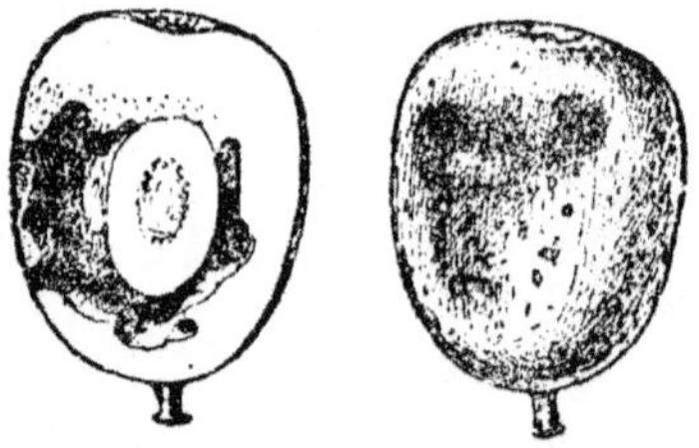

後變成不規則，幼蟲成蟲同時可見之，至秋季則食入果子內部，使之乾固。

三、驅除預防法　及早撒布砷酸鉛，不特可防止葉子被食害，且可防止秋季食入果子內部。若不使用藥劑，則在五、六月間，將綴葉之幼蟲一概潰殺，當可防止以後之發生。

第十四章 石榴之害蟲

石榴之害蟲有二十餘種，其中爲害最大者有三種，此三種中，有一種「紫薇袋介殼蟲，」在紫薇之害蟲章中記述，此處從略。

第一節 胡麻布木蠹蛾

此乃雜食性之害蟲，食入各種觀賞植物之髓部，尤以石榴被害爲多。

一、形態 成蟲雌者體長八分五厘，展翅一寸七、八分，全體白色，前翅有無數黑紋，腹背黑色，雄者體形稍小，雌者之觸角絲狀，雄者羽狀，此爲兩者之異點。卵橢圓形，色淡黃。成長之幼蟲，體長達一寸三分餘，頭部黃褐色，胴部淡橙白色，第一節之硬皮板，硬而色黃褐。蛹長與成蟲體長同，全體淡褐色。

二、經過習性 似二年發生一代，冬季以幼蟲越年，老熟之幼蟲至七月間化蛹，中旬羽化，在寒冷之地方則在八月間羽化。幼蟲主在幹之下方材部食入，穿一大孔至外部，由此排出圓形大塊之糞，與天牛類不同。隨成長而食入根中，羽化時，蛹從前孔脫出過半。

第二四三圖　胡麻布木蠹蛾

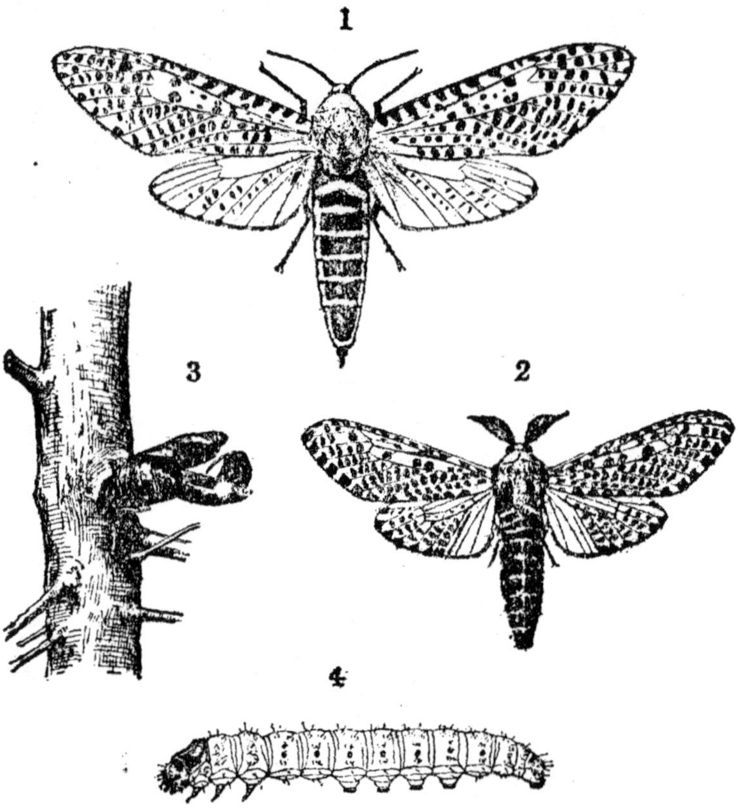

1 雌成蟲
2 雄成蟲
3 蛹殼
4 幼蟲

三、驅除預防法　可以一般之天牛除治法爲準。此蟲之食入孔較單純，且不遠走，故用棉花黏

第二四四圖　胡麻布木蠹蛾爲害之幹

着殺鼠劑由食入孔塞入最爲簡便。用鐵線刺殺法，恐難達目的，因根部之食害孔呈曲形。

第二節　大脚蛾

此乃食害心梢軟葉之害蟲，脚大且包以長鱗故有此名。

一、形態　成蟲爲稍呈大形之蛾，體長六分，展翅一寸四分餘，體色暗灰，前翅呈濃黑天鵝絨色，中有兩條灰白色之闊帶如圖，後翅暗黑色，中央有一條白帶。卵呈饅頭狀。成長之幼蟲，體長達

第二四五圖　大脚蛾

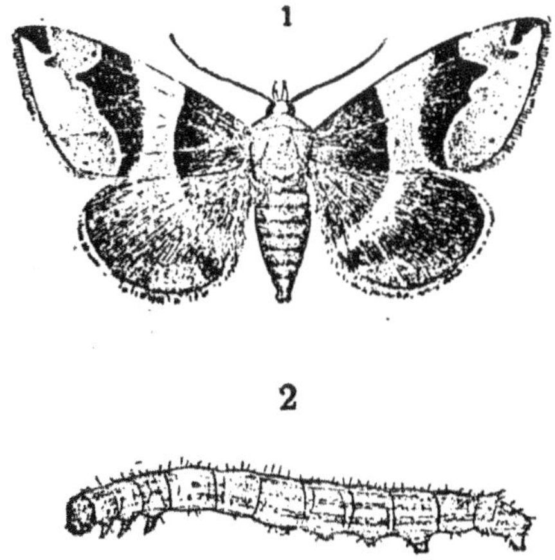

1 成蟲　2 幼蟲

第二四六圖　大脚蛾食害之葉

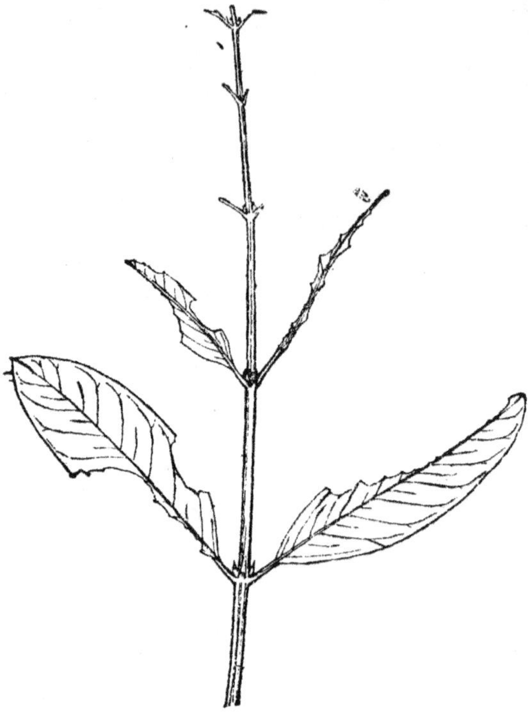

一寸七分餘，全體有灰褐色花布狀之紋，及其他不明顯之條紋，體之下面腹脚間色紅。蛹長六分餘，黑褐色，稍裝白粉。

二、經過習性　一年發生二代，冬季以蛹越年。每年六月間化成第一代成蟲，將卵粒粒產於幹之皮面，六月下旬以後，幼蟲出現，日中靜止在皮部，夜間上升心梢，食害嫩芽及嫩葉。第二代成蟲七月下旬羽化產卵，幼蟲爲害如前，幼蟲之顏色似石榴樹之皮，因此極難發現。

三、驅除預防法　若撒布除蟲菊肥皂合劑，則即使未見害蟲，而其靜止在樹皮上者即行爬出，後則落下死滅。又爲防止食害起見，及早撒布砷酸鉛，亦一良法。

第四編 庭園植物之害蟲

第一章 松之害蟲

松之害蟲種類甚多，爲害最大者，有下述之五種。

第一節 松小蠹

此害蟲之幼蟲在皮下形成層部分縱橫走食，使之枯死，爲赤松之第一位害蟲。

一、形態 成蟲爲小形之甲蟲，體長一分五厘，全體黑色而有光澤，上生微褐色之毛，頭胸微現刻點，翅鞘有縱裂及似頭胸部所具之刻點，觸角及口及脚之跗節爲褐色。卵未調查。成長之幼蟲體長一分七厘餘，頭部淡黃色，胴部之開始三節大，以下稍細，全體蒼白色，各節有橫皺。蛹長一分五厘，全

第二四七圖 松小蠹

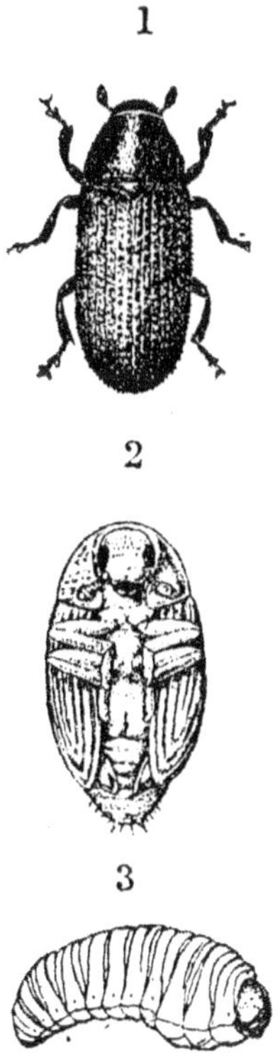

1 成蟲 2 蛹 3 幼蟲

體蒼乳白色，眼紫褐色，上顎赤褐，尾端之左右側生肉質之刺毛，近羽化期則由頭胸部起，漸次帶褐色翅痕之尖端色黑。

二、經過習性　一年發生一代，冬季以成蟲越年。此成蟲在樹皮下食入，穿成隧道樣之小孔，普通在三月以後開始活動，將蟲糞排出外部。常雌雄一對同居，四月以後產卵，孵化出之幼蟲，初向縱之方向共同食害，食成直孔穴，成長時則由此直孔各向橫之方向食去。至六月上旬老熟，在孔道之終點處，將蟲糞與木屑連綴而化蛹。六月中下旬化爲成蟲，將樹皮穿成無數圓形小孔，成蟲即由此小孔外出，此後則食入心梢攝取營養物，樹因此而枯死。九月間再來樹皮下食入，惟此層尚未充分調查。

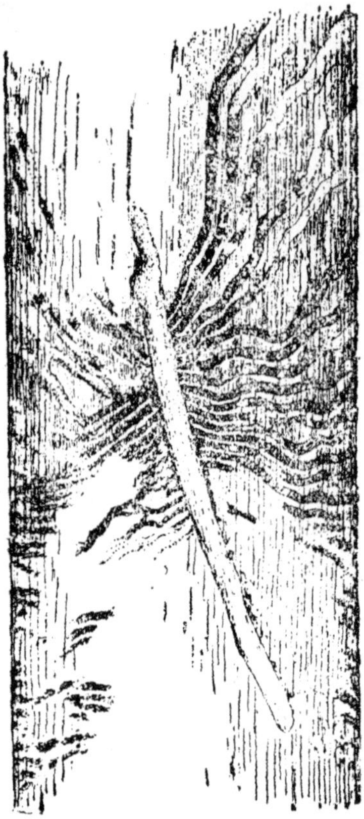

第二四八圖　松小蠹幼蟲食害之跡

如上所述，此蟲乃食害皮下形成層，故樹木必致枯死；惟此蟲食入者，僅限於原來性質衰弱之樹，樹液交流旺盛之樹上不致發生，卽令食入，亦因樹液流出甚多而死滅，並不能食入蕃殖。反之，樹勢衰弱，其樹液交流少害蟲遂得食入。此害蟲所侵犯者大都限於移植時根部處理不完全而衰弱之樹。

三、驅除預防法　如前所述，此害蟲發生之原因在樹勢衰弱，故在移植時不可不仔細處理根部（註：普通在移植前兩星期，在苗木根部掘一圓溝，圓之大小隨苗木大小而定，約直徑一尺至二尺，如此將溝中樹根盡行切斷，再以土覆之。兩星期後，則根之切斷部環生新根，有此新根後則苗木較易成活。此時將溝中泥土取去，將所餘圓心及苗木一同掘起，如此則根不至受傷，搬運時宜勿使根部所附泥土脫去）。若既經發生成蟲將糞排出外部，則難有救濟希望。六、七月間害蟲未食入之前，宜用藁稈卷包樹幹，再塗以泥，如此可防止此蟲侵入及樹幹乾燥，惟不能單在移植前後舉行，否則無效。既被食入以後，則雖照如此辦理亦無用。其次對於被食入之新枝，應採下燒却。

第二節　松赤翅捲葉蛾

此害蟲俗稱「芽蟲」或「心蟲，」從新梢之髓食害，漸食枝及球果，對赤松爲害尤多。

一、形態　成蟲爲小形之蛾，體長二分，展翅六分，體暗黑，頭上生褐毛，前翅暗灰色，前緣至後緣

第二四九圖 松赤翅捲葉蛾

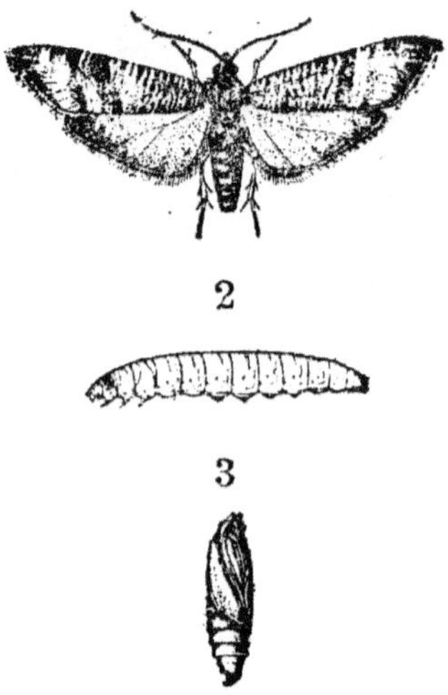

第二五〇圖 松赤翅捲葉蛾食害之髓部

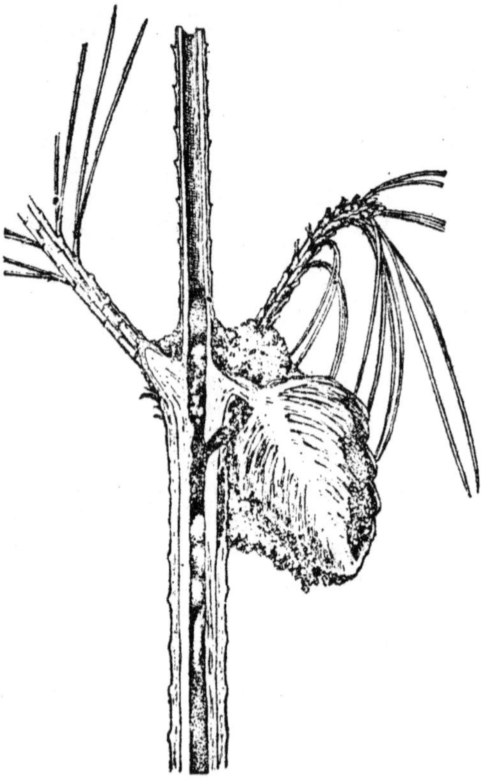

現出灰白色之小線，外緣橙褐，後翅灰白而稍透明。卵扁平橢圓形，色乳白。成長之幼蟲，體長三分餘，頭及硬皮板褐色，胴部淡色，背面稍帶紅色，尾板淡褐色。蛹長二分餘，色黃褐，頭部黑褐，腹背各節列生短刺。

二、經過習性　一年發生一代，冬季以蛹越年，成蟲三月下旬至四月上中旬出現，在芽之附近產卵。四月下旬至五月下旬芽伸長時卵即孵化，幼蟲食入髓部，使之凋萎垂下，成長時即隨之食向下方及球果內。十月上中旬，在其中化蛹越年，對赤松爲害特多。

三、驅除預防法　在發芽前

若撒砷酸鉛布二三次（每隔數日撒一次），當可防止幼蟲孵化食入；惟尚未實驗，此外在庭園中者，應將黃綠之枝條稍加採摘，以促其生長，尤要者，宜將被食入之枝條除去。

第三節 松斑螟蛾

此害蟲與前種同稱爲「芽蟲」或「心蟲」，亦食入心梢之髓部，使之枯死，主害黑松。

一、形態　成蟲比前種稍大，體長三分五厘，展翅八分，全體灰紫褐色，眼黑色，前翅中央有一點，點之左右各有橫形白線兩條，腹部及後翅色灰白。卵扁平橢圓形，色乳白。成長之幼蟲，體長達六分餘，頭部暗色，胴部灰紫綠色，硬皮板黑褐色，各節之亞背線及氣門上下線部，有大黑點，上生細毛，體之下面色淡。蛹長三分五厘餘，色褐。

第二五一圖　松斑螟蛾

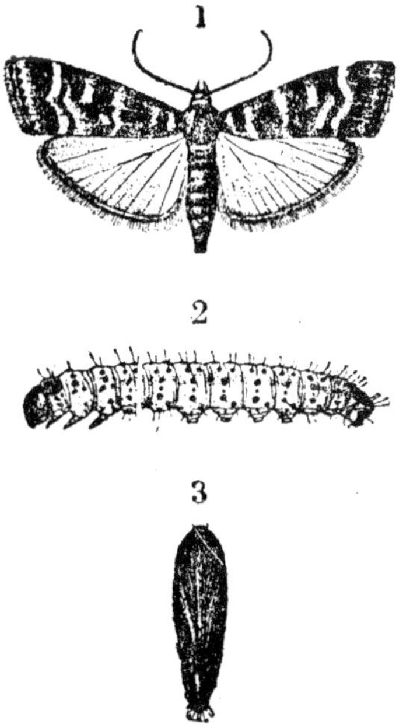

1 成蟲　2 幼蟲　3 蛹

二、經過習性　一年似發生二代，第一代成蟲六月至七月發生，第二代在九月至十月發生。冬季以稍成長之幼蟲食入髓內越年，翌春三、四月間開始活動，將新糞排出外部，使前年生之新梢，變赤色而枯死；故雖在遠處望之亦極明顯。主在黑松上發生，惟赤松上亦有少數發生，卵產於新梢之葉腋內。

第二五二圖　松斑螟蛾爲害之髓

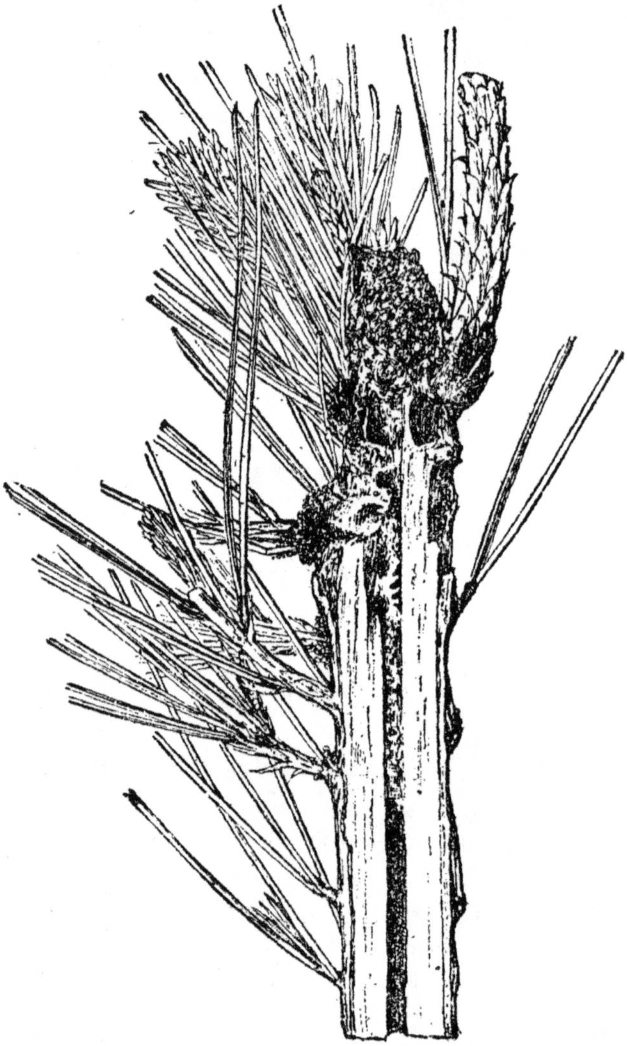

三、驅除預防法　爲害多之地方，在羽化產卵期中撒布砒酸鉛三、四次，每隔數日撒布一次，如此可防止幼蟲孵化食入。在少數發生之時，枯死之新梢，及被食入髓內之部分，外觀非常明顯，故可將此等枝條先端切斷。

第四節　松毛蟲

此害蟲別名「松枯葉蛾」，乃食害葉之害蟲，爲害甚大。

第二五三圖　松毛蟲

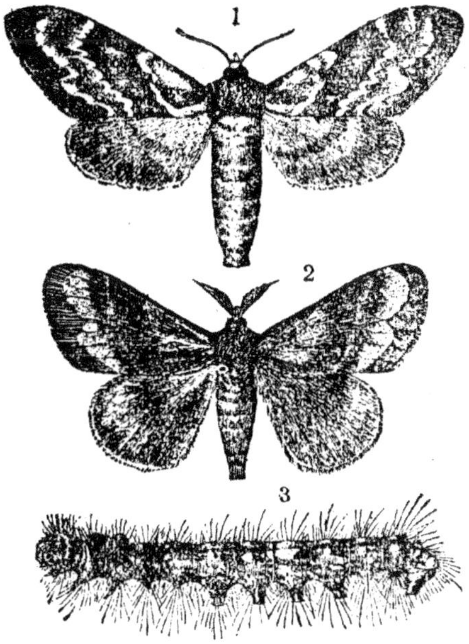

1 雌蟲　2 雄蟲　3 幼蟲

一、形態　成蟲爲大形之蛾，雌雄之大小及色彩不同。雌者形大，體長一寸四分，展翅三寸一分餘，頭胸黑暗，前翅翅底與近外緣處，有廣闊之白色雲狀帶，後翅及腹部暗褐色；雄者形較小，體長八分，展翅一寸八分，全體暗褐色，前翅中央稍暗黑色，觸角羽狀，此乃與雌者不同之點。卵橢圓形，淡褐色。成長之幼蟲長三寸餘，全體之底色爲淡黃褐色，頭頂有褐色條紋，第三節之背上有紫色之短毛塊，以下各節之背上稍呈暗色，其中有白色小毛塊，外觀似白紋，此外全體生細長毛。蛹長以各雌雄之體長爲準，全體黑褐色。繭長二寸餘，灰黑色，外部附有少數之幼蟲毛。

二、經過習性　一年雖有發生二代者，惟普通發生一代。成蟲每年七月間出現，在葉上產卵，卵數有三四百粒。孵化出之幼蟲，至十一月中旬則二次脫皮終結，三齡以後則下至幹部下方粗皮中隱伏越年。翌春四月以後出而食害葉子，六、七月間老熟，在葉間或皮部作繭化蛹，後即羽化。因幼蟲體大，故食害量亦大，由地上之落糞及葉枝空出之情況，可知此害蟲之發生程度。

三、驅除預防法　撒布五百餘倍之毒魚藤精液，或除蟲菊加用石油乳劑之四、五十倍液，可達殺蟲目的。春季害蟲活動前施行遮斷法，在幹之下方環塗膠黏物，可防止潛伏幹部下方之蟲上升，及由他樹轉移而來，又秋季將幹之下方用藁稈等卷裹，則幼蟲必至其中潛伏，可將其適當處置之。

第五節　松綠葉蜂

害松之葉蜂類，種類甚多，而以此種爲最普通，故作爲代表敍述之。

一、形態　成蟲爲小形之蜂，雌者體長二分五厘，展翅五、六分，全體黑色，惟胸背之菱狀部及脚之腿節以下，近尾節之兩側爲黃色，雄者稍小形，除脚以外色黑，觸角雌者短，成櫛齒狀，雄者長，呈羽狀。卵未調查。成長之幼蟲長達六分餘，頭部及初節橙黃色，頭部有黑紋及黑帶，胴部背面綠色，腹面黃色，尾端橙黃色，胸脚黑色。化蛹之繭長橢圓形，長二分五厘餘，色灰褐。

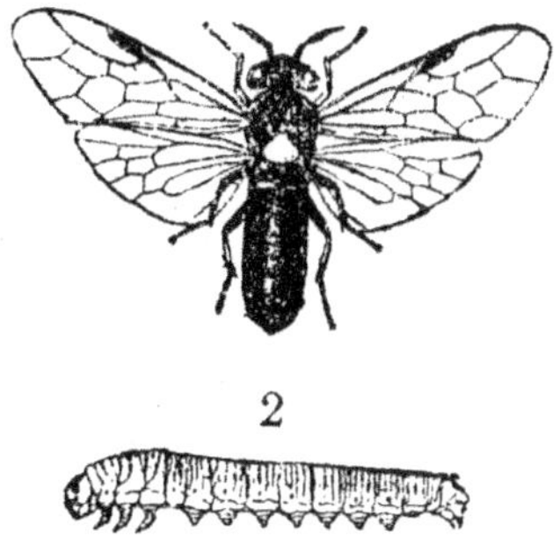
1.
2

第二五四圖　松綠葉蜂

1 成蟲　2 幼蟲。

第二五五圖
松綠葉蜂之爲害狀

二、經過習性　一年發生二代，冬季在粗皮，落葉或葉間等處所作之繭中越年，翌春化蛹。自四月至五月化爲第一代成蟲，產卵松葉間，六、七月間孵化，初食害綠葉之外皮，僅留中央部，後則切斷全葉食害，老熟時在葉間或粗皮間作繭化蛹。八月間化成第二代成蟲，後卽產卵，九月以後至十一月上旬，幼蟲出而加害，老熟時卽越年。

三、驅除預防法　撒布與前種害蟲同樣之藥劑，若在枝之一部分上發生時，則可與樹枝一同切下燒却之。

附　松樹除右種害蟲外，尚有發生一種名爲「松木葉蜂」之害蟲，此依地方情形而不同，亦有爲害甚大者。成蟲之大部似前種，惟體色暗橙黃色。幼蟲頭部黑色，胴部黑藍色，一年發生一代。幼蟲在四、五月間出而食害葉子，老熟時在加害之葉間結繭，自十月下旬至十一月上旬化爲成蟲。驅除預防法與前種同。

第二章　印度杉之害蟲

此樹之害蟲甚少，僅有一種，在枝上作巢而在其中食害葉子者。此蟲卽桃之害蟲章中所述之「桃食心蟲，」除爲害各種果子及此樹外（如圖所示），對落葉松、唐檜等，亦同樣爲害。驅除方法可將幼蟲與巢一同採下燒却。多數發生時，可照「松毛蟲」之除治法，撒布殺蟲劑。

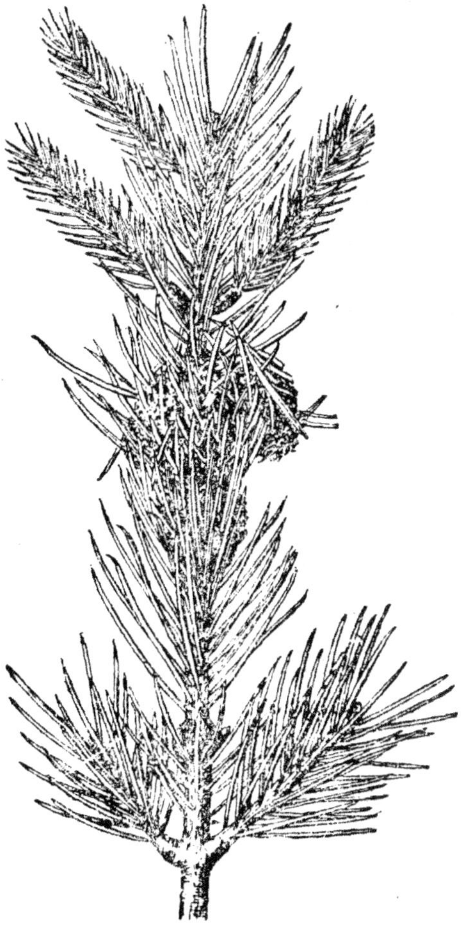

第二五六圖　桃食心蟲加害之枝

第二五七圖　白條天牛

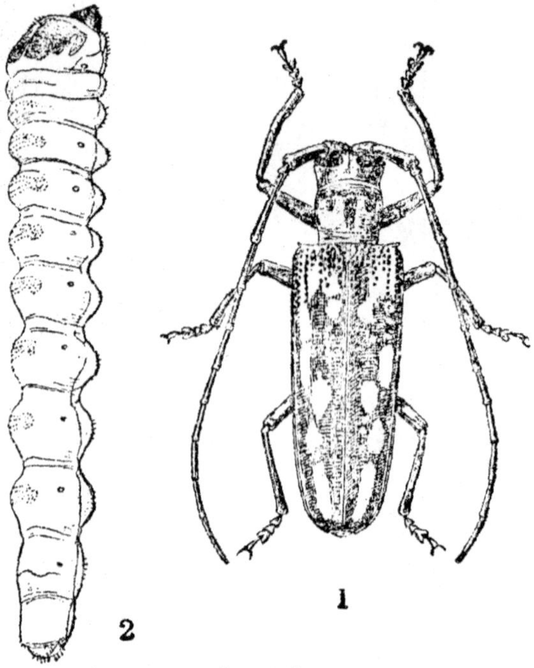

1 成蟲　2 幼蟲

第三章　椎之害蟲

椎之害蟲種類稍多，最主要者有下述之兩種。

第一節　白條天牛

此害蟲俗稱「鐵砲蟲，」主在幹之根際部分食入加害。

一、形態　成蟲爲大形之天牛，體長一寸四分，全體灰褐色，翅鞘上有縱列之大白紋。卵長橢圓形，色淡黃。成長之幼蟲，體長達二寸餘，頭部小形黑褐色，胴部乳白色，第一節背面之硬皮板呈方形，色淡褐。蛹未調查。

二、經過習性　尙未充分調查，約經二、三年化爲成蟲，成蟲於秋季化成，翌春五月以後出現，在近根部幹之皮部，橫列穿成許多粗大之孔，將卵粒粒產入。孵化出之幼蟲由皮下食入，漸成長則漸食入材部，被食入部之幹卽膨大，因此樹勢衰弱，同時易被強風吹折。本爲櫟樹上最普通發生之害蟲，惟在栗、椎、槠等樹上亦發生。

三、驅除預防法　五月間產卵時穿孔部分之皮，色甚鮮明，極易發見，可用鐵椎之細端，將此鮮明部之皮椎擊二、三次，卽可將卵及孵化出之幼蟲潰殺。又對於成長之食入幼蟲，可將蟲糞除去，由此孔道注入二硫化碳或揮發油，同時用泥將注入口密封，或用綿花黏着殺鼠劑封入。

第二五八圖　白條天牛爲害幹之外部

第二節　白紋毒蛾

此乃暴食葉子之害蟲，樹有因此而枯死者。別名「小角毛蟲。」此蟲雖爲雜食性，發生於多種植物上，而椎樹上特多。

一、形態　成蟲爲小形之蛾，雌蟲有有翅者與翅已退化者之兩種。普通者體長四分弱，展翅一寸二、三分，頭胸及前翅暗黃褐色，翅底及外緣有濃色黑紋，腹部及後翅稍呈白色。翅退化者則體軀肥大，胸背及短翅上有黑紋。雄者形小，體長三分，展翅八分餘，全體暗黑褐色，前翅有複雜之波狀紋及雲狀紋如圖，觸角呈羽狀。卵圓形壺狀，色灰白而有環狀紋。成長之幼蟲長達八、九分，頭部濃暗褐色，胴部之底色爲暗褐色，惟亞背線黃赤色，此外具複雜之紋及瘤狀突起，如圖所示生一定之毛塊外，全體粗生細毛。蛹與成蟲之體同長，暗黃褐色，生短毛。

第二五九圖　白紋毒蛾

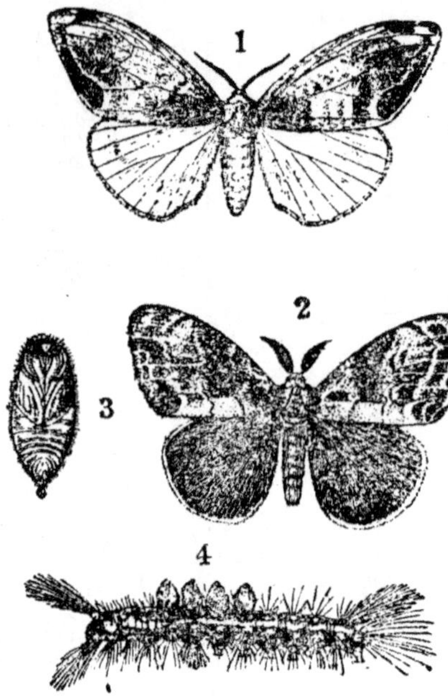

1 雌成蟲　2 雄成蟲　3 蛹　4 幼蟲

二、經過習性　一年發生二代，冬季以卵越年，春季孵化，幼蟲在葉上穿孔食害，老熟時即入粗繭中化蛹。第一代之成蟲在七月間化成，第二代者在九、十月間。卵在枝之分歧處産下，每數百粒集合一處。各種植物上都有發生，惟在此椎樹上較多。

三、驅除預防法　使用毒魚藤、毒魚藤精、硫酸菸鹼等之合劑，都有效力。又若在發生前使用砷酸鉛，可免其來食此外注意將卵塊採索潰殺，亦爲有效之方法，惟對大樹不能實行。

第二零六圖　白紋毒蛾之卵

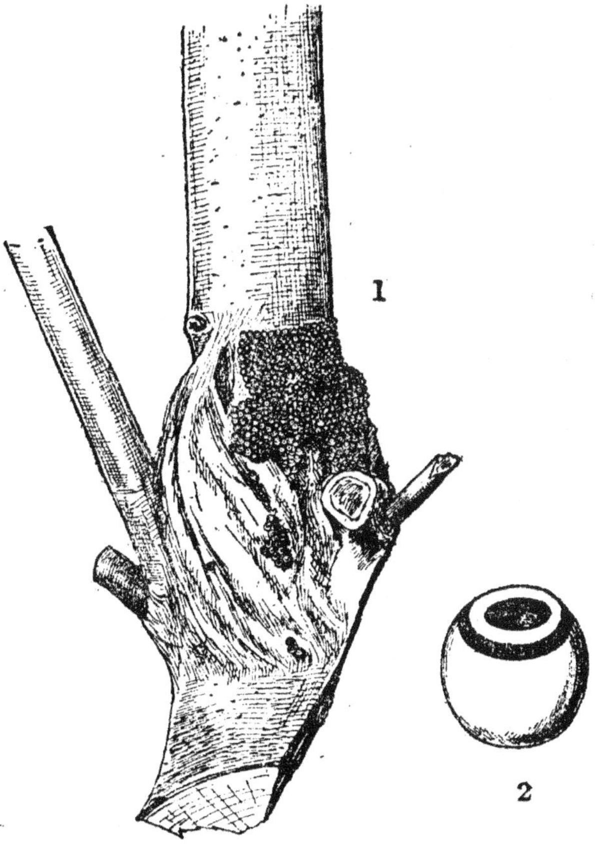

1 卵塊　2 卵之放大

第四章 樟之害蟲

樟之害蟲種類甚多，惟爲害大者，僅有下述之兩種。

第一節 樟大螟蛾

此害蟲俗又稱「樟巢蟲，」將樟樹之枝葉連綴，入其中作巢食葉。

一、形態　成蟲爲小形之蛾，體長三分五厘，展翅八分餘，全體灰黃色，除前翅中室有兩個毛塊外，尚有如圖之橫曲線。卵尚不明。成長之幼蟲長達八、九分，全體暗黃褐色，頭部有斑，胴部之亞背線大，氣門線細，即胴部有大小二對之條線，此外粗生細毛。蛹長三分五厘餘，色暗黑。

第二一六圖　樟大螟蛾

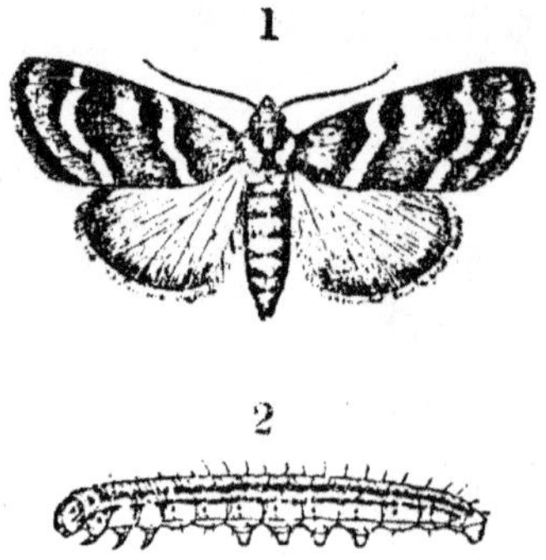

1 成蟲　2 幼蟲

二、經過習性　一年發生一代，冬季以老熟之幼蟲越年，似在翌年八月間羽化，次即產卵。孵化出之幼蟲，初則綴少數葉子，漸成長則漸綴多數葉子，在其中用絲作巢，食害葉子。

三、驅除預防法　此蟲因綴葉而容易發見，故可將其與樹枝一同切取燒却。多數發生時，撒布砒酸鉛二、三次，可防止食害。

第二六二圖　樟大螟蛾之爲害葉

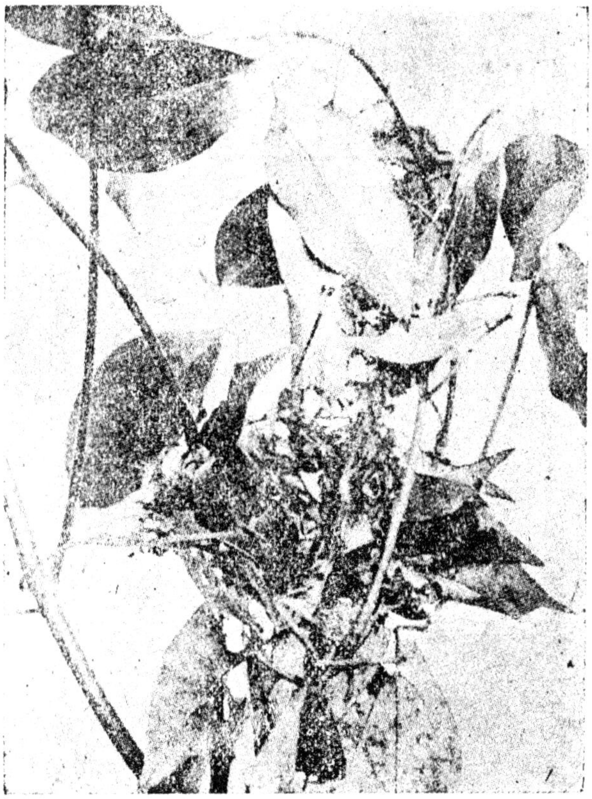

第二節　樟潛葉蟲

此乃潛入葉內食害，使葉早落之害蟲。

一、形態　成蟲爲微小之蛾，體長一分五厘，展翅三分五厘，頭灰黑，複眼紫黑色，胸部及前翅色

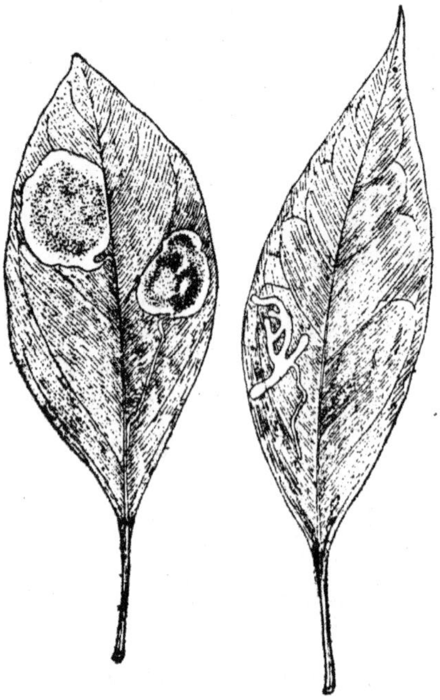

第二六四圖　樟潛葉蟲爲害之葉

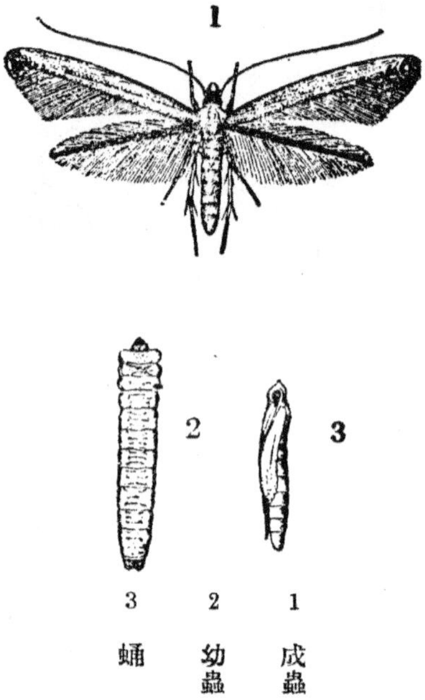

第二六三圖　樟潛葉蟲

綠而帶金色，先端之後緣及緣毛黑色，腹部及後翅灰黑色。成長之幼蟲長二分弱，口器淡褐色，其他黃綠色。蛹長一分四厘餘，頭部稍尖，色微暗綠，複眼及體之背上中央淡黑褐色。

二、經過習性　一年發生二、三代，冬季之越年狀態不明。六月以後幼蟲出現，食害葉肉，如蛇行狀潛行食害，最後食成大圓形，即在此部分化蛹，以後即羽化產卵。下面之葉比較上面者發生多，被害葉生成褐色斑紋，除有損美觀外，且早落。

三、驅除預防法　夏季發現被害葉時，隨即採下燒却。多數發生時則撒布砷酸鉛。

第五章 欛木及女貞之害蟲

欛木（細葉冬青）及女貞之害蟲雖少，而前者有「龜甲蠟蟲，」後者有「前赤透野螟蛾，」爲害甚大。爲便利起見，同述於此。

第一節 龜甲蠟蟲

此乃雜食性之害蟲，各種樹木上雖均有發生，而欛木上特多，更能誘起煤病，使成黑色，減損美觀。

一、形態 雌之成蟲，全體包有蠟質物，體形橢圓，長一分二厘餘，全形呈龜甲狀，其名卽由此而得，蠟質物色紅白，體下面暗赤色。雄者具普通昆蟲之體形，體長三厘，展翅五厘五毫餘，體紫赤色，眼黑色。卵長橢圓形，色黃赤，後變赤褐色。幼蟲初扁平橢圓形，色赤褐，能自由步行，成長時則固定而似雌之成蟲。惟變成雄蟲者，則入白色星狀之介殼中化蛹。

二、經過習性 一年發生一代，冬季以受胎之雌成蟲越年，翌年自五月至六月產卵，七月孵化，九月間老熟，生雄蟲交尾，受胎越年。雌者在枝上着生，雄者在葉上着生，其介殼多在冬季中落下。幼

第二六五圖 龜甲蠟蟲

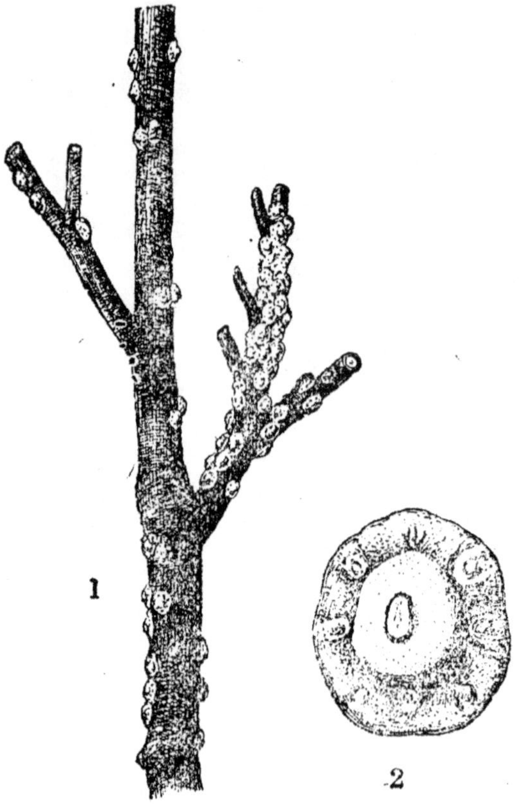

1 着生狀
2 雌蟲

蟲與雌成蟲吸收液汁，使樹勢衰弱，其排泄之糞液，能發生煤病，使樹之下方變成黑色。

三、驅除預防法

冬季之成熟介殼甚強固，驅蟲劑不能使之死滅；故宜在七月至八月間之幼蟲時代，撒布松脂合劑驅除之，同時可防止煤病發生。若係細樹，可在冬季一一搔落之。又在葉上之雄介殼並不爲害，以後能自落下，無須擔憂。

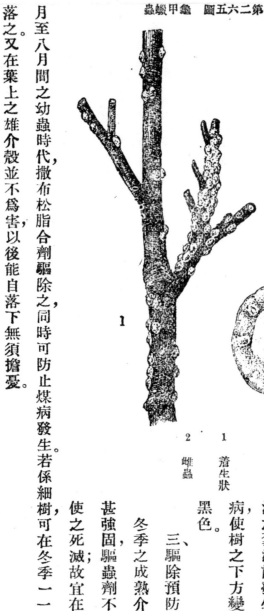

第二節 前赤透野螟蛾

此害蟲俗稱爲「捲葉蟲」之一種，食性稍雜，「橄欖」「枸骨」上亦有發生，惟在女貞上發生最多，而爲害亦最大。

第二六六圖　前赤透野螟蛾

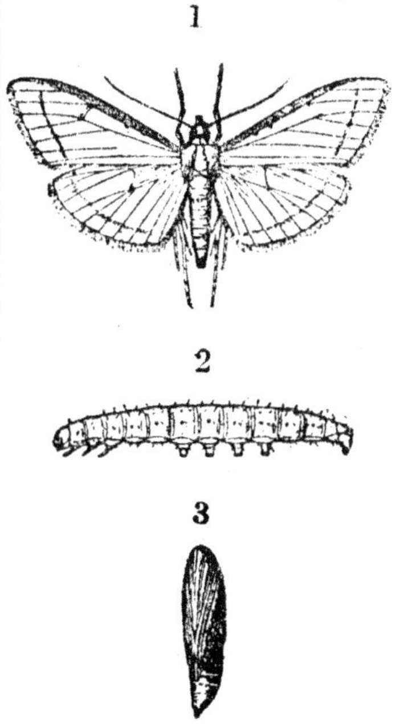

1 成蟲　2 幼蟲　3 蛹

第二六七圖　前赤透野螟蛾爲害之狀況

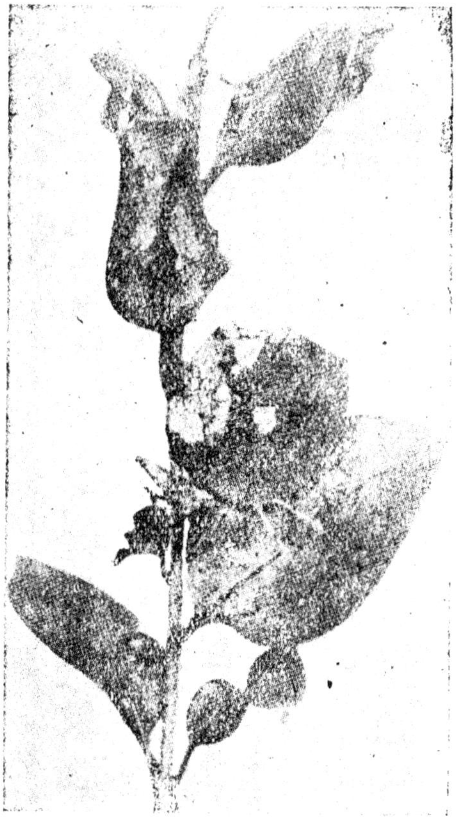

一、形態　成蟲爲小形之蛾，體長四分，展翅九分內外，全體銀白色，翅半透明，前翅之前緣黃赤色，故冠以前赤之名字，此外有少數黑色點，卵扁平圓形（不甚正），徑二厘餘，色淡綠。成長之幼蟲長達七分餘，頭部淡褐色，胴部黃綠色，各節有小點，從此生細毛。蛹長四分，色黃褐，在白色之粗繭中。

二、經過習性　一年發生二代乃至三代，冬季以幼蟲越年，翌春五月間化蛹，中下旬化爲第一代成蟲，在嫩葉背面產卵，不成塊，孵化出之幼蟲，沿葉脈而食害葉肉，成長時則用絲連綴數葉，入其中食害葉子，爲害甚大。第二代之成蟲，八月間出現，以後幼蟲不僅食葉，果子亦食害，老熟時在樹皮裂縫及落葉中潛伏越年，暖地則變成不規則，似再可發生一代。

三、驅除預防法　撒布砷酸鉛可不至加害。少數發生時可將綴葉分開，將害蟲殺死，惟此時幼蟲極活潑，能將身體反轉落下，故應注意其逃逸。

第六章　厚皮香之害蟲

第一節　厚皮香捲葉蟲

厚皮香之害蟲甚少，僅有此一種，乃連綴嫩葉及芽而在其中食害者，為害極大。

一、形態　成蟲為小形蛾，長二分五、六厘，展翅六分餘，頭部茶褐色，胸部及前翅灰白色，翅前緣大體茶褐色，全翅面有細紋，腹部及後翅灰黑色。卵未調查。成長之幼蟲長六分五厘，頭部黃褐色，胴部乳白色，第一節硬皮板及尾板暗黑色，各節有小暗黑點，由此生出細毛。蛹長三分餘，茶褐色，腹背生刺。

第二六八圖　厚皮香捲葉蟲

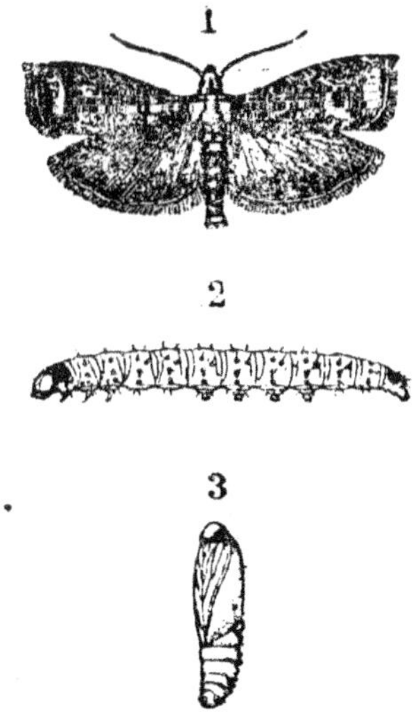

1 成蟲　2 幼蟲　3 蛹

二、經過習性　經過不明，一年當發生二、三代，冬季以蛹越年，翌春羽化。嫩芽伸長時即將其連綴，入其中食害，為害極大。

三、驅除預防法　撒布砒酸鉛，每經一週餘撒布一次，撒布二、三次以上。少數發生時則可採摘潰殺，或燒却之。

第七章　黃楊之害蟲

黃楊之害蟲甚少，「犬黃楊」及「本黃楊」各有一種，卽如下所述者，爲害甚大。

第一節　犬黃楊捲葉蟲

此害蟲捲葉食害，能損樹之美觀，爲害甚大。

一、形態　成蟲爲小形之蛾，體長一分八厘，展翅四分五厘餘，體紫色而帶黑褐，眼黑色，前翅自前緣至後緣生出許多細波狀帶，惟後緣之內方及前緣之外側，現大黑紋如圖，後翅及腹部黑色。卵未調查。成長之幼蟲長四分餘，頭部及第一節之硬皮板、胸脚、尾板等色黑褐，胴部乳白色。蛹未調查。

第二六九圖　犬黃楊捲葉蟲

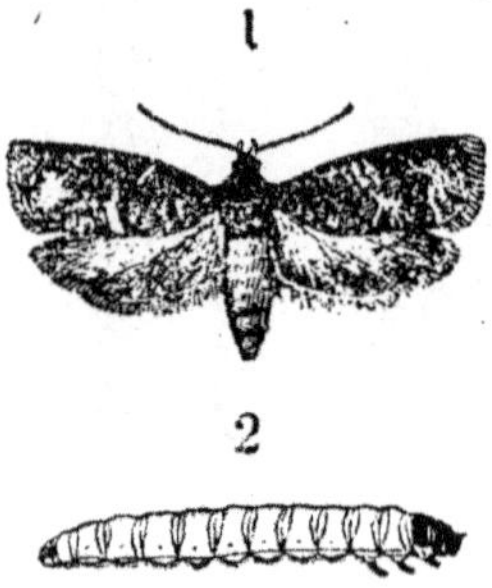

1 成蟲　2 幼蟲

二、經過習性　一年中發生代數雖不明，約發生二、三代。六月間發生最多，綴葉食害，使之枯死。

三、驅除預防法　少數發生時，可將其與樹枝一同切取燒却之。多數發生之地方，則可在發生前撒布砒酸鉛。

第二七〇圖 犬黃楊捲葉蟲之爲害狀

第二節 黃楊透野螟蛾

此害蟲在「本黃楊」之枝及葉上張絲居其中食害葉子，常全被食光，爲害甚大。

一、形態 成蟲爲大形之蛾，體長六分五厘，展翅一寸五、六分，體之頭及尾端黑色，其餘白色，前

第二七一圖　黃楊透野螟蛾

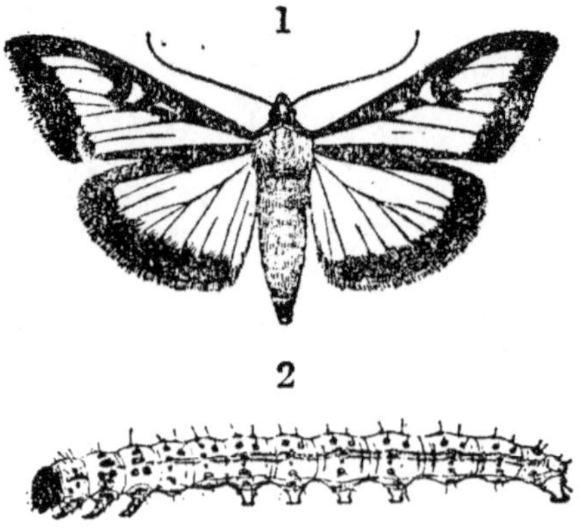

1 成蟲　2 幼蟲

後翅白色而半透明，前翅外周黑色，前緣留有半月形之白紋，後翅僅外緣黑色。卵扁平橢圓形，色微綠。成長之幼蟲長達一寸三、四分，頭部黑色，胴部淡黃綠色，亞背線部各有兩條淡黑線，各節有三個黑紋，由此粗生細毛。蛹長六分餘，色黑褐。

二、經過習性　一年發生二代，冬季以中齡之幼蟲越年，四月下旬至五月中旬出現，在枝葉間密張蜘蛛網樣之絲，羣生其中而食害葉子。後在此中造粗繭而化蛹，至六月中旬化成第一代成蟲，而產卵。第二代幼蟲在七月間出現，八月中化爲第二代成蟲。自此產卵孵化出之幼蟲，稍成長卽越年。

三、驅除預防法　與前害蟲同樣，使用砷酸鉛。此外則撒布除蟲菊肥皂合劑、毒魚藤精、硫酸菸鹼等之合劑，均有效。

第八章 椿及山茶之害蟲

椿與山茶之害蟲種類相同。其種類雖有多種，而最主要者，僅有下述之兩種。

第一節 茶毛蟲

此乃有名之茶害蟲，椿及山茶樹上亦有發生，食害葉子，其毛有毒，若觸及吾人之皮膚，則能使皮膚發紅腫。

一、形態 雌成蟲體長三分五厘至四分，展翅一寸餘，全體淡黃色，前翅之中央有廣闊之曲帶，翅頂有兩個小黑紋。雄者比較小形，全體黑褐色，翅頂黑色，其中有與雌者同一之黑紋。卵球形，色黃。成長之幼蟲，體長達八分餘，頭部赤褐色，胴部黑褐色，背線濃黃，亞背線白色，各節有瘤，從此生黑毛及白毛。蛹長四分餘，濃褐色，在淡黃色之薄繭中。

第二七二圖 茶毛蟲

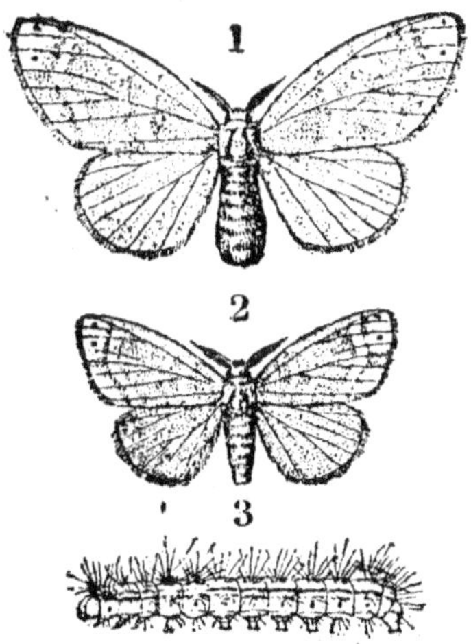

1 雌蟲 2 雄蟲 3 幼蟲

第二七三圖　茶毛蟲食害之葉

二、經過習性　一年發生二代，冬季以卵越年，翌春孵化，五、六月間則幼蟲為害。第一代之成蟲在七月出現，第二代在十月間出現。卵在葉背產成塊狀，上覆以雌者尾端之毛塊。幼蟲在葉背排列，由葉緣食害，後即分散，使葉僅餘主脈，為害甚大。

三、驅除預防法　將羣生之初齡幼蟲與枝葉一同切取燒却之。皮膚被毒毛刺及時，可塗敷稀薄之阿母尼亞水。

第二節　茶丸介殼蟲

此害蟲在幹之最下部及枝之下部周圍成羣附着，吸收液汁，因此樹勢衰弱，後即枯死。

一、形態　雌之介殼形圓，不高，徑九厘餘，殼點在前端，淡黃或淡紅色，介殼灰白色，着在樹之老皮上者則變成污黑色。此介殼下之雌體，略呈圓形，胸部之第一、第二、第三等節縊小，全體淡紫色，臀

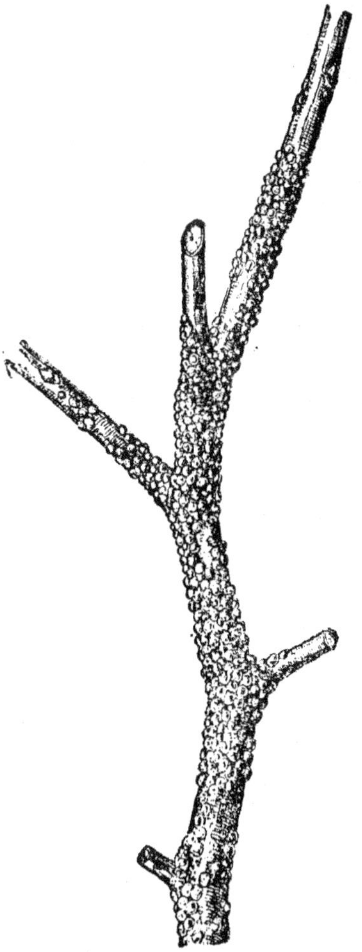

第二七四圖　茶丸介殼蟲之着生狀

板黃褐色。雄蟲及卵，與桑介殼蟲大同小異，故不再述。

二、經過習性　一年發生一代，冬季以受胎之雌蟲越年，翌年五月產卵體下，六月孵化成幼蟲，八月上中旬化爲成蟲。在茶樹上較普通，故有此名，惟椿及山茶、躑躅、牡丹等樹上亦同樣發生，爲害甚大。尤以在都會中細塵、煤烟等極多之小庭院等處發生最多。

三、驅除預防法　在盆栽之小木上發生者，可用小刀背及竹刷等類之器將其搔落，如此則因此害蟲無脚而不能再上昇着生爲害。對多數之樹木，則在冬季塗抹或撒布石灰硫黃合劑、機械油劑等，但此蟲身體微小且似樹皮，故普通人不易發見。有着生之嫌疑時，可用指爪在枝之下部，及幹之近根部之皮部不規則隆起處搔括之，若有此害蟲着生，則甚易脫落，其遺跡有圓形之白色點，故極易辨別。

第九章　楊桐及柃樹之害蟲

楊桐及柃樹之害蟲爲數不多，其中爲害最大者，有下述之兩種。

第一節　螢蛾

此乃食害葉之害蟲，爲害甚大，幼蟲之色彩濃厚，外觀似爲有毒之害蟲。

一、形態　成蟲體長六分，展翅一寸七分五厘，體翅皆黑色，惟頭部紅色似螢，前翅有斜形黃白色帶一條。卵尚未明。成長之幼蟲，體長七、八分，頭部小形，黑褐色而下向，胴部之底色黃，背線細而黑紫色，左右微紫色，第三節及第十一節之背上，有黑紫色橫紋與此連續者，體之兩側有大形黑紫色縱帶，此帶中央之色淡，背上有黑色之短毛，體側生白色較長之毛。蛹未調查。

第二七五圖　螢蛾

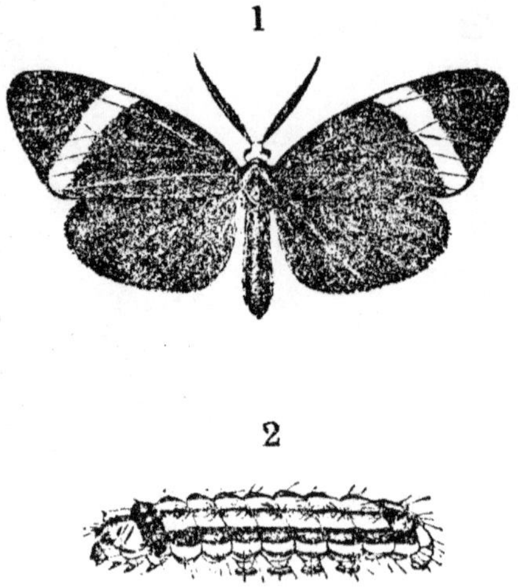

1 成蟲　2 幼蟲

第二七六圖　螢蛾爲害之葉

二、經過習性　一年發生二代，冬季以幼蟲越年，翌春化蛹。第一代成蟲在六月出現，第二代在九月，幼蟲在七月間及十月間出而食害葉子。

三、驅除預防法　幼蟲形大極易看見，故可用小鋏子將其一一鋏取潰殺。多數發生時可撒布砒酸鉛。又除蟲菊肥皂合劑、毒魚藤精、硫酸菸鹼等，皆有效力。

第二節　褐斑螟蛾

此害蟲將葉與葉重疊而入其中食害下葉之上面。又稱「山茶食葉蟲。」

一、形態　成蟲爲小蛾，長二分五厘，展翅三分七厘餘，頭胸及前翅大體爲黑紫色，基部赤色，外緣淡色，上面有不甚清楚之條線，腹部及後翅灰白色。卵未調查。成長之幼蟲長三分六、七厘，全體之底色淡黃，惟生成微細之花紋，上面列生不清楚之黑紋，且粗生細毛。蛹長二分二、三厘，全體褐色，

第二七七圖　褐斑螟蛾

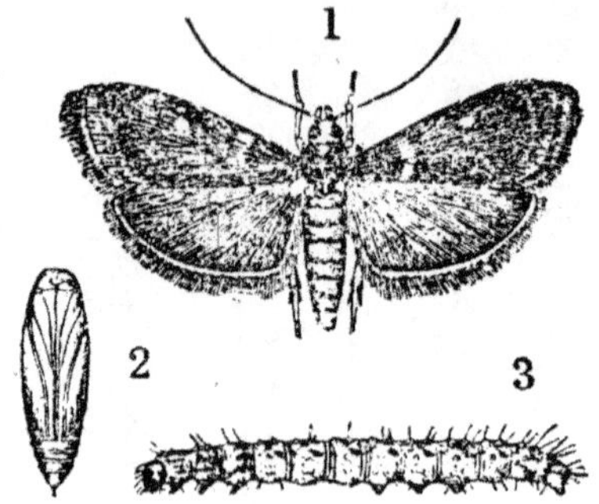

1 成蟲　2 蛹　3 幼蟲

第二七八圖　褐斑螟蛾之爲害葉

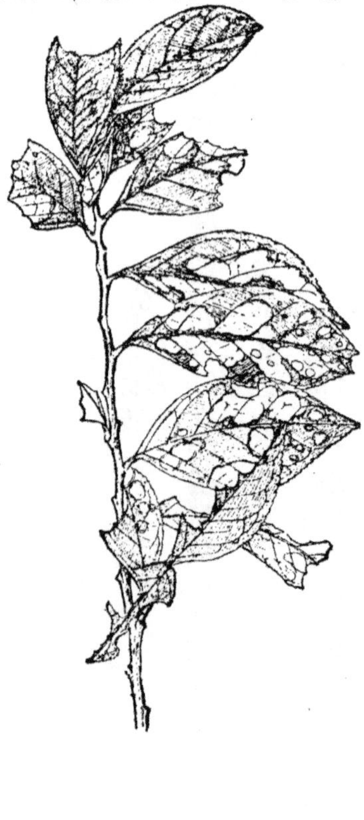

在薄繭中。

二、經過習性　冬季似以幼蟲越年，一年發生二代，每年五月間以後出而加害。第一代之成蟲在八月間化成，第二代在九月間。幼蟲羣生，用絲連綴上葉與下葉，在中間食害下葉上面之葉肉，上葉下面之葉肉亦有食害者，終乃使葉變成褐色而枯死。蛹在葉肉所造之薄繭中。楊桐以外，山茶、茶、柿等樹上亦有發生。

三、驅除預防法　既發生綴葉者，祇可將綴葉切取燒却。發生前撒布砒酸鉛最有效。

第十章 正木之害蟲

正木之害蟲，種類不多，最普通者有下述之兩種。

第一節 蓑尾蛾

此乃暴食葉子之害蟲，能將葉子完全食光，爲害甚大。

一、形態 成蟲爲小形之蛾，雌者體長四分五厘，展翅一寸一分五厘，頭胸黑色，生黃褐色毛，腹部暗褐，全體有黃褐色毛，尤以尾端爲多，翅透明，脈細，色黑，雄者比雌者小。卵橢圓形，色淡橙。成長之幼蟲，體長六、七分，頭部小形，色黑褐，胴部肥大，全體淡黃綠色，有背線、亞背線、氣門線等七條黑線，此外則粗生細毛。蛹稍呈橢圓形而扁平，長五、六分，大體黃綠色，惟頭部稍淡褐，腹背得見幼蟲時代之縱條。

第二七九圖 蓑尾蛾

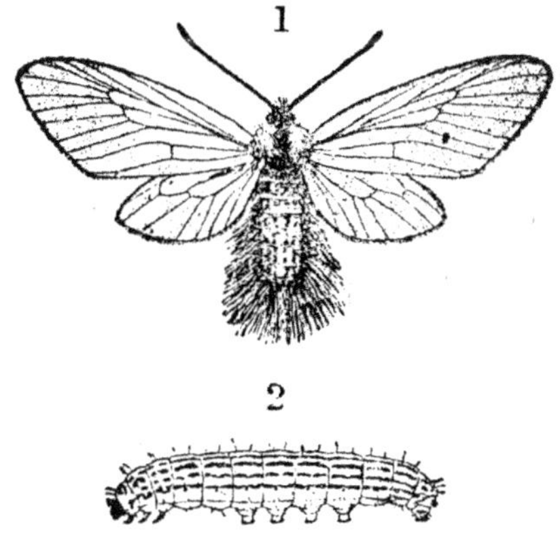

1 成蟲 2 幼蟲

二、經過習性 一年發生一代，以卵越年，三月下旬至四月上旬孵化，至五月上旬老熟，中下旬卽入繭化蛹，十一月上旬羽化。卵產於枝端成塊狀，幼蟲羣生於葉背，由一方起食害，成長時隨卽分散，入老樹之窩中及籬笆之空隙等處作繭。

三、驅除預防法　在發生前撒布砒酸鉛，若單以殺蟲爲目的，則可使用除蟲菊肥皂合劑及毒魚藤精等之合劑。

第二節　正木長介殼蟲

此乃着生於下方枝幹及葉面使之枯死之害蟲，爲害甚大。

一、形態　雌之介殼扁平長形，前方細，長六厘餘，色暗褐，外周灰色，殼點在前端，稍呈黃褐色，此介殼下之雌體長形，色橙黃，臀板稍呈黃褐色。雄之介殼長形，色白而呈綿狀，有三條隆起，長二厘餘，殼點黃褐色，雄體似其他一般介殼蟲類。卵橢圓形，色黃。幼蟲扁平橢圓形，色淡黃，與其他之介殼蟲同樣，脚發達而能步行。

二、經過習性　一年發生二代，冬季以受胎之雌成蟲越年，五月間產卵化成幼蟲，七月間化成第一代成蟲，七月下旬第二代產卵，至秋季化爲成蟲越年。雌者雖主在葉上面着生，而枝上亦有之，雄者則主在葉上面着生。因此蟲吸收液汁，葉遂變黃而枯死。雄之介殼微小而色白，外觀以附着白粉，故能一目瞭然。

三、驅除預防法　發生多之時，將其刈取燒却。此外冬季撒布松脂合劑亦可驅除。

第二八〇圖　正木長介殼蟲之着生狀

第十一章　珊瑚樹之害蟲

珊瑚樹之害蟲種類不多，為害大者有下述之三種。

第一節　珊瑚樹葉蟲

此蟲之幼蟲成蟲同食害葉，為害甚大。

一、形態　成蟲之體長雌者三分，雄者稍小，頭胸微黃褐色，頭部及觸角之尖端黑色，翅鞘灰褐色。卵粟粒狀，色褐。成長之幼蟲長達三分五厘餘，頭部

第二八一圖
珊瑚樹葉蟲

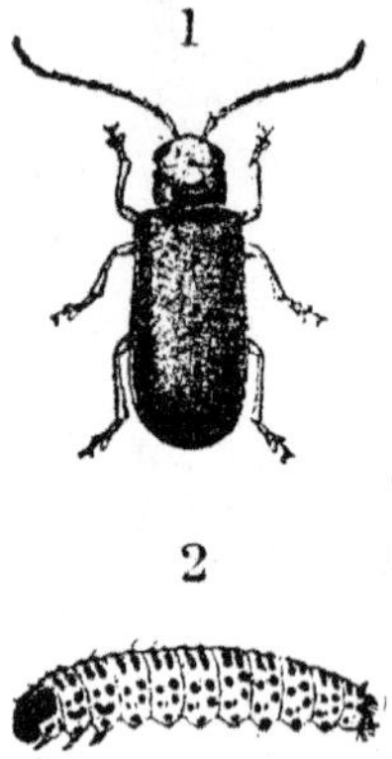

1成蟲　2幼蟲

第二八二圖　珊瑚樹葉蟲之為害葉

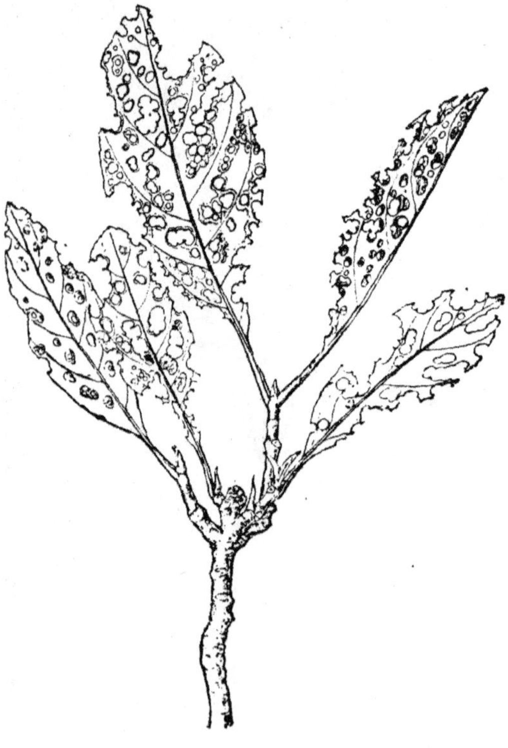

及胸脚黑色，胴部黃褐，各節有一定之點紋如圖。蛹長三分餘，淡黃褐色。

二、經過習性　一年發生一代，冬季以卵越年，翌春發芽後孵化，幼蟲在葉上穿孔食害，五月中下旬老熟，入地中化蛹，七月上旬以後羽化，至十月間與幼蟲同樣將葉食害，十一月間將枝之皮部嚙傷，產下十粒至二十餘粒之卵，母蟲卽死去。

三、驅除預防法　幼蟲時代撒布砷酸鉛一、二次，成蟲時代撒布二、三次，如此可防止食害。若以殺死幼蟲爲目的，則宜撒布除蟲菊肥皂合劑、毒魚藤精、硫酸菸鹼等之合劑。

第二節　黑豚薊馬

此害蟲羣生葉上吸收液汁，使之全體變成白色而枯死，爲害甚大。

一、形態　成蟲體長六厘，爲微小之害蟲，全體黑色，惟尾端稍呈黃褐色，翅狹小透明，緣毛長。卵曲玉狀，色乳白。幼蟲稍扁平，全體微黃綠色，眼赤色。

二、經過習性　一年發生十數代，卽短期間能由卵化爲成蟲。卵產入葉之組織內，幼蟲成蟲同在葉背着生爲主，惟多數蕃殖時，則上面亦有之。吸收液汁，使葉完全變爲白色而枯死，有似火燒之狀。尤以溫暖地方發生爲多。冬季似以成蟲越年。珊瑚樹之外，柑橘樹上亦有多少發生。

第二八三圖　黑豚薊馬之幼蟲及成蟲

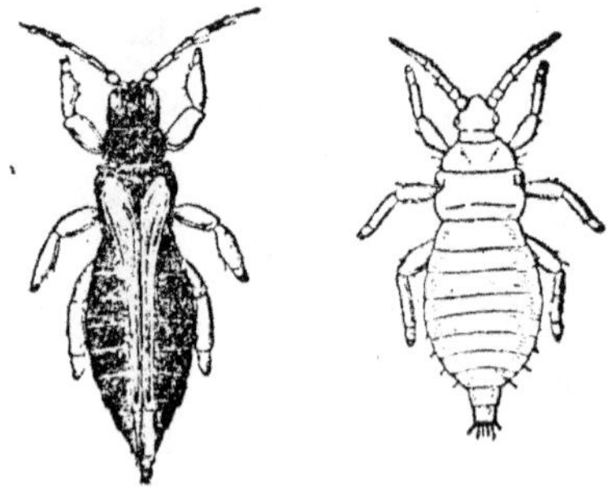

第二八四圖　黑豚薊馬為害及無害之葉

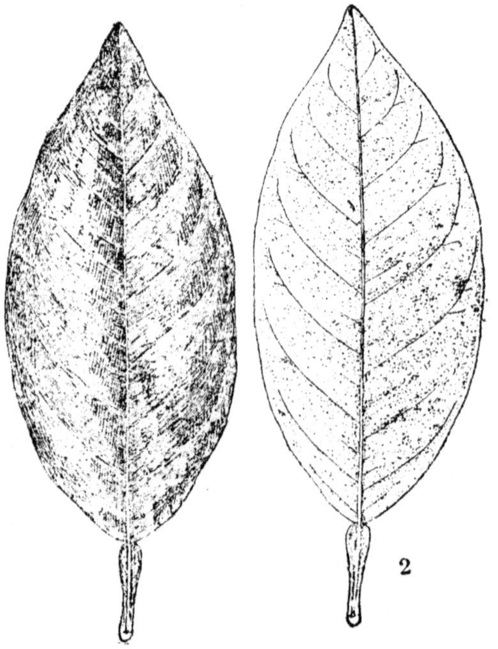

1 無害葉　2 被害葉

三、驅除預防法　撒布除蟲菊肥皂合劑及硫酸菸鹼、毒魚藤精等之合劑皆有效。

第三節　藤壺介殼蟲

此乃着生枝上而使之枯死之害蟲，為害甚大。

一、形態　雌蟲之介殼呈不正之橢圓形，長一分四厘至一分五厘，全形呈藤壺狀，全體暗褐，一側有狀似茶壺嘴之物。雄蟲及卵尚未調查。幼蟲形小，大體上具有雌蟲之形式。

第二八五圖　藤壺介殼蟲

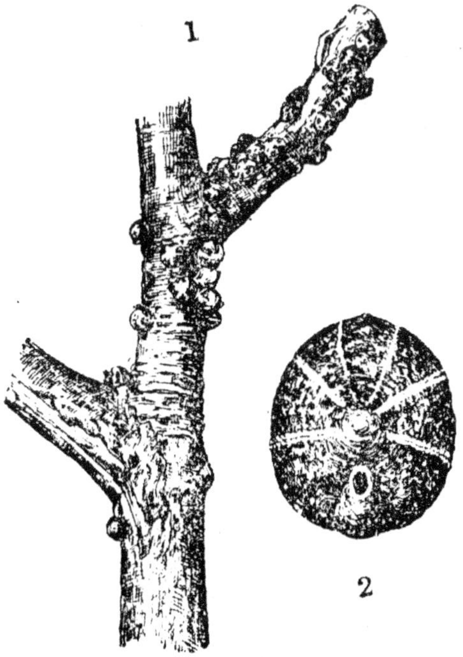

1 着生狀　2 雌蟲

二、經過習性　一年似發生一代，冬季以幼蟲越年，五月間化爲成蟲。幼蟲成蟲同羣附於枝上，吸收液汁，因此樹勢衰弱，遂至枯死。尤以空氣流通不良之庭園及公園中爲多。

三、驅除預防法　少數發生時可用竹刷之類將其搔落，多數發生時則冬季幼蟲時代，宜用毛刷之類塗抹石灰硫黃合劑或三十餘倍之機械油乳劑。

第十二章 躑躅之害蟲

躑躅之害蟲，種類不甚多，其爲害最大者有四種，其中一種「茶丸介殼蟲」已在椿之害蟲中述過，茲不再述。

第一節 躑躅葉蜂

此乃食害葉子使之僅餘主脈之害蟲，爲害甚大。

一、形態　成蟲體長三分弱，展翅六分強，體黑綠色而有光澤，翅同色而稍淡，半透明，雄者稍小形，觸角上生毛。卵橢圓形，微綠色。成長之幼蟲長五、六分，頭部橙黃色，胴部淡黃綠色，全體密佈小黑紋。蛹色微黃，所居之繭色褐。

第二八六圖　躑躅葉蜂

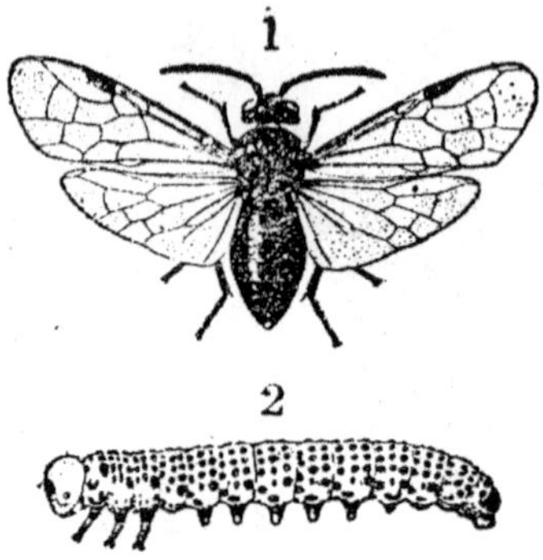

1 成蟲　2 幼蟲

二、經過習性　一年似發生二代，冬季以幼蟲在地中之繭內越年，翌年五月上旬化成第一代成蟲，卵產於葉緣之葉肉內，幼蟲食害葉子，使之僅餘主脈，爲害頗大，

第二八七圖　躑躅葉蜂爲害之葉

老熟時，即入地中，入繭化蛹，第二代之成蟲似在九月間出現，其後即有幼蟲出現爲害，老熟時即入地中繭內越年。

三、驅除預防法　撒布砒酸鉛可不至被食害。又若以殺蟲爲目的，則撒佈除蟲菊肥皂合劑、毒魚藤、毒魚藤精等之合劑皆有效力。少數發生時，可將幼蟲一一捕殺。

第二節　躑躅螕（躑躅軍扇蟲）

此害蟲羣生於葉背，以吸收口吸收養液，因此上面變成白色，遂至枯死落下。

一、形態　成蟲微小，全形呈軍扇狀，故又有躑躅軍扇蟲之名，體長連翅一分三厘餘，體黑褐，觸角脚等淡褐色，胸背上有雜

第二八八圖　躑躅螕

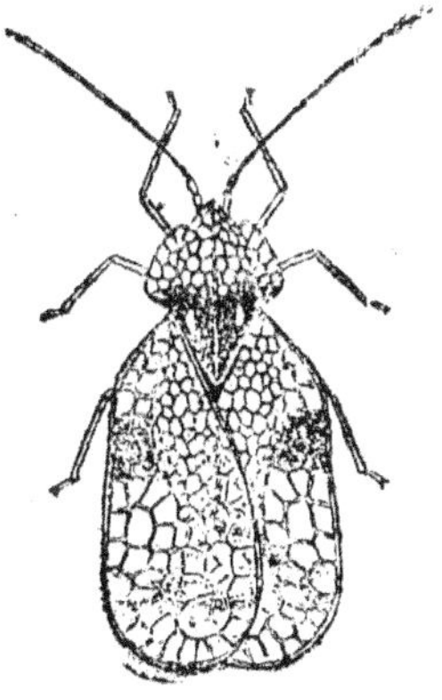

第二八九圖　躑躅蠔爲害之葉

冠狀之冠，因此又稱「雞冠軍扇蟲，」全形似「梨軍扇蟲，」惟胸部左右之片，殆缺如，翅之斑紋細。卵呈湯壺形，色藍。幼蟲扁平，缺翅，有黑褐色之斑。

二、經過習性　一年發生數代，冬季以成蟲越年，翌春新葉開展時，將卵產於葉背之組織內。幼蟲成蟲同在葉之背面吸收液汁，尤以中央部爲多，因此葉子上面變成蒼白色，遂至落下，背面附着液狀之糞，變成無數褐色之點。

三、驅除預防法　除蟲菊肥皂合劑、毒魚藤、毒魚藤精、硫酸菸鹼等之合劑均有效力。

第三節　躑躅花象鼻蟲

此乃在開花期中食害蕾之害蟲，花好而瓣多者被害尤大。

一、形態　成蟲爲微小之象鼻蟲，體長九厘餘，全體褐色，複眼黑色，口吻長可達腹部中央，胸部

第二九〇圖 躑躅花象鼻蟲

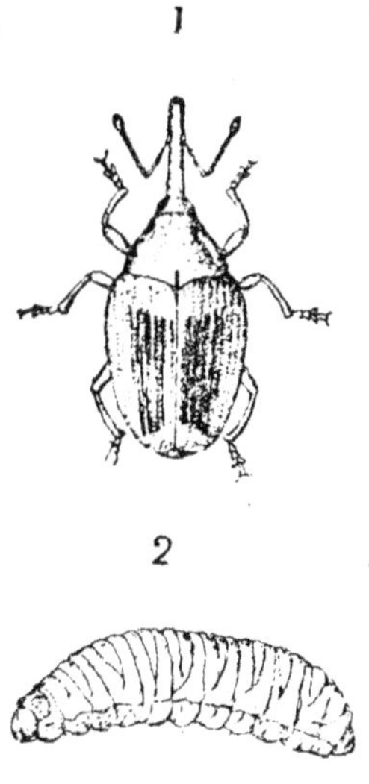

1 成蟲
2 幼蟲

後緣中央，有一條縱黑紋，左右翅鞘能透視後翅之黑色，故翅鞘似呈暗黑色。卵及蛹尚未調查。幼蟲體長達一分餘，常彎曲，頭部淡褐色，胴部淡黃色。

二、經過習性　一年發生一代，冬季以成蟲越年，似在蕾之時代出現，從外部穿小孔，各孔產入一、二粒卵。幼蟲在內部食害花蕾及花瓣，遂使不能開花，爲害甚大。幼蟲老熟時卽入地中，六月中羽化越年。

三、驅除預防法　尚未實驗出完全之方法，惟前述對於軍扇蟲使用之藥劑，若在蕾之時代將其撒布，可驅除成蟲而防止加害。

第十三章　桃葉珊瑚（卽青木）之害蟲

第一節　青木長介殼蟲

桃葉珊瑚之害蟲甚少，僅有介殼蟲一種，着生於葉之上面而吸收養液，使葉早衰變黃落下。

一、形態　雌之介殼呈逗點形，長七厘餘，全體白色，殼點在前端，色黑褐，此介殼下之雌體扁平圓形，尾端尖，全體橙黃色。雄之介殼長形，長三厘餘，色白，殼點與雌者同色。

第二九一圖

青木長介殼蟲之着生狀

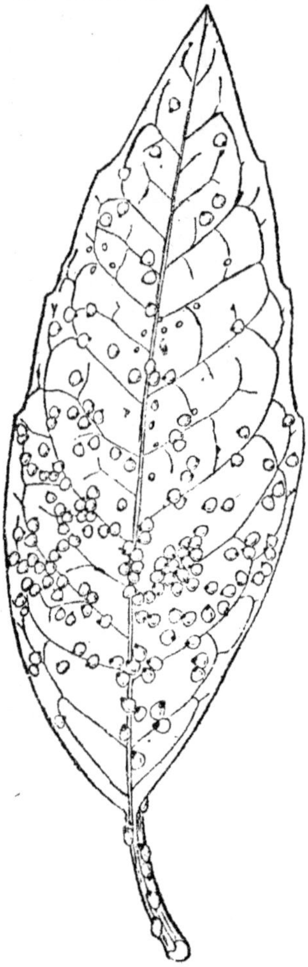

二、經通習性　尚未明瞭，冬季似以成蟲越年，翌春產卵，一年恐發生一代。陽光不易透過之地方，發生較多。

三、驅除預防法　少數發生時，則冬季用小刀背或竹刷之類，將其一一搔落，因此蟲之脚退化，故不能再上昇爲害而死滅。多數發生時，撒布松脂合劑，頗有效力。

第十四章 蔦及常春藤之害蟲

蔦及常春藤各有相當之害蟲，爲害大者，各有一種。

第一節 褐色虎蛾

此乃暴食蔦葉之害蟲，將葉食害如刈取之狀，僅餘葉柄。

第二九二圖 褐色虎蛾

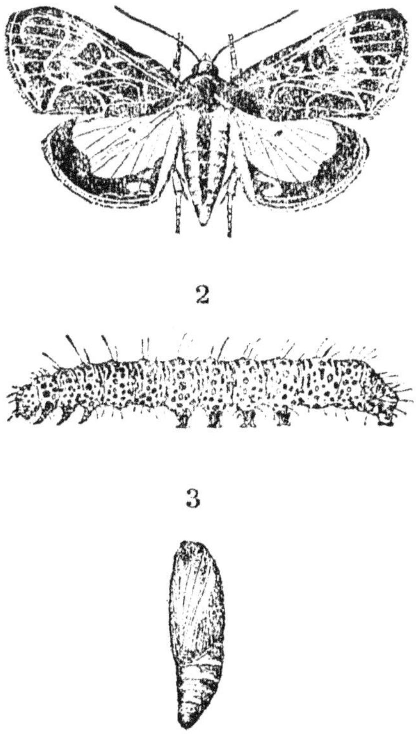

1 成蟲 2 幼蟲 3 蛹

一、形態 成蟲爲大形之蛾，體長七分，展翅一寸五分，𧏛頭胸及前翅紫黑色而帶有散雜黃褐色，前翅中央有濃褐色之腎狀紋及複雜之線紋如圖，後翅橙黃色，翅底有小黑點，外緣有黑褐色闊帶，腹部橙黃色，背上有黑色之縱條。成長之幼蟲長達一寸六分餘，前方細，全體暗淡黃色，頭部有黑紋，胴部有暗褐色之橫條及點紋，體上粗生細毛。蛹長七分餘，色黑褐。

二、經過習性　尙不甚明，一年約發生二代，冬季以蛹在地中越年，五月間出現，似在新葉上產卵。孵化之幼蟲，將葉食害，至六月間老熟，七月上旬化蛹，中旬羽化。以後想必再發生一代，以蛹越年，惟此層尙未調查清楚。六月中幼蟲出現，暴食葉子，使僅餘葉柄，恰與刈取者相似。

三、驅除預防法　撒布砒酸鉛，最安全而有效。

第二節　常春藤粉蝨

第二九三圖　常春藤粉蝨

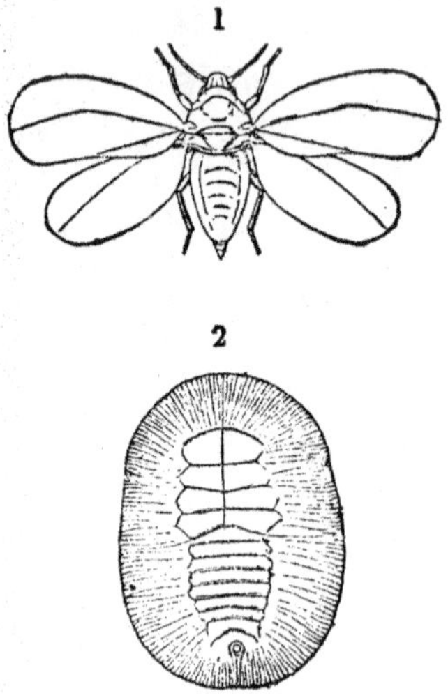

1 成蟲　2 蛹

此害蟲羣附於葉之下面，吸收液汁，使之變黃色而枯死。

一、形態　成蟲微小，肉眼不易見之，體長四厘弱，展翅一分餘，體微綠色而裝有白粉，翅白色不透明，雄者比較小形，卵橢圓形，色淡黃。初齡幼蟲，體扁平而呈橢圓形，色淡黃，周緣有十七對突起。蛹殼扁平而呈橢圓形如圖，全體淡黃色。

二、經過習性　一年發生三代，冬季以蛹越年。第一代之成蟲，在五月中旬出現，第二代者在七月中旬，第三代者在九月中旬，將卵粒粒產於葉背。幼蟲吸收葉之養液，故若由上面觀之，則葉成黃色，終至落下。又此蟲所排泄之糞液，能誘發煤病，使其附近變爲黑色。柑橘上亦有發生，故亦有稱爲「蜜橘粉蝨」者，惟一般在常春藤上發生最普通。

三、驅除預防法　撒布松脂合劑，可驅除此害蟲及煤病，因無此害蟲，則無排出之糞液，故煤病可不發生。

第二九四圖　大透羽蛾

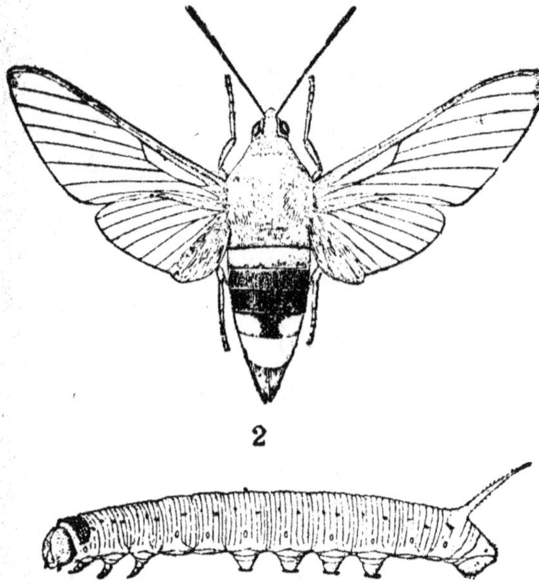

1 成蟲　2 幼蟲

第十五章　梔子之害蟲

梔子之害蟲種類不多，爲大害者亦少，下述之一種，則時有發生。

第一節　大透羽蛾

此乃食害葉之害蟲。

一、形態　成蟲體長一寸一分五厘，展翅二寸一分餘，體黃綠色，觸角黑色，複眼褐色，前後翅細形之翅脈黑色，腹部中央黑色，如圖。卵尚不明。成長之幼蟲長達二寸二分餘，全體綠色，背線大，色綠白，中央微紫色，亞背線細而色綠白，下側有黑點，第一節及尾節，有黃色之顆粒點，胸脚暗赤，腹脚灰紫，尾角有黑色之顆粒。蛹長一寸一、二分，色暗褐。

二、經過習性 一年發生二代，冬季以蛹在地中越年。第一代之成蟲在六月間出現，第二代者在九月間出現，幼蟲亦在六月及九月間出而食害葉子。

三、驅除預防法 檢査葉之食害痕跡及排泄於樹下地面之粗大糞粒，由此可探索停止於葉上之幼蟲，一一捕殺之，此爲最簡便之方法。

第十六章　枸骨之害蟲

枸骨之害蟲有數種，其中爲害最大者有下述之兩種。

第一節　瓢葉蟲

此害蟲之成蟲在葉上面食害，幼蟲食入葉之組織內，爲害甚大。

一、形態　成蟲爲小形之甲蟲，似「小赤星瓢蟲」，體長一分，全體黑色，翅鞘之左右，各有一個赤紋，與小赤星瓢蟲不同者，即此種之觸角長，後脚發達，能飛跳。卵球形，色黃褐。成長之幼蟲長二分餘，體稍扁平，頭部及脚黑色，胴部乳白色。蛹長一分餘，色乳白，頭胸背生粗毛。

第二九五圖　瓢葉蟲

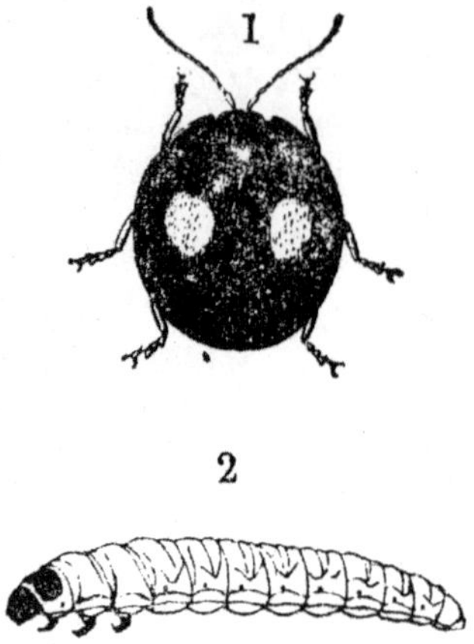

1 成蟲　2 幼蟲

二、經過習性　一年發生一代，冬季以成蟲越年，自四月中下旬至五月上旬出而産卵。孵化出之幼蟲食入葉肉內，因此，葉子完全變成褐色而枯死。老熟時即入地中化蛹，在七月上中旬羽化而潛伏越年。枸骨之外，木樨上亦有發生。

三、驅除預防法　若在成蟲開始出現時撒布砷酸鉛，則此蟲必他逸，而不來產卵，即可避免幼蟲加害。

第二九六圖　瓢葉蟲食害之葉

第二節　水蠟蛾

此害蟲在水蠟樹上發生，故稱水蠟蛾，惟枸骨上亦發生爲害。

一、形態　成蟲爲大形之蛾，體長一寸一分，展翅二寸三分，體及翅色綠而帶灰白，前後翅同有細波狀線如圖，前翅後緣有大形眼狀紋，後翅基部爲廣闊之黑色。初齡之幼蟲，頭部微黃褐色而附着黑條，胴部淡綠色，各節有黑點，其特別之點爲此蟲之體上共有七條黑色之長刺，第二第三節及

第二九七圖　水蠟蛾

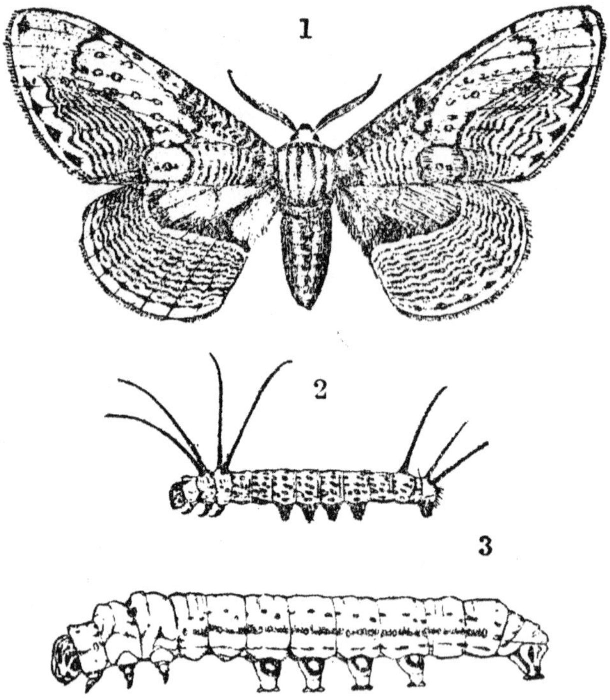

1 成蟲　2 初齡幼蟲　3 老熟幼蟲

尾節各有兩條，第十一節一條，此即初齡幼蟲之特徵。成長時體長達二寸餘，長刺消失，頭部淡黃褐色，上生黑條，胴部淡黃色，除第一、第二節之背上有黑紋外，氣門線部有黑色點紋，脚生黃褐色之斑紋，腹脚之外側有黑環，環中之色黃。蛹長一寸餘，色黑褐。

二、經過習性　一年發生一代，冬季以蛹在地中越年，似在翌春五月間產卵，此後即有幼蟲出而食害枸骨及水蠟樹之葉，有時爲害甚大。

三、驅除預防法　與前種同樣撒布砷酸鉛。大齡幼蟲可從食害之跡及地面上落下之糞而得知其所在，一一捕殺之。

第十七章 櫻之害蟲

櫻之害蟲種類甚多，爲害最大者有七種。其中「攀尾毛蟲」乃此七種中爲害最大者，已在櫻桃之害蟲中述過；又小透羽蛾及桑介殼蟲已在桃之害蟲中述過，故不再記述。玆將其餘之四種分述於下。

第一節 櫻扁葉蜂

此乃在枝上張巢而居其中食害葉子之害蟲，爲害甚大。

第二九八圖 櫻扁葉蜂

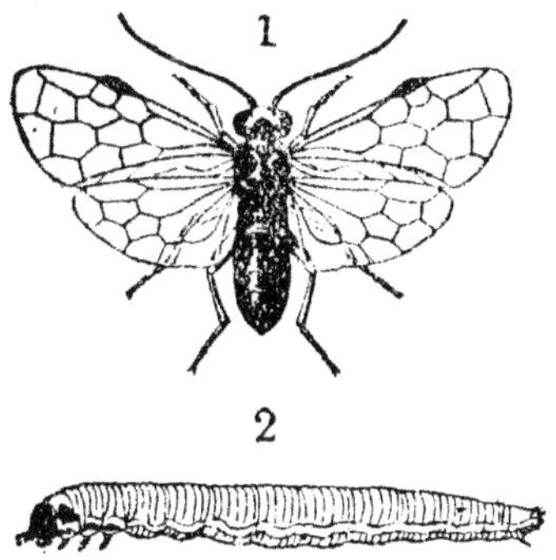

1 成蟲 2 幼蟲

一、形態 成蟲爲小形之蜂，雌者體長四分弱，雄者三分三厘，雌者展翅七分五厘，雄者六分餘，體扁平，全體黑色，雄者前頭黃色，雌者三角形紋及脚等色黃，翅透明。卵長橢圓形，長三厘餘，色黃。成長之幼蟲長達九分餘，頭部黑色而有光澤，胴部淡黃褐色，第一節之左右各有一個黑點，除胸脚外，其餘者均已退化。蛹長三分餘，黃色而

第二九九圖　櫻扁葉蜂幼蟲之巢

有光澤。

二、經過習性　一年發生一代，冬季以幼蟲在地中越年，翌春化蛹，四月中下旬以後出而在葉背之主脈上產卵四、五列。幼蟲自五月上旬出而在枝葉上張巢，在其中食葉生活。六月上旬老熟，入地中越年。

三、驅除預防法　幼蟲無自巢中脫出者，故可將巢取下燒却。因其他之害蟲而使用砷酸鉛時，同時可驅除此蟲。

第二節　櫻黑背葉蜂

將櫻葉穿孔食害之葉蜂類，有二、三種，茲將此種作代表而敘述之。

一、形態　成蟲爲小形之蜂，體長二分強，展翅四分弱，體微黃綠色，眼褐色，體上有黑紋如圖，翅

第三〇〇圖　櫻黑背葉蜂

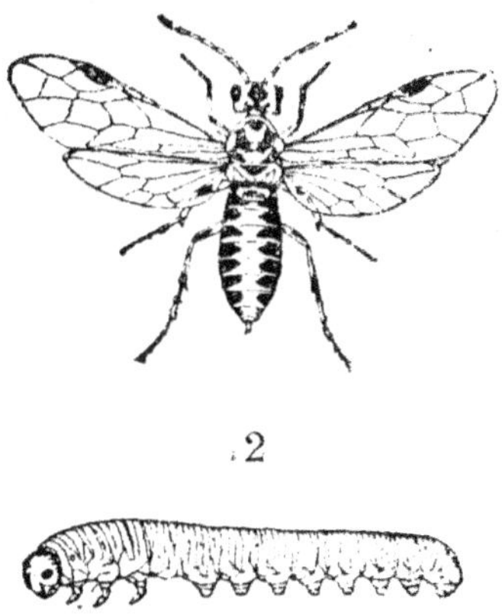

1 成蟲
2 幼蟲

第三〇一圖　櫻黑背葉蜂爲害之葉

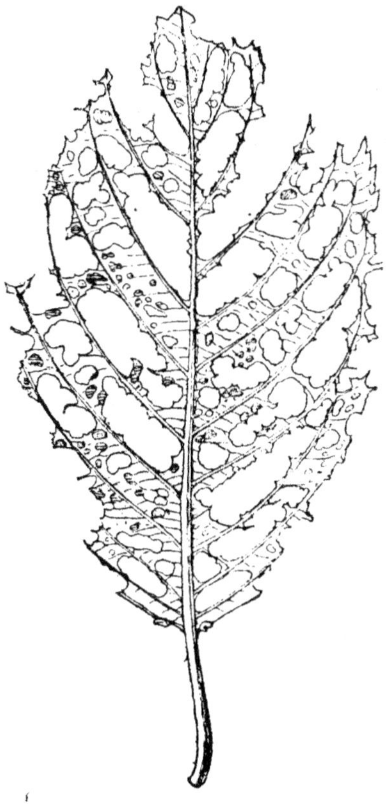

透明。卵尚不明。成長之幼蟲體長達四分餘，頭部微黃色，胴部淡綠色。蛹尚未調查。

二、經過習性　尚不甚明，七、八月間成蟲出現，以後幼蟲出而在葉背食害葉肉，上面透明，成長時則食害葉肉穿成大孔如圖，爲害甚大。蛹化時恐係入地中。

三、驅除預防法　撒布砒酸鉛可免食害。又除蟲菊肥皂合劑及硫酸菸鹼，毒魚藤精等之合劑亦有效力。

附　此外尚有一種與此種之發生期及爲害狀況相同者，成蟲體小色黑，幼蟲亦小，普通在八、九月間爲害。又有一種發生不普遍者，幼蟲稍大形，長達七分餘，全體呈赤褐色，八月間出而食害，使葉僅餘主脈，為害頗大，惟尚未調查，驅除法同前。

第三節　櫻捲葉蟲

此害蟲又稱「白紋捲葉蟲，」春季連綴葉及芽，在其中食害。

第三〇二圖　櫻捲葉蟲

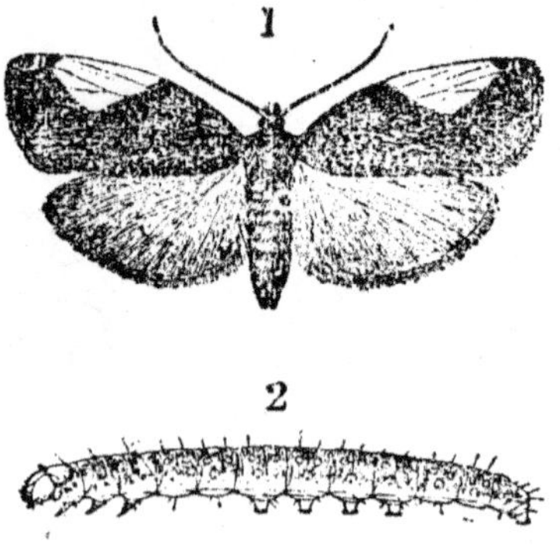

1 成蟲　2 幼蟲

一、形態　成蟲為小形之蛾，體長二分七厘，展翅六分三厘，全體濃褐色，惟前翅前緣有大三角形之白紋，後翅及腹部稍呈灰黑色。成長之幼蟲體長達六分餘，頭部淡黃色，胴部暗黑綠色，各節有微小之點，上而生細毛。蛹長三分餘，色濃褐。

二、經過習性　一年發生一代，冬季以幼蟲在老皮下越年，春季發芽時出現，連綴嫩葉及心部，在其中食害。五月上旬，老熟蛹化，中旬羽化。

三、驅除預防法　開始連綴嫩葉者，可將其摘採燒卻。發生多時，則可使用砒酸鉛。

第四節 吉丁蟲

此害蟲之成蟲爲有名之美麗昆蟲，幼蟲食入老樹之材部，使之迅速腐朽，遂使樹勢衰弱而枯死。

一、形態 成蟲體長一寸二分餘，全體青藍色而有光澤，胸背及翅鞘之左右側，有大形紅紫色之縱帶。卵尚不明。成長之幼蟲長達二寸六、七分，頭小形，色褐，胴部乳白色，第一節扁平，上生松葉形之溝紋，第二、三節稍大，以下細小。蛹尚未調查。

第三〇三圖 吉丁蟲

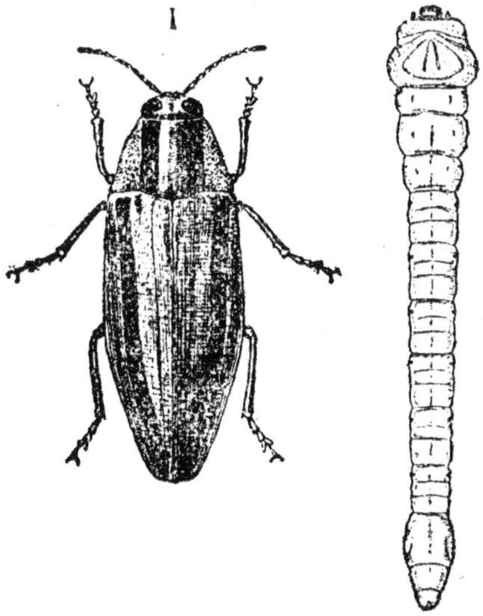

1 成蟲
2 幼蟲

二、經過習性 不甚明瞭，恐須費二、三年之久始化爲成蟲。成蟲每年九月間出現，幼蟲不食入生長旺盛之部分，而食入衰弱或完全枯死之木材部，故與生活之樹身無直接關係，惟因木材部腐朽而樹身易被風吹折，縱不吹折，亦不易支持上方樹體，遂早變衰弱而枯死。

第三〇四圖　吉丁蟲幼蟲食入之材部

三、驅除預防法　枯死之材部，須防止雨水流入，對於害蟲可注入木餾油（Creosote-oil）。又切口及傷損處，宜將其削光，並塗以煤膠。

第十八章　薔薇之害蟲

薔薇之害蟲，種類頗多，最主要者有下述之五種，再加以蔬菜中所述草莓害蟲之「草莓花象蟲，」共有六種。

第一節　薔薇葉蜂

此乃食害葉子爲害最大之害蟲，薔薇以外之躑躅亦同樣爲害。

一、形態　成蟲體長二分三厘，展翅五分，頭胸及脚黑色，翅黑色半透明。腹部黃色，惟雌者腹背帶淡黑色。卵橢圓形，微綠色。成長之幼蟲長達七分餘，頭部淡黃褐色，胴部帶黃綠色，除各節有小隆起外，第一、第三及第三以下各節之左右兩側有瘤，第六、七、八各節有黑紋。蛹長二分三厘餘，眼灰綠色，全體乳白色，繭橢圓形，長三

第三〇五圖　薔薇葉蜂

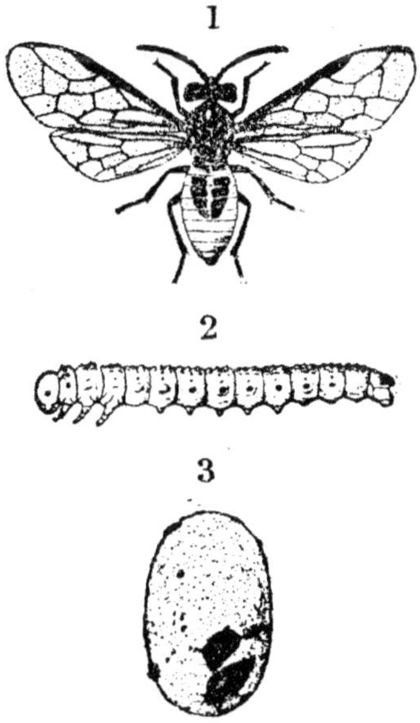

1 成蟲　2 幼蟲　3 繭

第三〇六圖　薔薇葉蜂食害之葉

分五厘餘，色暗黃。

二、經過習性　一年似發生二代，冬季以幼蟲在地中越年，四月間化爲第一代成蟲，縱割新梢，將卵產入其中。孵化出之幼蟲，成羣在葉背食害葉肉。惟成長時則由葉緣作圓形食入，遂至僅餘主脈。至七月間老熟而入地中作繭化蛹。自七月下旬至八月上旬化成第二代成蟲，產卵如前，幼蟲於九、十月間爲害，老熟時卽入地中，作繭越年。

三、驅除預防法　小木或盆栽者，可將幼蟲一一捕殺。多數發生時，則可撒布毒魚藤、毒魚藤精、硫酸菸鹼及除蟲菊肥皂合劑等，均有效力。

第二節　薔薇蚜蟲

此害蟲在嫩芽上羣生，吸收液汁，使之衰弱，而不能開放艷麗之花。

一、形態　無翅之雌蟲體長，除尾片外長八厘，頭胸赤褐色，眼紅色，腹部暗黃色，背面有黑斑，觸角、脚、腹角等色黑，尾片長形。有翅之雌蟲，體長五厘餘，頭胸黃綠色，腹部鮮綠色，觸角、脚、腹角等黑色，翅透明。幼蟲頭胸淡黃綠色，眼紅色，觸角、脚、腹角等淡黑色。

第三〇七圖
薔薇蚜蟲之着生狀

二、經過習性　用胎生法蕃殖，自幼蟲至成蟲須七、八日，一年發生二、三十代，蕃殖最多之時期爲五、六月間及夏芽伸長之九、十月間。幼蟲與成蟲同羣生於新梢上，吸收液汁，致妨害成育，在花梗上着生時，則花無充分開放之望。

三、驅除預防法　使用與前害蟲同樣之藥劑。梨蚜蟲中所述之益蟲，亦能捕食此種蚜蟲。

第三節　長毛青象鼻蟲

此害蟲之成蟲產卵時常切斷心梢，爲害甚大。

第三〇八圖　長毛青象鼻蟲

1 成蟲　2 幼蟲

第三〇九圖　長毛青象鼻蟲之爲害狀

一、形態　成蟲爲小形之象鼻蟲，體長一分七厘，全體濃青藍色，密生細毛。卵短楕圓形，微黃白色。幼蟲乳白色，稍彎曲，體長達一分七厘餘，頭部微褐色。

二、經過習性　一年發生一代，冬季以成蟲越年。每年五月間新梢伸長時出現，用口吻將莖環嚙，次卽將卵粒粒產入其上方，如此則上方萎縮垂下，如上圖，後變成黑色而落下，吸收地面水分。自卵孵化出之幼蟲卽食此吸有水分之落下莖而成長，似入地中化蛹。八月下旬以後新成蟲出現，此次則將夏芽之末端及皮部點點穿孔食害，爲害甚大。

三、驅除預防法　成蟲可用受蟲器拂落捕殺，或撒布砒酸鉛等。

第四節　捲葉黑象鼻蟲

此乃將葉子切斷捲轉使之落下之害蟲，爲害亦頗多。

一、形態　成蟲爲象鼻蟲之一種，體長一分三四厘，全體黑色而有光澤，頭部下向。卵呈卵形，色微黃。幼蟲體長一分二厘餘，全體淡黃色，胴部之第四節以下特別膨大。蛹長一分三厘餘，鮮黃色，眼黑色。

二、經過習性　冬季以成蟲越年，春季出現，產卵於葉上，同時將其切斷捲縮如圖，遂使之落下。幼蟲在內部食害，並在其中化蛹，七月上旬以後化爲新成蟲，此次則在葉上穿小孔，使之成褐色而枯死。薔薇以外之「懸鈎子」亦同樣爲害。日人稱此蟲爲姬黑落文，因其能將葉子卷轉如文書之狀，而使之落下之故。

三、驅除預防法　與前種同法防治外，將卷葉採集燒却。

第一三〇圖　捲葉黑象鼻蟲

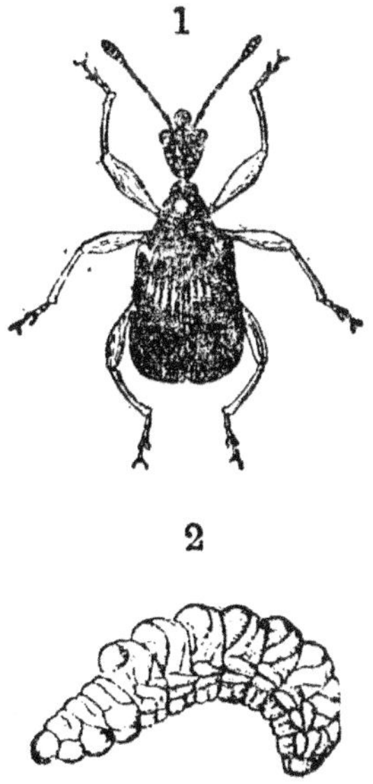

1 成蟲　2 幼蟲

第三一一圖　捲葉黑象鼻蟲爲害之葉

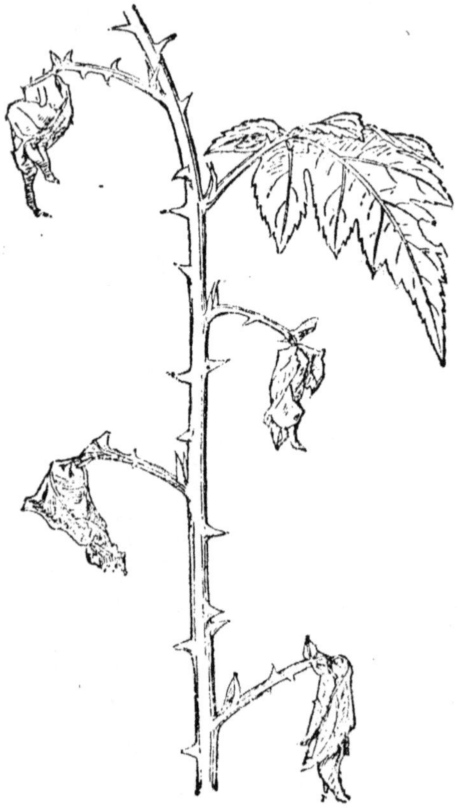

第五節　薔薇介殼蟲

此害蟲主在近根之莖部着生，吸收液汁。

一、形態　介殼微小，形圓，徑六、七厘，色純白，惟附有泥土而呈污穢，殼點淡黃色，此介殼下之雌蟲，體長四厘餘，濃赤色或赤褐色，僅臀板鮮黃色。雄之介殼白色粉狀，具三個隆起，雄蟲體與其他之介殼蟲類無大差異。卵橢圓形橙赤色。幼蟲似其他之介殼蟲。

第三一二圖　薔薇介殼蟲之着生狀

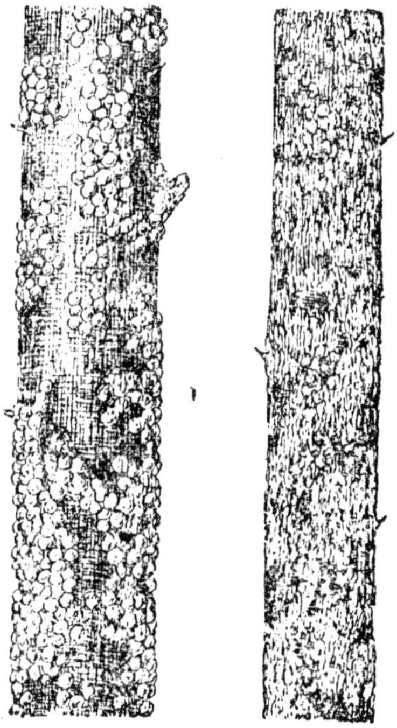

1 雌介殼
2 雄介殼

二、經過習性　一年發生二代，冬季以受精之雌成蟲越年，翌春產卵，次即孵化。第一代成蟲七月上旬出現，第二代十月上旬，惟中間尚不甚規則。幼蟲與雌成蟲同用吸收口從莖裏吸收汁液，甚則使之枯死。薔薇以外之懸鉤子上，亦多發生。

三、驅除預防法　少數發生之時，可用小刀背或竹刷將其搔落，如此則不能再上昇着生。多數發生時則冬季用石灰硫黃合劑塗抹，最有效。

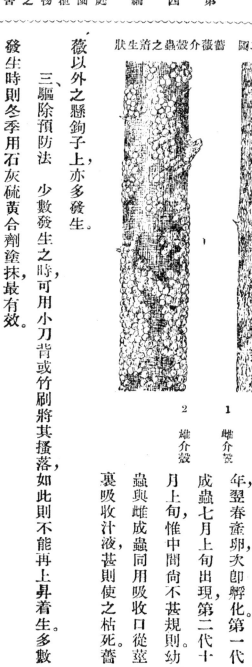

第十九章 槭之害蟲

槭之害蟲有數種，其中爲害最大者，僅下述之天牛一種。

第一節 琉璃天牛

此害蟲之幼蟲與其他天牛之幼蟲同樣食入枝幹之材部，能使之枯死，爲害甚大。又大風之時，樹木易被折斷，此乃一種特別可惡之害蟲。

第三一三圖 琉璃天牛

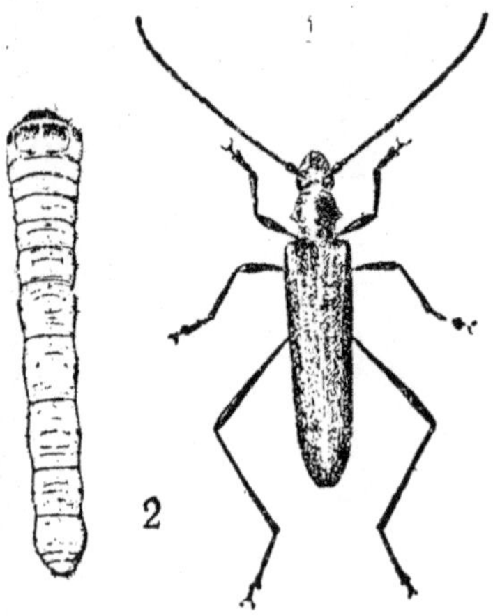

1 成蟲 2 幼蟲

一、形態 成蟲爲細長形之天牛，體長六分至六分五厘，體青藍色極美麗，觸角及脚黑色。卵及蛹尚未調查。成長之幼蟲長達寸餘，頭部小形色褐，胴部乳白色，第一節之硬皮板橫橢圓形，縱分爲二。

二、經過習性 一年似發生一代，冬季以幼蟲越年。成蟲每年六月間出現，至槭樹花上採蜜，同時將槭樹食害少許，後卽產卵。幼蟲將材部縱橫食害，排泄鋸屑狀之糞於外部，因此樹勢衰弱而枯死。又如此食害

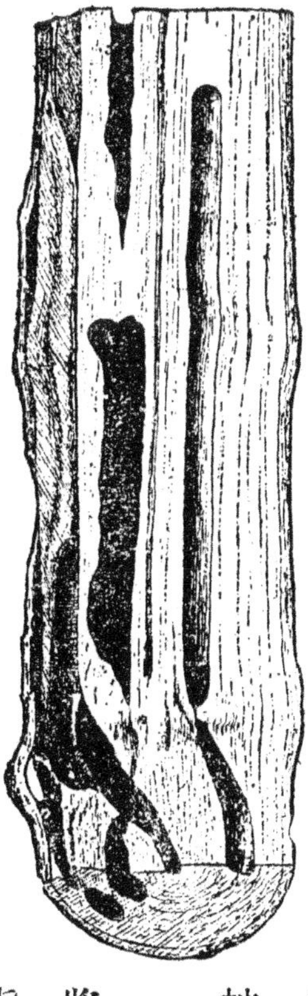

第一四三圖 琉璃天牛食害幹之縱斷面

材部以後，遇强風雨時，則樹易被折斷。

三、驅除預防法 用小刀將蟲糞排出孔稍爲削大，以脫脂棉黏附殺鼠劑，封入此削大孔中。若害蟲向他方逃遁而從別處排出蟲糞時，則再照此法實行。如此當可充分驅除，若欲使用其他藥劑，則有二硫化碳、氯化苦劑等，惟用法困難。

第二十章　梧桐之害蟲

梧桐之害蟲種類雖少，而有爲害甚大者。主要者有三種，其中桑介殼蟲一種，已在桃之害蟲中述過，茲不再述。

第一節　草棉野螟蛾

此乃雜食性之害蟲，其他植物上雖亦發生，而梧桐上發生爲最多，其次在葵及草棉等作物上亦甚多。

第三一五圖　草棉野螟蛾

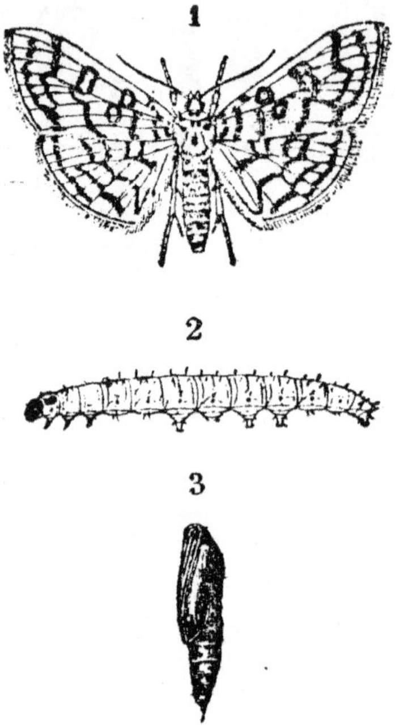

1 成蟲　2 幼蟲　3 蛹

一、形態　成蟲爲小形之蛾，體長四五分，展翅九分至一寸，全體帶黃白色，前後翅共有黑褐色之曲線數條。卵圓形，色藍。成長之幼蟲長達八、九分，頭部黑色，胴部淡綠色，各節有微小之點，由此生出細毛。蛹長四、五分，全體赤褐色。

第三一六圖 草棉野螟蛾爲害之葉

二、經過習性 一年約發生三四代，冬季以幼蟲在老皮下及束繩（註：即冬季防寒所纏縛者）等之中越年。六月間化爲第一代成蟲，在葉背點點產卵，孵化出之幼蟲，起初在葉背食害葉肉，成長時則留葉子之一部，將其餘者切斷捲轉，入其中食害，此不特爲葉大害，且有妨觀賞。第二代成蟲七月間出現，第三代八、九月間出現，夏季以後爲害特多。梧桐以外之葵、草棉、楮等亦同樣加害。

三、驅除預防法 少數發生之時，採摘被害葉，將害蟲與葉一同燒却。多數發生時，則撒布砷酸鉛最有效。

第二節 梧桐潛葉蟲

此害蟲初潛入葉之組織內，後則將葉面食害，爲害甚大。

一、形態 成蟲爲微小之蛾，體長六厘，展翅三分五厘餘，色微黃白而有小黑點，前翅外緣與其他之蛾類相反（臀角尖），後翅及腹部灰黑色。卵尚未調查。成長之幼蟲長二分弱，頭部微黃褐色，胴部帶黃綠色。蛹長六厘餘，淡褐色，頭頂有突起。繭長一分二厘餘，黃白色，背面有數條隆起。

第三一七圖 梧桐潛葉蟲

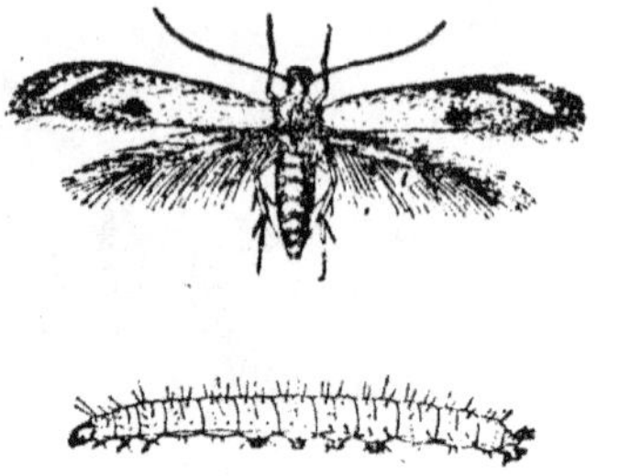

1 成蟲 2 幼蟲

第三一八圖 梧桐潛葉蟲

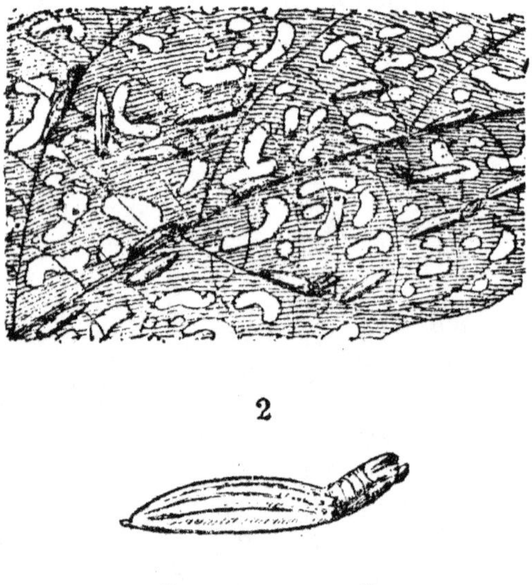

1 爲害部 2 繭及蛹殼放大

二、經過習性　一年發生數代，冬季以繭中之蛹越年，翌春羽化。初齡之幼蟲潛行葉肉內食害，其後則出至表面淺食葉肉，葉遂生成蛇行狀之斑點，全面變成褐色而枯死。自春季次第蕃殖，至夏季以後爲害特多。繭附於葉背之葉脈上爲主。

三、驅除預防法　與前種同樣，撒布砷酸鉛最有效。但其次數依害蟲之發生狀態而定，約須撒布二、三次以上。

第二十一章　藤之害蟲

藤之害蟲種類稍多，為害最多者有下述之兩種。

第一節　舞蛾

此乃暴食葉之害蟲，又有「赤楊毛蟲」「鞦韆毛蟲」等之名稱，乃雜食性之害蟲，為害不限於藤樹，各種樹木都加害；惟藤樹上較多，故當作藤樹害蟲。

一、形態　成蟲為稍大形之蛾，雌雄比較，有大小色彩之不同：即雌者大，體長七、八分，展翅二寸六、七分，全體暗灰色，翅上有細線及小紋如圖；雄體長八分，展翅二寸餘，全體暗黑色，觸角羽狀，雌者觸角呈絲狀。卵呈球形，色暗褐，產成塊狀，上面覆以雌者尾端之毛塊。成長之幼蟲長達二寸五分餘，頭部橙黃色，左右有紫黑色之條紋，胴部紫黃色而有微細之點紋，上面具淡黃色之條線及黃褐色或紫色之瘤狀突起，全體有細長毛，為極毒之毛蟲。蛹長與成蟲之體長相等，全體赤褐色。

二、經過習性　一年發生一代，冬季以卵越年，自三月下旬至四月中旬孵化，五月下旬至六月上中旬老熟，夜間暴食葉子，日間靜止於幹上，有時又吐絲垂下，如戲鞦韆，故有鞦韆毛蟲之名稱。又赤楊樹上亦發生甚多，故又稱爲赤楊毛蟲。老熟時則粗綴數葉，在其中化蛹，用尾端之鉤鉤住，使身體下垂。成蟲自六月下旬至七月下旬羽化，在樹幹上產卵成塊，其上覆以尾端之毛。

第三一九圖 舞蛾

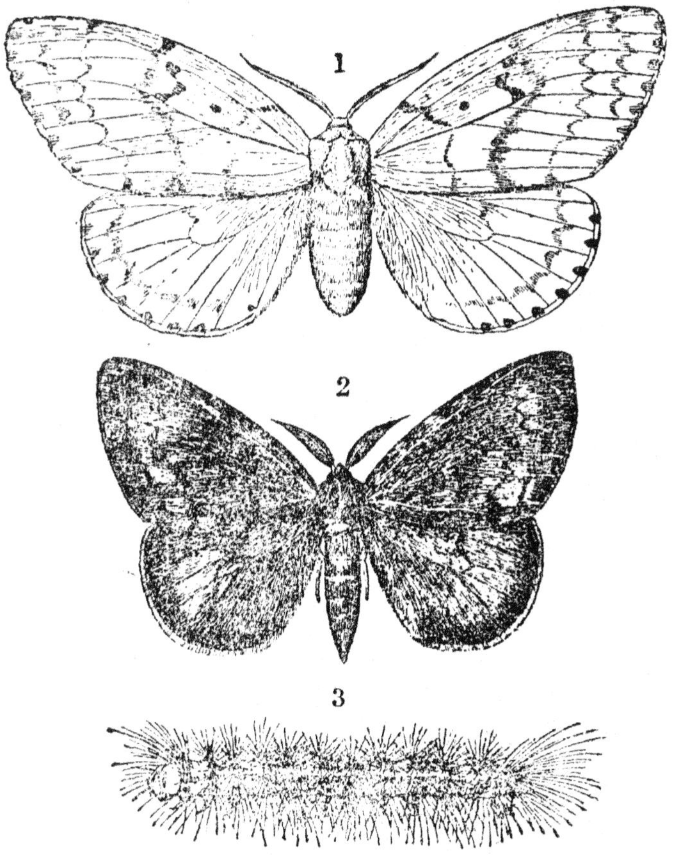

1 雌蛾　2 雄蛾　3 幼蟲

第三二〇圖　舞蛾之卵塊

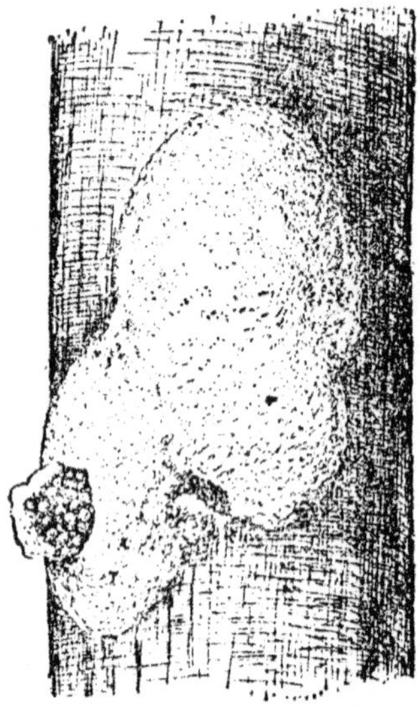

三、驅除預防法　冬季調查樹幹，將卵塊搔取燒却。對幼蟲方面，若發生少數時則將其打落潰殺，發生多數時則撒布毒魚藤、毒魚藤精及硫酸菸鹼等之合劑。有一種名「武士蜂」之寄生蜂，能殺死此蟲之幼蟲，因此老熟時常有死在葉上及幹上之幼蟲，此蟲屍附近之白色小形之繭，即武士蜂之繭，應加保護，不可毀滅。

第二節　藤葉蟲

此乃在早春發芽時食害嫩葉之害蟲，為害甚大。

第三二一圖　藤葉蟲

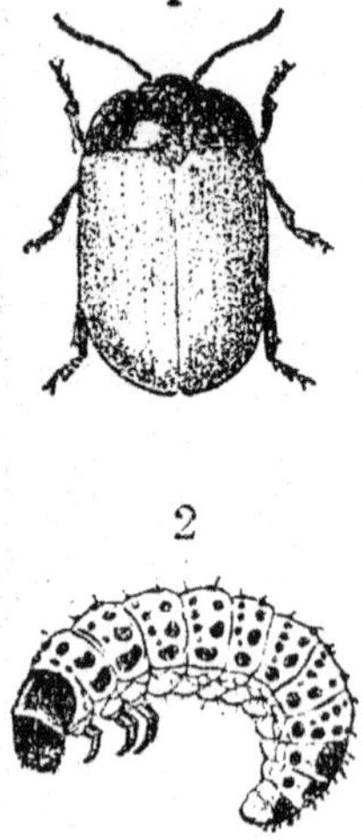

1 成蟲　2 幼蟲

一、形態　成蟲體長一分七厘，頭胸及體之下面黑色，翅鞘暗赤褐色。卵長橢圓形，色微黃。成長之幼蟲長達二分餘，頭部暗黑色，胴部淡黃色，上面有黑紋，此外生細毛。蛹尚未調查。

第三二二圖　藤葉蟲之食害葉

二、經過習性　一年似發生一代，冬季以成蟲越年，春季發芽時出現，稍食葉子，同時在嫩葉上產卵二、三十粒，不規則的集在一處。孵化出之幼蟲，初集合於一處，後則分散，將葉食害，爲害甚大。化蛹情形尚未調查。七月間成蟲出現，後即潛伏越年。

三、驅除預防法　日中注意調查，則食害之痕跡甚顯明，故可在初齡時將幼蟲與葉一同採下，潰殺之；惟在多數發生時，則除撒布對於前述害蟲使用之殺蟲劑外，無其他方法。

第二十二章　紫薇之害蟲

紫薇之害蟲頗少，其中爲害最大者，有下述之兩種。

第一節　紫薇袋介殼蟲

此害蟲在枝之分歧處着生，爲害頗甚，且能誘發煤病，故爲害更大。

一、形態　雌蟲無介殼，全體扁平楕圓形，長一分餘，底色紫褐，惟上面覆有白色綿狀物，故外觀呈白色。雄者與其他介殼蟲無大差異。卵楕圓形，色紫赤。幼蟲細長，色亦紫赤。

第三二三圖　百日紅袋介殼蟲

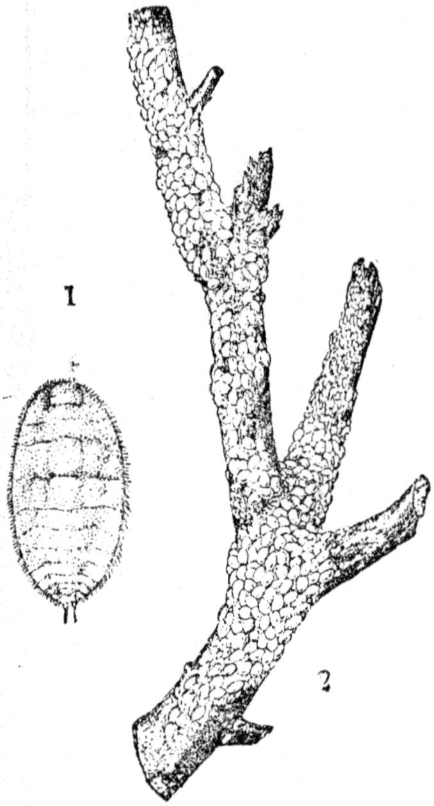

1 雌蟲放大　2 着生狀

二、經過習性

一年發生二代，

冬季以卵越年，六月中旬孵化，七月下旬化成第一代成蟲，以後產卵，十月上旬化成第二代成蟲，惟中間似不規則。幼蟲成蟲同在枝之分歧處着生，除吸收液汁加害外，其排泄之糞液能誘發煤病，因此下面之葉全體被以黑色，甚損美觀。對紫薇以外之「安石榴」亦加害，尤以苗木時代爲害特多，使之完全枯死。

三、驅除預防法　在苗木上發生者，行氰酸氣燻蒸，可根本驅除。在庭園植物上發生者，必須在幼蟲時代撒布硫酸菸鹼、除蟲菊肥皂合劑、松脂合劑等。

第二節　紫薇蚜蟲

此害蟲在葉背着生，吸收液汁，其排泄之糞液能誘發煤病，使全木罨黑，除損害美觀外，且使樹勢極呈衰弱。

一、形態　蟲體微小，無翅之雌，體長四厘餘，體扁平，微黃綠色，複眼淡褐色，胸部及背上有粗大之黑點。有翅之雌比無翅者稍小，體長三厘，展翅一分一厘餘，體之底色淡黃綠，頭胸上有粗大之淡黑條紋，腹背之基部有黑色大橫紋外，尙有小點，翅之前緣黑色，其餘則沿翅脈呈黑色，乃蚜蟲中之美麗者。幼蟲淡黃綠色，體上之點，小形而色淡。

第三二四圖　因紫薇蚜蟲着生而發生煤病之樹及無蟲病之樹

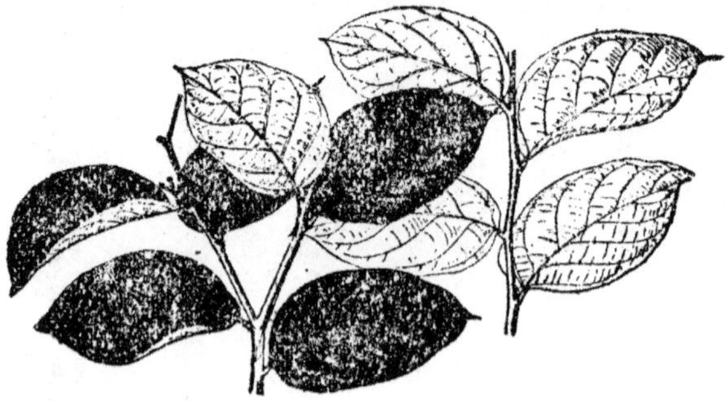

二、經過習性　由幼蟲至成蟲之時日甚短，用胎生法蕃殖，一年發生數十代，在葉背羣生，排泄之糞液降於下方之葉上如降小雨，於是下方之葉發生煤病而成墨黑。害蟲方面，因吸收養液而使葉子衰弱早落；煤病方面，因阻礙太陽光而使葉子不能營同化作用，使之從早變黃，且因煤病而全樹變成黑色，損害美觀極大。前種害蟲在枝之一部着生，僅其下面一部發生煤病，此種害蟲則全樹發生，全樹上皆有糞液降下，因此全樹發生煤病。

三、驅除預防法　因此蟲之身體甚軟弱，故除蟲菊肥皂合劑、毒魚藤、毒魚藤精、硫酸菸鹼等，各種藥劑皆有效力。驅除害蟲後煤病即不至發生。如煤病已發生，則可撒布松脂合劑。

第二十三章　垂柳及白楊之害蟲

垂柳之害蟲與其他柳類同，種類頗多，其中爲害最多者，有次述之一種，此種在白楊上亦發生。白楊之害蟲種類較少，主要者僅次述之一種。

第一節　柳琉璃葉蟲

此乃食害葉之害蟲，時爲各種柳類及白楊之大害。

一、形態　成蟲爲微小之甲蟲，雌者體長一分四、五厘，雄者一分三厘餘，稍扁平而呈橢圓形，全體黑綠色而有光澤。卵長橢圓形，長三厘餘，色淡黃。成長之幼蟲，體長達一分七、八厘，頭部小，與第一節之硬皮板同呈黑色而有光澤，胴部藍色，各節有黑紋如圖。蛹長一分餘，底色淡黃，翅囊及脫皮殼等黑色，腹背有四列黑紋。

第三二五圖　柳琉璃葉蟲

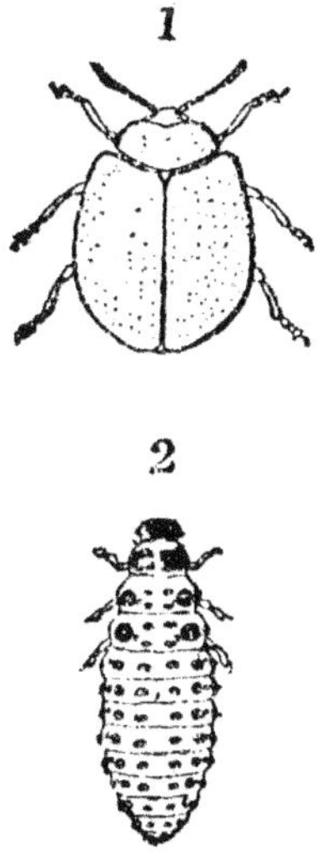

1 成蟲　2 幼蟲

二、經過習性　一年發生三代以上，冬季以成蟲越年，翌春五月間出現，在葉背集合產卵，幼蟲穿孔食害如圖，老熟時

第三二六圖　柳琉璃葉蟲之食害葉

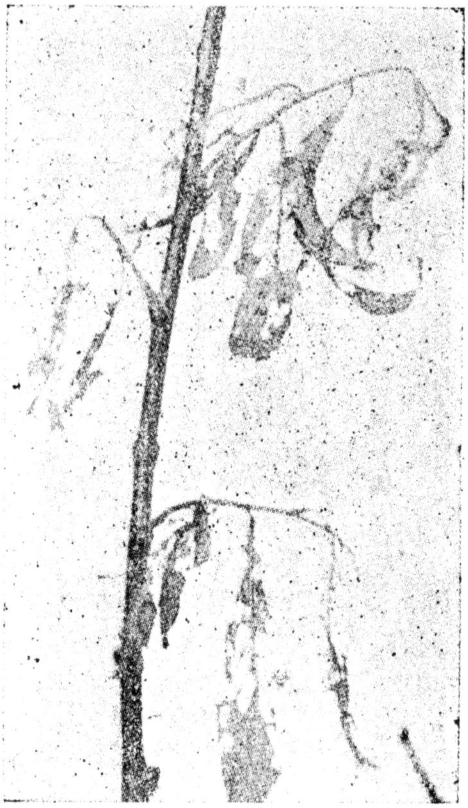

則在葉背用尾端黏着，垂下化蛹。第一代成蟲六月間出現，第二代七月，第三代八月，至九月間似尚有出現者，其代數尚不甚明瞭。柳以外之白楊亦同樣加害。

三、驅除預防法　撒布砒酸鉛後，可不至被食害。若以殺蟲爲目的，則須使用除蟲菊，且加用石油乳劑及毒魚藤精合劑等稍强烈藥劑，方有充分效力。

第二節　黑背天社蛾

此乃食害白楊葉之害蟲，因其發生代數多，故爲害特甚。

一、形態　成蟲爲中形之蛾，雌者體長五分五厘至六分，展翅七分餘，全體灰褐色，眼黑紫色，頭、胸、背之中央有濃紫黑色之條紋（即鱗毛排成），故有黑背天社蛾之名，前翅自前緣向後緣有淡

第三二七圖　黑背天社蛾

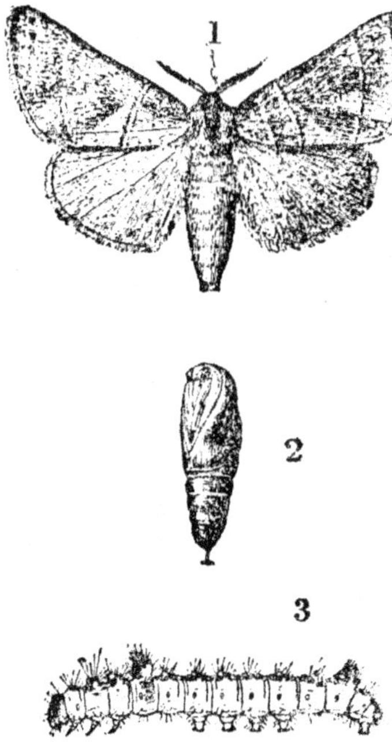

1 成蟲　2 蛹　3 幼蟲

灰色細紋如圖，接近外緣，列有濃色粗大之紋。雄者形小，體長四分，展翅九分餘，雄者觸角之羽狀部長，雌者不同之處。乃與卵半球形，色乳白。成長之幼蟲長八分五厘餘，全體灰黃色，第二、第三節背上有一對小突起，第四節背上有大突起一個，左右亦有小形者，第十一節背上有一個黑色突起，此外全體生細毛，氣門黑色。蛹長五、六分，色黃褐。

二、經過習性　一年發生五代，冬季以初齡之幼蟲越年，翌春出外食害。第一代成蟲五月化成，第二代六月，第三代七月，第四代八月，第五代九月，卵產於葉背成塊。孵化出之幼蟲，成羣在葉背食害葉肉，成長時即分散，食害全葉片，將全樹食光。越年之幼蟲在樹皮之裂縫處或所綴之枯葉中作薄繭，入其中越年。除白楊外，柳樹上亦發生。

三、驅除預防法　撒布砒酸鉛最有效。此外則將繭子採集燒却，或用塗膠等之膠黏物環塗樹幹，遮斷幼蟲上下，將集合於塗膠部分之幼蟲捕殺。

第二十四章　竹之害蟲

竹之害蟲種類甚多，惟爲害多者僅有下述之兩種。此外在筍之時代發生之筍髓蟲，已在蔬菜害蟲中述過，茲不再述。

第一節　竹細黑羽蛾

此害蟲俗稱「竹毛蟲，」食害竹葉，其毛有毒。

第三二八圖　竹細黑羽蛾

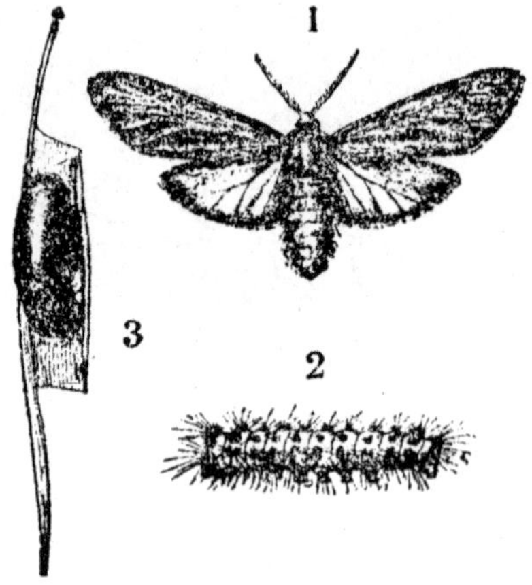

1 成蟲　2 幼蟲　3 繭

一、形態　成蟲爲小形之蛾，體長三分，展翅六分餘，身體帶紫黑色，翅黑色半透明。卵橢圓形，淡綠色。幼蟲肥大，成長者長達六分餘，頭部小形，下向色黑，胴部淡黃綠色，胴部各節之亞背線部及氣門上線部具肉狀突起，上面密生短毛，第二、第三及第十一、第十二各節生出者常呈黑色，在氣門上線部者，則從突起下側生白色之細長毛。

又在體之前後者成黑色而長。幼嫩之幼蟲體稍呈赤褐色。蛹短形，色微黃綠，在長五分餘之扁平灰褐色繭中。

二、經過習性　一年似發生三代，冬季以繭中之幼蟲越年。第一代成蟲五月變成，在葉背產卵，孵化出之幼蟲排列在竹之葉背淺食葉肉，惟成長時則由葉緣起食害全葉，只留主脈，老熟時則在葉之接着部分結繭化蛹。第二代成蟲七、八月出現，其後幼蟲與前同樣食害而越年。

三、驅除預防法　幼蟲羣生於一葉時，將其與葉一同切取燒却。對於多數發生而已成長者，則可撒布除蟲菊肥皂合劑及硫酸菸鹼、毒魚藤精等之合劑。

第二節　竹粉蚜蟲

此害蟲羣生於竹之葉背吸收液汁，由其加害之程度而言則爲害不大，惟此蟲發生極多時，每因轉移而散在接近之植物上及道路上，或有附着衣類上者，若將其拂拭則易潰爛而成汚點，故爲一種必須遠避之害蟲。

一、形態　雌成蟲體長七厘，體扁平而呈橢圓形，底色暗黑，脚及觸角淡色，頭部較少，胸腹部則全體覆以極厚之白色綿狀物，在腹端者狀如長毛。有翅之雌體稍長，底色稍黑，翅透明，少白粉。幼蟲

第三二九圖　竹粉蚜蟲

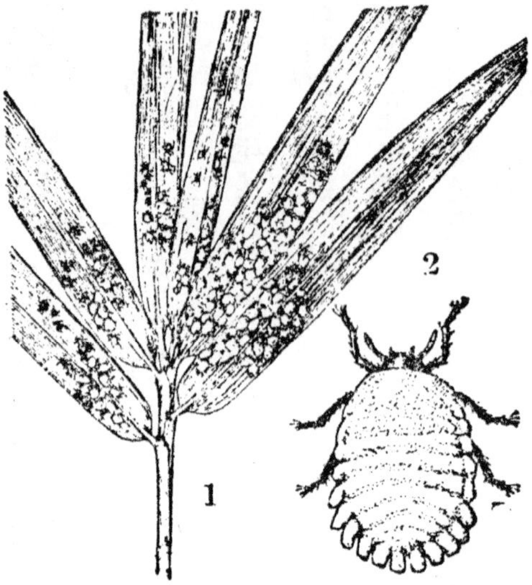

1 着生狀　2 雌蟲放大

形小而多白粉。

二、經過習性　一年發生數代，冬季以少數之幼蟲在竹叢下葉背生存，翌年再行蕃殖。蕃殖時則在葉背全面着生，全葉變成白色，就中六、七月間發生最多，此時生出有翅蟲飛往他處。除竹之外芒類之葉上亦發生，尤以晚秋時節爲多。

二、驅除預防法　少數發生時即注意將其潰殺。多數發生時則撒布毒魚藤、毒魚藤精、硫酸菸鹼等，須連續撒布二、三次，否則殘留之蟲將再事蕃殖。益蟲中食蚜虻之蛆狀幼蟲捕食此蚜蟲甚多，惟不能全依賴之。又小灰蝶之一種名「碁石小灰蝶」(Taraka hamada Druce.)之幼蟲亦能捕食此蚜蟲，惟爲數極少。

第二十五章 菊之害蟲

菊之害蟲達二十餘種，爲害最大者有下述之兩種。

第一節 菊虎

此害蟲之幼蟲食入莖之髓部，成蟲則在產卵時咬切心梢，使之垂下枯死，爲害甚大。

一、形態　成蟲爲小形之天牛，體長三分五厘，全體黑色，胸背有一個赤色紋，前脚之大部及後脚之腿節及腹端色橙黃。卵長橢圓形，長七厘餘，色黃。成長之幼蟲長五分五、六厘，全體黃色，第一節背部之硬皮板色黃褐。蛹長三分餘，全體黃色。

第三三〇圖　菊虎

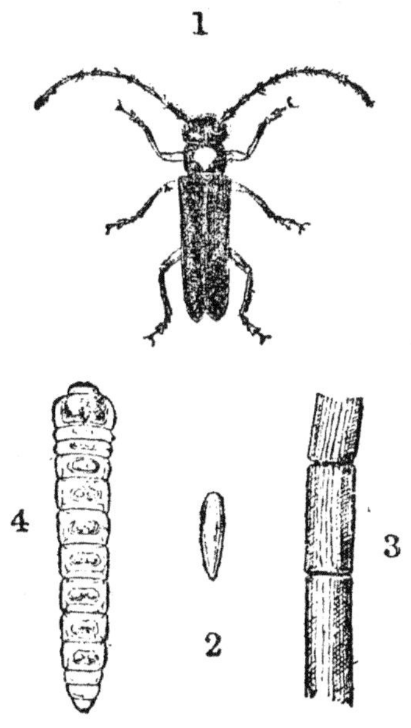

1 成蟲　2 卵　3 產卵時之切斷部分　4 幼蟲

二、經過習性　一年發生一代，冬季以成蟲在地中菊根髓內越年，每年五月間出現，咬切莖之上部，將卵粒產入其內。孵化出

第三三一圖　菊虎產卵切斷之心梢

之幼蟲，食入莖之髓部，漸次走向下方食害，入於根部，九月間老熟化蛹，次卽化爲成蟲越年。除菊之外，屬於菊科之各種雜草亦同樣加害。

三、驅除預防法　每年用插木法蕃殖者，則此害蟲發生後可除去其害，由株生育者則無方法。切去被害之心梢，將產卵之成蟲殺死，分株時搜殺被害根中之成蟲。附近發生此害蟲之雜草完全除去，如此可減輕其爲害。

第二節　菊蚜蟲

菊樹上發生之蚜蟲有二三種，其中最普通而爲害最多者爲「菊長鬚蚜蟲，」此蟲羣生於心部吸收液汁，因此使莖葉衰弱而不能開出完好之花。

一、形態　無翅之雌蟲體長七厘餘，全體黑褐色而有光澤。有翅之雌蟲體長六厘，全體濃黑褐色而有光澤，翅透明，兩者之腹角及尾片稍呈黑色。幼蟲小形色赤褐，全形與無翅之雌蟲無大差異。

第三三二圖　菊長鬚蚜蟲

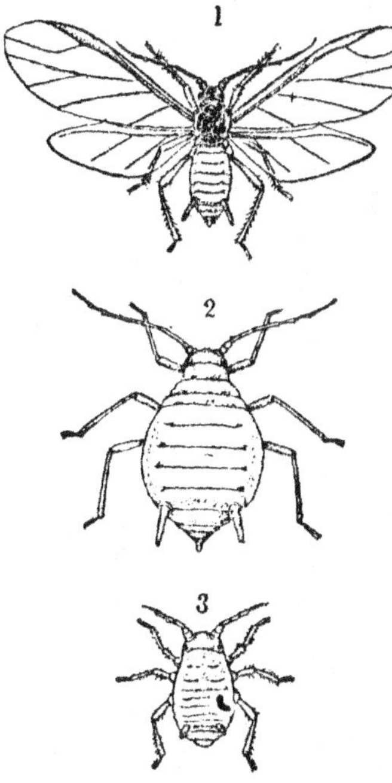

1 有翅雌蟲　2 無翅雌蟲　3 幼蟲

二、經過習性　冬季之越年狀態尚不甚明，大概以幼蟲在株間越年，翌春發芽時出現，在莖上羣生，吸收液汁，至秋季約可蕃殖十數代以上。在花梗上羣生時，則不能開出好花。此蟲主用無翅之雌蟲蕃殖，惟在入梅雨期前及秋季則生出有翅雌蟲飛往他處蕃殖。菊除此蚜蟲外，尚有小形者，身體帶黑綠色，初僅在葉背着生，後則入花瓣中，促短花之壽命。

三、驅除預防法　除蟲菊肥皂合劑、毒魚藤、毒魚藤精等之合劑，硫酸菸鹼之千倍液等，皆有效力，因此可規定時期撒布數次。又少數發生之時，可用指頭潰殺。侵入花瓣中者，在開花前可用右法充分驅除。此外若有氰酸氣之燻蒸設備時，則行燻蒸法驅除最完全。

第二十六章　芙蓉之害蟲

芙蓉之害蟲有若干種，爲害最多者爲「草棉野螟蛾」及「二尖蛾」兩種。前者已在梧桐之害蟲中述過，茲不再述。

第一節　二尖蛾

此乃食害葉子而爲害甚大之害蟲。

第三三三圖　二尖蛾

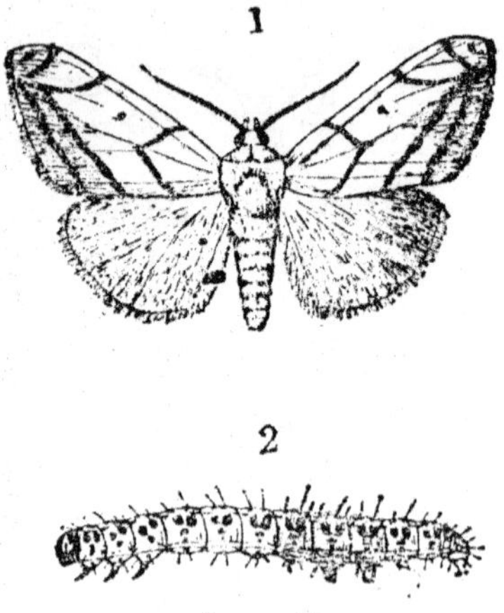

1 成蟲　2 幼蟲

一、形態　成蟲爲中形之蛾，體長五分展翅一寸二、三分，全體鮮黃色，前翅有曲線如圖，後翅及腹部帶橙黃色。卵饅頭狀，初白色，後變淡赤褐色。成長之幼蟲長達一寸二、三分；全體帶黃綠色，胴部之背線及氣門線黃色，各節之亞背線部有兩個大黑紋，此外有微小之點，由此生出細毛。蛹長五分，餘色黑褐。

二、經過習性　尚不甚明，似一年發生二、三代，冬季以幼蟲越年，翌春化蛹，羽化後在葉背點點產卵。孵化出之幼蟲，初在葉背穿小孔食害，成長時則穿大孔食害，化蛹時在枯葉內作粗繭，而居其中。

三、驅除預防法　樹數少之時，可注意將幼蟲一一捕殺。多數發生之時則以撒布砷酸鉛爲最便利而有效。

第二十七章　百合之害蟲

百合之害蟲已知者有十餘種，爲害大者僅有一種蚜蟲。

第一節　百合蚜蟲

此害蟲羣生於心芽及葉背等處吸收養液，因此百合未至開花即枯死。

一、形態　無翅之雌蟲體長四厘，體色濃黑紫，複眼暗褐色，全體薄裝白粉，有翅雌蟲之體長與無翅雌蟲同，展翅一分三厘餘，體色暗黑而有光澤。幼蟲僅缺翅，其餘者與成蟲無大差異。

第三三四圖　百合蚜蟲爲害之枯死莖

二、經過習性　一年發生二十代以上，常用胎生法蕃殖，羣生於嫩芽、花蕾、葉背等處吸收養液，因此葉子遂至下垂枯死。如圖百合以外，雜草「羊蹄」上亦頗多發生，故又稱爲「羊蹄蚜蟲」。冬季似以幼蟲在前種雜草根下越年，發生時常常排泄糞液，故能引誘蠅類飛集其上，而損美觀。

三、驅除預防法　除蟲菊、毒魚藤、毒魚藤精等之肥皂合劑，皆有效力；惟撒布之時期及次數，不可不參照地方之情形。此外亦有與捕食其他蚜蟲同樣之益蟲，惟不能完全期望其擔任驅除工作。

第二十八章　溪蓀之害蟲

第一節　桑夜盜蟲

溪蓀之害蟲不多，有下述之一種。此乃雜食性害蟲，桑以外能食害溪蓀之葉及芽，爲害頗大。

一、形態　成蟲爲中形之蛾，體長六分，展翅一寸三分餘，頭胸及前翅紫黑色，中央及外緣濃色，腎狀紋不明顯，腹部及後翅灰黑色，多少帶有黃色。卵尚不明，成長之幼蟲長一寸四、五分，頭部黃褐色，胴部背面橙黃褐，腹面淡色，背線及亞背線乃由小圓形之點紋連成，氣門線黑色，氣門下線大而色黃。蛹長六分餘，色黑褐。

二、經過習性　一年發生二代，冬季以蛹在地中越年，翌春四月上旬第一代成蟲出現，幼蟲夜出食害蕾之外部，在地中化蛹。九月上旬第二代之成蟲羽化，幼蟲在桑及其他植物上生活。

三、驅除預防法　撒布砒酸鉛，發現幼蟲後隨即捕殺。

第三三五圖　桑夜盜蟲

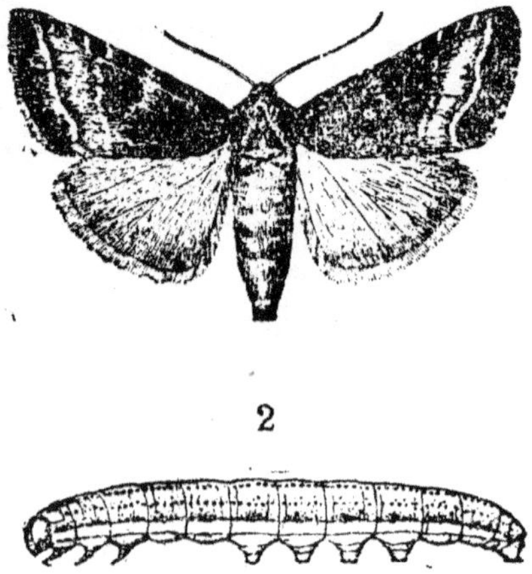

1 成蟲　2 幼蟲

附錄

一　害蟲以外之有害動物一覽

蟲名	加害植物	形態	經過習性	防除法
線蟲	蔬菜及花草類	雌體微小長一·九粍餘，呈西洋梨形，雄蟲呈線狀，長一粍乃至一五·粍。	一年發生數代，不規則，在根上作根瘤，作物停止發育。	應用輪作法。行「福馬林」(Formalin)「二硫化碳」「氯化苦劑」等之土壤消毒。
蝸牛	蔬菜及花草類	有好幾種不同。	似一年不能發生一代，日中在土塊下隱藏，夜間出來食害花葉等。	撒布消石灰，或用水二斗生石灰四十兩，溶解撒布圃場中放置雜草等，日中將其

				隱藏者處置之。
薄皮蝸牛	蔬菜花草及柑橘等	比普通蝸牛小，外殼柔軟。	同前	同前
蛞蝓	蔬菜、及花草類	無外殼，身體長形。	同前	同前
赤壁蝨	蔬菜、花草、果樹、庭園植物等	橢圓形而微小，體長五粍餘，色赤，爲蜘蛛之一種。	一年發生幾代不明，在葉子上面吸收養液，使之變成蒼白色。	在溫室內則宜常常撒布硫黃華，露地則撒布〇·一度至〇·三度之石灰硫黃華合劑。
瓜芽壁蝨	溫床之瓜類	體微小呈卵圓形，長六粍餘，色純白。	經過不明，早春在瓜之苗床內發生，食害瓜芽。	同前

白壁蝨	柑橘	體微小橢圓形，長〇・六至〇・九粍，全體淡黃綠色。	一年發生幾代，不明，在葉背張薄巢，在其下吸收養液。	同前 此外可撒布硫黃曹達合劑之四、五十倍液。
銹壁蝨	柑橘	長楔形，體長一・六至二粍，色淡黃。	一年發生數代，七月以後，使果子色變銹色，俗稱橡皮病。	以赤壁蝨之防除法爲準。
梨潛葉壁蝨	洋梨	似前者。	同前 在葉背作似火傷狀之腫起。	同前 此外，發芽前撒布數次石灰硫黃合劑。
枇杷帶卷壁蝨	枇杷	體微小呈圓筒形，長〇・一二粍，色白。	一年發生數代，在枇杷之果子上作成一銹色帶，卷着果子。	花蕾生出時，撒布〇・二至〇・五之石灰硫黃合劑。

枇杷胴長箒壁蝨	枇杷	體微小橢圓形，長○・三九粍，全體暗赤褐色。	同前	同前
葡萄根壁蝨	花草，鱗莖、葡萄根	體微小呈洋梨形，長○・七二粍色白。	一年發生數代，對鱗莖則使之腐敗，對葡萄則使之成根病。	鱗莖則行氰酸氣燻蒸，葡萄根上者則行石灰硫黃合劑，或硫黃曹達合劑浸漬。
園子蟲	各種蔬菜、花草及草莓之果子	體扁平，呈草履形，長十粍餘，帶紫黑褐色。此外尚有更大之種類。	一年似不能發生一代，日中在土塊下，夜間出來食害。	撒布氰化鈣，或覆蓋藁稈等，日中隱伏在覆藁及土塊下者，可搜集處置之。
鴉	果子	極普通之大形黑色之鳥。	各種果子成熟時即出來食害。	用砲威嚇爲較良之法。

野鼠	蔬菜果樹	在田地內生活之小鼠。	食害蔬菜之根葉，尤以冬季果樹根爲甚，	須設計應用野鼠傷寒菌(Typhus)
山兎	果樹	在山野間生活之兎。	冬季食物缺乏時，常咬食果樹皮。	用柴片束於幹之下部，塗抹亞麻仁油及石灰硫黃合劑亦有效。

二　柑橘病蟲害防除曆

（日本和歌山縣農事試驗場）

時期	防除法	適用病蟲害	備考
一月	防寒及落葉之處理。 雜草之處理。 氰酸氣燻蒸。 撒布松脂合劑及機械油乳劑。	落葉病，裾腐病。 蜜柑潛葉蟲及其他。 介殼蟲類。 介殼蟲類。	被覆藁稈類，燒去落葉。 驅除越冬成蟲。 松脂合劑十五倍液，機械油劑二十至二十五倍液。
二月	氰酸氣燻蒸，撒布松脂合劑，機械油。		松脂合劑十五倍液。
三月	乳劑，石灰硫黃合劑。	介殼蟲類及壁蝨類。	機械油乳劑之二十至二十五倍液。石灰硫黃合劑可用波美比重計三至四度藥液。

四月	撒布石灰波爾多液。 撒布石灰硫黃合劑。 放飼Rodolia瓢蟲。	瘡痂病潰瘍病。 壁蝨類及其他病害。 scerya介殼蟲。	發芽時用三斗五升式。 石灰硫黃劑用波美〇・五度至一度液。 每畝約放飼五十頭。
五月	撒布石灰波爾多液。 放飼前種之瓢蟲。 塗抹石灰乳加用砷酸鉛液。 撒布松脂合劑，機械油乳劑。 撒布除蟲菊加用肥皂液，或硫酸菸鹼液。	瘡痂病，潰瘍病，落葉病。 Icerya介殼蟲。 天牛，樹脂裾腐病。 矢根介殼蟲，丸介殼蟲。 蚜蟲，鳳蝶，捲葉蟲類。	開花前後用三斗五升式。 每畝放五十頭。塗抹樹幹。 除開花期外，松脂合劑三十倍機械油乳劑五十倍。 二錢式（除蟲菊）八百倍至千倍。（菸鹼）
六月	撒布石灰波爾多液。 放飼前種瓢蟲。 撒布松脂合劑，機械油乳	瘡痂病潰瘍病落葉病。 Icerya介殼蟲。 紅玉蠟蟲，矢根介殼蟲。	果實指頭大時，撒布三斗五升式。 瓢蟲頭數照前次。 松脂合劑，機械油乳劑同前。

	劑。 撒布石灰硫黃合劑。 撒布除蟲菊加用肥皂液。 撒布硫酸菸鹼液。	綿介殼蟲，角蠟蟲。 壁蝨類。 蚜蟲，鳳蝶，捲葉蟲。	波美〇·三至〇·五度液。 除蟲菊，菸鹼同前。
七月	撒布石灰波爾多液。 撒布石灰硫黃合劑。 撒布松脂合劑，機械油乳劑。 撒布除蟲菊肥皂液，硫酸菸鹼液。	潰瘍病，落葉病。 壁蝨類，丸黑星介殼蟲等。 綿介殼蟲，紅玉蠟蟲等。 蚜蟲，鳳蝶，捲葉蟲。	三斗五升式。 波美〇·三至一度。 同前。 同前。
八月	撒布石灰硫黃合劑。 撒布松脂合劑，機械油乳劑。 塞入氰化鉀。	壁蝨類。 紅玉蠟蟲，角蠟蟲。 天牛類。	波美〇·三至〇·五度液。 松脂合劑機械油乳劑同前。 由食入孔塞入，密封其口。
九月	撒布石灰硫黃合劑。 撒布松脂合劑，機械油乳	壁蝨類，梨圓介殼蟲。 綿介殼蟲，矢根介殼蟲。	波美〇·三至〇·五度液。 松脂合劑三十五倍液，機械

九月	劑。 摘葉或行燻烟法。 撒布石灰波爾多液。	密柑潛葉蟲。 褐色腐敗病，潰瘍病，黑腐病。	油乳劑六十倍液。 被害葉之採摘，用塵埃葉子等燒烟。 波爾多液用四斗式。
十月	摘葉或行燻烟法。 撒布石灰波爾多液。 撒布松脂合劑，機械油乳劑。 撒布砒酸鉛。 糖蜜誘殺。	潛葉蟲。 潰瘍病。 褐色腐敗病，黑腐病。 綿介殼蟲，丸黑星介殼蟲，「梨圓」介殼蟲，蓑衣蟲， 捲葉蟲。 木葉蛾類。	同前。 四斗式。 同前。 加入「酪素」石灰。用砂糖液，夜間誘殺。
十一月	糖蜜誘殺。 防寒及落葉之處理。	木葉蛾類。 落葉病，裾腐病。	同前。 用藁蓆類被覆，燒去落葉。
十二月	十二月與一月同		

三　梨病蟲害防除曆

(日本靜岡縣農事試驗場)

時期	防除法	適用病蟲害	備考
一月	燒却法，客土法，注入石灰乳。	白紋羽病	將病株燒却，預料會發病時，則將根際泥土掘起，用混有石灰乳及其他殺菌劑之耕土覆着根部。又行客土法及用石灰乳注入根部亦可。
二月	病害部切除。氰酸氣燻蒸法，搔取法。	腐爛病，疣狀粗皮病。	病害部及其附近，用刀切除，切口用石灰波爾多液，或千倍之昇汞水塗抹。又刀子每用一次亦應予以洗滌。介殼

	越冬害蟲之處置 梨園清潔法	捲葉蟲類，梨小食心蟲，刺蟲，簑衣蟲，白紋毒蛾，赤壁蝨，梨小食心出及其他。	蟲類中之角蠟蟲，龜甲蠟蟲等，用石灰硫黃合劑不易驅除，本法較適用（指搔取法）。 利用冬閑去發現，驅除。 園中棚架等之結繩要取換，舊朽棚竹及支柱等要燒却。
三月上中旬	石灰硫黃合劑	赤壁蝨，潛葉蟲，介殼蟲。	用波美四、五度液。介殼蟲類可撒布五至十倍之機械油乳劑。芽之部分要充分撒布。
三月下旬	行打落法。 撒布硫酸菸鹼及二斗式之石灰波爾多液加用砷	梨木蝨。 蘋果白捲葉，簑衣蟲，大食心蟲，星毛蟲，捲葉蟲類，梨	幼芽膨脹而開鱗片時，宜撒布硫酸菸鹼八百至一千倍液。撒布砷酸鉛加用（砷酸

	酸鉛合劑。	木蝨，黑星病，赤星病。	鉛一磅，須加用酪素石灰六兩至七兩）石灰波爾多液劑。（量式以下同樣）
四月上旬	撒布硫酸菸鹼，砷酸鉛加用二斗五升之石灰波爾多合劑。	蚜蟲，其餘者與三月下旬同。	以三月下旬爲標準。前次未曾撒布到者，此次必要撒到。
四月中旬	行打落法。 撒布三斗式石灰波爾多液加用硫酸菸鹼合劑。 捕殺成蟲。 點誘蛾燈。	梨木蝨，鋸蜂，梨小食心蟲。 鋸蜂，梨木蝨蚜蟲，赤星病，黑星病。 梨小食心蟲。 捲葉蟲類，梨小食心蟲及其他。	九月以後到十月頃連續點火。
四月下旬	撒布三斗式石灰波爾多	梨小食心蟲，梨木蝨，蚜蟲，	

旬	液加用硫酸菸鹼及砷酸鉛合劑。	鋸蜂，梨食心蟲，黑星病，赤星病。	
五月上旬	撒布三斗式石灰波爾多液加用砷酸鉛合劑。	梨小食心蟲，食心蟲，黑星病，赤星病。	石灰波爾多液宜早行撒布。依前月末撒布情形而決定，可改用砷酸鉛石灰液（配合量粉狀砷酸鉛一兩二錢至二兩四錢。生石灰同量，水兩斗，酪素石灰五、六錢）。
	被害新梢及被害果，採下處置之。	梨小食心蟲，梨食心蟲。	須留心在未逃出以前將其採下，被折斷心梢者，除梨桃外，櫻桃、梅、蘋樹、李、多葉郁李、山櫻桃等樹上亦發生。
	行打落法。	天狗蝶。	須注意附近之桃，枇杷等。

五月中旬	撒布烟草石灰合劑。採下並處置被害果及折斷梢。撒布砷酸鉛石灰液。	梨木蝨。蚜蟲，梨本，梨小食心蟲。	烟草粉十兩，生石灰三兩，水四升。原液加水沖成二斗藥液。
五月下旬	撒布砷酸鉛石灰液加用硫酸菸鹼。潰殺。套袋。採取並處分被害果。	蚜蟲，梨配蜫，梨小食心蟲。潛皮蛾幼蟲。梨小食心蟲梨小食心蟲，大食心蟲。	梨小食心蟲以外者若撒布「六液」，則經濟上有利。可將潛在枝梢表皮下之幼蟲潰殺。套袋前須撒布硫酸菸鹼肥皂液。
六月上旬	撒布砷酸鉛石灰液。採取並處置被害果。撒布石灰硫黃合劑。潰殺。行食餌誘蛾法。	梨小食心蟲，天狗蝶。同右，及大食心蟲。赤壁蝨。潛皮蛾幼蟲。梨小食心蟲。	濃厚（三十三度）石灰硫黃合劑，則用四百倍之稀釋液，但要生藥害之品種，則宜稀釋至六百倍。每石藥須加酪素石灰三兩至六兩。有其

			他代用品亦可用。（以下同樣）
六月中旬	同六月上旬一樣。		
六月下旬	撒布砷酸鉛石灰液加用硫酸菸鹼。	蚜蟲，梨小食心蟲（單用砷酸鉛石灰液亦可除治梨小食心蟲）。	單生蚜蟲時宜撒布六液。
	打落法。	椿象類。	應當心勿任其逃逸。
	撒布銅肥皂液，採摘並處置被害果。	黑星病。梨小食心蟲。	次數多時果實要汚染。
七月	將落葉燒却。	黑星病。	
	撒布石灰硫黃合劑。	赤星病。	參照六月上旬之備考欄。
	撒布硫酸菸鹼肥皂液。	梨大綠蚜蟲，梨蜺，梨小食	梨小食心蟲以外之蟲，可將

月份	防治法	害蟲	備考
		心蟲，角蠟蟲之幼蟲。	六液代用，要撒布二、三次。
	捕殺並塗抹石油。	蟪蛄。	晚上用燈火捕殺，卵產在支柱棚架等上面，此等地方要用石油塗抹。
	採取並處分被害果。	梨小食心蟲。	
	使用移動性誘蛾燈。	梨小食心蟲及其他。	勿任其逃去。
	打落法。	椿象類。	
	施行捲附法及食餌誘殺法。	梨小食心蟲。	
八月	撒布硫酸菸鹼肥皂液。	梨大綠蚜蟲，梨蠅，刺蟲類，龜甲蠟蟲之幼蟲等。	雖在收穫前數日撒布亦無礙。梨小食心蟲多之地方，本月中至少要撒布二、三次。
	採取並處分被害果。	梨小食心蟲。	
	撒布石灰硫黃合劑。	赤壁蝨。	參照六月上旬之備考欄。

	捕殺並塗布石油。 施行捲附法及食餌誘蛾法。	蚱蟬，鳴蜩。 梨小食心蟲。	參照七月之備考欄。
九月上旬	撒布硫酸菸鹼肥皂液。 撒布石灰硫黃合劑。 施行捲附法及食餌誘蛾法。	梨大綠蚜蟲，梨蠟刺蟲類，龜甲蠟蟲之幼蟲，梨小食心蟲等。 赤壁蝨 梨小食心蟲。	梨小食蟲以外之蟲，可撒布六液。 參照六月上旬之備考欄。
九月中下旬和十月上旬	施行捲附法。 撒布砷酸石灰液。 被害果之採摘及處置。	梨小食心蟲。 可驅除梨小食心蟲，簑衣蟲，刺蟲等。 梨小食心蟲。	收穫後仍須撒布二、三次。 被害果之傷口要排出極多

			樹液，許多之虻、蜂、甲蟲類，常集於其上面，故容易發見。
十月中下旬	採取並處分被害果，及施行捲取法。處置樹上之袋。	梨小食心蟲。梨小食心蟲及其他。	樹上留下之舊袋，梨小食心蟲、介殼蟲類、梨蜫、壁蝨類等要在其中越年，宜將其燒却。
十一月	燒却落葉。撒布六液。	裏白澁病及其他。梨大綠蚜蟲等。	落葉要附着害蟲及病菌，至少與其越冬有關係，故非燒却不可。枇杷葉背之病菌等，亦要驅除。
十二月	照一月及二月之方法施行。		

四 藥劑器具類之出售價目

品名	單位	省內價格	省外價格
氰化鈉	每磅	一元六角	二元
砷酸鉛	每磅	一元	一元二角
硫黃粉	每磅	四角	五角
萬能噴霧器	每架	十二元	十四元
萬能噴鎗	每枝	七元	九元
噴射桿	每枝	五元	六元
肘管	每個	一元	一元二角
丫形連頭管	每個	一元四角	一元七角
Acme式噴頭	每個	一元	一元二角
Simpex式噴頭	每個	一元八角	二元二角

以上爲浙江西湖岳坟浙江省昆蟲局之出品。

南京實業部中央農業實驗所亦有噴霧器及藥品出售，茲錄其價目表於下。

實業部中央農業實驗所植物病蟲害系治蟲材料供給室售品表

材料名稱	用途	出售單位	定價(元)	在推廣期內暫以八折計算(元)	備註
雙管噴霧器	可噴撒藥劑防治各種作物之病蟲害	一具	一五·〇〇	一二·〇〇	
自動噴霧器	同上	一具	三〇·〇〇	二四·〇〇	
除蟲菊火油乳劑	可治青蟲蚜蟲黑殼蟲及其他各種軟體害蟲	一聽(六斤)	一·五〇	一·〇〇	還聽退二角
純粹除蟲菊粉	可治臭蟲蚤蝨並可製造蚊香及各種殺蟲藥劑	一罐(半斤)	〇·六五	〇·五二	
除蟲菊浸出液	可治臭蟲蚊蠅及製造除蟲菊火油乳劑	一瓶(一斤半)	〇·四五	〇·三六	還瓶退一角
砷酸鉛	可治蔬果樹木棉花之上食葉害蟲	一包(半斤)	〇·四〇	〇·三二	
砷酸鈣	同上	一包(半斤)	〇·三五	〇·二八	
石灰硫黃合劑	可治果木上病蟲害如介殼蟲粉黴病等	一瓶(一斤十三兩)	〇·六五	〇·五二	還瓶退一角
純菸鹼	可治蚜蟲青蟲及各種軟體害蟲	一瓶(一兩)	〇·七五	〇·六〇	
二氯㷍 P. D. B.	可治土中齒害植物根部之害蟲	一罐(一斤)	〇·九〇	〇·七二	
經濟昆蟲標本(十四種)	可識別各種害蟲以作治蟲參考	一大盒	一·〇〇	〇·八〇	

經濟昆蟲標本（十三種）	同上	一小盒	〇·五〇—〇·六五	〇四〇—〇五二

附註　外埠函購須郵局寄運者應另加包裝費及郵寄費辦法如下：

1. 噴霧器　每具包裝費五角，郵寄費九角至一元二角（邊遠省份照加二倍至三倍）。
2. 砷酸鉛及砷酸鈣　每一至三包包裝費五分，郵寄費二角。
3. 除蟲菊火油乳劑　每聽包裝費一角，郵寄費五角。
4. 除蟲菊抽出液及石灰硫黃合劑　每瓶包裝費五分，郵寄費三角。
5. 菸鹼　每一至十六瓶包裝費一角，郵寄費二角。
6. P. D. B.及除蟲菊粉　每一至二罐包裝費五分，郵寄費二角。
7. 經濟昆蟲標本　每一至三大盒包裝費二角，郵寄費二角（小盒一至六盒）。

此外藥劑類可向各大藥房購用。又各工業原料公司亦有出售。

附註　以上藥劑器具販賣所地址，係著於民國二十五年調查，時隔數載，或有不同，我國出品之發行地址，戰事以後，變更尤多，而上述郵費一項，亦大相懸殊矣。

五　兩種重要殺菌藥劑之調製法

一　波爾多液

波爾多液為防治植物病害之靈藥，因為是法國波爾多地方所創用之藥劑，故稱為波爾多液，此液之原料為硫酸銅及石灰，故又稱為硫酸銅石灰液或石灰波爾多液。此液原料易得，價格又低廉，製法亦甚簡單，故各國都已普遍施用。茲將其製法及用法述之如下：

(一)波爾多液之原料

波爾多液之原料，為硫酸銅、生石灰、清水。硫酸銅俗稱胆礬，市上藥店均有出售。生石灰為尚未風化之原塊石灰。水為普通之清水。

(二)波爾多液之配合量

因為植物與病害之種類甚多，故藥液配合法亦有種種之不同，各國有各國之方式。茲為便利計算起見，將德法兩國之調製方式述之。按德法之方式，有百分之二式，百分之一式，百分之〇·五式，百分之〇·二五式。現在將各式改稱為二十兩式、十兩式、五兩式、二·五兩式，並將各式之配合量錄之於下：

原料爲硫酸銅、肥皂、水。硫酸銅卽上述之胆礬，肥皂爲普通洗衣服用者。惟品質須選其優良者，

(1) 二十兩式波爾多液

硫酸銅	二十兩
生石灰	二十兩
水	一千兩

(2) 十兩式波爾多液

硫酸銅	十兩
生石灰	十兩
水	一千兩

(3) 五兩式波爾多液

硫酸銅	五兩
生石灰	五兩
水	一千兩

(4) 二兩半式波爾多液

硫酸銅　二兩半
生石灰　二兩半
水　一千兩

(三)調製法

調製法甚簡便，先備木桶三隻，一隻須能容液之全量，其餘兩隻各能容液之半量即可。設為調製五兩式波爾多液，則先稱硫酸銅五兩入小桶中，加入溫水百兩使成硫酸銅溶液；又將生石灰五兩入小桶中，加水百兩使成石灰乳並去渣滓，如此兩小桶再各加水四百兩，各湊成五百兩之溶液，將兩小桶中之溶液同時徐徐倒入大桶中，用木棒不斷攪拌，使兩液完全溶合即成淡藍色之波爾多液。此外須注意下列數點：

(1)生石灰須取品質優良者，水須清潔者。

(2)製石灰乳，先應加少量之水，使成糊狀後再加定量之水。

(3)所用器具，不能用金屬者。

(4)製成後，須用磨光之小刀檢查液中硫酸銅量是否太多？即用小刀入液中，取出後看刀上現有銅色否？如果現銅色則須再加石灰液，使不現銅色為止。

(1)濃度　撒布時須因作物之種類及撒布之時期以決定藥液之濃淡，即果樹發芽前宜用二十兩式，發芽後之果樹或幼小苗木，宜用十兩式，禾本科作物及蔬菜類則以五兩式爲最佳。

(2)使用量及使用法　果樹一畝，可用藥一石左右。撒布之方法，用噴霧器噴射，噴口距作物體須隔一尺遠，撒至作物體全面濕潤爲止。

(3)使用時期　須預先計算，在作物發病前一星期撒布，生育期較長之作物，宜在撒布後十日再撒，時間在日中及午後皆可，惟在早露未乾前或大雨後，不宜撒布。

(4)使用時之注意

1. 此藥劑宜隨製隨用。
2. 藥液中宜加入千分之四之砂糖，使容易附着。
3. 此液對吾人之皮膚無傷，惟不可食入。
4. 撒布後之蔬菜，須經十餘日或大雨後方可採用。
5. 八月以後之柑橘果實不宜撒布，以免延遲變色。

(5)所治之病害

1. 瓜類（露菌病　白澁病　炭疽病）

2. 豆莢類（炭疽病 褐斑病）
3. 梨（梨赤星病 黑斑病 黑星病）
4. 葡萄（露菌病 白澁病 炭疽病 黑痘病）
5. 柑橘類（瘡痂病 潰瘍病）
6. 蘋果（花腐病）
7. 桃（縮葉病 炭疽病）
8. 茶（葉枯病 白星病）

以上爲波爾多液所治病害之大概。

二 銅皂液

銅皂液又稱銅石鹼液、銅乳劑、硫酸銅石鹼液，或膠質銅石鹼液。乃由硫酸銅液與肥皂液混合製成者，有黏性，顏色青藍而不透明，效力可與波爾多液並稱。又此液無沉澱，擴展性極強，可預製原液貯藏，此數點乃比波爾多液優良之處，不過黏力較弱。

(一)原料之選擇

(四)使用法

否則影響製出液甚大。又胆礬亦須取用優良者，其溶液成褐色或黑色者即表示含有鐵質，如此即不可用，溶液以鮮藍色者爲最佳，水須清潔不能含有鹽分。

(二)原料之配合量

(1)三兩式

硫酸銅 三兩

肥皂 九兩

水 一千兩

(2)五兩式

硫酸銅 五兩

肥皂 十五兩

水 一千兩

〔註〕 貯藏用之原液，水可減至二百兩，其餘之藥料仍舊（至用時再加四倍淸水）。

(三)調製法

用兩木桶或陶器，各裝溫水一百兩，將硫酸銅及肥皂完全溶解，溶解後將硫酸銅溶液徐徐倒入肥皂液中，用木棒不斷攪拌，直至兩液完全混和，成青藍色之原液爲止，用時加水八百兩稀釋。

調製方面尚有下列幾點應注意：

(1)銅皂液製出之時，若液面生有青色黏性之膜狀浮游物，即肥皂品質不良或用量過少，此時應再加肥皂液或數滴阿母尼亞。

(2)調製時用之器具，要用木器或陶器，貯藏時不要用陶器。

(四)使用法

(1)銅皂液之撒布量及撒布法，與波爾多液同。

(2)原液稀釋時，宜初用溫水，後加冷水。

(3)本劑撒後之有效期間，在降雨多之時節約十日，晴天約兩星期。

(4)本劑對蠶兒無害，桑樹病害亦可使用。

(5)本劑適用之病害，與波爾多液同。

波爾多液調製順序圖

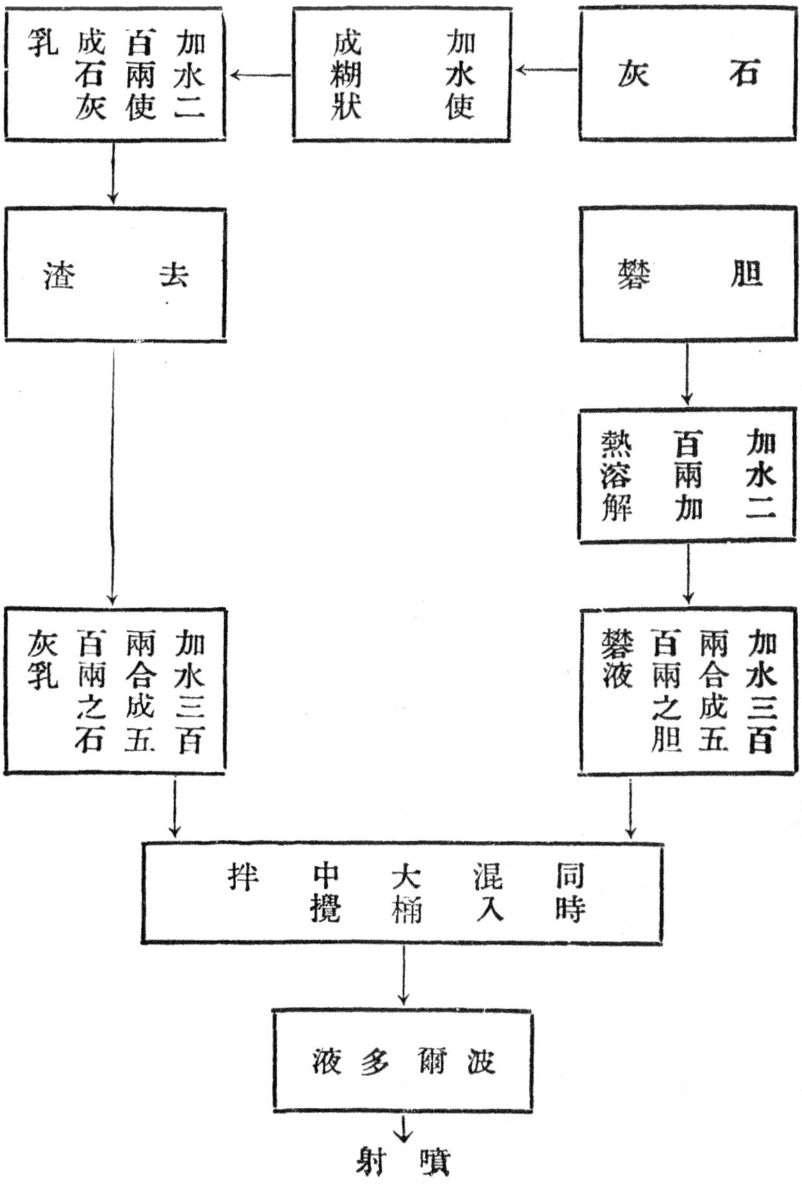
石灰
加水使成糊狀
加水二百兩使成石灰乳
去渣
胆礬
加水二百兩加熱溶解
加水三百兩合成五百兩之石灰乳
加水三百兩合成五百兩之胆礬液
同時混入大桶中攪拌
波爾多液
噴射

銅皂液調製順序圖

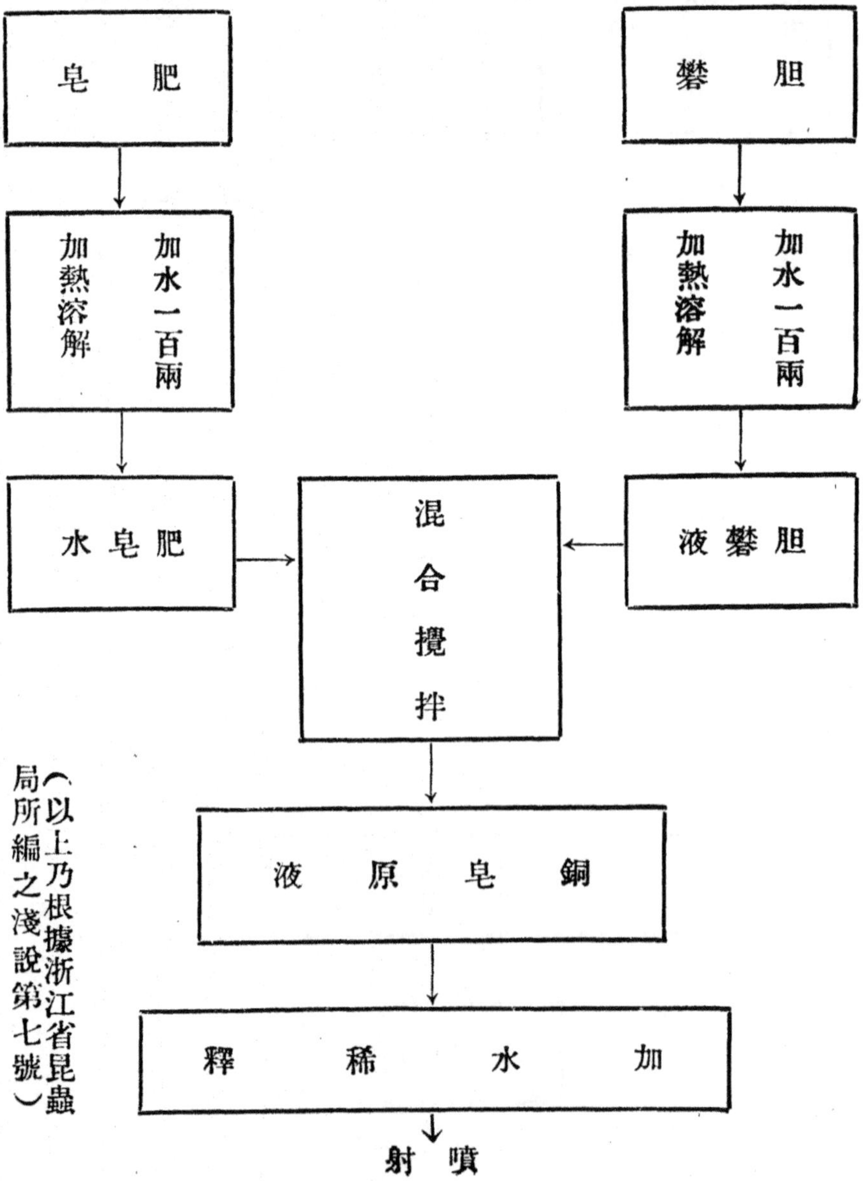

（以上乃根據浙江省昆蟲局所編之淺說第七號）

中文名詞索引

二畫

三畫

四畫

五畫

十畫

十一畫

十九畫

二十畫

二十一畫

二十二畫

民國三十年四月發行
民國三十八年二月再版

農業叢書 園藝害蟲防治法（全一冊）

◎ 定價國幣八元

（郵運匯費另加）

原著者 高橋獎

譯者 鍾德華

發行人 中華書局股份有限公司代表 李虞杰

印刷者 上海澳門路八九號 中華書局永寧印刷廠

發行處 各埠中華書局

（一二六六六）